高等教育规划教材

Linux 应用基础教程

梁如军　路　远　安　宁　等编著

机 械 工 业 出 版 社

本书以 CentOS 6.5 为蓝本，分三部分介绍了 Linux 操作系统的配置和使用。内容包括 Linux 的基础知识、Linux 系统的安装、Shell 和字符操作界面的使用、账户管理、权限管理、进程管理、Linux 网络配置、包管理与系统更新、基础架构服务、服务器安全基础等；Apache、Nginx 及 LAMP/LNMP/Tomcat 动态网站环境部署等；性能监控、性能优化、本地存储管理、备份与同步、故障排查的一般方法以及单用户模式和系统援救环境的使用等。

本书内容详尽、结构清晰、通俗易懂，使用了大量的图表对内容进行表述和归纳，并对重点内容给出了详尽的操作步骤，便于读者理解及查阅，具有很强的实用性和指导性。

本书可以作为高等院校相关专业、Linux 短期培训班的教材，也可供广大 Linux 爱好者自学使用。

本书配套授课电子课件，需要的教师可登录 www.cmpedu.com 免费注册，审核通过后下载，或联系编辑索取（QQ：2966938356，电话：010-88379739）。

图书在版编目（CIP）数据

Linux 应用基础教程/梁如军等编著. —北京：机械工业出版社，2015. 1

高等教育规划教材

ISBN 978-7-111-49246-7

Ⅰ. ①L… Ⅱ. ①梁… Ⅲ. ①Linux 操作系统 – 高等学校 – 教材
Ⅳ. ①TP316. 89

中国版本图书馆 CIP 数据核字（2015）第 019875 号

机械工业出版社（北京市百万庄大街 22 号 邮政编码 100037）

责任编辑：郝建伟 师沫迪 责任校对：张艳霞

责任印制：乔 宇

北京机工印刷厂印刷（三河市南杨庄国丰装订厂装订）

2015 年 3 月第 1 版 · 第 1 次印刷

184mm × 260mm · 21. 75 印张 · 540 千字

0 001—3 000 册

标准书号：ISBN 978-7-111-49246-7

定价：47. 00 元

凡购本书，如有缺页、倒页、脱页，由本社发行部调换

电话服务

服务咨询热线：（010）88379833

读者购书热线：（010）88379649

封面无防伪标均为盗版

网络服务

机 工 官 网：www. cmpbook. com

机 工 官 博：weibo. com/cmp1952

教育服务网：www. cmpedu. com

金 书 网：www. golden-book. com

出版说明

当前，我国正处在加快转变经济发展方式、推动产业转型升级的关键时期。为经济转型升级提供高层次人才，是高等院校最重要的历史使命和战略任务之一。高等教育要培养基础性、学术型人才，但更重要的是加大力度培养多规格、多样化的应用型、复合型人才。

为顺应高等教育迅猛发展的趋势，配合高等院校的教学改革，满足高质量高校教材的迫切需求，机械工业出版社邀请了全国多所高等院校的专家、一线教师及教务部门，通过充分的调研和讨论，针对相关课程的特点，总结教学中的实践经验，组织出版了这套“高等教育规划教材”。

本套教材具有以下特点：

1）符合高等院校各专业人才的培养目标及课程体系的设置，注重培养学生的应用能力，加大案例篇幅或实训内容，强调知识、能力与素质的综合训练。

2）针对多数学生的学习特点，采用通俗易懂的方法讲解知识，逻辑性强、层次分明、叙述准确而精炼、图文并茂，使学生可以快速掌握，学以致用。

3）凝结一线骨干教师的课程改革和教学研究成果，融合先进的教学理念，在教学内容和方法上做出创新。

4）为了体现建设“立体化”精品教材的宗旨，本套教材为主干课程配备了电子教案、学习与上机指导、习题解答、源代码或源程序、教学大纲、课程设计和毕业设计指导等资源。

5）注重教材的实用性、通用性，适合各类高等院校、高等职业学校及相关院校的教学，也可作为各类培训班教材和自学用书。

欢迎教育界的专家和老师提出宝贵的意见和建议。衷心感谢广大教育工作者和读者的支持与帮助！

机械工业出版社

前 言

随着企业信息化建设的深入，许多大型企业都在使用 Red Hat Enterprise Linux（简称 RHEL）或 CentOS 构建开源应用平台。作为教材，本书选择使用与 RHEL 完全兼容的社区企业发行版本 CentOS。如今 CentOS 发行版已成为许多公司的首选，如新浪、开心网等。

作为一本 Linux 教材，本书对内容做了遴选，以 Linux 最广泛应用的 Web 服务器为目标，并配以相关的 Linux 基础知识和运维知识。本书以 CentOS 6.5 为蓝本，讲述 Linux 操作系统的配置和使用。

本书首先介绍了 Linux 的基础知识，然后分别介绍了 CentOS 系统的安装、Shell 和字符操作界面的使用、常用命令使用、基本的系统管理（账户管理、权限管理、进程管理、网络配置、软件包管理等）。然后介绍了守护进程的管理以及常用的基础架构服务（crond、rsyslogd、Dnsmasq、Polipo 等）。最后介绍了服务器安全基础知识（系统安全、SSH 协议与 OpenSSH 及密钥管理、SSL 协议与 OpenSSL 及证书管理、TCP Wrappers 与防火墙等）。

本书接下来介绍了基于 Apache 软件实现的 Web 服务以及基于 Nginx 软件实现的 Web 服务。介绍了动态网站的常用技术（CGI、基于脚本语言的 Apache 模块、FastCGI 等）。着重介绍了 Tomcat7 的安装与配置以及 LAMP/LEMP 环境的配置与应用。

最后介绍了系统监视的相关工具及使用、Web 服务器的调优方法。介绍了本地存储管理的相关知识（磁盘分区、LVM 管理、文件系统管理）。接着介绍了备份与同步的相关概念及其工具的使用。最后介绍了系统故障排查的一般方法以及单用户模式和系统援救环境的使用。

本书涉及从 Linux 基本操作、系统管理到 Web 服务和安全的诸多内容。为了节省篇幅并涵盖更多应知应会内容，全书以字符操作界面为主。书中使用了大量的图表对内容进行表述和归纳，便于读者理解及查阅。每一章结尾均设有思考和实验，并设有进一步学习的指导，以便有余力的读者深入学习。

为配合教师和学生使用本书，本书还配备了教学课件，需要的读者可以到机械工业出版社教材服务网（http://www.cmpedu.com）查找下载，或与编者联系获得。

本书适合作为高等院校、高职高专等工科院校的教材使用，也可以作为广大 Linux 爱好者的入门与提高教材或参考工具书。

本书由梁如军、路远和安宁主要编写，参与本书编写工作的还有金洁珩、丛日权、商宏图、王建新、周涛、张伟、梁川、车亚军、李晓丽、李红、李昕、王宇昕、娄焱、经纬、刘佳、邹鹏等。

由于笔者水平有限，书中难免有疏漏之处，希望广大读者、Linux 爱好者和 Linux 业界资深人士给予批评指正。

笔者以诚挚的心情期望使用本书的教师提出意见和建议，让我们共同为研究 Linux 和自由软件教学，促进自由软件在我国的发展尽一点绵薄之力。

编　者

目　录

第 1 章　Linux 简介与安装

本章首先介绍了 Linux 的历史、特点、组成及发行版本。然后介绍了 CentOS 6.5 的安装方法。最后介绍了安装后的基本配置以及用户登录与注销、开机与重启等基本操作。

1.1　Linux 简介

1.1.1　自由软件与 Linux

1．自由软件

自由软件的自由（Free）有两个含义：第一，是可免费提供给任何用户使用；第二，是指它的源代码公开和可自由修改。所谓可自由修改是指用户可以对公开的源代码进行修改，以使自由软件更加完善，还可在对自由软件进行修改的基础上开发上层软件。

自由软件的出现给人们带来了很多的好处。首先，免费的软件可给使用者节省相当一笔费用。其次，自由软件公开源代码，这样做的好处之一是可吸引尽可能多的开发者参与软件的查错与改进（Peering），正如 Linux 的指导思想“BUG 就像影子一样，只会出现在阳光照不到的角落中”。

自由软件创始人是 Richard M. Stallman，他是 GNU Project 的创始人。他于 1984 年起开发自由开放的操作系统 GNU（Gun is Not Unix 的首字母缩写），以此向计算机用户提供自由开放的选择。GNU 是自由软件，任何用户都可以免费复制和重新分发以及修改。

2．Linux 及其历史

Linux 是一个操作系统，同时它是一个自由软件，是免费的、源代码开放的，编制它的目的是建立不受任何商品化软件版权制约的、全世界都能自由使用的 UNIX 兼容产品。

Linux 最初是由芬兰赫尔辛基技术大学计算机系学生 Linus Torvalds 从 1990 年底到 1991 年的几个月中为了他自己的操作系统课程和后来的上网用途而陆续编写的，在他的 Intel 386 PC 上，利用 Tanenbaum 教授自行设计的微型 UNIX 操作系统 Minix 作为开发平台。Linus 说，刚开始的时候他根本没有想到要编写一个操作系统的内核，更是绝对没有想到这一举动会在计算机界产生如此重大的影响。最开始是一个进程切换器，然后是为他自己上网需要而自行编写的终端仿真程序，再后来是为他从网上下载文件的需要而自行编写的硬盘驱动程序和文件系统，这时他发现已经实现了一个几乎完整的操作系统内核，出于对这个内核的信心和美好的奉献精神与发展希望，Linus 希望这个内核能够免费扩散使用，但出于谨慎，他并没有在 Minix 新闻组中公布它，而只是于 1991 年底在赫尔辛基技术大学的一台 FTP 服务器上发了一则消息，说用户可以下载 Linux 的公开版本（基于 Intel 386 体系结构）和源代码。从此以后，奇迹发生了。

Linux 的兴起可以说是 Internet 创造的一个奇迹。到 1992 年 1 月止，全世界大约只有 100 个人在使用 Linux，但由于它是在 Internet 上发布的，网上的任何人在任何地方都可以得到 Linux 的基本文件，并可通过电子邮件发表评论或者提供修正代码，这些 Linux 的热心者有将之作为学习和研究对象的大专院校的学生以及科研机构的科研人员，也有网络黑客等，他们所提供的所有初期上载代码和评论，后来证明对 Linux 的发展至关重要。正是在这众多热心者的努力下，Linux 在不到三年的时间里成为了一个功能完善、稳定可靠的操作系统。

1.1.2 Linux 系统的特点和组成

1．Linux 系统的特点

Linux 操作系统在短短的几年之内得到了非常迅猛的发展，这与 Linux 具有的良好特性是分不开的。Linux 包含了 UNIX 的全部功能和特性。简单地说，Linux 具有以下主要特性。

开放性：是指系统遵循世界标准规范，特别是遵循开放系统互连（OSI）国际标准。凡遵循国际标准所开发的硬件和软件，都能彼此兼容，可方便地实现互连。另外，源代码开放的 Linux 是免费的，使得 Linux 的获得非常方便，而且使用 Linux 可节省费用。Linux 开放源代码，使用者能控制源代码，按照需要对部件混合搭配，建立自定义扩展。

多用户：是指系统资源可以被不同用户各自拥有使用，即每个用户对自己的资源（如文件、设备）有特定的权限，互不影响。Linux 和 UNIX 都具有多用户的特性。

多任务：多任务是现代计算机的最主要的一个特点，是指计算机同时执行多个程序，而且各个程序的运行互相独立。Linux 系统调度每一个进程平等地访问微处理器。

出色的速度性能：Linux 可以连续运行数月、数年而无须重新启动，与 NT（经常死机）相比，这一点尤其突出。即使作为一种台式机操作系统，与许多用户非常熟悉的 UNIX 相比，它的性能也显得更为优秀。Linux 不大在意 CPU 的速度，它可以把处理器的性能发挥到极限，用户会发现，影响系统性能提高的限制因素主要是其总线和磁盘 I/O 的性能。

良好的用户界面：Linux 向用户提供了 3 种界面：用户命令界面、系统调用界面和图形用户界面。

丰富的网络功能：Linux 是在 Internet 基础上产生并发展起来的，因此，完善的内置网络是 Linux 的一大特点。Linux 在通信和网络功能方面优于其他操作系统。

可靠的系统安全：Linux 采取了许多安全技术措施，包括对读/写进行权限控制、带保护的子系统、审计跟踪、核心授权等，这为网络多用户环境中的用户提供了必要的安全保障。

良好的可移植性：可移植性是指将操作系统从一个平台转移到另一个平台，使它仍然能按其自身方式运行的能力。Linux 是一种可移植的操作系统，能够在从微型计算机到大型计算机的任何环境中和任何平台上运行。可移植性为运行 Linux 的不同计算机平台与其他任何机器进行准确而有效的通信提供了手段，不需要另外增加特殊和昂贵的通信接口。

具有标准兼容性：Linux 是一个与 POSIX（Portable Operating System Interface）相兼容的操作系统，它所构成的子系统支持所有相关的 ANSI、ISO、IETF 和 W3C 业界标准。为了使 UNIX system V 和 BSD 上的程序能直接在 Linux 上运行，Linux 还增加了部分 system V 和 BSD 的系统接口，使 Linux 成为一个完善的 UNIX 程序开发系统。Linux 也符合 X/Open 标准，具有完全自由的 X Window 实现。虽然 Linux 在对工业标准的支持上做得非常好，但是由于各 Linux 发布厂商都能自由获取和接触 Linux 的源代码，所以各厂家发布的 Linux 仍然存在细微的差别。其差异主要存在于所捆绑应用软件的版本、安装工具的版本和各种系统文件所处的目录结构等。

2．Linux 系统的组成

Linux 一般有 4 个主要部分：内核、Shell、文件系统和应用程序。内核、Shell 和文件系统一起形成了基本的操作系统结构。它们使得用户可以运行程序、管理文件并使用系统。

Linux 内核：内核是系统的"心脏"，是运行程序与管理像磁盘和打印机等硬件设备的核心程序。

Linux Shell：Shell 是系统的用户界面，提供了用户与内核进行交互操作的一种接口。它接收用户输入的命令并把它送入内核去执行。实际上 Shell 是一个命令解释器，它解释由用户输入的命令并且把它们送到内核。另外，Shell 编程语言具有普通编程语言的很多特点，用这种编程语言编写的 Shell 程序与其他应用程序具有同样的效果。

Linux 文件系统：文件系统是文件存放在磁盘等存储设备上的组织方法。Linux 能支持多种目前流行的文件系统，如 EXT2、EXT3、FAT、VFAT、ISO9660、NFS、SMB 等。

Linux 应用程序：标准的 Linux 系统都有一套称为应用程序的程序集，包括文本编辑器、编程语言、X-Window、办公套件、Internet 工具、数据库等。

1.1.3 Linux 的内核版本与发行版本

Linux 有内核（Kernel）版本和发行（Distribution）版本之分。

1．Linux 的内核版本

内核版本是在 Linus 领导下的开发小组开发出的系统内核的版本号。

内核版本号由 3 个数字组成，即 r.x.y。

- r：目前发布的 Kernel 主版本。
- x：偶数表示稳定版本；奇数表示开发中版本。
- y：错误修补的次数。

一般来说，x 位为偶数的版本表明这是一个可以使用的稳定版本，如 2.6.18；x 位为奇数的版本一般加入了一些新的内容，不一定很稳定，是测试版本，如 2.5.111。

RHEL/CentOS 6 使用的内核版本是 2.6.32。

时至今日，Linux 的内核仍旧由 Linus 领导下的开发小组维护。可以访问http://www.kernel.org获得最新的内核信息。

2．Linux 的发行版本

发行版本是一些组织或厂家将 Linux 系统内核与应用软件和文档包装起来，并提供一些安装界面和系统设定管理工具的软件包的集合。目前已经有 300 余种发行版本，而且还在不断增加。相对于内核版本，发行套件的版本号随发布者的不同而不同，与系统内核的版本号是相对独立的。

表 1-1 列出了一些常见的发行版本。有关更多的 Linux 发行版本的信息，请访问http://www.distrowatch.com。

表 1-1 常见的 Linux 发行版本

类　型	发行版本	官方网址
商业支持版本	Red Hat Enterprise Linux	http://www.redhat.com/
	Mandrake Linux	http://www.mandrivalinux.com/
	SUSE Enterprise Linux	http://www.novell.com/products/
社区发布版本	CentOS Linux	http://www.centos.org/
	Ubuntu Linux	http://www.ubuntu.com/
	Debian Linux	http://www.debian.org/
	openSUSE Linux	http://www.opensuse.org/
	Fedora Linux	http://www.fedoraproject.org/
	Gentoo Linux	http://www.gentoo.org/

1.1.4 Red Hat Linux 及其相关产品

1．Red Hat Linux 系列发行版

Red Hat®公司在开源软件界鼎鼎大名，该公司发布了最早的 Linux 商业版本（之一）Red Hat Linux。Red Hat®公司的总部设在美国北卡罗来纳州首府罗利。Red Hat®公司由有远见的企业家 Bob Young 和 Marc Ewing 于 1994 年创建，它以源码开发作为营业模型的基础。它也代表了软件开发行业的一次根本转变。所有人都可以获得软件的原始代码，使用该软件的开发人员可以自由地对其作改进。其结果是迅速地革新。Red Hat 解决方案包括 Red Hat Linux、开发人员和嵌入式技术，以及培训、管理和技术支持。这项开源革新通过被称为 Red Hat Network 的 Internet 平台传递给客户。

Red Hat®一直领导着 Linux 的开发、部署和经营，从嵌入式设备到安全网页服务器，它都是用开源软件作为 Internet 基础设施解决方案的领头羊，一度曾被作为 Linux 发行版本的事实标准。Red Hat®公司在发布 Red Hat Linux 系列版本的同时，还发布了 Red Hat Enterprise Linux，即 Red Hat Linux 企业版，简写为 RHEL。RHEL 系列版本面向企业级客户，主要应用在 Linux 服务器领域。Red Hat®公司对 RHEL 系列产品采用了收费使用的策略，即用户需要付费才能够使用 RHEL 产品并获得相应的技术服务。

2．Red Hat 与 Fedora Project

Red Hat®公司于 2003 年 9 月底宣布，将原有的 Red Hat Linux 开发计划与 Fedora Linux 计划整合成新的 Fedora Project。Fedora Project 将由 Red Hat®公司赞助，以社群主导、支持的方式，开发 Linux 发行版 Fedora Core。Fedora Project 是一份由 Red Hat 策划的开放开发项目，它向普通参与者开放并由精英管理者领导，沿着一系列项目目标前进。Fedora 项目的目标是与 Linux 社区协作，只从开放源码软件来创建一份完整的、通用的操作系统。其开发过程是以公开论坛的形式进行的。

Red Hat®公司未来将不再继续免费版 Red Hat Linux 的开发工作，而由合并产生的 Fedora Project 接手后续新发行版本的开发工作。Fedora Project 被 Red Hat®公司视为一个新技术的研究园地，其所开发的各项技术有可能在未来被纳入 Red Hat Enterprise Linux（企业版）中。正因为如此，Fedora Project 不断引入自由软件的新技术，从而导致其发行版本缺乏足够的稳定性。Fedora Project 现已更名为 Fedora。

3．CentOS 与 RHEL

CentOS 是一个开源软件贡献者和用户的社区。它对 RHEL 源代码进行重新编译，成为众多发布新发行版本的社区当中的一个，并且在不断的发展过程中，CentOS 社区不断与其他的同类社区合并，使 CentOS Linux 逐渐成为使用最广泛的 RHEL 兼容版本。CentOS Linux 的稳定性不比 RHEL 差，唯一不足的就是缺乏技术支持，因为它是由社区发布的免费版。

CentOS 社区的 Linux 发行版本被称为 CentOS Linux，由于使用了由 RHEL 的源代码重新编译生成新的发行版本，CentOS Linux 具有与 RHEL 产品非常好的兼容性，并且与生俱来地拥有 RHEL 的诸多优秀特性。虽然 CentOS Linux 使用了 RHEL 的源代码，但是由于这些源代码是 Red Hat 公司自由发布的，因此 CentOS Linux 的发布是完全合法的，CentOS Linux 的使用者也不会遇到任何的版权问题。CentOS 面向那些需要企业级操作系统稳定性的人们，而且并不存在认证和支持方面的开销。

CentOS Linux 与 RHEL 产品有着严格的版本对应关系，例如使用 RHEL 5 源代码重新编译发布的是 CentOS Linux 5，与 RHEL 6.5 对应的是 CentOS Linux 6.5。

1.2 安装 Linux

1.2.1 准备安装 Linux

1．获取 CentOS 6 的 ISO 文件

可以从如下的镜像站点选择下载 CentOS 的 ISO 文件。

- 32 位：http://isoredirect.centos.org/centos/6/isos/i386/
- 64 位：http://isoredirect.centos.org/centos/6/isos/x86_64/

以 64 位的 CentOS 6.5 为例，可用的 ISO 文件及其说明如表 1-2 所示。

表 1-2 64 位 CentOS 6.5 可用的 ISO 文件及说明

ISO 文件	说明
CentOS-6.5-x86_64-minimal.iso	用于安装一个基本的 CentOS 6.5 系统
CentOS-6.5-x86_64-netinstall.iso	用于网络安装并提供援救（Rescue）模式
CentOS-6.5-x86_64-bin-DVD1.iso CentOS-6.5-x86_64-bin-DVD2.iso	包含 CentOS 6.5 发布的所有软件包，一个基本安装无需 DVD2
CentOS-6.5-x86_64-LiveCD.iso	直接 CD 启动的 CentOS 6.5 系统
CentOS-6.5-x86_64-LiveDVD.iso	直接 DVD 启动的 CentOS 6.5 系统

选择下载所需的 ISO 文件并刻录光盘或将 ISO 文件写入 U 盘。可以从搜狐镜像下载 64 位版本的 http://mirrors.sohu.com/centos/6/isos/x86_64/CentOS-6.5-x86_64-**minimal**.iso，本书将以 CentOS 6.5 的 64 位版本为例进行讲解。

> 提示
>
> 1）请查看安装光盘中的发行注记（RELEASE-NOTES）文件获知有价值的功能摘要和已知的问题。
>
> 2）请到 https://hardware.redhat.com/ 查看相应版本的硬件支持情况。
>
> 3）若在阅读本书时，无法下载到 CentOS 6.5 的 ISO 文件，那么下载最新版本的 CentOS 6.X 的 ISO 文件即可。因为即使下载了 CentOS 6.5 的 ISO 文件，一旦安装完毕执行了 yum update 命令后，系统也就成了最新版本的 CentOS 6.X。

2．多种安装方式

RHEL/CentOS 提供了方便的多种安装方式。

（1）本地安装和网络安装

- 本地安装：安装程序要安装的源文件（RPM 文件）保存在本地光盘或本地硬盘的 ext2/3/4 分区或 vfat（FAT32）分区。
- 网络安装：安装程序要安装的源文件（RPM 文件）保存在网络服务器中并以 HTTP/FTP/NFS 协议提供。

（2）手动安装和自动安装

- 手动安装：在安装过程中逐一回答安装程序所提出的问题。
- 自动安装：以应答文件（Kickstart 文件）自动回答安装程序所提出的问题。

3．安装程序 Anaconda

Anaconda 是由 Python 语言编写的 Linux 安装程序，被许多 Linux 发行版本使用。

（1）RHEL/CentOS 的 Anaconda 提供了如下 3 种模式：

- Update 模式——用于安装和更新。
- Kickstart 模式——用于实现自动安装。
- Rescue 模式——用于为无法引导的系统故障修复。

（2）Anaconda 为用户提供了 4 种访问界面：

1）图形安装界面——默认界面。

2）文本安装界面——通过“text”启用。

3）VNC 安装界面。

- 通过 VNC 进行远程安装。
- 通过“vnc”启用。
- 使用“vncconnect=<HOST>:<PORT>”指定主动连接的 VNC 客户端的主机名或 IP 地址以及端口号。
- 使用“vncpassword=<PASSWORD>”指定 VNC 的联机口令。

4）串口安装界面。

- 通过 COM 口所连接的串行控制台安装。
- 用于未安装显示适配器的计算机。
- 通过 serial=<device> 启用。

4．安装程序引导方式

Anaconda 是基于 Linux 平台的应用程序，因此必须先启动一个 Linux 内核以便运行。有如下几种安装程序引导方式：

- 光盘（DVD 安装光盘或 minimal/netinstall CD 光盘）。
- USB 设备（将 ISO 文件写入 U 盘）。
- 引导装载程序，比如 GRUB。
- 网络（PXE）。

1.2.2 最小化安装 CentOS 6.5

1．安装引导配置

将使用 CentOS-6.5-x86_64-**minimal**.iso 刻录的光盘插入光驱，设置计算机 BIOS 为 CD-ROM

优先启动。引导计算机，进入光驱引导界面，如图 1-1 所示。

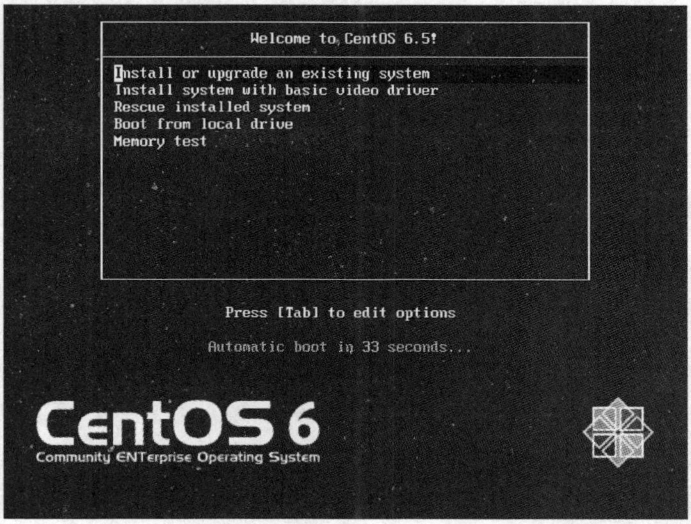

图 1-1　使用安装光盘启动系统

在图 1-1 所示的界面中有 5 个选项，分别为：

- 安装新系统或更新现有系统。
- 使用基本的显示驱动安装新系统。
- 进入系统援救模式。
- 从本地硬盘启动系统。
- 内存检测。

要安装一个新的 CentOS 系统，直接按〈Enter〉键后将出现如图 1-2 所示界面，如果要检查安装光盘介质，选择“OK”，否则选择“Skip”，然后进入 CentOS 的欢迎界面。

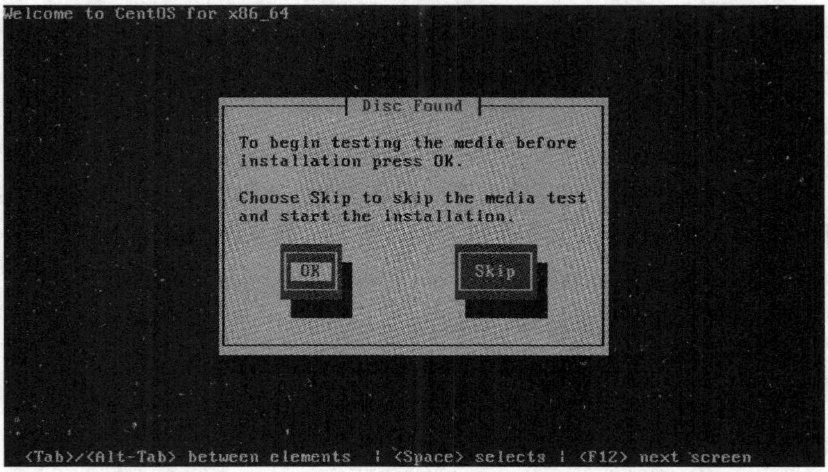

图 1-2　检查安装光盘介质

经过 CentOS 的欢迎界面之后，进入如图 1-3 所示界面，在此界面中可以选择安装过程所使用的语言。选择“Chinese(Simplified)”之后，单击“Next”按钮继续。

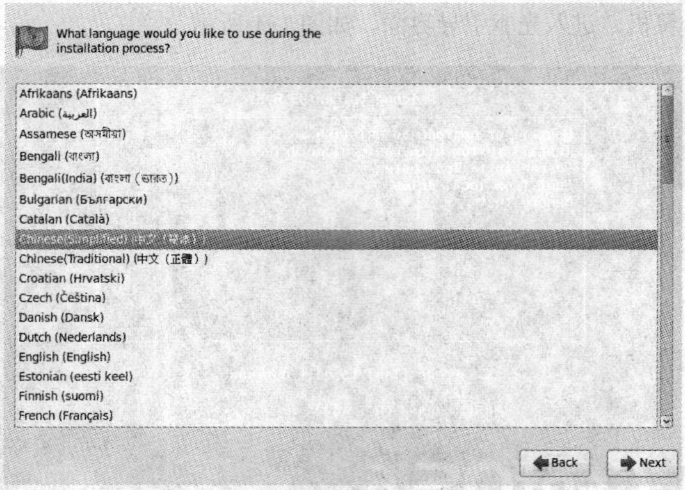

图 1-3　选择安装过程使用的语言

在图 1-4 所示的界面中选择键盘布局，默认即可，单击“下一步”按钮继续。

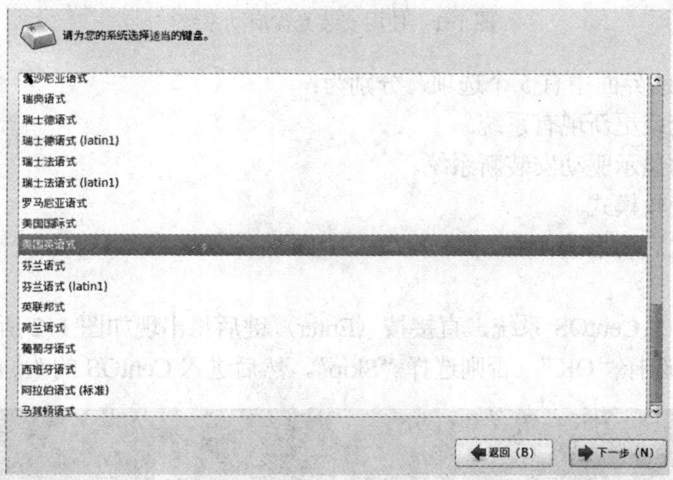

图 1-4　选择键盘布局

2．选择存储设备

在如图 1-5 所示的界面中，可以选择存储设备类型：本地存储（将 CentOS 安装到本地磁盘中）或远程存储（将 CentOS 安装到远程存储设备中，如 SAN 或者 NAS）。

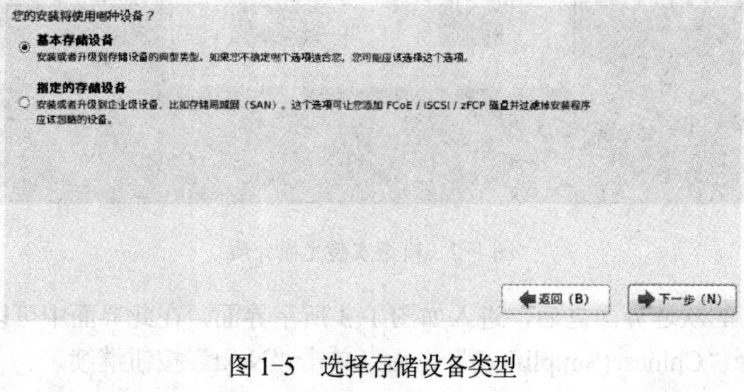

图 1-5　选择存储设备类型

在本例中将 CentOS 系统安装到本地硬盘，所以保持默认选项，单击“下一步”按钮继续。

3. 配置网络相关参数

在如图 1-6 所示的界面中，首先输入主机名。

图 1-6　输入主机名

单击“配置网络（C）”按钮，进入如图 1-7 所示的配置网络连接的界面。

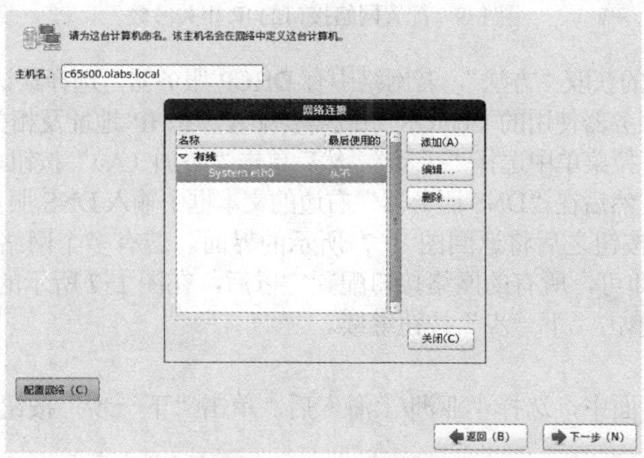

图 1-7　配置网络连接的界面

首先在安装程序自动发现的网络设备列表里选中一个网络设备，然后单击“编辑”按钮，进入如图 1-8 所示的界面。为了使安装后自动启用此网络设备，选中“自动连接”复选框，然后单击“IPv4 设置”选项卡，将进入如图 1-9 所示的界面。

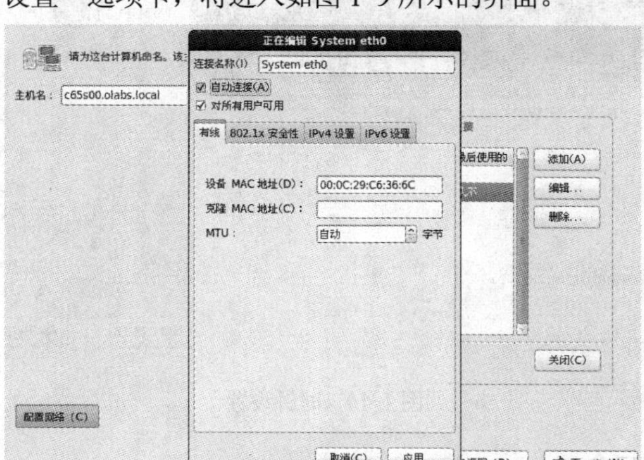

图 1-8　配置网络接口的界面

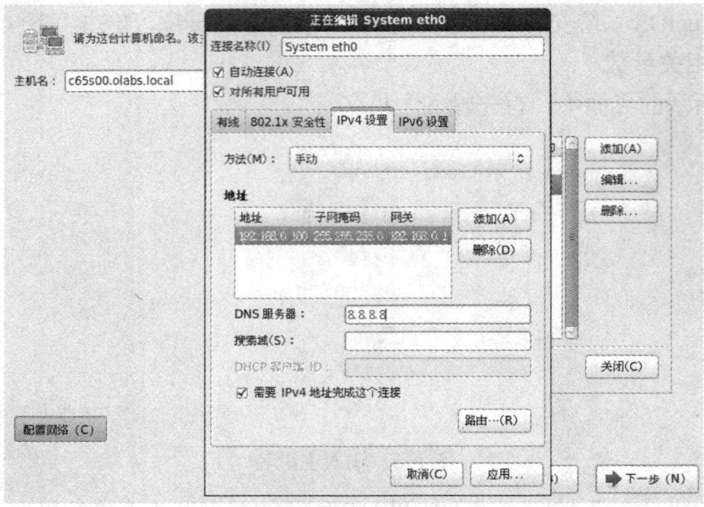

图 1-9　配置网络接口的 IP 相关参数

首先选择 IP 地址的获取“方法”，若网络中有 DHCP 服务器，选择默认的“自动（DHCP）”即可，不过通常作为服务器使用的 CentOS 系统需要配置静态 IP 地址及相关网络参数，为此，在“方法（M）”右面的下拉菜单中选择“手动”，然后单击“添加（A）”按钮之后，分别输入 IP 地址、子网掩码和网关。然后在“DNS 服务器”右边的文本框中输入 DNS 服务器的 IP 地址。

单击“应用…”按钮之后将返回图 1-7 所示的界面。若有多个网络接口需要配置，使用上述的配置方法配置即可，所有的网络接口配置完以后，在图 1-7 所示的界面中单击“关闭”按钮结束网络配置。单击“下一步”按钮继续。

4. 时钟设置

在图 1-10 所示界面中，选择“亚洲/上海”后，单击“下一步”按钮继续。

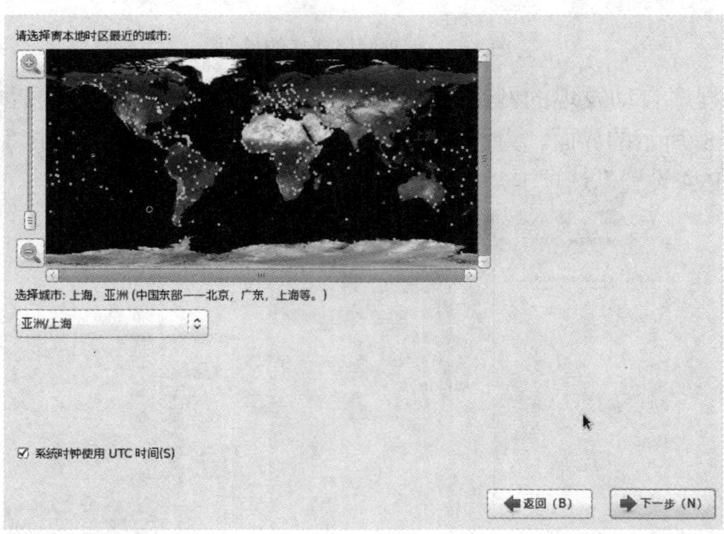

图 1-10　时钟设置

5. 设置超级用户口令

在图 1-11 所示界面输入两次 root 用户口令，然后单击“下一步”按钮继续。

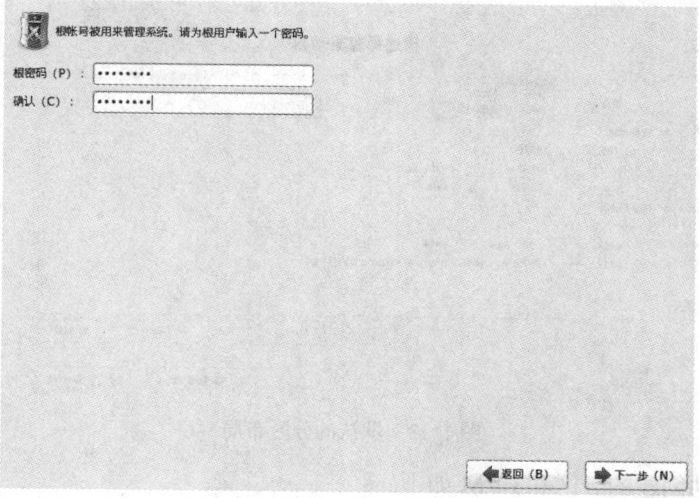

图 1-11　输入 root 用户口令

6. 磁盘分区

在如图 1-12 所示的界面中，有如下 5 种分区方式。

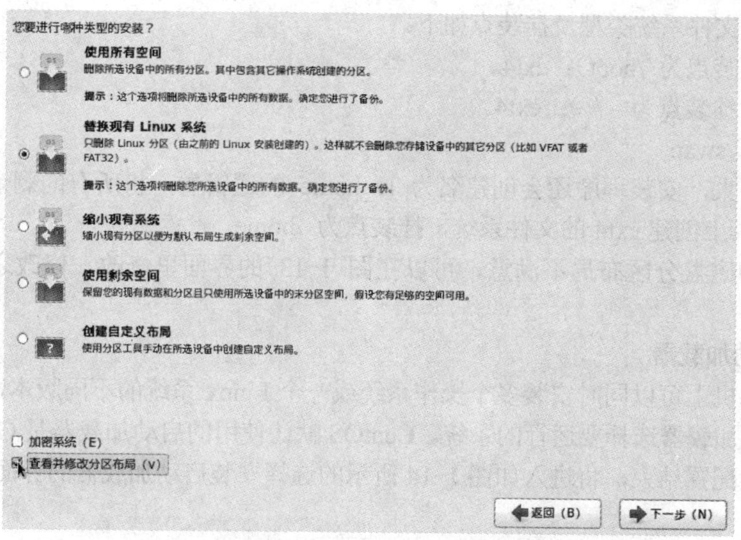

图 1-12　选择清空整个磁盘的 Linux 分区

- 使用所有空间：删除现有所有分区，然后自动创建分区布局。
- 替换现有 Linux 系统：删除现有所有 Linux 分区，然后自动创建分区布局。
- 缩小现有系统：缩小现有分区以便为新系统的安装腾出更多的空闲空间。
- 使用剩余空间：在所有空闲空间上自动创建分区布局。
- 创建自定义布局：自定义分区布局。

可以根据磁盘情况进行选择。对于在新硬盘上安装系统的情况，选择第一项或默认的第二项均可。

若选中了“查看并修改分区布局”复选框后，单击“下一步”按钮将进入如图 1-13 所示的界面。

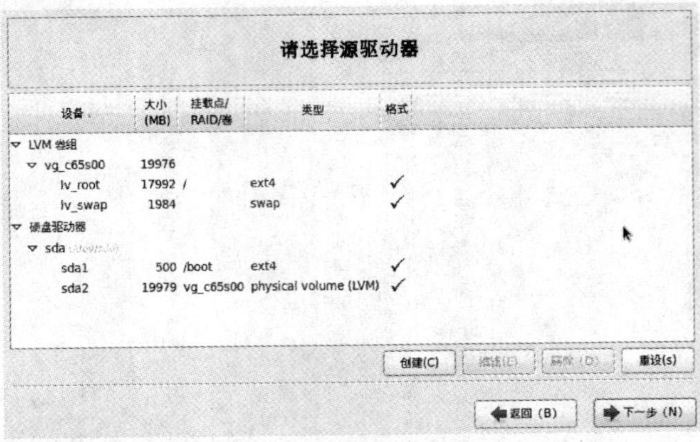

图 1-13　默认的分区布局

系统默认自动创建的分区和 LVM 如下。

- /boot：单独的/boot 分区（sda1）。
- PV：将磁盘的剩余空间创建为一个物理卷（sda2）。
- VG：将物理卷（sda2）加入到名为 vg_<主机名> 的卷组中。
- LV：在卷组中分别创建名为 lv_root 和 lv_swap 的两个逻辑卷。

默认的设备文件系统类型及挂装点如下。

- sda1（挂装点为 /boot）：ext4。
- lv_root（挂装点为 / ）：ext4。
- lv_swap：swap。

若硬盘足够大，安装程序还会创建名为 lv_home 的逻辑卷，将所有的剩余空间都分配给 lv_home，并在其上创建 ext4 的文件系统，挂装点为 /home。

若对默认的磁盘分区布局不满意，可以在图 1-13 的界面里修改，修改之后单击“下一步”按钮继续。

7. 配置启动加载器

在一台计算机上可以同时安装多个操作系统或一个 Linux 系统的不同版本，当计算机开机时可以使用启动加载器选择要运行的系统。CentOS 默认使用的启动加载器是 GRUB。

当磁盘分区配置结束，将进入如图 1-14 所示的选择安装启动加载器的界面。

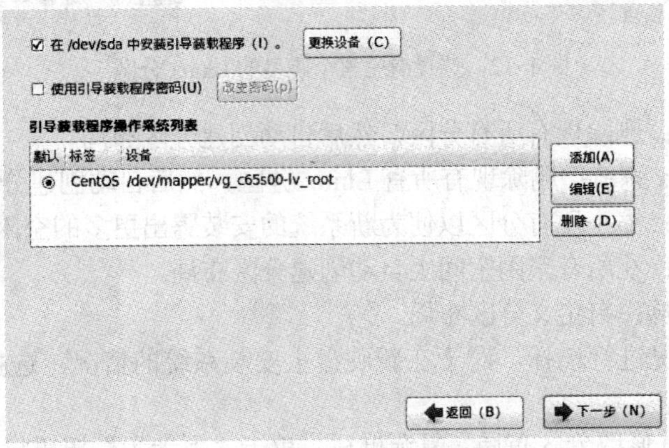

图 1-14　配置启动加载器

对于一个全新的 CentOS 安装，保持默认选项即可，本书将在最后一章详细介绍 GRUB 及其配置。单击“下一步”按钮继续。

8．确认并开始安装

当确认安装之后，进入如图 1-15 所示的软件包安装界面。

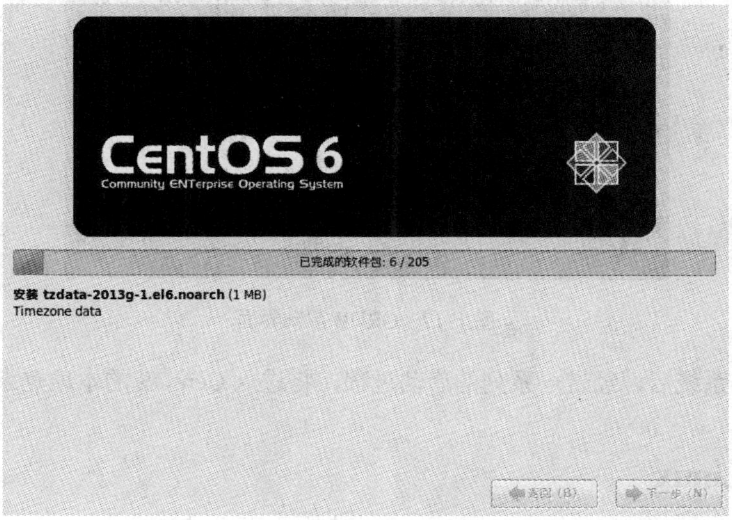

图 1-15　正在安装系统

9．安装结束

当系统安装结束，将出现如图 1-16 所示的结束安装界面。

图 1-16　安装结束

系统安装结束后取出光盘，单击“重新引导”按钮结束安装并重新启动系统。

重新启动系统，首先进入如图 1-17 所示的 GRUB 启动界面。按〈Enter〉键继续。

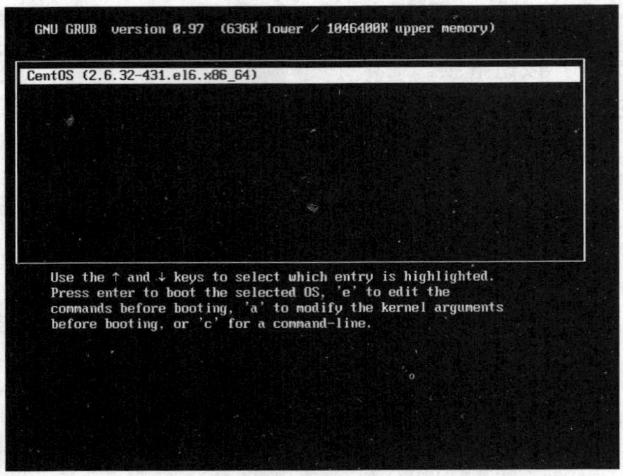

图 1-17　GRUB 启动界面

引导 Linux 系统后，经过一系列的启动过程，将进入 CentOS 的本地登录界面。

1.3　初入 Linux

1.3.1　虚拟控制台和本地登录

1．虚拟控制台

当在系统启动时直接进入字符工作方式后，系统提供了多个（默认为 6 个）虚拟控制台。每个虚拟控制台可以独立使用，互不影响。

可以使用〈Alt+F1〉～〈Alt+F6〉进行多个虚拟控制台之间的切换。如果用户使用 startx 命令在字符界面下启动了图形环境，那么可以使用〈Ctrl+Alt+F1〉～〈Ctrl+Alt+F6〉切换字符虚拟终端，使用〈Ctrl+Alt+F7〉切换到图形界面。

2．本地登录和注销

若用户在系统启动后直接进入字符工作方式或者从图形界面使用〈Ctrl+Alt+F1〉～〈Ctrl+Alt+F6〉切换字符虚拟终端进入字符界面，就会看到如图 1-18 所示的登录界面。

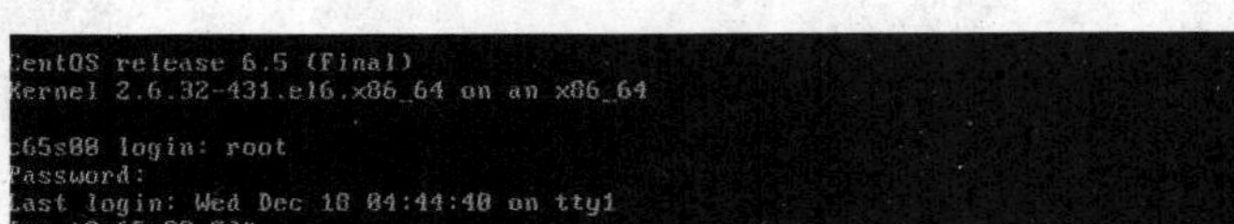

图 1-18　以 root 用户本地登录 CentOS

若要注销登录，用户可以在当前的登录终端上输入 logout 命令或使用〈Ctrl+D〉快捷键进行。超级用户的提示符是“#”，普通用户的提示符是“$”。

> **注意**　Linux 系统是严格区分大小写的，无论用户名，还是文件名、设备名都是如此。即 ABC、Abc、abc 是 3 个不同的用户名或文件名。

1.3.2 远程登录 Linux 系统

1. 在 Linux 环境下使用 ssh 登录远程 Linux 系统

Linux 下的 ssh 命令是 OpenSSH 的客户端程序。要登录远程 Linux 系统，必须保证远程 Linux 系统上启动了名为 sshd 的服务，CentOS 的默认配置是开启这项服务的。使用 ssh 命令登录远程 OpenSSH 服务的命令格式是：

```
$ ssh 远程主机上的用户名@远程主机的 IP 地址或 FQDN
```

下面给出一个使用 ssh 命令登录远程 Linux 系统的操作步骤。

操作步骤 1.1 在 Linux 环境下使用 ssh 命令登录远程 Linux 系统。

```
// 以 root 身份登录 IP 地址为 192.168.0.19 的 Linux 系统
# ssh root@192.168.0.19
The authenticity of host '192.168.0.19 (192.168.0.19)' can't be established.
RSA key fingerprint is 51:11:9c:e3:fa:d5:c7:e5:fc:0b:76:f1:c4:9e:03:fd.
Are you sure you want to continue connecting (yes/no)? yes
// 如果第一次使用该账号进行 ssh 登录需确认密钥，选择 yes 才可继续登录过程
Warning: Permanently added '192.168.0.19' (RSA) to the list of known hosts.
root@192.168.0.19's password:
// 在此输入用户口令，口令输入过程中没有回显
Last login: Wed Apr 30 02:15:08 2010 from 192.168.0.19
// 正确登录后出现 Shell 提示符
#
```

提示 由于 SSH 协议采取加密数据传输，相对比较安全，所以 SSH 服务器的默认配置允许 root 用户直接进行登录，这是与传统的 Telnet 登录方式所不同的。

2. 在 Windows 环境下使用 putty 登录远程 Linux 系统

在 Windows 下，用户可以用 putty 来远程登录 Linux 系统。putty 的下载地址是 http://www.chiark.greenend.org.uk/～sgtatham/putty/download.html。putty 支持 telnet、ssh、rlogin 等多种连接方式。下面给出一个使用 putty 登录远程 Linux 系统的操作步骤。

操作步骤 1.2 在 Windows 环境下使用 putty 登录远程 Linux 系统。

// 1．双击 Windows 桌面上的 putty 图标，启动 putty。

// 2．在 Session 设置中：选择连接会话的类型，如 ssh；然后在 Host Name 一栏中填入远程主机的主机名或 IP 地址；然后单击 Open 按钮启动连接。

// 3. 在 Window 设置中：选择 Appearance 页中的 Font Settings 单击“Change…”按钮设置字体。选择 Translation 页中的“Received data assumed to be in which character set:”下的下拉列表中的“UTF-8”。

// 4. 保存会话：在 Session 页中的 Saved Sessions 下的文本框中起一个名字，如“CentOS”，单击右边的“Save”按钮。保存会话之后就可以用双击会话名的方法登录远程主机了，如双击会话名“CentOS”，如图 1-19 所示。

// 5．如果是第一次连接远程系统，putty 会提示在本地主机上没有远程系统的公共密钥，询问用户是否要继续连接。单击“是”按钮继续，如图 1-20 所示。

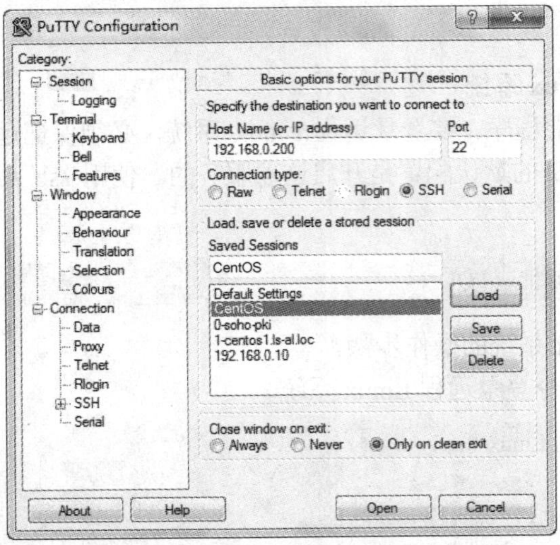

图 1-19　设置 putty 连接远程 Linux 系统

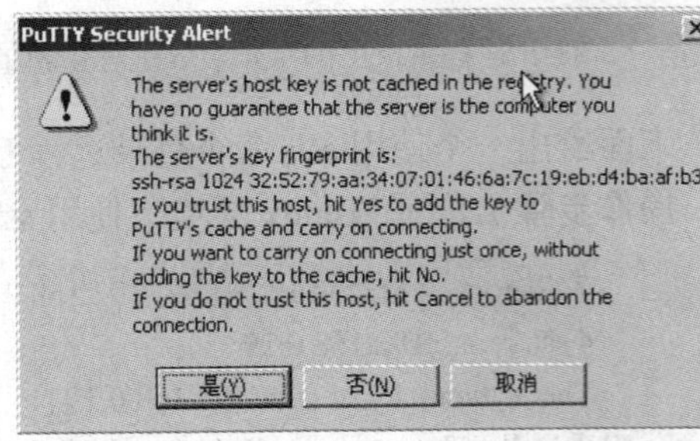

图 1-20　确认与远程系统建立连接

// 6. 建立与远程主机的连接之后，输入用户名和密码登录系统，如图 1-21 所示。

// 7. 至此用户已经通过 putty 成功登录到服务器，接着用户就可以如同在服务器控制终端上一样执行各种命令进行系统管理了。

图 1-21　使用 putty 登录远程系统

注意　Linux 系统中有两类用户：普通用户和超级用户（root）。基于安全的考虑不建议直接使用 root 用户登录，建议首先以一个普通用户身份登录系统，当需要执行系统管理类命令时可以使用"su -"命令（-表示同时切换用户工作环境）切换为超级用户身份，当执行完系统管理类命令时再使用 exit 或 logout 退回到普通用户身份。此外还可以使用 sudo 命令，参见本书 6.1.2 节。

1.3.3　安装后的基本配置

1. 安装必要的软件

假定网络配置正确，能访问 Internet，可以输入如下的命令安装必要的软件：

```
# yum -y install man tree zip unzip xz vim-enhanced ntsysv at tmpwatch lsof ntpdate
# yum -y install yum-plugin-{security,priorities,versionlock} yum-utils
# yum -y install git wget elinks w3m lftp mailx mutt rsync iptstate
# yum -y install system-config-{firewall,network}-tui
```

若希望安装图形工作界面环境（生产环境通常无须安装），可以执行如下命令：

```
# yum -y groupinstall "Desktop" "X Window System" "Fonts" "Desktop Platform"
# yum -y groupinstall "General Purpose Desktop" "Graphical Administration Tools"
```

```
// 若希望下次开机后进入图形界面，还需执行如下命令：
# sed -i '/^id/ s/3/5/' /etc/inittab
```

若服务器需要开发编译环境，可以执行如下命令：

```
# yum –y groupinstall "Base" "Development Libraries" "Development Tools"
```

2. 配置防火墙

CentOS 6.5 的最小化安装默认开启了防火墙，且只允许外界访问本机的 ssh 服务（端口号：22），可以简单地输入如下命令关闭防火墙（不推荐，仅用于实验环境）。

```
# lokkit    --disabled
// 若想重新启用防火墙请使用如下命令
# lokkit    --enabled
```

要配置防火墙（比如允许外界访问本机除 ssh 之外的其他服务），可以执行如下命令：

```
# system-config-firewall-tui
```

然后进入如图 1-22 所示的防火墙配置界面。

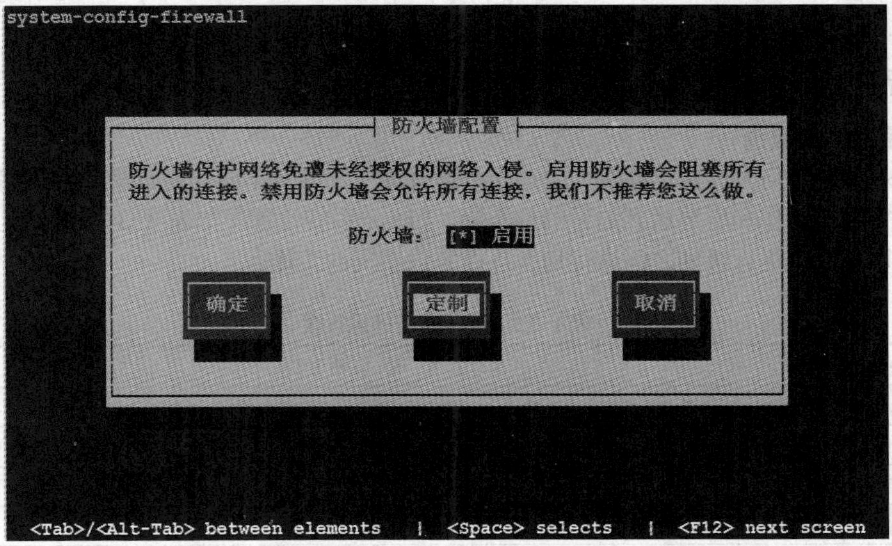

图 1-22　防火墙配置界面

可以选择“定制”按钮进行配置，选择“确定”按钮退出。

3. 配置 SELinux

RHEL/CentOS 从版本 5 开始支持一种更安全的机制，即 SELinux，且默认是开启的。由于 SELinux 的配置相对复杂且极少在生产环境中使用，请使用如下命令将其关闭。

```
# lokkit --selinux=disabled
或
# sed -i 's/SELINUX=.*/SELINUX=disabled/' /etc/selinux/config
```

> 提示
>
> 1. 本书不涉及 SELinux 的内容，请将其关闭。
> 2. 有关防火墙的配置的详情请参见本书第 6 章。

4. 添加一个普通用户账号

使用如下命令添加一个普通用户账号，并为其设置口令：

```
#   useradd osmond
#   passwd osmond
Changing password for user osmond.
New UNIX password:                    // 输入 osmond 用户的口令
Retype new UNIX password:             // 再次输入 osmond 用户的口令
passwd: all authentication tokens updated successfully.
#
```

5. 更新并重启系统

使用如下命令更新并重启系统：

```
# yum -y update
# reboot
```

1.3.4 系统运行级别与关机

1．系统运行级别

Linux 系统任何时候都运行在一个指定的运行级上，并且不同的运行级的程序和服务都不同，所要完成的工作和所要达到的目的也不同。Linux 系统设置了如表 1-3 所示的运行级，并且系统可以在这些运行级别之间进行切换，以完成不同的工作。

表 1-3 Linux 系统的运行级

运 行 级	说 明
0	所有进程将被终止，机器将有序地停止，关机时系统处于这个运行级别
1	单用户模式。用于系统维护，只有少数进程运行，同时所有服务也不启动
2	多用户模式。和运行级别 3 一样，只是网络文件系统（NFS）服务没被启动
3	多用户模式。允许多用户登录系统，是系统默认的启动级别
4	留给用户自定义的运行级别
5	多用户模式，并且在系统启动后运行 X-Window，给出一个图形化的登录窗口
6	所有进程被终止，系统重新启动

> 注意
>
> 1. 如果系统启动后进入字符登录界面，则说明系统默认的运行级别为 3；如果系统启动后进入图形登录界面，则说明系统默认的运行级别为 5。
> 2. 如果用户已经启动了字符界面，想要进入图形界面可以使用如下命令：$ startx &

用户可以使用如下的命令查看当前系统的运行级：

```
# runlevel
```

用户可以使用如下的命令切换运行级：

```
# init [0123456Ss]
```

即在 init 命令后跟一个参数，此参数是要切换到的运行级的运行级代号，如可以用 init 0 命令重新启动机器。也可以使用 telinit 命令，在 RHEL/CentOS 中，telinit 命令是 init 命令的符号链接。

下面看一个使用 runlevel 和 init 命令的例子。

```
// 显示系统当前运行级别
# runlevel
N 3
// 系统当前的运行级别为 3，没有上一次运行级别（用 N 表示）
# init 2
// 执行 init 2 命令后会在系统控制台中显示相应的停止启动服务信息
# runlevel
3 2
// 系统当前运行级别已经为 2，上一次的运行级别为 3，转换运行级别成功
```

2．关机与重新启动

系统的关机和重新启动，实际上是进行运行级别的切换。

例如，关机可以使用如下命令：

```
# init 0
```

又如，重新启动系统可以使用如下命令：

```
# init 6
```

此外，还可以使用 halt 命令和 reboot 命令进行关机和重新启动。

命令 init 用于立即关机或重启，但是在多用户系统中，若想给用户发送关机警告信息以便各个用户完成自己的工作并注销登录，则必须使用 shutdown 命令。

在多用户环境下，通常使用 shutdown 命令关闭和重新启动系统。shutdown 命令能够以一种比较安全的方式来关闭系统，所有登录到系统上的用户将被通知系统将要关闭，而新的登录操作将被阻止；同时所有的进程也将被通知系统将要关闭，这样有些程序，如 vi 将能够及时保存用户编辑的文件并退出。shutdown 命令的格式为：

```
# shutdown [选项]
```

例如：

```
// 警告所有用户系统将在 5min 后重新启动（-r）系统
# shutdown  –r  +5  " System will be reboot in 5 minites, Please save your work."
// 立即关闭（-h）系统
# shutdown  –h  now
```

1.4 思考与实验

1．思考

1）什么是自由软件、开放源代码软件？其与共享软件有何区别？

2）自由软件的创始人是谁？GNU 和 GPL 为何意？

3）什么是 Linux？其创始人是谁？

4）Linux 与 UNIX 有何异同？

5）Linux 系统有何特点？Linux 系统组成如何？

6）什么是 Linux 的内核版本？什么是 Linux 的发行版本？常见的发行版本有哪些？

7）Red Hat 和 Fedora 是何关系？RHEL 与 CentOS 是何关系？

8）如何使用本地虚拟控制台？如何进行本地登录和注销？如何进行远程登录？

9）RHEL/CentOS 系统有哪些运行级别？其含义是什么？

10）如何正确地关闭和重新启动 Linux 系统？

2．实验

1）使用 DVD 光盘启动，以图形界面安装 CentOS 系统。

2）使用安装引导盘（CentOS-6.5-x86_64-netinstall.iso）启动，从网络安装 CentOS 系统。

3）掌握本地和远程登录与注销的方法。

3．进一步学习

下载并使用跨平台的自由软件（可以在 Windows 平台下试用这些软件）。

1）办公套件——LibreOffice.org（http://www.libreoffice.org/）。

2）集成开发环境——Eclipse（http://www.eclipse.org/）。

3）浏览器——Firefox（http://firefox.com.cn/）。

4）邮件客户——Thunderbird（http://www.mozillamessaging.com/zh-CN/thunderbird/）。

5）FTP 工具——Filezilla（http://filezilla-project.org/）。

6）即时通信——Pidgin（http://www.pidgin.im/）。

7）网络协议分析——Wireshark（http://www.wireshark.org/）。

8）Minimalist GNU for Windows——MinGW（http://www.mingw.org/）。

9）图形编辑器——GIMP（http://www.gimp.org/）。

10）XML 编辑器——XMLmind（http://www.xmlmind.com/xmleditor/）。

第 2 章　Linux 操作基础

本章首先介绍了 Shell 的相关概念、命令格式、通配符以及获得命令帮助的方法。然后分别介绍了各类 Linux 的常用命令的使用方法以及文本编辑器 vi 的使用方法。最后介绍了 Shell 的重定向、管道、命令替换等功能以及 Shell 变量的定义与 Shell 环境的配置。

2.1　Shell 和命令基础

2.1.1　Shell 简介

1．什么是 Shell

Shell 是系统的用户界面，提供了用户与内核进行交互操作的一种接口（命令解释器），Shell 接收用户输入的命令并把它送入内核去执行。Shell 起着协调用户与系统的一致性和在用户与系统之间进行交互的作用。Shell 在 Linux 系统中具有极其重要的地位，如图 2-1 所示。

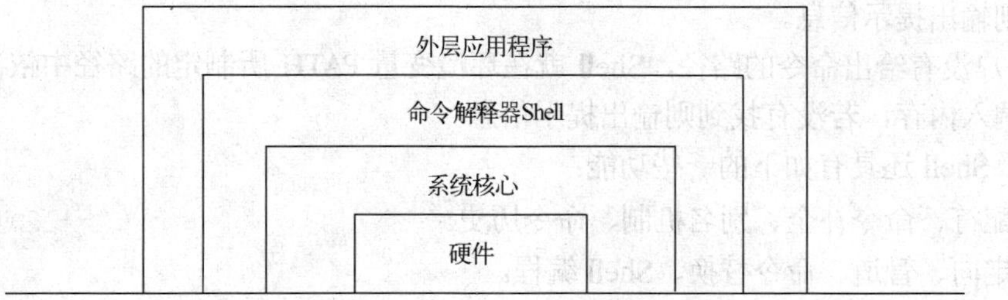

图 2-1　Shell 在 Linux 系统中的地位

2．Shell 的功能

Shell 最重要的功能是命令解释，从这种意义上说，Shell 是一个命令解释器。Linux 系统中的所有可执行文件都可以作为 Shell 命令来执行。将可执行文件作一个分类，如表 2-1 所示。

表 2-1　Linux 系统上可执行文件的分类

类　别	说　明
Linux 命令	存放在/bin、/sbin 目录下的命令
内置命令	出于效率的考虑，将一些常用命令的解释程序构造在 Shell 内部
实用程序	存放在/usr/bin、/usr/sbin、/usr/share、/usr/local/bin 等目录下的实用程序或工具
用户程序	用户程序经过编译生成可执行文件后，也可作为 Shell 命令运行
Shell 脚本	由 Shell 语言编写的批处理文件

图 2-2 描述了 Shell 是如何完成命令解释的。

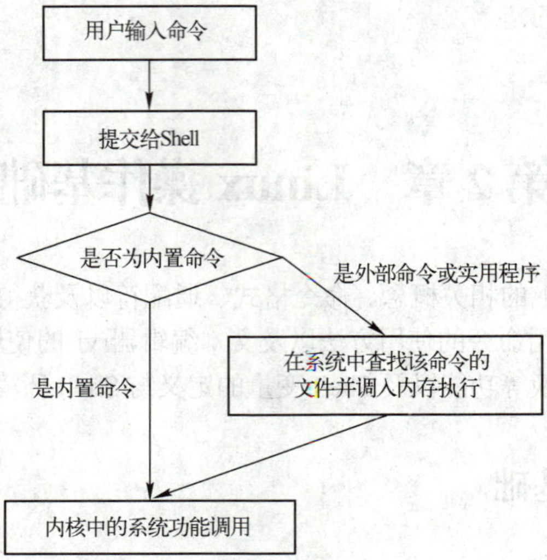

图 2-2　命令解释过程

当用户提交了一个命令后，Shell 首先判断它是否为内置命令（由 Shell 自身负责解释），如果是就通过 Shell 内部的解释器将其解释为系统功能调用并转交给内核执行；若是外部命令或实用程序就试图在硬盘中查找该命令并将其调入内存，再将其解释为系统功能调用转交给内核执行。在查找该命令时分为两种情况：

1）用户给出了命令的路径，Shell 就沿着用户给出的路径进行查找，若找到则调入内存，若没找到则输出提示信息。

2）用户没有给出命令的路径，Shell 就在环境变量 PATH 所制定的路径中依次进行查找，若找到则调入内存，若没有找到则输出提示信息。

此外，Shell 还具有如下的一些功能：

- 通配符、命令补全、别名机制、命令历史。
- 重定向、管道、命令替换、Shell 编程。

3. Shell 的主要版本

表 2-2 列出了几种常见的 Shell 版本。RHEL/CentOS 下默认的 Shell 是 bash。

表 2-2　Shell 的不同版本

版　本	说　明
Bourne Again Shell（bash、bsh 的扩展）	bash 是大多数 Linux 系统的默认 Shell。bash 与 bsh 完全向后兼容，并且在 bsh 的基础上增加和增强了很多特性。bash 也包含了很多 C Shell 和 Korn Shell 中的优点。bash 有很灵活和强大的编程接口，同时又有很友好的用户界面
Korn Shell（ksh）	Korn Shell（ksh）由 Dave Korn 所写。它是 UNIX 系统上的标准 Shell。另外，在 Linux 环境下有一个专门为 Linux 系统编写的 Korn Shell 的扩展版本，即 Public Domain Korn Shell（pdksh）
tcsh（csh 的扩展）	tcsh 是 C Shell 的扩展。tcsh 与 csh 完全向后兼容，但它包含了更多的使用户感觉方便的新特性，其最大的提高是在命令行编辑和历史浏览方面

4. Shell 的元字符

在 Shell 中有一些具有特殊意义的字符，称为 Shell 元字符（Shell Metacharacters）。若不以特殊方式指明，Shell 不会把它们当作普通文字字符使用。

表 2-3 简单列举了常用的 Shell 元字符的含义。

表 2-3 常用的 shell 元字符及含义

Shell 元字符	Shell 元字符的含义
*	代表任意字符串
?	代表任意字符
/	代表根目录或作为路径间隔符使用
\	转义字符。当命令的参数要用到保留字时，要在保留字前面加上转义字符
\<Enter>	续行符。可以使用续行符将一个命令行分写在多行上
$	变量值置换，如$PATH 表示环境变量 PATH 的值
'	在'…'中间的字符均被当作文字处理，指令、文件名、保留字等都不再具有原来的意义
"	在"…"中间的字符会被当作文字处理并允许变量值置换
`	命令替换，置换`…`中命令的执行结果
<	输入重定向字符
>	输出重定向字符
|	管道字符
&	后台执行字符。在一个命令之后加上字符“&”，该命令就会以后台方式执行
;	分割顺序执行的多个命令
()	在子 Shell 中执行命令
{}	在当前 Shell 中执行命令
!	执行命令历史记录中的命令
~	代表登录用户的宿主目录（自己的目录）

2.1.2 命令格式和通配符

1．命令格式

Shell 命令的一般格式为：

```
cmd  [-options]        [arguments]
```

其中，cmd 是命令名；options 是选项；arguments 是参数，即操作对象。

说明：

- 最简单的 Shell 命令只有命令名，复杂的 Shell 命令可以有多个选项和参数。
- 选项和参数都作为 Shell 命令执行时的输入，它们之间用空格分隔开。
- 单字符参数前使用一个减号（-），单词参数前使用两个减号（--）。
- 多个单字符参数前可以只使用一个减号。
- 操作对象（arguments）可以是文件也可以是目录，有些命令必须使用多个操作对象，如 cp 命令必须指定源操作对象和目标操作对象。
- 并非所有命令的格式都遵从以上规则，例如 dd、find 等。

例如以下字符串：

```
$ ls
$ ls -lra   /home
$ ls --help
$ cat   /etc/passwd   ./myfile
```

具有以上格式的字符串习惯性地被称为命令行，命令行是用户与 Shell 之间对话的一个基本单位。

2．目录和文件名的命名规则

在 Linux 下可以使用长文件或目录名，可以给目录和文件取任何名字，但必须遵循下列规则：

- 除了/之外，所有的字符都合法。
- 有些字符最好不用，如空格符、制表符、退格符和字符：？，@ # $ & () \ |；' ' " " <>等。
- 避免使用+、–或. 来作为普通文件名的第一个字符。
- 大小写敏感。
- 以"."开头的文件或目录是隐含的。

3．通配符

通配符主要用于方便用户描述目录或文件。表 2-4 中是常用的通配符及其说明。

表 2-4 常用的通配符

通 配 符	说 明
*	匹配任何字符和任何数目的字符
?	匹配任何单字符
[...]	匹配任何包含在括号里的单字符

提示 "*"能匹配文件或目录名中的"."，但不能匹配首字符是"."的文件或目录名。要匹配隐含文件应该使用".*"。

通配符在指定一系列的文件名时非常有用，表 2-5 列举了一些使用通配符的例子。

表 2-5 通配符使用举例

举 例	说 明
ls *.c	列出当前目录下的所有 C 语言源文件
ls /home/*/*.c	列出/home 目录下所有子目录中的 C 语言源文件
ls n*.conf	列出当前目录下的所有以字母 n 开始的 conf 文件
ls test?.dat	列出当前目录下的以 test 开始的，随后一个字符是任意的.dat 文件
ls [abc]*	列出当前目录下的首字符是 a 或 b 或 c 的所有文件
ls [!abc]*	列出当前目录下的首字符不是 a 或 b 或 c 的所有文件
ls [a-zA-Z]*	列出当前目录下的首字符是字母的所有文件

2.1.3 文件及 Linux 目录结构

1．什么是文件

在 Linux 系统上，文件被看做是字节序列。这种概念使得所有的系统资源有了统一的标识，这些资源包括：普通文件或目录、磁盘设备、控制台（键盘、显示器）、打印机等。对这些资源的访问和处理都是通过字节序列的方式实现的。Linux 系统下的文件类型包括：

- 普通文件（ - ）。
- 目录（ d ）。
- 符号链接（ l ）。

● 字符设备文件（ c ）。
● 块设备文件（ b ）。
● 套接字（ s ）。
● 命名管道（ p ）。

2．普通文件

普通文件仅仅就是字节序列，Linux 并没有对其内容规定任何的结构。普通文件可以是程序源代码（C、C++、Python、Perl 等）、可执行文件（文件编辑器、数据库系统、出版工具、绘图工具等）、图片、声音、图像等。Linux 不会区别对待这些文件，只有处理这些文件的应用程序才会根据文件的内容为它们赋予相应的含义。

在 DOS 或 Winodws 环境中，所有的文件名的后缀就能表示该文件的类型，如*.exe 表示可执行文件，*.bat 表示批处理文件。在 Linux 环境下，只要是可执行的文件并具有可执行属性它就能执行，不管其文件名后缀是什么。但是对一些数据文件一般也遵循一些文件名后缀规则，表 2-6 列出了一些常用的文件后缀。

表 2-6 常用的文件后缀举例

举 例	说 明
*.txt	文本文件
*.conf	配置文件
*html/*xml/*yml/*sql	HTML/XML/YAML/SQL 文件
.c/.cpp	C /C++语言源程序文件
.so/.ko/*.lib	模块文件、库文件
.sh/.php/*.py/*.pl/*.rb	Shell/PHP/Python/Perl/Ruby 脚本文件
*.rpm	RPM 包文件
*.tar	tar 存档文件
.gz/.bz2/*.xz	由 gzip/bzip2/xz 生成的压缩文件
.tar.gz/.tgz/*.tar.bz2/*.tbz/*.tar.xz/*.txz	压缩后的 tar 包文件
*.lock	用于表示某个程序或某种服务正在运行的锁文件
*~	备份文件

3．目录和硬链接

目录文件由一组目录项组成，目录项可以是对其他文件的指向也可以是其下的子目录指向。

实际上，一个文件的名称是存储在其父目录中的，而并非同文件内容本身存储在一起。

将两个文件名（存储在其父目录的目录项中）指向硬盘上一个存储空间，对两个文件中的任何一个的内容进行修改都会影响到另一个文件，这种链接关系称为硬链接，硬链接文件实际上就是在某目录中创建目录项，从而使不止一个目录可以引用到同一个文件。它可以由 ln 命令建立。首先查看一下目录中的文件情况：

```
$ ls -l
-rwxr-xr-x  1 Mike      users     58 2006-07-01 10:05 file1
$ cat file1
This is file1.
```

使用 ln 命令建立文件 file1 的硬链接文件 file2：

```
$ ln file1 file2
```

该命令产生一个新的文件 file2，它和已经存在的文件 file1 建立起硬链接关系：

```
$ cat file2
This is file1.
$ ls -l
-rwxr-xr-x  2 Mike      users      58 2006-07-01 10:05 file1
-rwxr-xr-x  2 Mike      users      58 2006-07-01 10:07 file2
```

可以看出，file2 和 file1 的大小相同，内容相同。再看详细信息的第 2 列，原来 file1 的链接数是 1，说明这一块硬盘存储空间只有 file1 一个文件指向它，而建立起 file1 和 file2 的硬链接关系之后，这块硬盘空间就有 file1 和 file2 两个文件同时指向它，所以 file1 和 file2 的链接数就都变为了 2。因为两个文件指向一块硬盘空间，所以如果现在修改 file2 的内容为"This is file2."，再查看 file1 的内容，就会有：

```
$ cat file1
This is file2.
```

如果删除其中的一个文件（不管是哪一个），就是删除了该文件和硬盘空间的指向关系，该硬盘空间不会释放，另外一个文件的内容也不会发生改变，但是目录详细信息中的链接数会减少，请见如下信息。

```
$ rm -f file1
$ ls -l
-rwxr-xr-x  1 Mike      users      58 2006-07-01 10:07 file2
$ cat file2
This is file2.
```

硬链接并不是一种特殊类型的文件，只是在同一个文件系统中允许多个目录项指向同一个文件的一种机制。

4. 符号链接

符号链接又称软链接，是指将一个文件指向另外一个文件的文件名。这种符号链接的关系由 ln -s 命令行建立。首先查看一下目录中的文件信息：

```
$ ls -l
-rwxr-xr-x  1 Mike      users      58 2006-07-01 10:05 file1
$ cat file1
This is file1.
```

使用 ln 命令和-s 选项建立文件 file1 的符号链接文件 file2：

```
$ ln -s file1 file2
```

该命令产生一个新的文件 file2，它和已经存在的文件 file1 建立起符号链接关系：

```
$ cat file2
This is file1.
```

```
$ ls -l
-rwxr-xr-x  1 Mike       users      58 2006-07-01 10:15 file1
lrwxrwxrwx        1 Mike       users       5 2006-07-01 10:17 file2 -> file1
```

可以看出 file2 这个文件很小，因为它只是记录了要指向的文件名而已，请注意那个从文件 file2 指向文件 file1 的指针。

为什么 cat 命令显示的 file2 的内容与 file1 相同呢？因为 cat 命令在寻找 file2 的内容时，发现 file2 是一个符号链接文件，就会根据 file2 记录的文件名找到 file1 文件，然后将 file1 的内容显示出来。

明白了 file1 和 file2 的符号链接关系，就可以理解为什么 file1 的链接数仍然为 1，这是因为 file1 指向的硬盘空间仍然只有 file1 一个文件在指向。

如果现在删除了 file2，对 file1 并不产生任何影响；而如果删除了 file1，那么 file2 就因无法找到文件名称为 file1 的文件而成为死链接。

```
$ rm -f file1
$ ls -l
lrwxrwxrwx        1 Mike       users       5 2006-07-01 10:17 file2 -> file1
$ cat file2
cat: file2: No such file or directory
```

5. 设备文件

设备是指计算机中的外围硬件装置，即除了 CPU 和内存以外的所有设备。通常，设备中含有数据寄存器或数据缓存器、设备控制器，它们用于完成设备同 CPU 或内存的数据交换。

在 Linux 下，为了屏蔽用户对设备访问的复杂性，采用了设备文件，即可以通过像访问普通文件一样的方式来对设备进行读写访问。

设备文件用来访问硬件设备，包括硬盘、光驱、打印机等。每个硬件设备至少与一个设备文件相关联。设备文件分为：字符设备（如键盘）和块设备（如磁盘）。Linux 下设备名以文件系统中的设备文件的形式存在。所有的设备文件存放在/dev 目录下。

下面对常用设备列表说明，如表 2-7 所示。

表 2-7 常用设备文件说明

设 备 文 件	说 明
/dev/hd*	IDE 硬盘设备，如 hda1 表示第 1 块 IDE 硬盘的第 1 个分区；hdb2 表示第 2 块 IDE 硬盘的第 2 个分区
/dev/sd*	SCSI/SATA/SAS/USB 硬盘设备，如 sda1 表示第 1 块硬盘的第 1 个分区；sdb2 表示第 2 块硬盘的第 2 个分区
/dev/lp*	表示并口设备，如 lp0 表示第 1 个并口设备；lp1 表示第 2 个并口设备
/dev/tty*	终端设备
/dev/console	系统控制台
/dev/scd*	SCSI 光驱设备
/dev/ppp*	ppp 设备。PPP（Point-to-Point）协议设备，用于传统的拨号上网
/dev/isdn*	isdn 设备。ISDN 协议设备，用于 ISDN 网络连接
/dev/null	空设备。可将其视为“黑洞”，所有写入它的内容都会永远丢失，通常用于屏蔽命令行输出
/dev/zero	零设备。可以产生连续不断的二进制的零流，通常用于创建指定长度的空文件

在/dev 目录下有许多链接文件，使用这些链接能够方便地使用系统中的设备。例如，可以通过/dev/cdrom 而不是/dev/hdc 来访问光驱。

6．套接字和命名管道

套接字和命名管道是 Linux 环境下实现进程间通信（IPC）的机制。

命名管道（FIFO）文件允许运行在同一台计算机上的两个进程之间进行通信。套接字（Socket）允许运行在不同计算机上的进程之间相互通信。

套接字和命名管道通常是在进程运行时创建或删除的，一般无须系统管理员干预。

7．熟悉 Linux 的目录结构

Linux 的目录结构遵从 1994 年制定的 Linux 文件系统标准（Linux File System Standard，FSSTND）。在实现 FSSTND 的同时，又产生了文件系统层次结构标准（File System Hierarchy Standard，FHS）。表 2-8 解释了由 FHS 所规定的存放特定类型的文件的位置。

表 2-8 由 FHS 所规定的 Linux 文件系统布局

子目录名	内容说明
bin	存放二进制的可执行程序
boot	存放用于系统引导时使用的各种文件
dev	用于存放设备文件，用户可以通过这些文件访问外部设备
etc	存放系统的配置文件
home	存放所有用户文件的根目录，有一个用户在该目录下就有一个与该用户名相对应的子目录，当用户登录时就进入其用户名对应的子目录
lib	存放根文件系统中的程序运行所需要的共享库及内核模块
lost+found	存放一些系统检查结果，发现不合法的文件或数据都存放在这里，通常此目录是空的，除非硬盘遭受了不明的损坏
mnt	临时文件系统的挂载点目录
media	即插即用型存储设备的挂载点自动在这个目录下创建，比如 CDROM/DVD 等
opt	第三方软件的存放目录
proc	是一个虚拟文件系统，存放当前内存的映射，主要用于在不重启机器的情况下管理内核
root	超级用户目录
sbin	类似/bin 目录，也存放二进制可执行文件，但是只有 root 才能访问
srv	系统对外提供服务的目录，如 Web 虚拟主机等
tmp	用于放置各种临时文件
usr	用于存放系统应用程序
var	用于存放需要随时改变的文件，如系统日志、脱机工作目录等

提示

1．在 Linux 环境下，文件是归类存放的。Linux 初学者应该熟悉特定类型文件的存放位置。

2．对于 Linux 的初学者而言，在不知道自己究竟在做什么的情况下，不要轻易操作系统目录，如/proc、/boot、/etc、/usr、/var 等。

3．用户可以使用如下命令获得 Linux 文件层次结构的说明。

```
$ man hier
```

2.1.4 获得命令帮助

1．获得命令帮助的方法

1）使用 whatis 命令获得一个命令的简要功能描述，例如：whatis ls。

2）大多数命令可以使用“--help”选项查看用法摘要和参数列表，命令的语法格式如下：

- [] 内的参数是可选的。
- 大写的参数或 <> 中的参数是变量。
- … 表示一个列表。
- x|y|z 表示“ x 或 y 或 z ”。
- -abc 表示“-a -b -c”或其任意组合。

3）使用 man 命令或 info 命令查看某个命令的详细帮助信息。

4）对 man 命令使用 –k <关键字>或 apropos <关键字>命令，将列出所有与<关键字>匹配的手册页，例如： man –k apache、apropos selinux。

2．使用 man 命令获得帮助

在系统中，用户可以非常容易地获得系统的帮助和支持，系统发行版本中为几乎每个程序、工具、命令或系统调用编制了使用手册。要想查看某个命令的使用手册页，只要输入 man 后跟该命令的名称即可。例如，输入如下命令将显示如图 2-3 所示的界面。

```
$ man ls
```

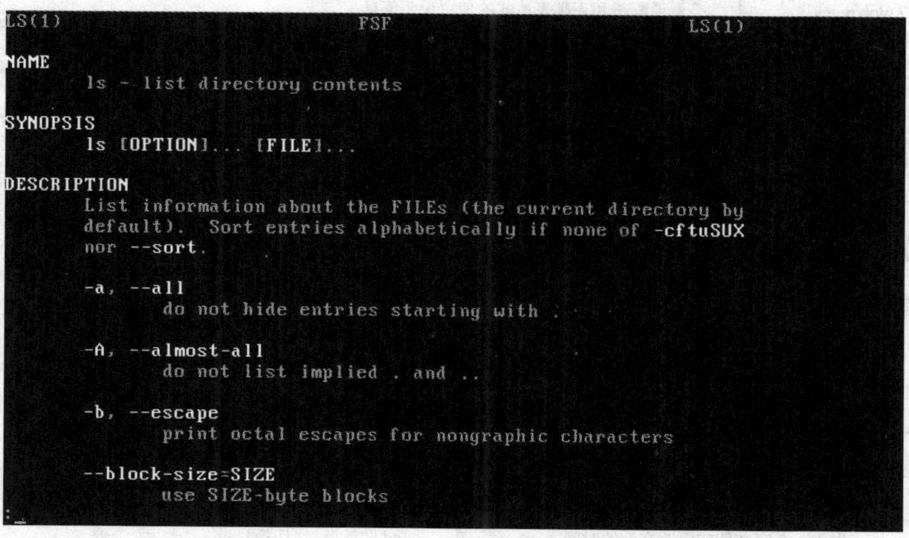

图 2-3 使用 man 命令获得帮助

在此界面中可以查看有关 ls 命令的详细使用说明。用户可以使用上下箭头键和〈PgDn〉、〈PgUp〉键进行翻阅；使用〈/〉加搜索文本在当前手册页中搜索，使用“n/N”做向后/向前的继续搜索；按〈Q〉键退出。

根据内容的不同可将手册页分为不同的类型，不同类型用一个数字（或子母）代表，各种类型的含义如表 2-9 所示。

表 2-9　man 手册的类型

类　型	说　明
man1	普通用户的可执行命令手册
man2	系统调用手册，内核函数的说明
man3	子程序手册，库函数的说明
man4	系统设备手册，"/dev"目录中设备文件的参考说明
man5	配置文件格式手册，大多为"/etc"目录下各种配置文件的格式描述
man6	游戏和趣味小程序的说明手册
man7	协议转换手册，也包括一些杂项
man8	系统管理工具手册，这些命令只有超级用户才可以执行
man9	Linux 系统例程手册

手册页按照不同的类型被存放在系统不同的目录下（/usr/share/man/man[1..9]）。表 2-10 给出了一些使用 man 命令的例子。

表 2-10　man 命令使用举例

举　例	说　明
man　passwd	查看 passwd 命令的使用方法，等同于 man 1 passwd
man 5 passwd	查看 passwd 配置文件的描述信息
man 7 glob regex	查看通配符和正则表达式的使用说明信息
man -k selinux	查找与"selinux"相关的手册页

2.2　Linux 常用操作命令

2.2.1　文件目录操作命令

1．常用的文件目录操作命令

表 2-11 列出了一些常用的文件目录操作命令。

表 2-11　常用的文件目录操作命令

命　令	功　能	命　令	功　能
ls	显示文件和目录列表	pwd	显示当前工作目录
touch	生成一个空文件或更改文件的时间	cd	切换目录
cp	复制文件或目录	find	在文件系统中查找指定的文件
mv	移动文件或目录、文件或目录改名	mkdir	创建目录
rm	删除文件或目录	rmdir	删除空目录
ln	建立链接文件	tree	显示目录树

2. 文件目录命令操作举例

表 2-12 列出了一些常用的文件目录操作命令的使用举例。

表 2-12　常用的文件目录操作命令使用举例

命　令	说　明
ls	列表显示当前目录下的文件和目录
ls –a	列表显示当前目录下的文件和目录（包括隐含文件和目录）
ls –l	以长格式列表显示结果
ls –R	递归地显示当前目录及其子目录下的文件和目录
ls –dl /usr/share/	仅显示/usr/share/目录本身，而非/usr/share/目录中的内容
pwd	显示当前所在的工作路径
mkdir /home/lrj/mybin	以绝对路径创建一个空目录
mkdir –p mydoc/FAQ	以相对路径创建一个空目录树
mkdir –p /srv/{abc,bcd}/html	创建/srv/abc/html 和/srv/bcd/html 目录（注意{}的使用）
touch abc bcd	创建两个 0 字节文件
touch oldfile	修改已存在文件的时间为当前时间
touch -r oldfile newfile	参考 oldfile 文件的时间属性设置 newfile 文件的时间
cd	切换到私有目录
cd mybin	进入 mybin 目录
cd -	切换到上一次使用 cd 命令前的目录
cd ..	返回当前目录的上一级目录
tree	显示当前目录下的目录结构
tree -L 3 /tftpboot/	显示/tftpboot/目录下的三级目录
cp /bin/?sh .	使用“?”通配符复制多个文件到当前目录下
cp http.conf{,.orig}	将当前目录下的 http.conf 复制成 http.conf.orig
cp /bin/cpio mybin	复制单个文件/bin/cpio 到 mybin 目录
cp abc bcd mydoc	将两个指定的文件复制到 mydoc 目录下
cp /usr/bin/[yz]* .	使用通配符“[]”和“*”复制多个文件到当前目录
cp –r /etc/skel .	将/etc/skel 目录及其下面的所有内容复制到当前目录
mv FAQ bash-FAQ	将当前目录下的 FAQ 文件改名为 bash-FAQ
mv [yz]* myusr/	将使用通配符“[]”和“*”指定的多个文件移动到 myusr 目录下
rm ash	删除一个文件
rm .*	删除当前目录下的所有隐含文件（隐含文件的文件名均以“.”开头）
rm -f file{1,3,5}	删除文件 file1、file3 和 file5
rm –r myusr/	删除 myusr 目录及其内容（有删除提示）
rm –rf myusr/	删除 myusr 目录及其内容（强制删除，无删除提示）
rmdir abc	删除空目录 abc
ln cpio edit1	建立 cpio 的链接文件 edit1
ln –s cpio edits1	建立 cpio 的符号链接文件 edits1
ln –s mydoc/FAQ/　FAQ	对指定的目录 mydoc/FAQ/创建符号链接文件 FAQ
find . –name ‘my*’	从当前目录下开始查找以 my 开头的文件
find /home –user “lrj”	从/home 目录下开始查找用户属主为 lrj 的文件

提示

GNU/Linux 的文件有 3 种类型的时间戳。

- mtime：最后修改时间（ls –lt）。
- ctime：状态改变时间（ls –lc）。
- atime：最后访问时间（ls –lu）。

说明：

（1）ctime 并非文件创建时间。

（2）覆盖一个文件会改变所有三类时间：mtime、ctime 和 atime。

（3）改变文件的访问权限或拥有者会改变文件的 ctime 和 atime。

（4）读文件会改变文件的 atime。

2.2.2 打包和压缩命令

1. 压缩文件和归档文件的异同

用户经常需要把一组文件存储成一个文件，以便备份或传输到另一个目录甚至另一台计算机。有时还需要把文件压缩成一个文件，使其占用少量的磁盘空间并能更快地通过互联网传输。

表 2-13 对文件压缩和归档文件做了比较。

表 2-13 文件压缩和归档文件的比较

比较之处	归档文件（archive file）	压缩文件（compressed file）
相同	是文件和目录的一个集合	
不同	所占用的磁盘空间是其中所有文件和目录的总和	一般情况下，所占用的磁盘空间比其中所有文件和目录的总和要少

在 Linux 下，要对数据进行备份，通常先创建归档文件，然后再将其压缩来节省磁盘空间。

注意

归档文件不是压缩文件，但是压缩文件可以是归档文件。

2. 常用的打包（归档）和压缩命令

表 2-14 列出了一些常用的打包和压缩命令。

表 2-14 常用的打包和压缩命令

命　令	功　能
tar	文件、目录打（解）包
gzip	压缩（解压）文件或目录，压缩文件后缀为 gz
bzip2	压缩（解压）文件或目录，压缩文件后缀为 bz2
xz	压缩（解压）文件或目录，压缩文件后缀为 xz

3. 常用的打包和压缩命令操作举例

表 2-15 列出了一些常用的打包和压缩命令的操作举例。在 Linux 环境下，通常使用 tar 命令调用各个压缩软件实现打包压缩和解压缩。

表 2-15 常用的打包和压缩命令操作举例

命 令	说 明
tar –cvf myball.tar mydir	将 mydir 目录打包
tar –tf myball.tar	查看 myball.tar 包中的内容
tar –xvf myball.tar	将 myball.tar 在当前目录下解包
tar –zcvf myball.tar.gz mydir	将 mydir 目录打包后压缩（调用 gzip 压缩工具）
tar –ztf myball.tar.gz	查看 myball.tar.gz 包中的内容
tar –zxvf myball.tar.gz	解压缩（调用 gzip 压缩工具）
tar –jcvf myball.tar.bz2 mydir	将 mydir 目录打包后压缩（调用 bzip2 压缩工具）
tar –jtf myball.tar.bz2	查看 myball.tar.bz2 包中的内容
tar –jxvf myball.tar.bz2	解压缩（调用 bzip2 压缩工具）
tar –Jcvf myball.tar.xz mydir	将 mydir 目录打包后压缩（调用 xz 压缩工具）
tar –Jtf myball.tar.xz	查看 myball.tar.xz 包中的内容
tar –Jxvf myball.tar.xz	解压缩（调用 xz 压缩工具）

2.2.3 文本文件操作命令

1. 常用的文本文件操作命令

表 2-16 列出了一些常用的文本文件操作命令。

表 2-16 常用的文本文件操作命令

命 令	功 能	命 令	功 能
cat、tac	显示文本文件内容	diff	显示两个文本文件的差异
more、less	分页显示文本文件内容	expand	将文件中的制表符转换为空格
head、tail	显示文本文件的前若干行或后若干行	unexpand	将文件中的空格转换为制表符
cut	纵向切割出文本指定的部分	dos2unix	将 DOS 格式的文本转换成 UNIX 格式
paste	纵向合并多个文本	unix2dos	将 UNIX 格式的文本转换成 DOS 格式
grep	按关键字抽取匹配的行	iconv	将文本从一种编码转换成另一种编码
wc	文本数据统计	tr	转换字符
sort	以行为单位对文本文件排序	sed	流编辑器，通常用于非交互式的字符串替换
uniq	删除文本文件中连续的重复的行	awk	awk 是一种用于处理文本的编程语言工具，通常用于处理有格式的文本

2. 正则表达式

在许多文本处理工具（如 grep、sed、awk、vi 等）中都可以使用正则表达式。正则表达式是使用某种模式（Pattern）来匹配（Matching）一类字符串的一个公式。通常使用正则表达式进行查找、替换等操作。虽然复杂的正则表达式对于初学者来说晦涩难懂，但对于 Linux 使用者来说，学会使用正则表达式是非常必要的。在适当的情况下使用正则表达式可以极大地提高工作效率。POSIX 风格的正则表达式有两种：基本的正则表达式（Basic Regular Expression，BRE）和扩展的正则表达式（Extended Regular Expression，ERE）。

正则表达式由一些普通字符和一些元字符（Metacharacters）组成。普通字符包括大小写的字母、数字（即所有非元字符），而元字符则具有特殊的含义。表 2-17 和表 2-18 列出了 POSIX RE 的元字符及其含义。

表 2-17　POSIX RE 用于方括号之外的元字符

特殊字符	含　义	类　型	举　例	说　明
^	匹配的首字符	BRE	^x	以字符 x 开始的字符串
$	匹配的尾字符	BRE	x$	以字符 x 结尾的字符串
.	匹配的任意一个字符	BRE	l..e	love，life，live …
?	匹配的任意一个可选字符	ERE	xy?	x，xy
*	匹配的零次或多次重复	BRE	xy*	x，xy，xyy，xyyy …
+	匹配的一次或多次重复	ERE	xy+	xy，xyy，xyyy …
[…]	匹配的任意一个字符	BRE	[xyz]	x，y，z
()	对正则表达式分组	ERE	(xy)+	xy，xyxy，xyxyxy，…
\{n\}	匹配 n 次	BRE	co\{2\}gle	coogle
\{n,\}	匹配最少 n 次	BRE	co\{2,\}gle	coogle，cooogle，cooooogle …
\{n,m\}	匹配 n 到 m 次	BRE	co\{2,4\}gle	coogle，cooogle，coooogle
{n}	匹配 n 次	ERE	co{2}gle	coogle
{n,}	匹配最少 n 次	ERE	co{2,}gle	coogle，cooogle，cooooogle …
{n,m}	匹配 n 到 m 次	ERE	co{2,4}gle	coogle，cooogle，coooogle
|	以或逻辑连接多个匹配	ERE	good|bon	匹配 good 或 bon
\	转义字符	BRE	*	*

表 2-18　POSIX RE 用于方括号之内的元字符

特殊字符	含　义	类 型	举 例	说　明
^	非（仅用于起始字符）	BRE	[^xyz]	匹配 xyz 之外的任意一个字符
-	用于指明字符范围（不能是首字符和尾字符）	BRE	[a-zA-Z]	匹配任意一个字母
\	转义字符	BRE	[\.]	.

3. 常用的文本文件操作命令操作举例

表 2-19 列出了一些常用的文件目录操作命令的使用举例。

表 2-19　常用的文件目录操作命令使用举例

命　令	说　明
cat /etc/passwd	滚屏显示文件/etc/passwd 的内容
cat -n /etc/passwd	滚屏显示文件/etc/passwd 的内容，并显示行号
more /etc/passwd	分屏显示文件/etc/passwd 的内容（注意空格键、〈Enter〉键和〈Q〉的使用）
more +10 /etc/passwd	从第 10 行分屏显示文件/etc/passwd 的内容
less /etc/passwd	分屏显示文件/etc/passwd 的内容（注意空格键、〈Enter〉键、〈PgDn〉键、〈PgUp〉键和〈Q〉键的使用）
head -4 myalllist	显示文件 myalllist 前 4 行的内容
tail -4 myalllist	显示文件 myalllist 后 4 行的内容
tail +10 myalllist	显示文件 myalllist 从第 10 行开始到文件尾的内容
tail -f /var/log/messages	跟踪显示不断增长的文件结尾内容（通常用于显示日志文件）
cut -f1,3-5 -d: /etc/passwd	以冒号作为间隔符显示/etc/passwd 的第 1、3、4、5 列
paste mytxt.en mytxt.cn	纵向合并文件 mytxt.en 和 mytxt.cn
wc myalllist	统计指定文本文件的行数、字数、字符数
wc –l myalllist	统计指定文本文件的行数

（续）

命　令	说　明
sort mytxt	以行为单位对文本文件 mytxt 排序（以 ASCII 码顺序）
sort –u mytxt	以行为单位对文本文件 mytxt 排序（对相同的行只输出一行）
sort –r mytxt	以行为单位对文本文件 mytxt 排序（以 ASCII 码逆序）
sort –n mytxt	以行为单位对文本文件 mytxt 排序（根据字符串的数值进行排序）
grep my mylist	在文件 mylist 中查找字符串 my
grep –i　my* mylist myalllist	在多个指定的文件中查找字符串 my（忽略大小写）
grep –v "^#" /etc/grub.conf	显示文件/etc/grub.conf 除了以#开始的行
grep -l root /etc/*	列出/etc 目录下所有的内容包含字符串"root"的文件名
diff　httpd.conf httpd.conf.bak	比较文件 httpd.conf 和 httpd.conf.bak 的差异
dos2unix -k *.txt	将当前目录下所有后缀为 txt 的文件转换为 UNIX 格式（不改变时间戳）
dos2unix -k -n dosfile linuxfile	将 DOS 格式的 dosfile 文本文件转化成 UNIX 格式的 linuxfile
iconv　-f　GB2312　-t　UTF-8　-o outputfile inputfile	将编码为 GB2312 的 inputfile 文件转化为 UTF-8 编码的 outputfile
sed 's/Windows/Linux/g'　myfile	将 myfile 中的所有 Windows 替换成 Linux
sed 's/cc*/c/g' myfile	将 myfile 中所有连续出现的 c 都压缩成单个的 c
sed 's/^[\t]*//' myfile	删除 myfile 中每一行前导的连续"空白字符"（空格，制表符）
sed 's/ *$//' myfile	删除 myfile 中每行结尾的所有空格
sed 's/^/> /' myfile	在每一行开头加上一个尖括号和空格（引用信息）
sed 's/^> //' myfile	将每一行开头处的尖括号和空格删除（解除引用）
sed 's/.*\///' myfile	删除路径前缀
sed '/^$/d' myfile	删除所有空白行
awk -F\: '{print $1,$5}' /etc/passwd	以分号为间隔符，列出/etc/passwd 的第 1 列和第 5 列

注意　上述例子中的 sed 命令仅将处理结果显示在屏幕上，而未修改源文件的内容。若希望修改源文件的内容，请在 sed 命令后使用 -i 参数。

2.2.4　信息显示命令

1. 常用的信息显示命令

表 2-20 列出了一些常用的信息显示命令。

表 2-20　常用的信息显示命令

分　类	命　令	功　能
文件	stat	显示指定文件的相关信息
	file	显示指定文件的类型
	whereis	查找系统文件所在路径
系统	hostname	显示主机名称
	uname	显示操作系统信息
	dmesg	显示系统启动信息
	lsmod	显示系统加载的内核模块
	date	显示系统时间（cal 可以显示系统时间的日历）

（续）

分　类	命　令	功　能
系统	env	显示系统环境变量
	locale	显示当前语言环境（cat /etc/sysconfig/i18n）
	cat /etc/redhat-release	显示操作系统版本（head -1 /etc/issue）
	lscpu	显示 CPU 信息（cat /proc/cpuinfo）
	lsblk	显示系统中的块设备
	lspci/lsusb	显示 PCI/USB 接口信息
	rpm -qa	显示系统已安装的所有软件包
	yum list updates	显示 yum 软件仓库中可用的更新包
资源	top	显示当前系统中耗费资源最多的进程
	free	显示当前内存和交换空间的使用情况（cat /proc/meminfo）
	vmstat/iostat	显示当前系统中 CPU、内存、设备输入输出状态
	du –h	显示指定的文件（目录）已使用的磁盘空间的总量
	df –h	显示文件系统磁盘空间的使用情况
	uptime	显示系统运行时间、用户数、平均负载
分区、卷和文件系统	fdisk -l	查看所有分区（parted -l）
	pvs/vgs/lvs	查看物理卷/卷组/逻辑卷 的信息
	{ps,vg,lv}display	查看物理卷/卷组/逻辑卷 的属性信息
	mount	查看已经挂装的分区
	swapon -s	查看所有交换分区
	lsblk --fs	查看文件系统卷标和 UUID
用户	who、w	显示在线登录用户
	whoami	显示用户自己的身份
	tty	显示用户当前使用的终端
	id	显示当前用户的 id 信息
	groups	显示当前用户属于哪些组
	last	查看用户登录日志
	crontab -l	查看当前用户的计划任务
进程	ps -ef	查看所有进程（ps aux）
	ftop	显示进程已打开的文件
	pstree	显示进程树
	chkconfig --list	列出所有系统服务
网络	ifconfig	显示网络接口信息
	iftop	显示网络接口的流量信息
	route	显示系统路由表
	netstat	显示网络状态信息
	iptables –L	显示包过滤防火墙的规则设置

2. 常用的信息显示命令操作举例

表 2-21 列出了一些常用的信息显示命令的操作举例。绝大多数的信息显示命令无须使用任何参数，表中仅仅举例说明了需要带参数的命令。

表 2-21　常用的信息显示命令操作举例

命　令	说　明
file /etc/passwd /bin/bash /dev/console	显示多个文件的类型
stat　/etc/passwd	显示文件/etc/passwd 的相关属性信息
du　-sh	显示当前目录总的使用量（不显示目录中每个文件的使用量）
date +%F_%H-%M	以特定格式显示日期时间（2011-03-01_20-50）
cal 9 1752	显示 1752 年 9 月的日历（新历换旧历，有 11 天被去除）
uname –r	显示操作系统内核的版本信息
uname –a	显示操作系统、内核、架构等全部信息
ifconfig eth0	显示网络接口 eth0 的信息
netstat -luntp	查看所有监听端口
netstat -antp	查看所有已经建立的连接
netstat -s	查看网络统计信息
netstat –nr	显示内核路由表信息（route -n）
whereis ls	查找程序 ls 的位置
cut -d: -f1 /etc/passwd	查看系统所有用户（awk -F: '{print $1}' /etc/passwd）
cut -d: -f1 /etc/group	查看系统所有组（awk -F: '{print $1}' /etc/group）

2.2.5　文本编辑器 Vi

1．Vi 的简介

Vi 是“Visual interface”的简称，它可以执行输出、删除、查找、替换、块操作等众多文本操作，而且用户可以根据自己的需要对其进行定制，这是其他编辑程序所没有的功能。

Vi 不是一个排版程序，它不像 MS Word 或 WPS 那样可以对字体、格式、段落等其他属性进行编排，它只是一个文本编辑程序。

2．进入 Vi

表 2-22 列出了进入 Vi 文本编辑器的方式及说明。

表 2-22　进入 Vi 文本编辑器的方式

方　式	说　明
vi	进入 Vi 的默认模式
vi filename	打开新建文件 filename，并将光标置于第一行行首
vi +n filename	打开文件 filename，并将光标置于第 n 行行首
vi + filename	打开文件 filename，并将光标置于最后一行行首
vi +/pattern filename	打开文件 filename，并将光标置于第一个与 pattern 匹配的串处
vi -r filename	打开上次用 Vi 编辑时发生系统崩溃的文件 filename，并恢复它

3．Vi 的 3 种运行模式

Vi 有 3 种基本工作模式：普通（normal）模式、插入（insert）模式和命令行（command-line 或 Cmdline）模式。

进入 Vi 之后，首先进入的就是普通模式。进入普通模式后，Vi 等待编辑命令输入而不是文本输入，也就是说这时输入的字母都将作为命令来解释。在普通（normal）模式里，可以输入所有的普通编辑命令。普通模式亦称为命令（command）模式。

进入普通模式后光标停在屏幕第一行首位上（用_表示），其余各行的行首均有一个“~”符号，表示该行为空行。最后一行是状态行，显示当前正在编辑的文件名及其状态。如果是[New File]，则表示该文件是一个新建的文件。如果输入 Vi 之后带有文件名参数，文件已在系统中存在，则在屏幕上显示出该文件的内容，并且光标停在第一行的首位，在状态行显示出该文件的文件名、行数和字符数。

在普通模式下输入插入命令 i、附加命令 a、打开命令 o、修改命令 c、取代命令 r 或替换命令 s 都可以进入插入模式。在插入模式下，用户输入的任何字符都被 Vi 当作文件内容保存起来，并将其显示在屏幕上。在文本输入过程中，若想回到命令行模式下，按〈Esc〉键即可。

在普通模式下，执行 Ex 命令使用“:”，查找使用“?”和“/”，调用 Shell 命令使用“!”。多数文件管理命令都是在此模式下执行的。末行命令执行完后，Vi 自动回到普通模式。

若在命令行模式下输入命令过程中改变了主意，可用退格键将输入的命令全部删除之后，再按一下退格键，即可使 Vi 回到普通模式。关于这 3 个模式的转换如图 2-4 所示。

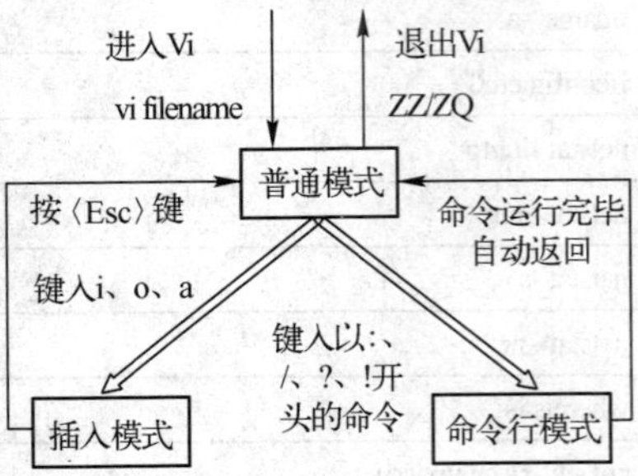

图 2-4　Vi 的 3 种模式之间的转换示意图

4. 普通模式下的操作

表 2-23 到表 2-29 列出了普通模式下的几类命令。

表 2-23　普通模式下进入插入模式

命　令	说　明
i	从光标所在位置前开始插入文本
I	将光标移到当前行的行首，然后在其前插入文本
a	用于在光标当前所在位置之后追加新文本
A	将把光标挪到所在行的行尾，从那里开始插入新文本
o	将在光标所在行的下面新开一行，并将光标置于该行的行首，等待输入文本
O	在光标所在行的上面插入一行，并将光标置于该行的行首，等待输入文本

表 2-24　普通模式下的光标定位

命　令	说　明
G	将光标移至最后一行行首
nG	光标移至第 n 行行首
n+	光标下移 n 行
n-	光标上移 n 行
n$	光标移至第 n 行行尾
0	移动到光标所在行的行首
$	移动到光标所在行的行尾
^	移动到光标所在行的第一个字符（非空格）
h，j，k，l	分别用于光标左移、下移、上移、右移一个字符
H	将光标移至当前屏幕首行的行首（即左上角）
M	将光标移至屏幕显示文件的中间行的行首
L	将光标移至当前屏幕的最底行的行首

表 2-25　普通模式下的替换和删除

命　令	说　明
rc	用字符 c 替换光标所指向的当前字符
nrc	用字符 c 替换光标所指向的前 n 个字符
x	删除光标处的字符
nx	删除从光标所在位置开始向右的 n 个字符
dw	删除一个单词。若光标处在某个词的中间，则从光标所在位置开始删至词尾（并连同空格）
ndw	删除 n 个指定的单词
db	删除光标所在位置之前的一个词
ndb	删除光标所在位置之前的 n 个词
dd	删除光标所在的整行
ndd	删除当前行及其后 n-1 行的内容
dG	删除光标所在位置到最后一行的所有内容
d1G	删除光标所在位置到第一行的所有内容
d$	删除光标所在位置到当前行末尾的内容
d0	删除光标所在位置到当前行开始的内容

表 2-26　普通模式下的复制和粘贴

命　令	说　明
yy	将当前行的内容复制到缓冲区
nyy	将当前开始的 n 行内容复制到缓冲区
yG	将当前光标所在位置到最后一行的所有内容复制到缓冲区
y1G	将当前光标所在位置到第一行的所有内容复制到缓冲区
y$	将当前光标所在位置到当前行末尾的内容复制到缓冲区
y0	将当前光标所在位置到当前行开始的内容复制到缓冲区
p	将缓冲区的内容写出到光标所在的位置

表 2-27　普通模式下的搜索字符串

命　令	说　明
/str	往右移动到有 str 的地方
?str	往左移动到有 str 的地方
n	向相同的方向移动到有 str 的地方
N	向相反的方向移动到有 str 的地方

表 2-28　普通模式下的撤销和重复

命　令	说　明
u	取消前一次的误操作或不合适的操作对文件造成的影响，使之恢复到这种误操作或不合适操作被执行之前的状态
	再执行一次前面刚完成的某个命令

表 2-29　在普通模式下退出 Vi

命　令	说　明
ZZ	存盘退出
ZQ	不保存退出

5. 命令模式下的操作

表 2-30 至表 2-36 列出了在命令行模式下的命令。

表 2-30　在命令模式下跳行

命　令	说　明
:n	直接输入要移动到的行号即可实现跳行

表 2-31　在命令模式下搜索和替换字符串

命　令	说　明
:/str/	从当前光标开始往右移动到有 str 的地方
:?str?	从当前光标开始往左移动到有 str 的地方
:/str/w file	将包含有 str 的行写到文件 file 中
:/str1/,/str2/w file	将从 str1 开始到 str2 结束的内容写入 file 文件中
:s/str1/str2/	将找到的第 1 个 str1 替换为 str2
:s/str1/str2/g	将找到的所有 str1 替换为 str2
:n1,n2s/str1/str2/g	将从 n1 行到 n2 行找到的所有的 str1 替换为 str2
:1,.s/str1/str2/g	将从第 1 行到当前位置的所有的 str1 替换为 str2
:.,$s/str1/str2/g	将从当前位置到结尾的所有的 str1 替换为 str2
:1,$s/str1/str2/gc	将从第 1 行到最后一行的所有的 str1 替换为 str2，并在替换前询问

表 2-32　在命令模式下文本的复制、移动和删除

命　令	说　明
:n1,n2 co n3	将从 n1 开始到 n2 为止的所有内容复制到 n3 后面
:n1,n2 m n3	将从 n1 开始到 n2 为止的所有内容移动到 n3 后面
:d	删除当前行
:nd	删除从当前行开始的 n 行
:n1,n2 d	删除从 n1 开始到 n2 为止的所有内容
:.,$d	删除从当前行到结尾的所有内容
:/str1/,/str2/d	删除从 str1 开始到 str2 为止的所有内容

表 2-33　在命令模式下的文件相关命令

命　令	说　明
:w	将当前编辑的内容存盘
:w file	将当前编辑的内容写到 file 文件中
:n1,n2w file	将从 n1 开始到 n2 结束的行写到 file 文件中
:nw file	将第 n 行写到 file 文件中
:1,.w file	将从第 1 行起到光标当前位置的所有内容写到 file 文件中
:.,$w file	将从光标当前位置起到文件结尾的所有内容写到 file 文件中
:r file	打开另一个文件 file
:e file	新建 file 文件
:f file	把当前文件改名为 file 文件

表 2-34　在命令模式下执行 Shell 命令

命　　令	说　　明
:!Cmd	运行 Shell 命令 Cmd
:n1,n2 w ! Cmd	将 n1 到 n2 行的内容作为 Cmd 命令的输入，如果不指定 n1 和 n2，则将整个文件的内容作为命令 Cmd 的输入
:r ! Cmd	将命令运行的结果写入当前行位置

表 2-35　在命令模式下设置 Vi 环境

命　　令	说　　明
:set autoindent	缩进每一行，使之与前一行相同。常用于程序的编写
:set noautoindent	取消缩进
:set number	在编辑文件时显示行号
:set nonumber	不显示行号
:set ruler	在屏幕底部显示光标所在的行、列位置
:set noruler	不显示光标所在的行、列位置
:set tabstop=value	设置显示制表符的空格字符个数
:set wrapmargin=value	设置显示器的右页边。当输入进入所设置的页边时，编辑器自动换行
:set	显示设置的所有选项
:set all	显示所有可以设置的选项

表 2-36　在命令模式下退出 Vi

命　　令	说　　明
:q	退出 Vi
:wq	保存退出 Vi
:q!	不保存退出 Vi

2.3　使用 Shell

2.3.1　Shell 变量和 Shell 环境

1．Shell 变量的分类

Shell 变量大致可以分为 3 类。

- 内部变量：由系统提供，用户只能使用不能修改。
- 环境变量：这些变量决定了用户工作的环境，它们不需要用户去定义，可以直接在 Shell 中使用，其中某些变量用户可以修改。
- 用户变量：由用户建立和修改，也称为用户自定义变量。在 Shell 脚本编写中会经常用到。

2．Shell 变量的定义和输出

Shell 支持具有字符串值的变量。Shell 变量不需要专门的定义和初始化语句。一个没有初始化的 Shell 变量被认为是空字符串。通常通过赋值语句完成变量说明并予以赋值，并且可以给一个变量多次赋值以改变其值。

在 Shell 中，变量的赋值有下列句法格式：

```
name=string
```

其中：

- name 是变量名，变量名是以字母或下画线开头的字母、数字和下画线字符序列。用户自定义变量按照惯例使用小写字母命名。
- “=”是赋值符号。两边不能直接跟空格，否则 Shell 将视为命令。
- string 是被赋予的变量值。若 string 中包含空格、制表符和换行符，则 string 必须用'string'或"string"的形式，即用单（双）引号将其括起来。双引号内允许变量替换，而单引号则不可以。

通过在变量名（name）前加$字符，即用$name 的形式引用变量的值，引用的结果就是用字符串 string 代替$name。此过程也称为变量替换。在字符串连接过程中，为了界定变量名、避免混淆，变量替换也可以使用${name}的形式。

变量输出可使用 Shell 的内置命令 echo（常用）或 printf（用于格式化输出，类似 C 语言的 printf()）。

下面给出一个定义和使用 Shell 变量的例子。

操作步骤 2.1 定义和使用 Shell 变量举例。

```
// 显示字符串常量
$ echo I love you
I love you
$ echo 'I love you'
I love you
$ echo "I love you"
I love you
$
// 由于要输出的字符串中没有特殊字符（Shell 的保留字），所以""和''的效果一致，
// 不用""相当于使用""
$ echo Je t'aime
>
// 由于要输出的字符串中有特殊字符（'），
// 由于'不匹配，Shell 认为命令行没有结束，按〈Enter〉键后出现系统第二提示符，
// 让用户继续输入命令行。按〈Ctrl+C〉组合键后结束
$
// 为了解决这个问题，可以使用下面的两种方法
$ echo "Je t'aime"
Je t'aime
或
$ echo Je t\'aime
Je t'aime
$
//定义变量
$ v1=CentOS
$ echo $v1
CentOS
// 中间有空格，用"括起来
```

```
$ v2='CentOS 6'
$ echo $v2
CentOS 6
// 要置换 HOSTTYPE 环境变量的值使用""括起来
$ v3="CentOS 6 $HOSTTYPE"
$ echo $v3
// $HOSTTYPE 在双引号内，置换了其值
CentOS 6 X86_64
// 同样地，单、双引号规则在字符串连接时也适用
$ echo I love $v1.
I love CentOS.
$ echo "I love $v1."
I love CentOS.
$ echo 'I love $v1.'
// 单引号中的内容被原样输出
I love $v1.
$ echo "I love \$v1."
// 在双引号中使用转义字符\，转义字符将其后的字符还原为字面本身
I love $v1.
$ echo "I love \$$v1."
I love $CentOS.
// 可以使用 unset 命令取消 Shell 变量的声明
$ unset v1
$ echo $v1

$
```

3．Shell 变量的作用域

Shell 变量有其规定的作用范围。Shell 变量分为局部变量和全局变量。所有自定义变量默认都是局部变量；环境变量是全局变量。

- 局部变量的作用范围仅限制在其命令行所在的 Shell 或当前 Shell 脚本执行过程中。
- 全局变量的作用范围则包括定义该变量的 Shell 及其所有子 Shell。

可以使用 export 内置命令将局部变量设置为全局变量。export 的常用格式为：

```
# 将指定的一个或多个局部变量设置为全局变量
export <变量名 1> [<变量名 2> ...]
# 将指定的一个或多个全局变量设置为局部变量
export -n <变量名 1> [<变量名 2> ...]
# 直接对一个或多个全局变量赋值
export <变量名 1=值 1>   [<变量名 2=值 2> ...]
```

下面给出一个 Shell 变量作用域的例子。

操作步骤 2.2　Shell 变量作用域的举例。

```
// 1-为 var1 赋值
$ var1=UNIX
```

```
// 1-为 var2 赋值
$ var2=Linux
// 1-将变量 var2 的作用范围设置为全局
$ export var2
// 1-直接为全局变量 var3、var4 赋值
$ export var3=centos var4=ubuntu
// 1-在当前 Shell 中显示四个变量的值
$ echo $var1 $var2 $var3 $var4
UNIX Linux centos ubuntu
// 1-进入子 Shell
$ bash
// 2-显示 var1 的值
// 2-由于 var1 在上一级 Shell 中没有被声明为全局，所以在子 Shell 里没有值
$ echo $var1

// 2-显示 var2、var3、var4 的值
// 2-由于这三个变量在上一级 Shell 中被声明为全局变量，所以在子 Shell 里仍有值
$ echo $var2 $var3 $var4
Linux centos ubuntu
// 2-在当前 Shell 中将 var2 设置为局部变量
$ export -n var2
// 2-在当前 Shell 中 var2 仍有值
$ echo $var2
Linux
// 2-进入孙子 Shell
$ bash
// 3-由于 var2 在当前 Shell 的父 Shell 中已经设置为局部变量，所以在孙子 Shell 里没有值
// 3-当然，var1 在当前 Shell 的祖父 Shell 中就是局部变量，所以在当前 Shell 里没有值
$ echo $var1 $var2

// 3-由于 var3 和 var4 在当前 Shell 的祖父 Shell 中设置为全局变量，
// 3-在当前 Shell 的父 Shell 中又没有变更，所以在当前 Shell 里仍有值
$ echo $var3 $var4
centos ubuntu
// 3-返回父 Shell
$ exit
// 2-显示当前 Shell 中变量的值
$ echo $var2 $var3 $var4
Linux centos ubuntu
// 2-修改变量 var3 的值
$ var3=centos5.1
// 2-显示变量 var3 的值
$ echo $var3
centos5.1
// 2-返回父 Shell
$ exit
```

```
// 1-已在父 Shell 中
$ echo $var1 $var2 $var3 $var4
UNIX Linux centos ubuntu
$
```

重点

1. 在当前 Shell 中要想使用父 Shell 中的变量，至少要在当前 Shell 的父 Shell 中设置为全局变量。

2. 变量在子 Shell 中值的修改不会传回父 Shell。

4. Shell 环境变量

环境变量定义 Shell 的运行环境，保证 Shell 命令的正确执行。Shell 用环境变量来确定查找路径、注册目录、终端类型、终端名称、用户名等。所有环境变量都是全局变量（即可以传递给子 Shell），并可以由用户重新设置。表 2-37 列出了一些系统中常用的环境变量。

表 2-37　Shell 中的环境变量

环境变量名	说　明	环境变量名	说　明
BASH	bash 的完整路径名	PATH	bash 寻找可执行文件的搜索路径
EDITOR	应用程序中默认使用的编辑器	ENV	Linux 查找配置文件的路径
HISTFILE	用于储存历史命令的文件	PS1	命令行的一级提示符
HISTSIZE	历史命令列表的大小	PS2	命令行的二级提示符
HOME	当前用户的用户目录	PWD	当前工作目录
OLDPWD	前一个工作目录	OLDPWD	前一个工作目录
USER	当前用户名	IFS	用于分割命令行参数的分隔符
UID	当前用户的 UID	SECONDS	当前 Shell 开始后所流逝的秒数
TERM	当前用户的终端类型	LANG	当前用户的主语言环境

这些变量都是可写的，用户可以为它们赋任何值。要使用自己的环境变量应该使用前面介绍的 export 命令。

提示

1. 用户还可以使用不带任何参数的 env、printenv 或 export 命令，显示当前定义的所有环境变量。

2. 要取消一个环境变量的声明或赋值，也可以使用 unset 命令。

5. 设置用户工作环境

用户登录系统时，Shell 为用户自动定义唯一的工作环境，并对该环境进行维护直至用户注销。该环境将定义如身份、工作场所和正在运行的进程等特性。这些特性由指定的环境变量值定义。

Shell 环境与办公环境相似，在办公室中每个人所处环境的物理特性，如灯光和温度相似，但在办公环境中又有许多因素是个人特有的，如日常工作和个人工作空间，因此用户自己的工作环境就有别于其他同事的工作环境。正如一个用户的 Shell 环境不同于其他用户的 Shell 环境。

用户工作环境还有登录环境和非登录环境之分。登录环境是指用户登录系统时的工作环境，此时的 Shell 对登录用户而言是主 Shell。非登录环境是指用户在调用子 Shell 时所使用的用户环境。

用户并不需要每次登录后都对各种环境变量进行手工设置，通过环境设置文件，用户的工作环境的设置可以在登录的时候由系统自动完成。环境设置文件有两种，一种是系统环境设置文件，另一种是个人环境设置文件。

（1）系统中的用户工作环境设置文件（对所有用户均生效）

- 登录环境设置文件：/etc/profile。
- 非登录环境设置文件：/etc/bashrc。

（2）用户设置的环境设置文件（只对用户自身生效）

- 登录环境设置文件：$HOME/.bash_profile。
- 非登录环境设置文件：$HOME/.bashrc。

> 提示
>
> 1. 工作环境设置文件是 Shell 脚本文件。
> 2. 用户可以修改自己的用户环境设置文件，以覆盖在系统环境设置文件中的全局设置。例如：
>
> 1）用户可以将自定义的环境变量存放在$HOME/.bash_profile 中。
>
> 2）用户可以将自定义的别名存放在$HOME/.bashrc 中，以便在每次登录和调用子 Shell 时生效。

2.3.2 几种提高工作效率的方法

1. 自动补全命令行

在 bash 下输入命令时随时按下〈Tab〉键，bash 就能判断出用户所要输入的命令或文件名等。下面给出一个命令补全的例子。

操作步骤 2.3 命令补全的例子。

```
$ ls<tab><tab>          // 连续输入两个〈tab〉键，可列出所有以字母 ls 开头的命令
ls          lsblk       lsinitrd    lsof
lsattr      lscpu       lsmod       lspci
$ lsb<tab>              // 再输入一个字母 b，按〈tab〉键
$ lsblk                 // 由于以 lsb 开头的命令只此一个，此时便补全了命令
NAME                                    MAJ:MIN   RM   SIZE RO TYPE MOUNTPOINT
sr0                                       11:0     1   398M  0 rom
sda                                        8:0     0    20G  0 disk
 ├─sda1                                    8:1     0   500M  0 part /boot
 └─sda2                                    8:2     0  19.5G  0 part
   ├─vg_c65s00-lv_root (dm-0)  253:0     0 17.6G 0 lvm   /
   └─vg_c65s00-lv_swap (dm-1)  253:1     0     2G  0 lvm   [SWAP]
$ ls –d D*
Desktop    Documents    Downloads
$ ls D<tab><tab>        // 连续输入两个〈tab〉键，可列出所有以字母 D 开头的文件名
Desktop/     Documents/ Downloads/
$ ls De<tab>            // 再输入一个字母 e ，按〈tab〉键
$ ls Desktop/           // 由于当前目录下以 De 开头的文件只此一个，此时便补全了文件名
```

```
Myfile1    Myfile2
```

2. 命令历史

bash 可以记录一定数目的以前在 Shell 中输入的命令。可以记录历史命令的数目由环境变量 HISTSIZE 的值指定。记录历史命令的文本文件由环境变量 HISTFILE 来指定，默认的记录文件是.bash_history，这是一个隐含文件，位于用户的宿主目录下。

仅将先前的命令存储在历史文件里是没有用的，将历史命令记录后，用户如何使用它们呢？有如下的几种方式：

- 最简单的方法是用上下方向键、〈PgUp〉键和〈PgDn〉键来查看历史命令。
- 如果需要，可以使用键盘上的编辑功能键对显示在命令行上的命令进行编辑。
- 用 history 命令来显示和编辑历史命令。
- 用 !<命令事件号> 执行已经运行过的命令。
- 用 !<已经使用过的命令前面的部分>执行已经运行过的命令。

下面给出一个使用命令历史操作的例子。

操作步骤 2.4 使用命令历史的例子。

```
// 显示命令历史
# history
（略）
1000    su - osmond
1001    clear
1002    whereis passwd
1003    ll /usr/bin/passwd
1004    ll -d /tmp
1005    clear
1006    history
#
// 执行命令历史中编号为 1003 的命令
# !1003
ll /usr/bin/passwd
-r-s--x--x    1 root     root        16336 Feb 14   2003 /usr/bin/passwd
// 执行最近一次执行的命令
# !!
ll /usr/bin/passwd
-r-s--x--x    1 root     root        16336 Feb 14   2003 /usr/bin/passwd
// 执行命令历史中最近一次以 s 开头的命令
# !s
su – osmond
$
```

3. 命令别名

命令别名是 bash 提供的另一个使用户的工作变得轻松的方法。命令别名通常是其他命令的缩写，用来减少键盘输入。同时也允许用户为命令另外取一个自己习惯使用的名字。

可以使用 alias 命令来达到上述目的。命令格式为：

```
alias [alias_name='original_command']
```

其中，alias_name 是用户给命令取的别名，original_command 是原来的命令和参数。不使用任何参数来使用 alias 命令，将显示当前的别名和其对应的原始命令。下面给出几个使用命令别名操作的例子。

操作步骤 2.5 使用命令别名的例子。

```
// 显示当前已定义的别名
# alias
alias cp='cp -i'
alias l.='ls -d .* --color=auto'
alias ll='ls -l --color=auto'
alias ls='ls --color=auto'
alias mv='mv -i'
alias rm='rm -i'
alias which='alias | /usr/bin/which --tty-only --read-alias --show-dot --show-tilde'
// 定义自己的别名
# alias lh='ls -lh --color=auto'
# alias grep='grep --color=auto'
# alias tailf='tail -f'
# alias type=cat
// 当用户要取消别名的定义时使用 unalias 命令
# unalias type
```

注意

1. 在定义别名时，等号两边不允许有空格存在，否则 bash 将不能确定用户的意图。若命令中包含空格或其他的特殊字符串，则必须使用引号。

2. 若系统中有一个命令，同时又定义了一个与之同名的别名（例如，系统中有 ls 命令，且又定义了 ls 的别名），则别名将优先于系统中原有命令的执行。要想临时使用系统中的命令而非别名，应该在命令前添加转义符“\”，例如，\ls 命令将运行系统中原来的 ls 命令而不是 ls 别名，它不区分文件类型和颜色。

3. 如果用户需要别名的定义在每次登录时均有效，应该将其写入用户私有目录下的.bashrc 文件中。

2.3.3 进一步使用 Shell

1. 重定向

Linux 命令在执行时常常期望接收输入数据，命令执行后又期望将产生的数据结果输出。Linux 的大部分命令都具有标准的输入/输出设备端口。表 2-38 列出了标准设备。

表 2-38 常用的标准设备

名　称	代　号	代表意思	设　备	说　明
STDIN	0	标准输入	键盘	命令在执行时所要的输入数据通过它来取得
STDOUT	1	标准输出	显示器	命令执行后的输出结果通过该端口送出
STDERR	2	标准错误	显示器	命令执行时的错误信息通过该端口送出

所谓重定向，就是不使用系统的标准输入端口、标准输出端口或标准错误端口，而进行重新的指定，所以重定向分为输出重定向、输入重定向和错误重定向。通常情况下重定向到一个文件。在 Shell 中，要实现重定向主要依靠重定向符，即 Shell 是检查命令行中有无重定向符来决定是否需要实施重定向。表 2-39 列出了常用的重定向符。

表 2-39 常用的重定向符

重定向符	说明
<	实现输入重定向。输入重定向并不经常使用，因为大多数命令都以参数的形式在命令行上指定输入文件的文件名。尽管如此，当使用一个不接受文件名为输入参数的命令，而需要的输入又是在一个已存在的文件里时，就能用输入重定向解决该问题
<<!……!	实现输入重定向的特例，即 Here 文件。两个!可以换成任意字符串，只要一致即可
>或>>	实现输出重定向。输出重定向比输入重定向更常用。输出重定向使用户能把一个命令的输出重定向到一个文件里，而不是显示在屏幕上。很多情况下都可以使用这种功能。>实现“覆盖式”输出重定向；>>实现“追加式”输出重定向
2>或 2>>	实现错误重定向。类似地，2>是“覆盖式”的；2>>是“追加式”的
&>	同时实现输出重定向和错误重定向

下面给出几个使用重定向操作的例子。

操作步骤 2.6 使用重定向的例子。

```
// 快速建立 MP3 播放列表
# find  ~  -name *.mp3 > ~/cd.play.list
// 使用输入重定向显示文件 ~/cd.play.list 的行数
# wc -l < ~/cd.play.list
// 在用户自己的环境配置文件中追加定义 HISTIGNORE 和 HISTCONTROL 环境变量，
// 忽略 ls 和 ll 命令的命令历史记录，# 不记录首字符为空格的命令
# echo 'export HISTIGNORE="ls:ll"' >> ~/.bash_profile
# echo 'export HISTCONTROL=ignorespace' >> ~/.bash_profile
// 使用 Here 文件在主机表文件后追加记录
# cat >> /etc/hosts <<_END
192.168.0.77    web1
192.168.0.88    db1
192.168.0.99    win1
_END
// 将 ls 命令的错误信息保存在 err_file 文件中（RANDOM 是一个环境变量，其值是一个随机数）
# ls anaconda-ks.cfg $RANDOM 2> err_file
// 将 ls 命令的输出和错误信息保存在 output_file 中
# ls anaconda-ks.cfg $RANDOM &> output_file
// 屏蔽命令 program 的标准输出和错误输出（常用于 Shell 脚本）
# program &> /dev/null
// 因为屏蔽了命令输出，可以显示特殊变量 $? 的值来判断上面的命令是否正确执行
// $? 的值为 0 表示执行正确；而非 0 表示执行错误
# echo $?
0
```

2. 管道

许多 Linux 命令具有过滤特性，即一条命令通过标准输入端口接收一个文件中的数据，命

令执行后产生的结果数据又通过标准输出端口送给后一条命令，作为该命令的输入数据。后一条命令也是通过标准输入端口而接收输入数据。

Shell 提供管道命令“|”将这些命令前后衔接在一起，形成一个管道线，格式为：

```
命令 1 |  命令 2 | ……|命令 n
```

管道线中的每一条命令都作为一个单独的进程运行，每一条命令的输出作为下一条命令的输入。由于管道线中的命令总是从左到右顺序执行的，因此管道线是单向的。

管道线的实现创建了 Linux 系统管道文件并进行重定向，但是管道不同于 I/O 重定向，输入重定向导致一个程序的标准输入来自某个文件，输出重定向是将一个程序的标准输出写到一个文件中，而管道是直接将一个程序的标准输出与另一个程序的标准输入相连接，不需要经过任何中间文件。下面给出几个使用管道的例子。

操作步骤 2.7　使用管道的例子。

```
// 以长格式递归的方式分屏显示/etc 目录下的文件和目录列表
$ ls –Rl /etc | less
// 只列子目录
$ ls -F | grep /$                    # 或 ls -l | grep "^d"
// 将 man 的信息存为文本文件
$ man bash | col -b > bash.txt
// 将 myfile 中的字符转化成大写字母并输出到文件 MYFILE
$ cat myfile |tr 'a-z' 'A-Z' > MYFILE
// 查看系统中是否存在名为 osmond 的用户账号
$ cat /etc/passwd | grep ^osmond
// 为用户发送一个测试邮件
$ echo "test email" | mail -s "test" user@example.com
// 统计当前目录下磁盘占用最多的 10 个一级子目录
$ du . --max-depth=1 | sort -rn | head -11
// 以降序方式显示使用磁盘空间最多的普通用户的前 10 名
# du -cks /home/*|sort -rn |head -11
// 按内存使用从大到小排列输出进程
# ps -e -o "%C : %p : %z : %a"|sort -k5 -nr
// 按 CPU 使用从大到小排列输出进程
# ps -e -o "%C : %p : %z : %a"|sort –nr
// 查看系统中的某项服务（如 sshd）是否正在监听客户的请求（即服务是否已启动）
# netstat -anp | grep "LISTEN" | grep "sshd"
// 从 uptime 的输出过滤出时间和 3 个平均负载字段
# uptime
13:23:16 up 48 days, 14:34,    1 user,    load average: 0.11, 0.17, 0.10
# uptime |awk -F '[ ,]+' '{print $2" - "$11,$12,$13}'
13:22:26 - 0.12 0.16 0.11
// 从 ifconfig 命令的输出过滤出 eth0 网络接口当前的 IP 地址（4 种方法达到同样的目的）
# ifconfig eth0 | grep 'inet addr' | cut -d':' -f2 | cut -d' ' -f1
# ifconfig eth0 | grep 'inet ' | awk -F '[ :]+' '{print $4}'
# ifconfig eth0 | awk -F\: '/inet / {print $2}' | awk '{print $1}'
# ifconfig eth0 | grep 'inet ' | sed 's/[a-zA-Z:]//g' | awk '{print $1}'
```

3. 命令替换

Shell 中的命令参数可以由另一个命令执行的结果来替代。使用的格式如下：

```
$ cmd1 `cmd2  arguments`
或
$ cmd1 $(cmd2  arguments)
```

其中，cmd2 arguments 的输出作为 cmd1 的参数。

> **注意** cmd2 要放在反引号“`”里。请注意反引号“`”和单引号“'”的区别，它们在功能上并不相同。

下面给出几个使用命令替换的例子。

操作步骤 2.8 使用命令替换的例子。

```
// 压缩当前目录下的所有不是以 .gz 为后缀的文件
$ gzip `find . \! -name '*.gz' -print`
$ gzip $(find . \! -name '*.gz' –print)
// 在输出命令中，双引号 "" 中的命令替换将被解析
$ echo "You have `ls | wc -l` files in `pwd`"
$ echo "You have $(ls | wc –l) files in $(pwd)"
// 查看包含 date 命令的 RPM 包的信息（命令替换可以嵌套使用，嵌套时只能使用 $() 的形式）
# rpm -qi $(rpm -qf $(which date))
// 生成带有日期和时间的文件名后缀
$ touch backup_$(date +"%Y")
$ touch backup_$(date +"%F")
$ touch backup_$(date +"%F_%H%M")
$ ll
-rw-r--r-- 1 root root 0 12 月  21 12:57 backup_2013
-rw-r--r-- 1 root root 0 12 月  21 12:57 backup_2013-12-21
-rw-r--r-- 1 root root 0 12 月  21 12:58 backup_2013-12-21_1258
```

4. 命令组合

除了可以使用管道连接若干命令之外，还可以在一个命令行上使用若干 Shell 的元字符将若干命令组合在一起，表 2-40 列出了这些命令组合方法及其说明。

表 2-40 命令组合

命令行形式	说 明
CMD1 ; CMD2	顺序执行一组命令序列
{CMD1 ; CMD2 ;}	在当前 Shell 中执行一组命令序列
（CMD1 ; CMD2）	在子 Shell 中执行一组命令序列
CMD1 && CMD2	与逻辑；当 CMD1 运行成功时才运行 CMD2。这是一个“短路”操作，若 CMD1 执行失败 CMD2 永远不会被执行
CMD1 || CMD2	或逻辑；当 CMD1 运行失败时才运行 CMD2。这是一个“短路”操作，若 CMD1 执行成功 CMD2 永远不会被执行

下面给出几个使用命令组合的例子。

操作步骤 2.9 使用命令组合的例子。

```
// 顺序执行一组命令
$ date; pwd; ls
// 将一组命令的所有输出存入日志文件（不使用命令组合时，仅将最后一个命令的输出进行重定向）
$ (date; who | wc -l) > ~/login-users.log
$ (date; pwd; ls) > ~/logfile
// 若 osmond 用户在线就发送内容为 ~/logfile 的在线消息，否则为其发送邮件
# write osmond < ~/logfile || mail -s test osmond < ~/logfile
// 若 /etc 目录下有文件的内容包含 security，就显示 Found
# grep -lr 'security' /etc/* > /dev/null && echo "Found."
// 若 /etc 目录下有文件的内容包含 security，就显示 Found，否则显示 Not Found
# grep -lr 'security' /etc/* > /dev/null && echo "Found."|| echo "Not Found."
// 从 /proc/loadavg 的输出生成时间和三个平均负载字段
# echo -n "$(date +%T) - "; cat /proc/loadavg | cut -d' ' -f1-3
13:31:07 - 0.04 0.09 0.08
// 生成一个脚本用于将系统的平均负载记录于以日期命名的文件（文件名为 MMDD 的形式）
# mkdir /root/bin
# cat <<_END_> /root/bin/uptimelog
DIR=/root/uptimelogs/\$(date +"%Y")
[ -d \$DIR ] ||   mkdir -p \$DIR                         // 若目录不存在就创建之
(echo -n "\$(date +%T) - "; cat /proc/loadavg   | cut -d' ' -f1-3) \\
 >> \$DIR/\$(date +"%m%d")
_END_
# cat /root/bin/uptimelog
DIR=/root/uptimelogs/$(date +"%Y")
[ -d $DIR ] ||   mkdir -p $DIR
(echo -n "$(date +%T) - "; cat /proc/loadavg   | cut -d' ' -f1-3) \
    >> $DIR/$(date +"%m%d")
```

注意

在 Here 文件的内容包含变量替换和命令替换时，必须对$使用转移符\$，否则会将变量替换和命令替换的结果存入输出重定向的文件。行尾的续行符\，也应该使用转义的 \\。

这在使用 Here 文件形式生成 Shell 脚本时特别有用。

2.4 思考与实验

1．思考

1）什么是 Shell？它具有什么功能？Linux 默认使用什么 Shell？

2）简述文件的类型。硬链接和软链接有何区别？

3）简述 Linux 的标准目录结构及其存放内容。

4）Linux 的基本命令格式如何？Linux 下经常使用的通配符有哪些？

5）在 Linux 下如何使用设备？常用的设备名有哪些？

6）如何获得命令帮助？help 命令和--help 命令选项的作用分别是什么？

7）常用的文件和目录操作命令有哪些？各自的功能是什么？

8）常用的信息显示命令有哪些？各自的功能是什么？

9）打包和压缩有何不同？常用的打包和压缩命令有哪些？

10）简述在 Shell 中可以使用哪几种方法提高工作效率。

11）Linux 下的隐含文件如何标识？如何显示？

12）Linux 下经常使用-f 和-r 参数，它们的含义是什么？

13）Vi 的 3 种运行模式是什么？如何切换？

14）什么是重定向？什么是管道？什么是命令替换？

15）Shell 变量有哪两种？分别如何定义？

16）如何设置用户自己的工作环境？

17）比较下面命令的含义。

（1）	（2）	（3）	（4）	（5）	（6）	（7）	（8）	（9）	（10）
cd	cp	rm	touch	alias	logout	whoami	cat	locale	find
cd -	ln	rm -r	mkdir	history	exit	who am i	more	locate	grep
cd ..	ln -s	rmdir				who	less		
cd ~						uname	head		
pwd						hostname	tail		

18）比较下面的特殊字符和操作热键的含义。

<table>
<tr><td>（1）</td><td>（2）</td><td>（3）</td><td>（4）</td><td>（5）</td><td>（6）</td><td>（7）</td><td>（8）</td><td>（9）</td></tr>
<tr><td>></td><td>2></td><td><</td><td>/</td><td>^</td><td>;</td><td>‘’</td><td>^d</td><td>()</td></tr>
<tr><td>>></td><td>2>></td><td><!.....!</td><td>\</td><td>$</td><td>||</td><td>“”</td><td>^c</td><td>[]</td></tr>
<tr><td></td><td>&></td><td></td><td>|</td><td></td><td>&&</td><td>``</td><td>^z</td><td>(())</td></tr>
<tr><td></td><td></td><td></td><td></td><td></td><td></td><td>$()</td><td></td><td></td></tr>
</table>

2．实验

1）浏览并熟悉 Linux 目录结构。

2）学会使用命令帮助。

3）熟悉各种常用命令的使用。

4）熟悉文本编辑器 Vi 的使用。

5）熟悉并使用 Shell 的各种功能。

6）学会定义和输出 Shell 变量。

7）学会设置用户自己的工作环境。

第 3 章　多用户多任务管理

本章首先介绍了账户管理的相关概念、账户管理工具的使用以及用户口令管理。然后介绍了权限的相关概念及其命令工具的使用。最后介绍了进程的相关概念、查看进程、杀死进程以及作业控制等。

3.1　账户管理

3.1.1　账户管理概述

1．账户实质

Linux 操作系统是多用户的操作系统，它允许多个用户同时登录到系统上，使用系统资源。当多个用户同时使用系统时，为了使所有用户的工作都能顺利进行，保护每个用户的文件和进程，也为了系统自身的安全和稳定，必须建立起一种秩序，使每个用户的权限都能得到规范。为此，首先就需要区分不同的用户，这就产生了用户账户。

账户实质上就是一个用户在系统上的标识，系统依据账户来区分每个用户的文件、进程、任务，给每个用户提供特定的工作环境（如用户的工作目录、Shell 版本以及 X-Window 环境的配置等），使每个用户的工作都能独立不受干扰地进行。

2．用户和组

广义上讲，Linux 的账户包括用户账户和组账户两种。

Linux 系统下的用户账户（简称用户）有两种，普通用户账户和超级用户账户（或管理员账户）。普通用户账户在系统上的任务是进行普通工作，管理员在系统上的任务是对普通用户和整个系统进行管理。管理员账户对系统具有绝对的控制权，能够对系统进行一切操作，如操作不当很容易对系统造成损坏。因此即使系统只有一个用户使用，也应该在管理员账户之外建立一个普通用户账户，在用户进行普通工作的时候以普通用户账户登录系统。

除了用户账户之外，在 Linux 下还存在组账户（简称组）。组是用户的集合。在 Red Hat Linux 中组有两种类型：私有组和标准组。当创建一个新用户时，若没有指定他所属于的组，CentOS 就建立一个和该用户同名的私有组。此私有组中只包含这个用户自己。标准组可以容纳多个用户，若使用标准组，在创建一个新的用户时就应该指定他所属于的组。

从另一方面讲，同一个用户可以同属于多个组，例如某单位有领导组和技术组等，Tom 是该单位的技术主管，所以他既应该属于领导组又应该属于技术组。当一个用户属于多个组时，其登录后所属的组称为主组，其他的组称为附加组。

3．Linux 环境下的账户系统文件

Linux 下的账户系统文件主要有/etc/passwd、/etc/shadow、/etc/group 和/etc/gshadow 4 个文件。

1）/etc/passwd 文件中每行定义一个用户账号，一行中又划分为多个字段定义用户账号的不同属性，各字段间用“:”分隔。例如：

```
root:x:0:0:root:/root:/bin/bash
bin:x:1:1:bin:/bin:/sbin/nologin
（略）
osmond:x:500:500::/home/osmond:/bin/bash
（略）
```

表 3-1 描述了这些字段的意义。

表 3-1　/etc/passwd 文件中各字段的含义

字　段	说　明
用户名	这是用户登录系统时使用的用户名，它在系统中是唯一的
口令	此字段存放加密的口令。在此文件中的口令是 X，这表示用户的口令是被/etc/shadow 文件保护的，所有加密的口令以及和口令有关的设置都保存在/etc/shadow 中
用户标识号	是一个整数，系统内部用它来标识用户。每个用户的 UID 都是唯一的。root 用户的 UID 是 0，1～499 是系统的标准账户。普通用户的 UID 从 500 开始
组标识号	是一个整数，系统内部用它来标识用户所属于的组。每个用户账户在建立好后都会有一个主组。主组相同的账户其 GID 相同。在默认情况下，每一个账户建立好后系统都会建立一个和账户名同名的组，作为该账户的主组，这个组只有用户本人这一个成员，即此组是私有组
注释性描述	例如存放用户全名等信息
宿主目录	用户登录系统后所进入的目录
命令解释器	指示该用户使用的 Shell，默认为 bash

2）/etc/passwd 文件对任何用户均可读，为了增加系统的安全性，CentOS 默认使用 shadow passwords 保护。即将经过加密的用户口令保存在 /etc/shadow 文件里，它只对 root 用户可读且提供了一些口令时效字段。/etc/shadow 文件的内容形式如下：

```
root:$6$ZN6sdbz/jLRN9rmm$DH09zirThESridmI52F2esb9OrWmjl2CkVlsDD7pFzDCvyGqZirdAshXmsGIdDDg6Wt0hHdXM8g9k8kkfVw4M1:16043:0:99999:7:::
bin:*:15980:0:99999:7:::
（略）
osmond:$6$Np6GOfdW$sYX9NBXrv4650EejGsgSWS/K/sskXsfNx5jQDA2yX6zfOxD1MdK6lXKrbcVgblkdIImggQZ4kIO9IMGYSYJaF.:16056:0:99999:7:::
（略）
```

其中各字段的意义如表 3-2 所示。

表 3-2　/etc/shadow 文件中各字段的含义

栏　位	说　明
用户名	用户的账户名
口令	用户的口令，是经 SHA512 加密过的
最后一次修改的时间	从 1970 年 1 月 1 日起，到用户最后一次更改口令的天数
最小时间间隔	从 1970 年 1 月 1 日起，到用户可以更改口令的天数
最大时间间隔	从 1970 年 1 月 1 日起，到用户必须更改口令的天数
警告时间	在用户口令过期之前多少天提醒用户更新
不活动时间	在用户口令过期之后到禁用账户的天数
失效时间	从 1970 年 1 月 1 日起，到账户被禁用的天数
标志	保留位

3）/etc/group 文件，将用户分组当作 Linux 中对用户进行管理及控制访问权限的一种手段。每个用户都属于某一个组；一个组中可以有多个用户，一个用户也可以属于不同的组。当一个用户同时是多个组的成员时，在/etc/passwd 文件中记录的是用户所属的主组，也就是登录时所属的主组，而其他组称为附加组。用户要访问附加组的文件时，必须首先使用 newgrp 命令使自己成为所要访问的组的成员。组的所有属性都存放在/etc/group 文件中。/etc/group 文件对任何用户均可读。下面是一个/etc/group 文件的例子：

```
root:x:0:root
bin:x:1:root,bin,daemon
（略）
osmond:x:500:
（略）
```

与/etc/passwd 文件类似，其中每一行记录了一个组的信息。每行包括 4 个字段，不同字段之间用“:”隔开。其中各字段的内容说明如表 3-3 所示。

表 3-3 /etc/group 文件中各字段说明

栏 位	说 明
组名	该组的名称
组口令	组口令，由于安全性原因，已不使用该字段保存口令，用“x”占位
GID	组的识别号，和 UID 类似，每个组都有自己独有的识别号，不同组的 GID 不相同
组成员	属于这个组的成员，多个成员间用“,”分隔

4）/etc/gshadow 文件用于定义用户组口令、组管理员等信息，该文件只有 root 用户可以读取。下面是一个/etc/gshadow 文件的例子：

```
root:::root
bin:::root,bin,daemon
（略）
osmond:!::user5
（略）
```

与/etc/group 文件类似，其中每一行记录了一个组的信息。每行包括 4 个字段，不同字段之间用“:”隔开。其中各字段的内容说明如表 3-4 所示。

表 3-4 /etc/gshadow 文件中各字段说明

栏 位	说 明
组名	组名称，该字段与 group 文件中的组名称对应
组口令	组口令，该字段用于保存已加密的口令
组的管理员账号	组的管理员账号，管理员有权对该组添加、删除账号
组成员	属于该组的用户成员列表，列表中多个用户间用“,”分隔

提示　账户管理的实质就是管理上述的 4 个账户系统文件。可以使用图形界面工具进行，也可以使用命令行工具进行，甚至还可以使用 Web 工具进行。

3.1.2 使用命令行工具管理账户

1．管理账户的命令行工具

表 3-5 列出了管理账户的命令行工具的功能。

表 3-5 管理账户的命令行工具的功能

命　令	说　明
useradd [<选项>] <用户名>	添加新的用户
usermod [<选项>] <用户名>	修改已经存在的指定用户
userdel [-r] <用户名>	删除已经存在的指定用户，-r 参数用于删除用户宿主目录
groupadd [<选项>] <组名>	添加新的组
groupmod [<选项>] <组名>	修改已经存在的指定组
groupdel <组名>	删除已经存在的指定组

2．命令行账户管理工具使用举例

操作步骤 3.1　命令行账户管理工具使用举例。

```
// 创建一个新用户 jjh
# useradd jjh
// 创建一个新组 staff
# groupadd staff
// 创建一个新用户 tom，同时加入 staff 附加组中
# useradd -G staff tom
// 创建一个新用户 webmaster，指定登录目录/www，不创建用户宿主目录（-M）
# mkdir /www; useradd -d /www -M webmaster
// 将 jjh 添加到附加组 staff 中
# usermod -G staff jjh
// 将 jjh 用户修改为 jjheng，jjh 组修改为 jjheng，宿主目录改为 /home/jjheng
# usermod -l jjheng -d /home/jjheng -m jjh
# groupmod -n jjheng jjh
// 删除用户 webmaster
# userdel webmaster
// 删除用户 jjheng，同时删除其自己的目录
# userdel -r jjheng
// 删除组 staff
# groupdel staff
```

3.1.3 口令管理和口令时效

1．使用 passwd 命令进行口令管理

创建用户账户之后，还要给新用户设置口令。为此需使用命令 passwd，其格式是：

```
passwd [<选项>] [<登录用户名>]
```

常用选项如表 3-6 所示。

表 3-6 passwd 命令的常用选项

选项	说 明	选项	说 明
-S	列出口令的状态信息	-d	删除口令
-l	锁定用户账户	-k	保持口令不变，直到口令过期失效后方能更改
-u	解除已锁定账户	--stdin	从标准输入读取口令（非交互模式）

注意

1. 在输入口令时，屏幕上不会回显。口令的选取至少用 8 个字符，最好大小写字母和数字及特殊字符搭配使用，尽量不要用英文单词作为口令。

2. 只有管理员账户（root）可以更改其他用户的口令，普通用户只能更改自己的口令，且在更改口令之前，系统会要求用户输入旧的口令。

下面给出几个 passwd 命令的使用示例。

操作步骤 3.2 passwd 命令的使用示例。

```
// （1）创建新用户 jason，显示口令状态，为其设置口令
# useradd jason
# passwd -S jason
jason LK 2013-12-25 0 99999 7 -1 (Password locked.)
# passwd jason
Changing password for user jason.
New password:
Retype new password:
passwd: all authentication tokens updated successfully.
// （2）用户 jason 自己要更改自己的口令
# su – jason                    // 切换到 jason 用户
$ passwd
Changing password for user jason.
Changing password for jason.
(current) UNIX password:
New password:
Retype new password:
passwd: all authentication tokens updated successfully.
$ exit                          // 返回 root 的 shell
logout
#
// （3）超级用户可以使用如下命令进行用户口令管理
#   passwd -S jason             // 显示口令状态
 jason PS 2013-12-25 0 99999 7 -1 (Password set, SHA512 crypt.)
#   passwd -l jason             // 锁定用户 jason
 Locking password for user jason.
 passwd: Success
#   passwd -S jason             // 显示口令状态
 jason LK 2013-12-25 0 99999 7 -1 (Password locked.)
#   passwd -u jason             // 解除对用户 jason 的锁定
```

```
  Unlocking password for user jason.
  passwd: Success.
#  passwd -S jason            // 显示口令状态
  jason PS 2013-12-25 0 99999 7 -1 (Password set, SHA512 crypt.)
#  passwd -d jason            // 清空 jason 的口令
  Removing password for user jason.
  passwd: Success
#  passwd -S jason            // 显示口令状态
  jason NP 2013-12-25 0 99999 7 -1 (Empty password.)
#  passwd jason               // 重新设置用户 jason 的口令
  Changing password for user jason.
  New UNIX password:
  Retype new UNIX password:
  passwd: all authentication tokens updated successfully.
#  passwd -S jason            // 显示口令状态
  jason PS 2013-12-25 0 99999 7 -1 (Password set, SHA512 crypt.)
#
```

2．chage 命令

如今硬件计算能力已经非常强大，这大大地缩短了利用自动运行的程序来猜测口令的时间。口令时效是系统管理员用来防止机构内不良口令的一种技术。防止口令被攻击的方法就是要经常地改变口令。为安全起见，要求用户定期改变他们的口令是明智之举。

口令时效意味着过了一段预先设定的时间后，用户会被提示创建一个新口令。它所根据的理论是，如果用户被强制定期改变口令，某个口令的破译对入侵者来说就只有有限的利用机会。这种用来强制用户在一段时间之后更改口令的机制称为口令时效。

在 Linux 系统上，修改口令时效分为：

- 对于未来要创建的所有用户的口令时效是通过修改/etc/login.defs 文件的相关参数来管理的。
- 对已存在的用户修改口令时效是通过 chage 命令来管理的。

（1）设置新添用户的口令时效

编辑/etc/login.defs，通过指定表 3-7 中描述的几个参数来设置口令时效的默认设定。

表 3-7　/etc/login.defs 中与口令时效相关的参数

参　数	说　明
PASS_MAX_DAYS	设定在多少天后要求用户修改口令。默认口令时效的天数为 99999，即关闭了口令时效。明智的设定一般是 60 天（2 个月）强制更改一次口令
PASS_MIN_DAYS	设定在本次口令修改后，至少要经过多少天后才允许更改口令
PASS_WARN_AGE	设定在口令失效前多少天开始通知用户更改口令（一般在用户刚刚登录系统时就会收到警告通知）

（2）设置已存在用户的口令时效

chage 命令的格式是：

```
chage [<选项>] <用户登录名>
```

表 3-8 列出了 chage 命令的选项说明。

表 3-8　chage 命令的选项说明

选　项	描　述
-m days	指定用户必须改变口令所间隔的最少天数。如果值为 0，口令就不会过期（PASS_MIN_DAYS）
-M days	指定口令有效的最多天数。当该选项指定的天数加上-d 选项指定的天数小于当前的日期时，用户在使用该账号前就必须改变口令（PASS_MAX_DAYS）
-d days	指定自从 1970 年 1 月 1 日起，口令被改变的天数
-I days	指定口令过期后，账号被锁前不活跃的天数。如果值为 0，账号在口令过期后就不会被锁
-E date	指定账号被锁的日期，日期格式为 YYYY-MM-DD。若不用日期，也可以使用自 1970 年 1 月 1 日后经过的天数
-W days	指定口令过期前要警告用户的天数（PASS_WARN_AGE）
-l	列出指定用户当前的口令时效信息，以确定账号何时过期

下面给出了几个使用 chage 命令的例子。

操作步骤 3.3　使用 chage 命令的例子。

```
// （1）使用用户下次登录之后修改口令
# chage -d 0 jason
// （2）用户 jason 两天内不能更改口令，并且口令最长的存活期为 30 天，
//      并在口令过期前 5 天通知 jason
#  chage -m 2 -M 30 -W 5 jason
// （3）查看用户 jason 当前的口令时效信息
# chage -l jason
Last password change                                    : Dec 25, 2013
Password expires                                        : Jan 24, 2014
Password inactive                                       : never
Account expires                                         : never
Minimum number of days between password change          : 2
Maximum number of days between password change          : 30
Number of days of warning before password expires       : 5
```

提示

1. 也可以使用 chage <用户名>进入交互模式修改用户的口令时效。
2. 使用 chage 命令实质上是修改影子口令文件/etc/shadow 中与口令时效相关的字段值。
3. chage 命令仅适用于本地系统账户，对 LDAP 账户和数据库账户不起作用。

注意

制订一项策略，定义多长时间后一个口令必须进行更改，然后强制执行该策略，是非常不错的一个做法。在解雇了某个雇员后，口令时效策略会保证该雇员不可能在被解雇 3 个月后发现他的口令依然可用。即使系统管理员忘了删除他的账号，该账号也会因口令时效策略而被自动锁定。当然，这一点并不能成为不及时删除该雇员账号的理由，但是这个策略的确提供了一层额外的安全防护，尤其是在过去常常忽视及时清理账号的情况下。

3.1.4　用户和组状态

1．用户和组状态命令

表 3-9 列出了一些常用的用户和组状态命令。

表 3-9　常用的用户和组状态命令

命　令	功　能
whoami	用于显示当前用户的名称
id	用于显示用户身份
groups	用于显示指定用户所属的组
newgrp	用于将用户从当前组转换到指定的附加组，用户必须属于该组才可以使用

2．用户和组状态命令举例

下面给出用户和组状态命令的使用示例。

操作步骤 3.4　用户和组状态命令的示例。

```
// 创建一个新组 staff
[root@centos65 ~]# groupadd –g 3001 staff
// 将用户 crq 加入 staff 附加组，并为其设置口令
[root@centos65 ~]# usermod -G staff crq
// 显示当前用户的名称
[root@centos65 ~]# whoami
root
// 显示当前用户所属的组
[root@centos65 ~]# groups
root
// 显示指定用户所属的组
[root@centos65 ~]# groups crq
crq : crq staff
// 显示用户当前的 uid、gid 和用户所属的组列表
[root@centos65 ~]# id
uid=0(root) gid=0(root) groups=0(root)
// 切换当前用户到 crq（超级用户切换到普通用户无须口令），同时切换用户工作环境（-）
[root@centos65 ~]# su - crq
[crq@centos65 ~]$
// 显示用户当前的 uid、gid 和用户所属的组列表
[crq@centos65 ~]$ id
uid=504(crq) gid=504(crq) groups=504(crq),3001(staff)
// 创建一个新文件，并查看其用户和组
[crq@centos65 ~]$ touch abc
[crq@centos65 ~]$ ll abc
-rw-rw-r-- 1 crq crq 0 Dec 19 02:13 abc
// 切换用户的当前组到指定的附加组 staff
[crq@centos65 ~]$ newgrp staff
// 显示用户当前的 uid、gid 和用户所属的组列表
[crq@centos65 ~]$ id
uid=504(crq) gid=3001(staff) groups=504(crq),3001(staff)
// 创建一个新文件，并查看其用户和组（比较 abc 和 xyz 的组）
[crq@centos65 ~]$ touch xyz
[crq@centos65 ~]$ ll
total 0
```

```
-rw-rw-r-- 1 crq crq      0 Dec 19 02:13 abc
-rw-r--r-- 1 crq staff 0 Dec 19 02:14 xyz
// 返回上一次 crq 的登录
[crq@centos65 ~]$ exit
exit
// 返回上一次 root 的登录
[crq@centos65 ~]$ exit
logout
[root@centos65 ~]#
```

3.2 权限管理

3.2.1 操作权限概述

1．操作权限简介

Linux 是多用户的操作系统，允许多个用户同时在系统上登录和工作。为了确保系统和用户的安全，Linux 采取了很多的安全措施。用户在登入系统时需要输入用户名和口令，这样就使系统可以通过用户的代号（UID）来分别确定每个用户在登录系统后都做了什么，也可以用来区别不同用户所建立的文件或目录。

普通用户在系统上受到权限的制约，一个普通用户若要切换至其他的普通用户甚至超级用户的工作目录将会收到拒绝的提示信息，例如：

```
$ whoami
$ osmond
$ cd /root
bash: /root: Permission denied
$ cd /home/jason
bash: /home/jason: Permission denied
$
```

2．三种基本的权限

在 Linux 中，将使用系统资源的人员分为 4 类：超级用户、文件或目录的属主、属主的同组人和世界上的其他人员。由于超级用户具有操作 Linux 系统的一切权限，所以不用指定超级用户对文件和目录的访问权限。对于其他 3 类用户都要指定对文件和目录的访问权限，对每一类用户都有如表 3-10 所示的 3 种基本的访问权限需要说明。

表 3-10　文件或目录的 3 种基本的访问权限

代表字符	权　限	对文件的含义	对目录的含义
r	读权限	可以读文件的内容	可以列出目录中的文件列表
w	写权限	可以修改该文件	可以在该目录中创建、删除文件
x	执行权限	可以执行该文件	可以使用 cd 命令进入该目录

> 提示
>
> 1. 目录上只有执行权限，表示可以进入或穿越它进入更深层次的子目录。
> 2. 目录上只有执行权限，要访问该目录下的有读权限的文件，必须知道文件名。
> 3. 目录上只有执行权限，不能列出目录列表也不能删除该目录。
> 4. 目录上执行权限和读权限的组合，表示可以进入目录并列出目录列表。
> 5. 目录上执行权限和写权限的组合，表示可以在目录中创建、删除和重命名文件。

3．查看文件和目录的权限

在 Linux 中通过给 3 类用户分配 3 种基本权限，就产生了文件或目录的 9 个基本权限位。可以使用带 l 参数的 ls 命令查看文件或目录的权限，例如：

```
# cd; ls -l
-rw-r--r--    1 root    root         452 May   2 17:44 addusers
-rw-r--r--    1 root    root         399 May   2 18:14 addusers1
-rw-r--r--    1 root    root          42 May   2 18:07 users
-rw-r--r--    1 root    root          24 May   2 18:15 users1
```

每一行显示一个文件或目录的信息，这些信息包括文件的类型、文件的权限、文件的属主（第 3 列）、文件的所属组（第 4 列），还有文件的大小以及创建时间和文件名。

输出列表中每一行的第一列的第一个字母指示了该文件的类型。第一列的其余 9 个字母可分成 3 组，3 个字母一组。这 3 组分别代表：文件属主的权限、文件所属组的权限、其他用户的权限。每组中的 3 个栏位分别表示了读取权限（r）、写入权限（w）、执行权限（x）或没有相应的权限（-）。

> 提示
>
> 当某用户访问系统中的某文件时：
> 1. 若访问者的 UID 与文件的 UID 匹配，就应用用户（user）权限。
> 2. 否则，若访问者的 GID 与文件的 GID 匹配，就应用群组（group）权限。
> 3. 如果都不匹配，就应用其他用户（other）权限。

通常将由 ls –l 命令输出的第一列称为文件或目录的权限字符串。表 3-11 列出了几个权限字符串的说明。

表 3-11　权限字符串举例

字　符	数　值	说　明
-rw-------	600	只有属主才有读取和写入的权限
-rw-r--r--	644	只有属主才有读取和写入的权限，同组人和其他人只有读取的权限
-rwx------	700	只有属主才有读取、写入和执行的权限
-rwxr-xr-x	755	属主有读取、写入和执行的权限，同组人和其他人只有读取和执行的权限
-rwx--x--x	711	属主有读取、写入和执行权限，同组人和其他人只有执行权限
-rw-rw-rw-	666	每个人都能够读取和写入文件
-rwxrwxrwx	777	每个人都能够读取、写入和执行
drwx------	700	只有属主能在目录中读取、写入
drwxr-xr-x	755	每个人都能够读取目录，但是其中的内容却只能被属主改变

> **注意** 把权限设为 666 会允许每个人对文件或目录都有读取和写入的权限。把权限设为 777 允许每个人都有读取、写入和执行的权限。这些权限可能会允许对机密文件的篡改，因此，一般来说，使用这类设置是不明智的。

3.2.2 更改操作权限

系统管理员和文件的属主可以根据需要来更改文件的权限。更改文件和目录的操作权限使用 chmod 命令进行，有两种设置方法：文字设定法和数值设定法。

1. 文字设定法

chmod 命令的文字设定法格式是：

```
chmod [ugoa][+-=][rwxugo] <文件名或目录名>
```

其中第 1 个选项表示要赋予权限的用户，具体说明如表 3-12 所示。

表 3-12 用户选项说明

选项	说明	选项	说明
u	表示属主（user）	o	表示其他用户（other）
g	表示所属组用户（group）	a	表示所有用户（all）

第 2 个选项表示要进行的操作，具体说明如表 3-13 所示。

表 3-13 权限操作选项说明

选项	说明	选项	说明
+	增加权限	=	分配权限，同时将原有权限删除
-	删除权限		

第 3 个选项是要分配的权限，具体说明如表 3-14 所示。

表 3-14 分配权限选项说明

选项	说明	选项	说明
r	允许读取	u	和属主的权限相同
w	允许写入	g	和所属组用户的权限相同
x	允许执行	o	和其他用户的权限相同

操作步骤 3.5 chmod 命令的文字设定法举例。

```
// 取消组用户和其他用户对文件 users 的读取权限
# cd; ls -l users
-rw-r--r--    1 root root    42 May   2 18:07 users
# chmod go-r users
# ll users
-rw-------    1 root root    42 May   2 18:07 users
#
// 对文件 addusers 的属主添加执行权限
```

```
#
-rw-r--r--        1 root root         452 May   2 17:44 addusers
# chmod u+x addusers
# ll addusers
-rwxr--r--        1 root root         452 May   2 17:44 addusers
#
// 对文件 addusers1 的属主添加执行权限
// 同时取消组用户和其他用户对文件的读取权限
# ll addusers
-rw-r--r--        1 root root         399 May   2 18:14 addusers1
# chmod u+x,go-r addusers1
# ll addusers1
-rwx------        1 root root         399 May   2 18:14 addusers1
#
```

2．数值设定法

chmod 命令的数值设定法格式是：

```
chmod n1n2n3 <文件名或目录名>
```

其中，n1 代表属主的权限，n2 代表组用户的权限，n3 代表其他用户的权限，这 3 个选项都是八进制数字，其意义如表 3-15 所示。

表 3-15　权限字符说明

权限			数值表示		说明
读	写	执行	二进制	八进制	
-	-	-	000	0	没有权限
-	-	x	001	1	允许执行
-	w	-	010	2	允许写入
-	w	x	011	3	允许执行和写入
r	-	-	100	4	允许读取
r	-	x	101	5	允许执行和读取
r	w	-	110	6	允许写入和读取
r	w	x	111	7	允许执行、写入和读取

操作步骤 3.6　chmod 命令的数值设定法举例。

```
// 对文件 addusers 的属主设置可读、可写和执行权限
// 所属组用户和其他用户只设置读和执行的权限，没有写的权限
# ll addusers
-rwxr--r--        1 root root         452 May   2 17:44 addusers
# chmod 755 addusers
# ll addusers
-rwxr-xr-x  1 root root               452 May   2 17:44 addusers
#
// 取消组用户和其他用户对文件 users1 的一切权限
```

```
# ll users1
-rw-r--r--    1 rootroot    24 May   2 18:15 users1
# chmod 600 users1
# ll users1
-rw-------    1 rootroot    24 May   2 18:15 users1
#
```

3.2.3 更改属主和同组人

有时还需要更改文件的属主和所属的组。只有文件的属主有权更改其属主和所属组，用户可以把属于自己的文件转让给他人。改变文件的属主和组可以用 chown 命令，命令格式是：

```
chown [-R] <用户[:组]> <文件或目录>
```

操作步骤 3.7 chown 命令使用举例。

```
// 将文件 users1 的属主改成 osmond
# chown osmond users1
// 将文件 users 的属主和组都改成 osmond
# chown osmond:osmond users
// 将 mydir 目录及其子目录下的所有文件或目录的属主和组都改成 osmond
# chown –R osmond:osmond mydir
#.
```

3.2.4 设置文件和目录的生成掩码

用户可以使用 umask 命令设置文件的默认生成掩码。默认的生成掩码告诉系统当创建一个文件或目录时不应该赋予其哪些权限。如果用户将 umask 命令放在环境文件（.bash_profile）中，就可以控制所有新建的文件或目录的访问权限。

umask 命令的格式为：

```
umask [-S] [u1u2u3]
```

其中，u1 表示的是不允许属主有的权限；u2 表示的是不允许同组人有的权限；u3 表示的是不允许其他人有的权限。

操作步骤 3.8 umask 命令使用举例。

```
//（1）查看当前用户的文件默认生成掩码
$  umask
0022
$  umask -S
u=rwx,g=rx,o=rx
// 下面显示了在默认的文件生成掩码为 022 的情况（创建文件和目录的权限情况）
$  touch testfile1
$  ll testfile1
-rw-r--r-- 1 osmond osmond 0 2012-03-17 17:16 testfile1
```

```
$  mkdir testdir2
$  ll -d testdir2
drwxr-xr-x 2 osmond osmond 48 2012-03-17 17:18 testdir2
//（2）设置当前用户的文件默认生成掩码（设置允许同组用户有写权限）
$  umask 002
$  touch testfile3
$  ll testfile3
-rw-rw-r-- 1 osmond osmond 0 2012-03-17 17:15 testfile3
$  mkdir testdir4
$  ll -d testdir4
drwxrwxr-x 2 osmond osmond 48 2012-03-17 17:20 testdir4
$
// 注意对比 testfile1 和 testfile3 以及 testdir2 和 testdir4 权限的不同
```

3.2.5 特殊权限设置

1．SUID、SGID 和 sticky-bit

除了上述的基本权限之外，还有所谓的特殊权限存在。由于特殊权限会拥有一些"特权"，因而用户若无特殊需要，不应该去打开这些权限，以避免安全方面出现严重漏洞，甚至摧毁系统。3 个特殊权限位是对可执行文件或目录进行的，使用了特殊权限将影响执行者的操作权限。对文件可以设置 SUID 和 SGID 特殊权限；对目录可以设置 SGID 和 sticky-bit 特殊权限。表 3-16 和表 3-17 分别列出了文件和目录特殊权限的说明。

表 3-16　文件特殊权限的说明

特殊权限	说　明
SUID	当一个设置了 SUID 位的可执行文件被执行时，该文件将以其所有者的身份运行，而不是命令执行者的权限。也就是说无论谁来执行这个文件，他都有文件所有者的特权，任意存取该文件拥有者能使用的全部系统资源。如果所有者是 root，那么执行人就有超级用户的特权了
SGID	当一个设置了 SGID 位的可执行文件执行时，该文件将以其所属组的身份运行，而不是命令执行者的权限。也就是说无论谁来执行这个文件，他都有文件所属组的特权，任意存取整个组所能使用的系统资源

表 3-17　目录特殊权限的说明

特殊权限	说　明
SGID	在目录中创建的所有文件将与该目录的所属组一致。所有被复制到这个目录下的文件，其所属的组都会被重设为和这个目录一致，除非在复制文件时加上-p（preserve，保留文件属性）的参数，才能保留原来所属的群组设置
sticky-bit	存放在该目录的文件仅准许其属主执行删除、移动等操作

一个设置了 SUID 的典型例子是 passwd 程序，它允许普通用户改变自己的口令，这是通过改变/etc/shadow 文件的口令字段实现的。然而系统管理员决不允许普通用户拥有直接改变/etc/shadow 文件的权力，因为这绝对不是个好主意。解决方法是给 passwd 程序设置 SUID，当 passwd 程序被执行时将拥有超级用户的权限，而 passwd 程序运行结束又回到普通用户的权限。下面显示 passwd 程序的权限。

```
# ll /usr/bin/passwd
-rwsr-xr-x.    1    root    root        30768    Feb 22   2012        /usr/bin/passwd
```

一个设置了 sticky-bit 的典型例子是系统临时文件目录/tmp，它避免了不守法的用户存心搞鬼，恣意乱删其他用户放置的文件。下面显示/tmp 目录的权限：

```
# ll -d /tmp
drwxrwxrwt.   3   root   root        4096   Dec 25   22:07      /tmp
```

2．SUID、SGID 和 sticky-bit 的表示

从上面的显示可以看出：SUID 是占用属主的 x 位置来表示的；SGID 是占用组的 x 位置来表示的；sticky-bit 是占用其他人的 x 位置来表示的。

SUID、SGID 和 sticky-bit 权限也可用 1 位八进制数（3 位二进制数）表示，如表 3-18 所示。

表 3-18　特殊权限的数值表示

权　限			数值表示		说　明
SUID	SGID	sticky	二进制	八进制	
-	-	-	000	0	不设置特殊权限
-	-	t	001	1	只设置 sticky
-	s	-	010	2	只设置 SGID
-	s	t	011	3	只设置 SGID 和 sticky
s	-	-	100	4	只设置 SUID
s	-	t	101	5	只设置 SUID 和 sticky
s	s	-	110	6	只设置 SUID 和 SGID
s	s	t	111	7	设置 3 种特殊权限

3．设置特殊权限

设置特殊权限仍旧使用 chmod 命令，并且依然有字符设定法和数值设定法之分：

- 使用 chmod 命令的字符设定法时，可以使用 s 和 t 权限字符。
- 使用 chmod 命令的数值设定法时，要使用 4 位八进制数，其中第 1 位八进制数用于设置特殊权限，后 3 位八进制数用于设置基本权限。

操作步骤 3.9　使用 chmod 命令设置特殊权限举例。

```
//（1）使用 chmod 命令的文字设定法
// 为程序/usr/bin/myapp 添加 SUID 权限
# chmod u+s /usr/bin/myapp
// 为目录/home/groupspace 添加 SGID 权限
# chmod g+s /home/groupspace
// 为目录/home/share 添加 sticky 权限
# chmod o+t /home/share
//（2）使用 chmod 命令的数值设定法
// 为程序/usr/bin/myapp 添加 SUID 权限
# chmod 4755 /usr/bin/myapp
// 为目录/home/groupspace 添加 SGID 权限
# chmod 2755 /home/groupspace
// 为目录/home/share 添加 sticky 权限
# chmod 1755 /home/share
#
```

3.2.6 使用ACL权限

1．ACL权限

传统的 UNIX/Linux 使用 UGO 方式设置权限，具体的说就是通过 user（用户）、group（组）、other（其他人）与 r（读）、w（写）、x（执行）的不同组合来实现。随着应用的发展，这些权限组合已不能适应现时复杂的文件系统权限控制要求，具有一定的局限性。

例如，目录 /data 的权限为：

```
drwxr-x---   13   root root   4096   01-12 21:05   /data
```

所有者与所属组均为 root，在不改变所有者的前提下，要求用户 tom 对该目录有完全访问权限（rwx）。只能考虑以下两种办法（这里假设 tom 不属于 root 组）。

1）给 /data 的其他人增加 rwx 权限。由于 tom 被归为其他人，他将拥有 rwx 权限。

```
drwxr-xrwx 13 root root 4096 01-12 21:05 /data
```

2）将 tom 加入到 root 组，并为 root 组分配 rwx 权限，那么他也将拥有 rwx 权限。

```
drwxrwx--- 13 root root 4096 01-12 21:05 /data
```

以上两种方法其实都不合适：第 1 种方法将导致所有其他人都具有 rwx 权限而非 tom 一个人；第 2 种方法将导致所有 root 的同组人都具有 rwx 权限而非 tom 一个人。

因此传统的权限管理设置起来就力不从心了。为了解决这些复杂的权限控制问题，就有了 IEEE POSIX 1003.1e 这个 ACL 的标准，Linux 也开发出了一套符合该标准的文件系统权限管理方案。

所谓 ACL 就是访问控制列表（Access Control List），为了与其他的 ACL 相区别，有时也称为文件访问控制列表（FACL）。一个文件/目录的访问控制列表，可以针对任意指定的用户/组分配 rwx 权限。

支持 ACL 需要内核和文件系统的支持。Linux 从 2.6 版内核开始支持 ACL。不是所有类型的文件系统均支持 ACL，但 Linux 现在 2.6 内核配合常用的 ext2/ext3/ext4、jfs、xfs、ReiserFS 等文件系统都可以支持 ACL。

有两种类型的 ACL：

- 一种是存取 ACL（access ACLs），针对文件和目录设置访问控制列表。
- 一种是默认 ACL（default ACLs），只能针对目录设置。如果目录中的文件没有设置 ACL，它就会使用该目录的默认 ACL。

2．CentOS 下的 ACL

CentOS 6.5 默认支持 ACL。

- Linux 2.6.32 的内核支持 ACL。
- 默认使用的 ext4 文件系统也支持 ACL。
- 软件包 acl 提供了用于查看和设置 ACL 的工具。

> **提示**
>
> 1. 要查看当前挂装的文件系统是否支持 ACL，可以使用 tune2fs 命令。例如:
>
> ```
> # tune2fs -l /dev/vg_c65s00/lv_root | grep options
> Default mount options:     user_xattr acl
> ```
>
> 2. 若当前的文件系统不支持 ACL，可以在 mount 命令或/etc/fstab 中使用 ACL 挂装选项重新挂装文件系统。

3. 使用 setfacl 设置 ACL 权限

setfacl 命令的语法为：

```
setfacl [-R] {-m|-x} <rules> <files or directory>
```

表 3-19 列出了 setfacl 命令的选项说明。

表 3-19　setfacl 命令的选项说明

选　项	说　明
-R	对目录进行递归操作
-m	修改 ACL 权限
-x	删除 ACL 权限
<rules>	指定 ACL 模式规则，可用如下形式： ● [d:]u:uid:perms — 为指定的用户（使用 UID 或用户名）设置 ACL 权限 ● [d:]g:gid:perms — 为指定的组（使用 GID 或组名）设置 ACL 权限 ● [d:]o:[:]perms — 为其他用户设置 ACL 权限 ● [d:]m:[:]perms — 设置有效的访问掩码 其中： ● 使用 d: 前缀时用于设置默认 ACL（d:前缀仅能对目录设置） ● perms 为 r、w、x、-或其组合

操作步骤 3.10　使用 setfacl 命令设置 ACL 权限。

```
// 允许 osmond 用户对 myfile 文件进行读、写、执行
# setfacl   -m   u:osmond:rwx   myfile
// 允许 osmond 用户对 mydir 目录进行读、写、执行
# setfacl   -m   u:osmond:rwx   mydir
// 允许 market 组对/share/project/marketdir 目录进行读、写
# setfacl   -m   g:market:rw /share/project/marketdir
// 允许 lrj 用户对/share/docs 目录进行读、写
# setfacl   -m   d:u:lrj:rw   /share/docs
// 删除 osmond 用户对 /share/project 目录操作的 ACL
# setfacl   -x   u:osmond      /share/project
// 对/share/data/目录设置默认 ACL：允许 doc 组读、写、执行
// 同时对/share/data/目录及其所有子目录递归地设置存取 ACL：
// 允许 doc 组读、写、执行并禁止 staff 组读、写、执行
# setfacl   -R   -m   g:doc:rwx,d:g:doc:rwx,g:staff:---   /share/data/
// 对所有用户和所有组撤销对 myfile 的写权限
# setfacl -m m::rx myfile
```

4．使用 getfacl 查看 ACL 权限

getfacl 命令用于查看文件或目录的 ACL 设置，其格式为：

```
getfacl  <files or directory>
```

操作步骤 3.11 使用 getfacl 命令查看 ACL 权限。

```
// 查看 /share/project 目录的 ACL 权限
# getfacl  /share/project
# file: share/project
# owner: root
# group: root
user::rwx
user:osmond:rwx
group::r-x
mask::rwx
other::r-x
default:user::rwx
default:group::r-x
default:group:projects:rwx
default:mask::rwx
default:other::r-x
```

提示 1. 若目录已设置了默认 ACL，则新创建的文件将从其目录继承默认 ACL 设置。

2. 使用 mv 命令和 cp -p 命令操作文件时将保持 ACL 设置。

3.2.7 权限设置举例

下面的例子用于创建用户和组，并为不同目录设置不同的权限。

操作步骤 3.12 创建用户和组，并为不同目录设置不同的权限

```
// 1. 添加用户和组
// （所有新建用户的口令均为"centos"）
// 1.1 添加组 admin，指定其 GID 为 8000。
# groupadd -g 8000 admin
// 1.2 添加用户 tom，其附属组为 admin，且其用户主目录为/home/tommy。
# useradd -G admin -d /home/tommy tom
# echo "centos"|passwd --stdin tom
// 1.3 添加用户 alex，其主组为 admin。
# useradd -g admin alex
# echo "centos"|passwd --stdin alex
// 1.4 添加用户 mike，其 UID 为 888，不允许该用户登录系统。
# useradd -u 888 -s /sbin/nologin mike
# echo "centos"|passwd --stdin mike
// 1.5 添加用户 selina，该账户第一次登录系统时即被系统要求修改密码。
# useradd selina
```

```
# echo "centos"|passwd --stdin selina
# chage -d 0    selina
// 1.6 添加用户 fanny，该账户会在 2012 年 12 月 21 号被禁用，其 umask 值为 0022。
# useradd -e 2012-12-21 fanny
# echo "centos"|passwd --stdin fanny
# echo "0022" >> /home/fanny/.bashrc
#
// 2. 分配对不同目录的访问权限
// 2.1 创建目录/admin/sales、/admin/devel、
//         /admin/training、/admin/other、/admin/default。
# mkdir /admin/{sales,devel,training,other,default}
// 2.2 目录/admin/sales 的所有者为 root, 所属组为 admin,
//         隶属于 admin 组的所有用户均可在此目录下创建文件,
//         但新建文件和目录的所属组自动是 admin, 所有者是创建者自身，其他用户无任何权限。
# chown :admin /admin/sales/
# chmod 2770 /admin/sales/
// 2.3 目录/admin/devel 的所有者和所属组为 root，所有人均可在此目录下创建文件，
//         但不能删除别的用户创建的文件。
# chown root:root /admin/devel
# chmod 1777 /admin/devel
// 2.4 目录 /admin/training 的所有者和所属组为 root, 用户 root 拥有所有权限,
//         组 root 只能读和执行，其他人无任何权限,
//         但是用户 alex 对此目录具有一切权限, 而用户 tom 可以读取该目录下的文件。
# chmod 750 /admin/training/
# setfacl -m u:alex:rwx,u:tom:rx /admin/training/
// 2.5 在目录/admin/default 下的文件（已经存在的和将来要创建的）
//         对于 selina 用户都具有一切权限
# setfacl -R -m u:selina:rwx /admin/default/
# setfacl -R -m d:u:selina:rwx /admin/default/
// 2.6 所有人在目录/admin/other 下均可创建和删除文件,
//         以 root 身份创建文件/admin/other/nodelete,
//         但文件 /admin/other/nodelete 不能被任何人（包括 root）删除和重命名。
# chmod 777 /admin/other
# touch /admin/other/nodelete
# chattr +i /admin/other/nodelete
```

3.3 进程管理

3.3.1 进程概述

1．进程的概念

进程（Process）是一个程序在其自身的虚拟地址空间中的一次执行活动。之所以要创建进程，就是为了使多个程序可以并发地执行，从而提高系统的资源利用率和吞吐量。

进程和程序的概念不同，下面是对这两个概念的比较。

- 程序只是一个静态的指令集合；而进程是一个程序的动态执行过程，它具有生命期，是动态地产生和消亡的。
- 进程是资源申请、调度和独立运行的单位，因此，它使用系统中的运行资源；而程序不能申请系统资源，不能被系统调度，也不能作为独立运行的单位，因此，它不占用系统的运行资源。
- 程序和进程无一一对应的关系。一方面，一个程序可以由多个进程所共用，即一个程序在运行过程中可以产生多个进程；另一方面，一个进程在生命期内可以顺序地执行若干个程序。

Linux 操作系统是多任务的，如果一个应用程序需要几个进程并发地协调运行来完成相关工作，系统会安排这些进程并发运行，同时完成对这些进程的调度和管理任务，包括对CPU、内存、存储器等系统资源的分配。

2．Linux 中的进程

在 Linux 系统中总是有很多进程同时在运行，每一个进程都有一个识别号，叫做 PID（Process ID），用以与其他进程区别。系统启动后的第一个进程是 init，它的 PID 是 1。init 是唯一一个由系统内核直接运行的进程。新的进程可以用系统调用 fork 来产生，就是从一个已经存在的旧进程中分出一个新进程来，旧的进程是新产生进程的父进程，新进程是产生它的进程的子进程，除了 init 之外，每一个进程都有父进程。

当系统启动以后，init 进程会创建 login 进程等待用户登录系统，login 进程是 init 进程的子进程。当用户登录系统后，login 进程就会为用户启动 shell 进程，shell 进程就是 login 进程的子进程，而此后用户运行的进程都是由 shell 衍生出来的。

除了进程识别号（PID）外，每个进程还有另外 4 个识别号。它们是实际用户识别号（real user ID，RUID）、实际组识别号（real group ID，RGID）、有效用户识别号（effect user ID，EUID）和有效组识别号（effect group ID，EGID）。

RUID 和 RGID 的作用是识别正在运行此进程的用户和组。一个进程的 RUID 和 RGID 就是运行此进程的用户的 UID 和 GID。

EUID 和 EGID 的作用是确定一个进程对其访问的文件的权限和优先权。除非产生进程的程序被设置了 SUID 和 SGID 权限之外，一般 EUID 和 EGID 与 RUID 和 RGID 相同。若程序被设置了 SUID 或 SGID 权限，则此进程相应的 EUID 和 EGID，将与运行此进程的文件的所属用户的 UID 或所属组的 GID 相同。

例如，一个可执行文件/usr/bin/passwd，其所属用户是 root（UID 为 0），此文件被设置了 SUID 权限。当一个 UID 为 500、GID 为 501 的用户执行此命令时，产生的进程的 RUID 和 RGID 分别是 500 和 501，而其 EUID 是 0，EGID 是 501。

尽管看上去有些烦琐，但是所有这些设计都是为了在一个多用户、多任务的操作系统中，所有用户的工作都能够安全可靠地进行，而这也是 Linux 操作系统的优越性所在。

3．进程的类型

可以将运行在 Linux 系统中的进程分为 3 种不同的类型。

- 交互进程：由一个 Shell 启动的进程。交互进程既可以在前台运行，也可以在后台运行。
- 批处理进程：不与特定的终端相关联，提交到等待队列中顺序执行的进程。
- 守护进程：在 Linux 启动时初始化，需要时运行于后台的进程。

以上 3 种进程各有各的特点、作用和不同的使用场合。

4. 进程的启动方式

启动一个进程有两个主要途径：手工启动和调度启动。

（1）手工启动

由用户输入命令，直接启动一个进程便是手工启动进程。手工启动进程又可以分为前台启动和后台启动。

1）前台启动：手工启动一个进程的最常用的方式。一般地，用户输入一个命令“ls -l”，就已经启动了一个进程，而且是一个前台的进程。

2）后台启动：直接从后台手工启动一个进程用得比较少一些，除非是该进程甚为耗时，且用户也不急着需要结果的时候。假设用户要启动一个需要长时间运行的格式化文本文件的进程，为了不使整个 Shell 在耗时进程的运行过程中都处于“瘫痪”状态，从后台启动这个进程是明智的选择。

在后台启动一个进程，可以在命令行后使用&命令，例如：

```
# ls –R / >list &
```

（2）调度启动

这种启动方式是事先进行设置，根据用户要求让进程自行启动运行，参见 5.2 节。

3.3.2 查看进程

1. 获取进程信息的命令

通过命令可以查看进程状态，获取有关进程的相关信息。例如：

- 显示哪些进程正在执行和执行的状态。
- 进程是否结束、进程有没有僵死。
- 哪些进程占用了过多的系统资源等。

表 3-20 列出了常用的获取进程信息的命令。

表 3-20 获取进程信息的命令

命　令	说　明
ps	查看进程的详细信息
pgrep	通过模式（使用与 grep 相同的匹配模式）匹配查找进程的 PID
pidof	通过进程名获取进程的 PID

2. ps 命令

在 Linux 中，使用 ps 命令对进程进行查看。ps 是一个功能非常强大的进程查看命令。使用该命令使用户可以确定有哪些进程正在执行和执行的状态、进程是否结束、进程有没有僵死、哪些进程占用了过多的系统资源等。总之，大部分信息都可以通过运行 ps 命令来获得。下面介绍 ps 命令的格式和常用选项。ps 命令的格式如下：

```
$ ps [选项]
```

由于 ps 命令的功能相当强大，所以该命令有大量的选项参数，这里只介绍几个最常用的选项，如表 3-21 所示。

表 3-21　ps 命令的常用选项

选项	说　明	选项	说　明
a	显示所有进程	f/-H	显示进程树，等价于 –forest
e	在命令后显示环境变量	w/-w	宽行输出。通常用于显示完整的命令行
u	显示用户名和启动时间等信息	-e	显示所有进程，等价于 –A
x	显示没有控制终端的进程	-f	完全显示。增加用户名、PPID、进程起始时间
o/-o <list>	由用户自定义输出列，list 是一个以逗号间隔的输出项列表	--sort <order>	指定按哪个/哪些列排序，order 格式为：[+|-]key[,[+|-]key[,...]]

表 3-22 列出了 ps 命令输出的重要信息的含义。

表 3-22　ps 命令输出的重要信息的含义

输出项	说　明	输出项	说　明
PID	进程号	TIME	进程自从启动以来占用 CPU 的总时间
PPID	父进程的进程号	USER	用户名
TTY	进程从哪个终端启动	%CPU	占用 CPU 时间与总时间的百分比
STAT	进程当前状态	%MEM	占用内存与系统内存总量的百分比
START	进程开始执行的时间	SIZE	进程代码大小+数据大小+栈空间大小，单位 KB
VSZ	进程占用的虚拟内存空间，单位 KB	COMMAND /CMD	进程的命令名
RSS	进程所占用的内存的空间，单位 KB		

其中，在进程状态（STAT）一栏中表示状态的字符的意义如表 3-23 所示。

表 3-23　进程的状态

状态	说　明
R	进程正在执行中（进程排在执行队列里，随时都会被执行）
S	进程处于睡眠状态（sleeping）
T	追踪或停止
Z	僵尸进程（zombie），进程已经被终止，但其父进程并不知道，没有妥善处理
W	进程没有固定的 pages
<	高优先级的进程
N	低优先级的进程

3．进程显示命令举例

下面给出一些显示进程信息的例子。

操作步骤 3.13　显示进程的例子。

```
// 显示出当前用户在 Shell 下所运行的进程的信息
$ ps
// 只查看用户 osmond 的进程的信息
# ps -u osmond
// 列出系统中正在运行的所有进程的详细信息
$ ps aux
$ ps –ef
```

```
// 想看清所运行的进程的完整命令行，可以使用 w 参数
$ ps auxw
$ ps –efw
// 显示系统进程树
$ ps axf
$ ps -efH
// 显示指定进程的详细信息
# ps aux|grep httpd
# ps -fp $(pgrep -d, -x httpd)
// 因为 ps 命令的"-p"参数需要一个以逗号间隔的 PID 列表，所以
// 命令替换中的 pgrep 命令使用参数"-d,"表示以逗号间隔进行输出而非默认的换行;
// 命令替换中 pgrep 的参数"-x"表示精确匹配
# pgrep -x httpd | xargs ps –fp
//xargs 命令的含义是将管道获取的输入作为其后 ps –fp 命令的参数
// 对指定的输出项进行排序
$ ps -ef --sort user,-time
$ ps aux --sort -pcpu
$ ps aux --sort -pmem
// 列出 httpd 进程的 PID
# ps -C httpd -o pid
# pidof httpd
# pgrep httpd
// 查找符合条件的进程 PID
# pgrep -u root sshd            // 列出 root 用户运行的 sshd 进程的 PID
# pgrep -u root,daemon          // 列出 root 用户或 daemon 用户运行的所有进程的 PID
# pgrep -G student              // 列出 student 组运行的所有进程的 PID
// 注意 pgrep 中精确匹配与默认匹配的区别
# pgrep http
# pgrep –x http
# pgrep –x httpd
```

提示

不加 "-l" 参数的 pgrep 命令的输出仅是符合条件进程的 PID。若要显示这些进程更详细的信息，还需要使用如下的形式之一:

```
$ ps -fp $(pgrep -d, XXXXX)
$ pgrep -x XXXXX | xargs ps –fp
```

3.3.3 杀死进程

1. 为什么要杀死进程

在系统运行期间，若发生了如下情况，就需要将这些进程杀死。

- 进程占用了过多的 CPU 时间。
- 进程锁住了一个终端，使其他前台进程无法运行。
- 进程运行时间过长，但没有预期效果或无法正常退出。
- 进程产生了过多的到屏幕或磁盘文件的输出。

2．进程信号

进程信号是在软件层次上对中断机制的一种模拟。在原理上，一个进程收到一个信号与处理器收到一个中断请求可以说是一样的。

进程信号是最基本的进程间通信方式：可以在进程之间直接发送，而不需要用户界面；可以在 Shell 中通过 kill 命令发送给进程。

Linux 对每种进程信号都规定了默认关联动作。可以使用如下命令查看可用的进程信号及其详细信息。

```
$ kill   -l
$ man 7 signal
```

表 3-24 列出了一些常用进程信号的说明。

表 3-24　常用进程信号的说明

信　号	数　值	用　途
SIGHUP	1	重读配置文件
SIGINT	2	从键盘上发出的强行终止信号（〈Ctrl+C〉）
SIGKILL	9	结束接收信号的进程（强行杀死进程）
SIGTERM	15	正常的终止信号（默认）

3．可以发送进程信号的命令

表 3-25 列出了常用的发送进程信号的命令。

表 3-25　发送进程信号的命令

命　令	说　明
kill	通过指定进程的 PID 为进程发送进程信号
killall	通过指定进程的名称为进程发送进程信号
pkill	通过模式匹配为指定的进程发送进程信号

可以使用上述命令为进程发送 SIGTERM（15）或 SIGKILL（9）信号来杀死进程。

4．杀死进程举例

下面给出一些杀死进程的例子。

操作步骤 3.14　杀死进程的例子。

```
// 杀死指定 PID 的进程（例如已知进程的 PID 为 12345）
# kill 12345
# kill -9 12345          // 强行杀死
// 杀死指定进程名的所有进程
$ killall myprogram
$ pkill myprogram
// 强行杀死指定进程名的所有进程
# killall -9 rsync
# pkill   -9 rsync
// 杀死通过模式匹配指定的所有进程
# pkill -9 –u osmond             // 强行杀死  osmond  用户的所有进程
```

```
# pkill -u root sshd              // 杀死 root 用户运行的所有 sshd 进程
# pkill -u root,daemon            // 杀死 root 用户或 daemon 用户运行的所有进程
# pkill -G student                // 杀死 student 组运行的所有进程
// 通过 pidof/pgrep 命令获取进程 PID，并组合使用 kill 命令将其杀死
# kill -9 $(pidof wget)
# kill -9 $(pgrep wget)
# kill -9 $(pgrep -u apache httpd)
# pgrep -u apache httpd | xargs kill -9
```

提示

1. killall 使用进程名称而不是 PID，所以所有的同名进程都将被杀死。
2. pkill/pgrep 在杀死进程时请使用精确匹配（-x），以免殃及池鱼。

3.3.4 作业控制

1．作业控制的含义

作业控制是指控制当前正在运行的进程的行为，也称为进程控制。作业控制是 Shell 的一个特性，使用户能在多个独立进程间进行切换。例如，用户可以挂起一个正在运行的进程，稍后再恢复它的运行。bash 记录所有启动的进程并保持对所有已启动的进程的跟踪，在每一个正在运行的进程的生命期内的任何时候，用户都可以任意地挂起进程或重新启动进程恢复运行。

例如，当用户使用 Vi 编辑一个文本文件，并需要中止编辑做其他事情时，利用作业控制，用户可以让编辑器暂时挂起，返回 Shell 提示符开始做其他的事情。其他事情做完以后，用户可以重新启动挂起的编辑器，返回到刚才中止的地方，就像用户从来没有离开编辑器一样。这只是一个例子，作业控制还有许多其他的实际用途。

2．实施作业控制的常用命令

表 3-26 列出了作业控制的常用命令或操作快捷键。

表 3-26　作业控制的常用命令或操作快捷键

命令或快捷键	功 能 说 明
cmd &	命令后的&符号表示将该命令放到后台运行，以免占用终端
nohup cmd &	将该命令放到后台运行，以免占用终端，且用户注销后命令依然继续执行
<Ctrl+d>	终止一个正在前台运行的进程（含有正常含义）
<Ctrl+c>	终止一个正在前台运行的进程（含有强行含义）
<Ctrl+z>	挂起一个正在前台运行的进程
jobs	显示后台作业和被挂起的进程
bg	在后台恢复运行一个被挂起的进程
fg	在前台恢复运行一个被挂起的进程

这些命令经常用于用户需要在后台运行却意外地把它放到了前台启动运行的时候。当一个命令在前台被启动运行时，它会禁止用户与 Shell 的交互，直到该命令结束。由于大多数命令的执行都能很快完成，所以一般情况下不会有什么问题。但是如果要运行的命令要花费很长时间的话，通常会把它放到后台，以便能在前台继续输入其他命令。此时，上面的命令就会派上用场了。

3．作业控制举例

下面给出一个例子说明作业控制命令的使用。

操作步骤 3.15 作业控制命令的使用。

```
// 列出所有正在运行的作业
$ jobs
// 在前台运行睡眠进程
$ sleep 100000
// 使用〈Ctrl+Z〉挂起过程
[1]+  Stopped                  sleep 100000
// 在前台运行睡眠进程
$ sleep 200000
# 使用〈Ctrl+Z〉挂起过程
[2]+  Stopped                  sleep 200000
// 在后台运行睡眠进程
$ sleep 300000 &
[3] 8941
// 运行 cat 命令
$ cat >example
This is a example.
// 使用〈Ctrl+Z〉挂起过程
[4]+  Stopped                  cat >example
// 列出所有正在运行的作业

// 第 1 列是作业号，第 2 列中的+表示默认作业；-表示第二默认作业，
// 第 3 列是作业状态
$ jobs
[1]   Stopped                  sleep 100000
[2]-  Stopped                  sleep 200000
[3]   Running                  sleep 300000 &
[4]+  Stopped                  cat >example
// 列出所有正在运行的作业，同时列出进程 PID
$ jobs -l
[1]   8939 Stopped             sleep 100000
[2]-  8940 Stopped             sleep 200000
[3]   8941 Running             sleep 300000 &
[4]+  8942 Stopped             cat >example
// 将第二默认作业（以-标识）在后台继续运行
$ bg %-
[2]- sleep 200000 &
$ jobs -l
[1]-  8939 Stopped             sleep 100000
[2]   8940 Running             sleep 200000 &
[3]   8941 Running             sleep 300000 &
[4]+  8942 Stopped             cat >example
// 将 1 号作业在后台继续运行
```

```
$ bg %1
[1]- sleep 100000 &
$ jobs -l
[1]    8939 Running                 sleep 100000 &
[2]    8940 Running                 sleep 200000 &
[3]-   8941 Running                 sleep 300000 &
[4]+   8942 Stopped                 cat >example
// 将默认作业（以+标识）在前台继续运行
# fg 等同于 fg %+；bg 等同于 bg %+
$ fg
cat >example
// 使用〈Ctrl+D〉结束进程
$ jobs -l
[1]    8939 Running                 sleep 100000 &
[2]-   8940 Running                 sleep 200000 &
[3]+   8941 Running                 sleep 300000 &
// 杀死 1 号作业
$ kill %1
$ jobs -l
[1]    8939 Terminated              sleep 100000
[2]-   8940 Running                 sleep 200000 &
[3]+   8941 Running                 sleep 300000 &
// 杀死默认作业（以+标识）
$ kill %+
$ jobs -l
[2]-   8940 Running                 sleep 200000 &
[3]+   8941 Terminated              sleep 300000
// 在后台执行脚本，且注销后仍然继续执行
$ nohup ./my_sync_repo.sh &
```

提示

Windows 用户通常有随时按下〈Ctrl+S〉组合键进行保存的习惯，但在 Linux 的终端上按下〈Ctrl+S〉组合键表示挂起终端，要解除挂起需按下〈Ctrl+Q〉组合键。

3.4 思考与实验

1. 思考

1）Linux 系统是如何标识用户和组的？

2）什么是标准组？什么是私有组？为什么使用私有组？

3）什么是主组？什么是附加组？以主组登录后如何切换到附加组？

4）简述私有组和主组的关系，简述标准组和附加组的关系。

5）简述 Linux 的 4 个账户系统文件及其各个字段的含义。

6）举例说明使用 useradd 命令创建一个用户账号的具体执行过程。

7）举例说明如何将一个用户账号添加到一个当前还不存在的组中。

8）如何设置用户口令？如何锁定用户账号？如何设置用户口令时效？

9）Linux 文件系统的三种基本权限是什么？

10）Linux 文件系统的三种特殊权限是什么？何时使用它们？

11）简述 chmod 命令的两种设置权限的方法。

12）如何更改文件或目录的属主和/或同组人？

13）为什么使用 ACL？ACL 的两种类型及其作用。

14）什么是进程？它与程序有何关系？进程的类型？进程的启动方式？

15）如何查看进程？如何删除进程？

16）什么是作业控制？什么是前台进程？什么是后台进程？

2．实验

1）学会使用字符工具创建用户与组账号。

2）学会设置用户口令并管理用户口令时效。

3）学会设置文件和目录的操作权限。

4）学会设置和使用 ACL 权限。

5）学会显示和杀死进程。学会实施作业控制。

3．进一步学习

1）学习 SUN 的集中式的账户系统 NIS 服务的配置和使用。

2）学习使用 OpenLDAP 实现的集中式账户管理和应用。

第 4 章　网络配置与包管理

本章首先介绍了 Linux 环境下的网络配置方法。而后介绍了 Linux 环境下的网络检测工具、网络客户工具和 OpenSSH 客户工具的使用。接着介绍了 RPM 软件包管理及 rpm 命令的使用。最后介绍了 YUM 更新系统的配置和 yum 命令的使用。

4.1　Linux 网络配置

4.1.1　Linux 网络基础

1．网络基础知识

如表 4-1 列出了一些应知的网络基本知识。

表 4-1　TCP/IP 网络的基本知识

<table>
<tr><th>OSI RM</th><th>TCP/IP RM</th><th colspan="2">网络协议</th><th>互连设备</th><th>地址类型</th><th>数据单位</th></tr>
<tr><td>应用层</td><td rowspan="3">应用层</td><td rowspan="3">Telnet、SSH、
FTP、NFS(V4)、
SMAP、POP3、
IMAP、 HTTP</td><td rowspan="3">DNS、
TFTP、
SNMP、
NFS</td><td rowspan="4">网关</td><td rowspan="3">主机名</td><td rowspan="3">数据（Data）</td></tr>
<tr><td>表示层</td></tr>
<tr><td>会话层</td></tr>
<tr><td>传输层</td><td>传输层</td><td>TCP</td><td>UDP</td><td>端口号</td><td>段（Segment）</td></tr>
<tr><td>网络层</td><td>网间网层</td><td colspan="2">IP、ICMP</td><td>路由器</td><td>IP 地址</td><td>包（Packet）</td></tr>
<tr><td>数据链路层</td><td rowspan="2">接入网层</td><td colspan="2" rowspan="2">Ethernet、Token Ring、ATM、
PPP、FDDI、Frame Relay</td><td>桥、交换机</td><td>物理地址</td><td>帧（Frame）</td></tr>
<tr><td>物理层</td><td>中继器、集线器</td><td></td><td>位（bit）</td></tr>
</table>

Linux 支持各种协议类型的网络：TCP/IP、NetBIOS/NetBEUI、IPX/SPX、AppleTake 等。在网络底层也支持 Ethernet、Token Ring、ATM、PPP（PPPoE）、FDDI、Frame Relay 等网络协议。这些网络协议是 Linux 内核提供的功能，具体的支持情况由内核编译参数决定。RHEL/CentOS 的 Linux 内核默认支持上述的网络协议。

2．网络参数的获取

在 TCP/IP 网络上，每台工作站在存取网络上的资源之前，都必须进行基本的网络配置，一些主要参数诸如 IP 地址、子网掩码、默认网关、DNS 等必不可少。配置这些参数有两种方法：静态手工配置和从 DHCP 服务动态获得。

手工配置静态网络参数就是直接配置网络接口的网络参数。在一些情况下，手工配置地址更可靠。一些管理员会创建一张详细的配置清单，并把它们放在机器上或机器附近以便于手工分配 IP 地址，配置网关、子网掩码及 DNS 的 IP 地址，并且认为这种方法更简单。但是这种方法相当费时且容易出错或丢失信息。通常用于网络中计算机数目不多的情况下。

动态获得网络参数依赖于 BOOTP/DHCP 协议，以及支持这种协议的 C/S 机制。使用 DHCP 服务把 TCP/IP 网络设置集中起来，动态处理工作站 IP 地址的配置，用 DHCP 租约和预置的 IP 地址相联系，DHCP 租约提供了自动在 TCP/IP 网络上安全地分配和租用 IP 地址的机制，实现了 IP 地址的集中式管理，从而基本上不需要网络管理员的人为干预。

3. 网络接口设备

Linux 可以支持众多类型的网络接口。网络接口设备的驱动程序是 Linux 内核的组成部分，RHEL/CentOS 默认是采用内核模块（Module）的方式在系统引导时驱动网络接口的。当然，如果清楚地知道自己的网络接口类型，也可以把相应的网卡驱动编译进内核。可以在 /lib/modules/$(uname -r)/kernel/drivers/net 目录下找到可以装入的驱动（即系统支持的网络接口驱动）。

表 4-2 列出了 Linux 下常见的网络接口及其说明。

表 4-2 Linux 下常见的网络接口

接 口 类 型	接 口 名 称	说 明
以太网接口	ethX	是最常用的网络接口
令牌环接口	trX	只出现在少数纯 IBM 环境的网络中
光纤分布式数据接口	fddiX	FDDI 接口设备昂贵，通常用于核心网或高速网络中
点对点协议接口	pppX	用于 Modem/ADSL 拨号网络或基于 PPTP 协议的 VPN 等
本地回环接口	lo	用于支持 UNIX Domain Socket 技术的进程相互通信（IPC）

如果选择了 Linux 支持的网卡并且在安装 Linux 系统时选择了配置网络，那么在 CentOS 的安装过程中，系统会自动检测用户的网卡并安装驱动。

当系统检测到网卡之后，管理员可以从系统内核模块配置文件/etc/modprobe.d/dist.conf 中查看系统加载的网卡驱动模块，例如：

```
# cat /etc/modprobe.d/* |grep eth
install eth1394 /bin/true
```

显示结果表明当前系统安装的网卡驱动模块为 eth1394。

对于在安装 Linux 过程中没有配置网络而事后又需要安装网卡的用户来说，启动过程会自动检测到新的网卡设备并装载适用的以太网设备的驱动模块。如果用户选用的网卡没有被系统自动检测到，则可能需要用户自己重新编译内核，加入网卡的驱动模块。

4. 使用设备别名

设备别名与一个物理网络硬件设备相关联，与同一物理硬件相关联的设备别名能够同时被激活，并拥有不同的 IP 地址。设备别名通常使用设备名、冒号和数字来表示（如 eth0:1）。设备别名用于给一个网卡配置多个 IP 地址。但基于一块物理网卡的多个别名（包括物理网卡自身）只能有一个接口使用 DHCP 动态分配网络参数，因为它们的物理地址（MAC）是一样的。

注意

Linux 支持在一块物理网卡上绑定多个 IP 地址，需要建立多个网卡配置文件，其网络接口设备名为 ethN:M，相应的以太网接口的配置文件名为 ifcfg-ethN:M，其中 M 和 N 都是相应的序号数字。如第一块以太网卡 eth0 上的第一个虚拟网卡的设备名是 eth0:1，它是 eth0 设备的第一个别名，其配置文件为 /etc/sysconfig/network-scripts/ifcfg-eth0:1。

4.1.2 临时性网络配置

1．使用 ifconfig 命令设置 IP 网络参数

可以使用 ifconfig 命令来配置并查看网络接口的配置情况。ifconfig 命令的格式是：

```
# ifconfig <网络接口> <IP 地址> [<Mask> <Broadcast>]
```

例如，要配置 eth0 的网络参数，可以使用下面的命令。

```
# ifconfig eth0 192.168.1.10
```

此命令将启动 eth0 接口，并设置其 IP 地址为 192.168.1.10，子网掩码为 255.255.255.0，广播地址为 192.168.1.255。

> 注意
>
> 当 IP 地址使用标准 A、B、C 类地址时，广播地址和子网掩码可以省略，系统会自动判断广播地址和子网掩码的值并进行设置。否则必须指出广播地址和子网掩码，例如：
>
> ```
> # ifconfig eth0 10.0.0.10 Mask 255.255.255.0 Broadcast 10.0.0.255。
> ```

可以使用 ifconfig 命令查看当前的网络参数配置。例如：

```
# ifconfig
eth0      Link encap:Ethernet    HWaddr 00:E0:4C:36:1E:04
          inet addr:192.168.0.252    Bcast:192.168.0.255    Mask:255.255.255.0
          inet6 addr: fe80::2e0:4cff:fe36:1e04/64 Scope:Link
          UP BROADCAST RUNNING MULTICAST    MTU:1500    Metric:1
          RX packets:267147535 errors:0 dropped:0 overruns:0 frame:0
          TX packets:246839546 errors:0 dropped:0 overruns:0 carrier:0
          collisions:0 txqueuelen:1000
          RX bytes:215651999800 (200.8 GiB)    TX bytes:162097041873 (150.9 GiB)

lo        Link encap:Local Loopback
          inet addr:127.0.0.1    Mask:255.0.0.0
          inet6 addr: ::1/128 Scope:Host
          UP LOOPBACK RUNNING    MTU:16436    Metric:1
          RX packets:5384 errors:0 dropped:0 overruns:0 frame:0
          TX packets:5384 errors:0 dropped:0 overruns:0 carrier:0
          collisions:0 txqueuelen:0
          RX bytes:476037 (464.8 KiB)    TX bytes:476037 (464.8 KiB)
```

其中包含的各项信息说明如表 4-3 所示。

表 4-3　ifconfig 命令显示信息说明

字　段	说　明
Link encap	网络接口类型，如以太网或 PPP 等
HWaddr	网卡的 Mac 地址。每一块网卡都有自己的编号，用于在以太网协议下定位网络主机

（续）

字　段	说　明
inet addr	此接口对应的 IP 地址
Bcast	广播地址，通常是网络的最后一个 IP 地址
Mask	子网掩码
UP	网络接口被启用
RUNNING	接口正在运行
BROADCAST	支持广播 IP 寻址方式
MULTICAST	支持多播 IP 寻址方式
LOOPBACK	表示本地回环设备接口
MTU	Message Transfer Unit，此接口所能传输的最大 frame 数
Metric	此接口的 Metric 数，用于引导路由决策
TX packets	发送的封包总数、错误数、遗失数和溢流数
RX packets	接收的封包总数、错误数、遗失数和溢流数
collisions	冲突数（当多个 NIC 同时使用网线传输数据时会产生冲突）
txqueuelen	指出网络接口可以存储的数据包的个数
RX bytes	与 RX packets 类似，表示接收的具体字节数
TX bytes	与 TX packets 类似，表示发送的具体字节数
Interrupt	网卡使用的中断（IRQ）
Base address	网卡使用的内存地址

如果在查看网络配置时不指定网络接口，则 ifconfig 命令将显示出已经启动的网络接口；如果使用-a 参数，将显示包括已经启动的和未启动的接口在内的所有已经配置的接口。

也可以用 ifconfig 命令配置 eth0 别名设备，为 eth0 绑定多个 IP 地址。例如：

```
# ifconfig eth0:1 192.168.1.3
# ifconfig eth0:2 192.168.0.3
```

2．使用 route 命令显示路由

（1）使用 route 命令可以查看 Linux 内核路由表。

```
# route
Kernel IP routing table
Destination     Gateway         Genmask         Flags   Metric  Ref     Use Iface
192.168.1.0     *               255.255.255.0   U       0       0       0 eth0
127.0.0.0       *               255.0.0.0       U       0       0       0 lo
default         192.168.1.1     0.0.0.0         UG      0       0       0 eth0
```

route 命令的输出项说明如表 4-4 所示。

表 4-4　route 命令的输出项说明

输 出 项	说　明
Destination	目标网段或者主机
Gateway	网关地址，如果没有设置，则使用“*”表示

（续）

输 出 项	说 明	
Genmask	网络掩码	
Flags	标记。一些可能的标记如下：	
	U	路由是活动的
	H	目标是一个主机
	G	使用网关
	R	恢复动态路由产生的表项
	D	由路由的后台程序动态地安装
	M	由路由的后台程序修改
	!	拒绝路由
Metric	路由距离	
Ref	路由项引用次数（Linux 内核中没有使用）	
Use	查找路由项的次数	
Iface	该路由表项对应的输出接口	

（2）三种路由类型

1）主机路由。主机路由是路由选择表中指向单个 IP 地址或主机名的路由记录。主机路由的 Flags 字段为 H。例如，在下面的示例中，本地主机通过 IP 地址 192.168.1.1 的路由器到达 IP 地址为 10.0.0.10 的主机。

```
Destination Gateway       Genmask          Flags  Metric   Ref  Use  Iface
----------- -----------   -----------      -----  -------- ---  ---- ------
10.0.0.10   192.168.1.1   255.255.255.255  UH     0        0    0    eth0
```

2）网络路由。网络路由代表主机可以到达的网络。网络路由的 Flags 字段为 N。例如，下面本地主机将发送到网络 192.19.12 的数据包转发到 IP 地址为 192.168.1.1 的路由器。

```
Destination Gateway       Genmask        Flags    Metric   Ref  Use  Iface
----------- -----------   -----------    -----    -------- ---  ---- ------
192.19.12   192.168.1.1   255.255.255.0  UN       0        0    0    eth0
```

3）默认路白。当主机不能在路由表中查找到目标主机的 IP 地址或网络路由时，数据包就被发送到默认路由（默认网关）上。默认路由的 Flags 字段为 G。例如，在下面的示例中，默认路由是 IP 地址为 192.168.1.1 的路由器。

```
Destination Gateway       Genmask    Flags    Metric   Ref  Use  Iface
----------- -----------   ---------  -----    -------- ---  ---- ------
default     192.168.1.1   0.0.0.0    UG       0        0    0    eth0
```

3．使用 route 命令设置静态路由

设置和查看路由表都可以用 route 命令，设置内核路由表的命令格式是：

```
route   [add|del] [-net|-host] target [netmask Nm] [gw Gw] [[dev] If]
```

此命令的可选参数说明如表 4-5 所示。

表 4-5　route 命令的参数说明

选　项	说　明	选　项	说　明
add	添加一条路由表	target	目的网络或主机
del	删除一条路由表	netmask	目的地址的网络掩码
-net	目的地址是一个网络	gw	路由数据包通过的网关
-host	目的地址是一个主机	dev	为路由指定的网络接口

例如：

（1）添加到主机的路由

```
# route add -host 192.168.1.2 dev eth0:0
# route add -host 10.20.30.148 gw 10.20.30.40
```

（2）添加到网络的路由

```
# route add -net 10.20.30.40 netmask 255.255.255.248 eth0
# route add -net 10.20.30.48 netmask 255.255.255.248 gw 10.20.30.41
# route add -net 192.168.1.0/24 eth1
```

（3）添加默认路由

```
# route add default gw 192.168.1.1
```

（4）删除路由

```
# route del -host 192.168.1.2 dev eth0:0
# route del -host 10.20.30.148 gw 10.20.30.40
# route del -net 10.20.30.40 netmask 255.255.255.248 eth0
# route del -net 10.20.30.48 netmask 255.255.255.248 gw 10.20.30.41
# route del -net 192.168.1.0/24 eth1
# route del default gw 192.168.1.1
```

4．使用 hostname 命令修改主机名

可以使用 hostname 命令修改主机名，例如：

```
# hostname centos1.ls-al.loc
```

5．使用 sysctl 命令设置包转发

Linux 的内核已经包含了路由转发功能，但默认并没有在系统启动时启用此功能。开启 Linux 的路由转发功能可以通过调整内核的网络参数来实现。

```
# echo "1" > /proc/sys/net/ipv4/ip_forward
或
# sysctl -w net.ipv4.ip_forward=1
```

> **注意** 使用 ifconfig/route/hostname/sysctl -w 命令设置网络参数会立即生效，但所配置的参数在重新启动系统后失效。因为这些命令仅改变了当前系统内核的参数，没有修改系统启动脚本调用的配置文件。为了使配置在重新启动系统后生效，应该修改相应的配置文件。

4.1.3 永久性网络配置

1．CentOS 中的 TCP/IP 配置文件

表 4-6 列出了 RHEL/CentOS 中配置 TCP/IP 网络使用的配置文件。

表 4-6　TCP/IP 配置文件

配置文件名	功　能
/etc/sysconfig/network	系统网络配置文件，包含了主机最基本的网络信息用于系统启动
/etc/sysconfig/network-scripts/	此目录下就是系统启动时用来初始化网络的一些信息
/etc/hosts	完成主机名映射为 IP 地址的解析功能
/etc/networks	完成域名与网络地址（网络 ID）的映射
/etc/host.conf	配置域名服务客户端的控制文件
/etc/resolv.conf	配置域名服务客户端的配置文件，用于指定域名服务器的位置

> **提示** 查看/etc/protocols 文件可获知 Linux 支持的协议以及各个协议的协议号。
> 查看/etc/services 文件可获知 Linux 支持的网络服务及其端口号。

2．网络接口配置文件

所有的网络接口配置文件均存放在/etc/sysconfig/network-scripts 目录下，例如系统的第一块以太网接口的配置文件名为 ifcfg-eth0。表 4-7 分别列出了静态或动态获取网络参数时，网络接口配置文件的内容及其参数说明。

表 4-7　网络接口配置文件及其参数说明

静 态 配 置	动 态 配 置	说　明
Type=Ethernet		指定网络接口类型
DEVICE=eth0		指定设备名
UUID=8efea5fc-390e-4572-87fb-22621e6cb3a6		指定设备的 UUID
HWADDR=00:02:8A:A6:30:45		指定网卡的 MAC 地址
ONBOOT=yes		指定是否在启动时启用设备
NM_CONTROLLED=no		指定是否用 NetworkMamager 服务控制此设备
DEFROUTE=yes		指定是否基于此接口设置默认路由
IPV4_FAILURE_FATAL=yes		同时配置了 IPv4 和 IPv6 时，若 IPv4 配置失败，则禁用该设备，即使 IPv6 正确
IPV6INIT=no		是否为此接口启用 IPv6
USERCTL=no		是否允许非 root 用户控制该设备
BOOTPROTO=static	**BOOTPROTO**=dhcp	指定获取网络参数的方式
IPADDR=192.168.0.123		指定静态 IP 地址

（续）

静态配置	动态配置	说明
PREFIX=24		设置 CIDR 网络前缀（子网掩码中 1 的个数）
BROADCAST=192.168.0.255		设置网络广播地址
GATEWAY=192.168.0.1		指定设备的网关
DNS1=8.8.8.8		指定首选 DNS
DNS2=8.8.4.4		指定次选 DNS

> 提示
>
> **1．PREFIX 与 NETMASK**
>
> PREFIX 用于除了别名设备和 ippp 设备之外的所有设备类型；NETMASK 仅用于别名设备和 ippp 设备。
>
> 若 PREFIX 和 NETMASK 同时存在，PREFIX 的配置优先。
>
> **2．PEERDNS 与 DNS{1,2}**
>
> PEERDNS 的默认值为 yes。其值为 yes 时：
>
> 1）会使用 DHCP 服务器分配的 DNS 值配置 /etc/resolv.conf 文件。
>
> 2）会根据 DNS{1,2}的值配置 /etc/resolv.conf 文件。

3．系统网络配置文件

系统网络配置文件/etc/sysconfig/network 用于永久性配置主机名和默认网关等，例如：

```
NETWORKING=yes
HOSTNAME=centos1.ls-al.loc
GATEWAY=192.168.1.254
```

4．网络接口的静态路由配置文件

在/etc/sysconfig/network-scripts 目录下，每个网络接口均可由其静态路由配置文件。例如第一块以太网接口的静态路由配置文件名为 route-eth0。在该文件中可以设置针对 eth0 接口的静态路由。例如：

```
# cat /etc/sysconfig/network-scripts/route-eth0
192.168.2.0/24   via   172.16.10.88
```

> 提示
>
> 修改了上述相关的网络配置文件之后，需执行如下的命令使配置立即生效。
>
> ```
> # service   network   restart
> ```

5．本地域名解析配置文件

本地域名解析数据库文件为/etc/hosts，通常也称 Host 表文件。例如：

```
127.0.0.1        localhost.localdomain    localhost
::1              localhost6.localdomain6 localhost6

192.168.1.200    centos1.ls-al.loc    centos1
192.168.0.200    soho.mylabs.me       soho
```

6．配置远程域名解析器

为了设置 Linux 的 DNS，可以编辑/etc/resolv.conf 文件，此文件的内容形式为：

```
nameserver    192.168.1.1
nameverver    208.67.222.222
nameverver    208.67.220.220
domain        sinolido.org
search        sinolido.org
```

其中：

- 关键字 nameserver 用于指定 DNS 服务器，最多指定 3 个 DNS 服务器，每个 DNS 服务器占一行，行的顺序决定了 DNS 查询的顺序。
- 关键字 domain 用于指定当前主机所在域的域名。
- 关键字 search 用于指定默认的搜索域。

在上面的配置中指定了当前域和默认搜索域为 sinolido.org，如果用户连接远程主机时，没有输入远程主机的完整域名而只输入了主机名，则系统会自动在主机名后加上此默认搜索域的域名，例如：

```
# telnet osmond
```

用户要用 telnet 命令连接主机名为 osmond 的远程主机，此时系统首先会在主机名后面加上域名 sinolido.org，然后由 DNS 解析 osmond.sinolido.org 的 IP 地址。通常默认的搜索域都是本地局域网的域名。

7．配置域名解析顺序

域名解析的优先顺序，由配置文件/etc/host.conf 决定。例如：

```
order hosts,bind
```

表示先查找 /etc/hosts 文件进行域名解析，然后使用/etc/resolv.conf 文件中指定的域名服务器进行域名解析。

> **提示** 当系统提供 NIS 服务时，还可以修改 /etc/nsswitch.conf 文件来决定 HOST 表、NIS、DNS 的域名解析优先顺序。

8．设置包转发

永久性配置包转发，需要修改配置文件/etc/sysctl.conf，确保如下配置行存在：

```
net.ipv4.ip_forward = 1
```

用户还可以使用如下的命令查看当前系统是否支持包转发：

```
# sysctl    net.ipv4.ip_forward
```

为了使对配置文件的修改在当前环境下生效，需要执行如下命令：

```
# sysctl    -p
```

> 参考
>
> 1. 本节的所有网络配置文件均是纯文本文件，可以使用 vi 直接编辑。
> 2. 网络设备配置文件、系统网络配置文件、网络接口的静态路由配置文件中可用的参数请参考 /usr/share/doc/initscripts-*/sysconfig.txt。

9．使用 TUI 工具配置网络

管理员登录系统后可以使用如下命令：

```
# system-config-network-tui
```

启动 TUI 网络配置程序，界面如图 4-1 所示。

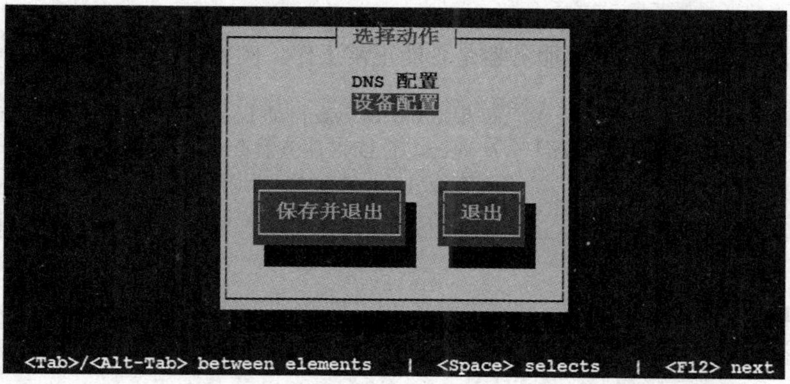

图 4-1　system-config-network-tui 网络配置主界面

在此界面中可以配置网络接口相关参数以及主机名和 DNS 解析地址。该工具仅修改了相关的网络配置文件，要使配置立即生效还需要重启 network 服务。

4.2　Linux 网络工具

4.2.1　网络测试工具

1．ping

可以使用 ping 命令来测试网络的连通性。例如：

```
# ping www.sina.con.cn
# ping -c 4 192.168.1.12          // “-c 4”表示只发送 4 次 ICMP 请求包
```

2．netstat

可以使用 netstat 命令来显示网络状态信息。例如：

```
# netstat -i          // 显示网络接口状态信息
# netstat -an         // 显示所有监控中的服务器的 Socket 和正在使用 Socket 的程序信息
# netstat -nr         // 显示内核路由表信息
# netstat -lnpt       // 显示 TCP 传输协议的连接状态
# netstat -lnpu       // 显示 UDP 传输协议的连接状态
```

3．lsof

可以使用 lsof 命令查看打开的进程。例如：

```
# lsof -i :22                          // 查看指定端口运行的程序
# lsof -i @192.168.0.200               // 查看指定 IP 使用的端口（包含进程的当前运行情况）
# lsof -n -i UDP@192.168.0.200         // 查看指定 IP 使用的 UDP 端口
```

4．traceroute

可以使用 traceroute 命令来显示数据包到达目的主机所经过的路由。例如：

```
# traceroute   www.sina.com.cn
```

5．dig

使用 dig 命令可以测试 DNS 服务器是否能正常工作。例如：

```
# dig ls-al.me                         // 根据/etc/resolv.conf 查找 DNS 服务器查询 ls-al.me 的 IP 地址
# dig @202.106.196.115   g.cn          // 向指定的 DNS 服务器查询 g.cn 的 IP 地址
# dig –x 192.168.0.252                 // 查询 192.168.0.252 所对应的域名
# dig -t mx   ls-al.me                 // 查询 ls-al.me 域的 MX 记录
```

4.2.2 Internet 网络客户

1．lftp

lftp 是 Linux 下功能丰富的 FTP 工具。

（1）lftp 命令的常用格式

```
lftp [-p <port>] [-u <user>[,<pass>]] [-e <cmd>] [<site>]
lftp --help
```

其中：

- -p <port>：用于指定连接的端口。
- -u <user>[,<pass>]：使用指定的用户名或口令进行 FTP 身份验证。
- -e <cmd>：用于在非交互环境下指定要执行的 ftp 子命令。通常用在脚本中。
- <site>：指定主机名、URL。

例如，可以使用如下的命令登录 FTP 站点：

```
$ lftp ftp.ls-al.me                    // 以匿名用户身份连接 FTP 服务器
$ lftp -u osmond ftp.ls-al.me          // 以 osmond 用户身份连接 FTP 服务器
$ lftp ftp://osmond@ftp.ls-al.me       // 以 osmond 用户身份连接 FTP 服务器
```

（2）在交互模式下使用 lftp

lftp 是一个交互式的 FTP 客户端，在进入交互模式后有许多子命令可用。表 4-8 列出了 lftp 支持的子命令。

表 4-8 lftp 支持的子命令

功能分类	命令	说明
远程文件目录操作	cat [-b] <files>	滚屏显示文件的内容

（续）

功能分类	命令	说明
远程文件目录操作	more <files>	分屏显示文件的内容
	zcat <files>	滚屏显示.gz 文件的内容
	zmore <files>	分屏显示.gz 文件的内容
	mv <file1> <file2>	文件改名
	rm [-r] [-f] <files>	删除文件
	mrm <files>	删除文件（可用通配符）
	du [opts] <dirs>	显示整个目录的容量
	find [directory]	递归显示指定目录的所有文件（用于 ls –R 失效时）
上传和下载	get [opts] <rfile> [-o <lfile>]	下载文件，可以改名存储在本地
	mget [opts] <files>	下载多个文件
	pget [opts] <rfile> [-o <lfile>]	多线程下载
	reget rfile [-o lfile]	下载续传
	put [opts] <lfile> [-o <rfile>]	上传文件，可以改名存储在远程
	mput [opts] <files>	上传多个文件
	reput lfile [-o rfile]	上传续传
站点镜像	mirror [opts] [source] [target]	用于实现站点镜像
环境参数设置	set [opts] [<var> [<val>]]	设置 lftp 的环境参数，lftp 环境文件为~/.lftp/rc
	set -a	显示所有环境变量

（3）lftp 使用举例

操作步骤 4.1 lftp 交互命令使用举例。

```
// 进入交互模式
$ lftp ftp.example.org
// 下载单个文件
# lftp ftp.example.org:~> get md5sum.txt
// 使用通配符下载多个文件
lftp ftp.example.org:~> mget *.txt
// 下载单个文件（-c 支持续传）
lftp ftp.example.org:~> get -c CentOS-6.5-x86_64-LiveCD.iso
// 使用多线程下载文件（-n 3）
lftp ftp.example.org:~> pget -c -n 3 CentOS-6.5-x86_64-LiveDVD.iso
// 镜像 incoming 目录到本地目录 localdir
lftp ftp.example.org:~> mirror   -c   incoming localdir
// 反向镜像 localdir 目录（即上传）
lftp ftp.example.org:~> mirror -R localdir
// 使用多线程（3 线程）进行镜像
lftp ftp.example.org:~> mirror --parallel=3 incoming localdir
// 使用多线程（-P）镜像，删除本地上远程已不存在的文件，仅镜像新文件
lftp ftp.example.org:~> mirror -P --delete --only-newer incoming localdir
// 退出交互模式
lftp ftp.example.org:~> quit
$
```

2. wget

wget 是 Linux 下常用的下载和镜像工具。

（1）wget 命令格式

```
wget [option] [URL-list]
```

wget 有许多常用的选项，如表 4-9 所示。

表 4-9　wget 的常用选项说明

参　数	说　明
-h	显示 wget 的命令选项帮助
-b	启动后立刻进入后台。如果没有通过-o 指定结果文件，则将结果信息重定向到 wget-log
-t number	（--tries=number）设置重试的次数。最小可以为 0 或 inf（表示无限制）；在使用慢速或不稳定的网络下载时，该选项非常重要
-c	（--continue）继续以前未能完成的下载任务
-r	（--recursive）打开递归下载
-l depth	（--level=depth）指定递归深度，默认深度为 5 层
--delete-after	下载后将已经下载的本地文件删除（保留目录）
-k	（--convert-links）链接转换。在下载完成后，转换文档中的链接，以便适于本地查看
-m	镜像选项。此选项将打开递归、时间戳、无限递归深度以及保持 FTP 目录列表等，相当于使用-r -N -l inf -nr
-p	（--page-requisites）这一选项用以确保所有用于显示被下载网页的元素都被下载。例如，图像、声音以及网页中用到的 CSS 样式表。这个选项的应用解决了下载单一 HTML 文件时必要的站内元素与链接的站外元素不被下载的问题
-L	（--relative）关联选项。只下载链接所关联的内容。如果只希望下载某一特定网页，而不希望下载任何其他网页，即便是在同一主机时也是如此。此参数格外有用
-I list	（--include-directories=list）指定一组以逗号分割的目录列表用以下载，在这个列表中可以使用通配符

（2）wget 使用举例

操作步骤 4.2　wget 命令使用举例。

```
// 下载单个文件
$ wget http://ftp.example.com/pub/getme
// 下载单个文件（断点续传）、在后台运行（-b）
$ wget –cb\
  http://mirrors.163.com/centos/6.5/isos/x86_64/CentOS-6.5-x86_64-LiveCD.iso
// 只下载单一 HTML 文件，确保影响着页面显示的所有元素均被下载，并重新建立链接：
$ wget -p -k http://example.com/index.html
// 下载 http://example.com 网站上 packages 目录中的所有文件
//   其中，-np 的作用是不遍历父目录，-nd 表示不在本机重新创建目录结构
$ wget -r -np -nd http://example.com/packages/
// 使用 --accept=iso 选项仅下载 x86_64 目录中所有扩展名为 iso 的文件
$ wget -r -np -nd --accept=iso http://example.com/centos/6/x86_64/
// 镜像一个网站，wget 将链接转换成本地地址(-k)
//   如果网站中的图像是放在另外的站点，那么可以使用 -H 选项
$ wget -m -k -H http://www.example.com/
```

```
// 在本地镜像网站 http://www.xyz.edu.cn 的内容（-l 指定深度，-t0 一直重试）：
$ wget -m  –l4  –t0  http://www.xyz.edu.cn
// 只下载网站指定的目录，避免向远程主机的其他目录扩散，并拒绝下载 gif 文件：
$ wget –L --reject=gif  http://www.xyz.edu.cn/doc/
```

3．links/w3m

links 和 w3m 是 Linux 下常用的字符界面浏览器。

操作步骤 4.3　links 和 w3m 命令使用举例。

```
// 浏览指定的 URL
$ links http://www.example.com
$ w3m http://www.example.com
// 在标准输出显示 HTML 页面的 TXT 版本
$ links -dump http://www.example.com
$ w3m -dump http://www.example.com
// 在标准输出显示 HTML 页面的源代码
$ links -source http://www.example.com
$ w3m -dump_source http://www.example.com
```

4．rsync

rsync（Remote Synchronize）是一个远程数据同步工具。可通过 LAN/WAN 快速同步不同主机上的文件或目录；也可以使用 rsync 同步本地硬盘中的不同文件或目录。无论是使用 rsync 进行本地同步还是远程同步，首次运行时将会把全部文件复制一次，以后再运行时将只复制有变化的文件（对于新文件）或文件的变化部分（对于原有文件）。这正是 rsync 的优势所在。

在使用 rsync 进行远程同步时，可以使用两种方式。

- 远程 Shell 方式：可以使用 rsh、ssh 等。默认使用 ssh，即用户验证由 ssh 负责。
- C/S 方式：客户连接远程 rsync 服务器，用户验证由 rsync 服务器负责，rsync 服务器也可配置为匿名访问。访问 rsync 服务器时，可使用 URL（rsync://host）的形式。

下面重点介绍 rsync 客户命令的使用，有关 rsync 服务器的配置请参考相关资料。

rsync 的命令格式为：

```
rsync [OPTION...] SRC... [DEST]                 // 本地文件或目录的同步
rsync [OPTION...] [USER@]HOST:SRC... [DEST]     // 将远程文件或目录同步到本地（拉）
rsync [OPTION...] SRC... [USER@]HOST:DEST       // 将本地文件或目录同步到远程（推）
```

其中：

- SRC 是要复制的源位置。DEST 是复制的目标位置。
- 若本地登录用户与远程主机上的用户一致，可以省略 USER@。
- 使用远程 Shell 同步时，主机名与资源之间使用单个冒号“:”作为分隔符。
- 当进行“拉”同步时，若指定一个 SRC 且省略 DEST，则只列出可同步的资源而不进行复制。

rsync 是一个功能非常强大的工具，其提供了丰富的功能选项。有关 rsyns 命令的详细选项说明请参考其手册页。表 4-10 仅列出了 rsyns 命令的一些常用选项。

表 4-10　rsyns 命令的常用选项

选　项	说　明
-a，--archive	归档模式，等价于-rlptgoD（注意不包括-H）
-r，--recursive	对子目录以递归模式处理
-l，--links	保持符号链接文件
-H，--hard-links	保持硬链接文件
-p，--perms	保持文件权限
-t，--times	保持文件时间信息
-g，--group	保持文件属组信息
-o，--owner	保持文件属主信息（仅 root 用户可用）
-D	保持设备文件和特殊文件（仅 root 用户可用）
-z，--compress	在传输文件时进行压缩处理
--exclude=PATTERN	指定排除一个不需要传输的文件匹配模式
--include=PATTERN	指定需要传输的文件匹配模式（在--exclude 之后执行）
--delete	删除那些接收端还保留、而发送端已经不存在的文件
--delete-before	接收者在传输之前进行删除操作（默认）
--delete-after	接收者在传输之后才进行删除操作
--delay-updates	接收者在传输之后才进行更新操作
-e，--rsh=COMMAND	指定远程 Shell 程序，RHEL/CentOS 默认为 ssh
--partial	保留那些没有完全传输的文件，以加快随后的再次传输
--progress	在传输时显示传输过程
-P	等价于--partial --progress
-v，--verbose	详细输出模式
-q，--quiet	精简输出模式
--help	显示帮助信息

下面给出一些使用 rsync 命令的例子。

操作步骤 4.4　rsync 命令使用举例。

```
// 1. 将整个 /home 目录及其子目录同步到 /backups
# rsync -a --delete /home /backups
// 2. 将 /home 目录下的所有内容同步到 /backups/home.0
# rsync -a --delete /home/ /backups/home.0
// 3. 执行“推”复制同步（centos5 是可解析的远程主机名）
[root@soho ~]# rsync /etc/hosts centos5:/etc/hosts
// 4. 执行“拉”复制同步（soho 是可解析的远程主机名）
[root@centos5 ~]# rsync soho:/etc/hosts /etc/hosts
// 5. 执行“推”复制同步用户的环境文件
[osmond@soho ~]$ rsync ~/.bash* centos5:
// 6. 执行“拉”复制同步用户的环境文件
[osmond@cnetos5 ~]$ rsync soho:~/.bash* .
// 7. 执行“推”复制同步站点根目录
[osmond@soho ~]$ rsync -avz --delete /var/www root@192.168.0.101:/var/www
```

```
// 8. 执行“拉”复制同步站点根目录
[osmond@cnetos5 ~]$ rsync -avz --delete root@192.168.0.55:/var/www /var/www
// 9. 连接匿名 rsync 服务器执行“拉”复制同步 CentOS 6.5 的 yum 仓库到本地
//     /var/ftp/mirrors/centos/目录
//     不同步 drpms、i386 和 isos 目录，即仅同步 x86_64 目录
# rsync -aqzH --delete-after --delay-updates \
      --exclude=i386/ --exclude=isos/ --exclude=drpms/\
      rsync://mirrors.yun-idc.com/centos/6.5    /var/ftp/mirrors/centos/
```

4.2.3 OpenSSH 客户

1．ssh

ssh 命令是使用 SSH 协议登录远程主机的客户端。其格式为：

```
ssh [选项] [-l login_name] [hostname | [username@]hostname] [command]
```

常用选项：

- -p <port>是指定服务器端监听的端口。不用这个选项，默认为 22。
- -v 是冗余模式。打印关于运行情况的调试信息。在调试连接、认证和配置问题时非常有用。
- -q 是安静模式。抑制所有的警告和提示信息。只有严重的错误才会被显示。

使用举例：

```
$ ssh -l osmond 192.168.0.100
$ ssh osmond@192.168.0.100
$ ssh osmond@192.168.0.100 "ls ~"
```

2．scp

scp 命令是基于 SSH 协议在本地主机和远程主机之间复制文件的客户端。其格式为：

```
scp [选项] [user@]host:rmtfile1 [...]     locfile1 [...]       // 将远程文件复制到本地
scp [选项] locfile1 [...]     [user@]host: rmtfile1 [...]      // 将本地文件复制到远程
```

常用选项：

- -r 用于递归复制子目录。
- -p 用于保留被复制文件的时间戳和权限。
- -C 用于压缩数据流。

使用举例：

```
$ scp identity.pub osmond@192.168.0.100:.ssh/authorized_keys
$ scp osmond@192.168.0.101:remotefile    localfile
$ scp -rpC osmond@backup.ls-al.me:/data    .
```

3．sftp

sftp 命令是基于 SSH 协议的 FTP 的客户端。它类似于 FTP，但它进行加密传输，比 FTP 有更高的安全性。其格式为：

```
sftp [user@]host
```

使用举例：

```
$ sftp osmond@192.168.0.101
```

进入 sftp 会话之后就可以使用 ftp 子命令上传和下载文件了。

4.3 RPM 包管理

4.3.1 RPM 概述

1．什么是 RPM

RPM 是一个开放的软件包管理系统，最初的全称是 Red Hat Package Manager。它工作于 Red Hat Linux 以及其他 Linux 系统，成为了 Linux 中公认的软件包管理标准。红帽子软件公司鼓励其他厂商来了解 RPM 并在自己的产品中使用它。RPM 的发布基于 GPL 协议。随着 RPM 在各种发行版本的广泛使用，如今 RPM 的全称更改为 RPM Package Manager。RPM 由 RPM 社区负责维护，可以登录到 RPM 的官方站点（http://www.rpm.org/）查询最新的信息。

使用 RPM 最大的好处在于它提供快速的安装，减少了编译安装的侦错困扰。

2．RPM 的功能

简言之，RPM 具有如下 5 大功能：

- 安装——将软件从包中解出来，并且安装到硬盘。
- 卸载——将软件从硬盘清除。
- 升级——替换软件的旧版本。
- 查询——查询软件包的信息。
- 验证——检验系统中的软件与包中软件的区别。

3．RPM 包的名称格式

RPM 包的名称有其特有的格式，如某软件的 RPM 包名称由如下部分组成：

```
name-version.type.rpm
```

其中：

1）name 为软件的名称。

2）version 为软件的版本号。

3）type 为包的类型。

- i[3456]86 表示是在 Intel x86 计算机平台上编译的。
- x86_64 表示是在 64 位的 Intel x86 计算机平台上编译的。
- src 表示软件源代码。

4）rpm 为文件扩展名。

例如：

- bind-9.2.1-16.i386.rpm 是 bind（9.2.1-16）的 Intel 386 平台编译版本包。
- bind-9.2.1-16.x86_64.rpm 是 bind（9.2.1-16）的 64 位 Intel 平台编译版本包。

- bind-9.2.1-16.src.rpm 是 bind（9.2.1-16）的源代码版本包。

因此，看到一个 RPM 包的文件名之后，就可以获得该软件包的大致信息。

4.3.2 RPM 命令的使用

1. RPM 命令格式

在 CentOS 中升级和安装系统通常使用 yum 命令（在下一节讲述），因为它可以很好地解决包的依赖性问题，即自动安装/处理依赖的其他软件包。但是 rpm 命令在某些情况下还可以用得上。比如，查询包信息，安装或卸载一个不在 CentOS 软件库中的 rpm 包等。

rpm 的完整语法参见 rpm 命令手册，下面只列出较常见的用法，如表 4-11 所示。

表 4-11 rpm 的命令用法

命　令	说　明
rpm -i <.rpm file name>	安装指定的.rpm 文件
rpm -U <.rpm file name>	用指定的.rpm 文件升级同名包
rpm -e <package-name>	删除指定的软件包
rpm -q <package-name>	查询指定的软件包在系统中是否安装
rpm –qa	查询系统中安装的所有 RPM 软件包
rpm -qf </path/to/file>	查询系统中指定文件所属的软件包
rpm -qi <package-name>	查询一个已安装软件包的描述信息
rpm -ql <package-name>	查询一个已安装软件包里所包含的文件
rpm -qc <package-name>	查看一个已安装软件包的配置文件位置
rpm -qd <package-name>	查看一个已安装软件包的文档安装位置
rpm -q --whatrequires <package-name>	查询依赖于一个已安装软件包的所有 RPM 包
rpm -q --requires <package-name>	查询一个已安装软件包的依赖要求
rpm -q --scripts <package-name>	查询一个已安装软件包的安装、删除脚本
rpm -q --conflicts <package-name>	查询与一个已安装软件包相冲突的 RPM 包
rpm -q --obsoletes <package-name>	查询一个已安装软件包安装时删除的、被视为“废弃”的包
rpm -q --changelog <package-name>	查询一个已安装软件包的变更日志
rpm -V <package-name>	校验指定的软件包
rpm -Vf </path/to/file>	校验包含指定文件的软件包
rpm -Vp <.rpm file name>	校验指定的未安装的 RPM 文件
rpm -Va	校验所有已安装的软件包
rpm --rebuilddb	重建系统的 RPM 数据库，用于不能安装和查询的情况
rpm --import <key file>	导入指定的签名文件
rpm -Kv --nosignature <.rpm file name>	检查指定的 RPM 文件是否已损坏或被恶意篡改（验证包的 MD5 校验和）
rpm -K <.rpm file name>	检查指定 RPM 文件的 GnuPG 签名

提示

1. 在安装/升级时，还可以使用-vh 参数，其中：v 表示在安装过程中显示较详细的信息；h 表示显示水平进度条。

2. 所有的<.rpm file name>既可以是本地文件，也可以是远程文件。

3. 除了可以对已安装的RPM包进行查询外，还可对未安装的RPM文件进行查询，格式：

```
rpm -qp[ilcd] <.rpm file name>
rpm -qp <--whatrequires>|<--requires>|<--scripts>|
        <--conflicts>|<--obsoletes>|<--changelog>  <.rpm file name>
```

4. 校验软件包将检查软件包中的所有文件是否与系统中所安装的一致，包括校验码文件大小、存取权限和属主属性都将根据数据库进行校验。在用户安装了新程序以后怀疑某些文件遭到破坏时可使用该操作。

2. rpm 命令使用举例

操作步骤 4.5 rpm 命令使用举例。

```
//1.1 安装本地软件包
# rpm -ivh /media/CentOS/Packages/zsh-4.3.10-7.el6.x86_64.rpm
Preparing...                ########################################### [100%]
   1:zsh                    ########################################### [100%]
//1.2 安装远程软件包
#   rpm -ivh http://mirrors.163.com/centos/6.5/os/x86_64/Packages/zsh-4.3.10-7.el6.x86_64.rpm
Preparing...                ########################################### [100%]
   1: zsh                   ########################################### [100%]
//2.1 从本地文件升级软件包
# rpm -Uvh zsh-4.3.10-9.el6.x86_64.rpm
Preparing...                ########################################### [100%]
   1: zsh                   ########################################### [100%]
//2.2 从远程文件升级软件包
#   rpm -Uvh http://mirrors.163.com/centos/6.6/updates/x86_64/Packages/zsh-4.3.10-9.el6.x86_64.rpm
Preparing...                ########################################### [100%]
   1: zsh                   ########################################### [100%]
//3. 卸载软件包
#   rpm -e   zsh
//4.1 查询 elinks 软件包在系统中是否安装
$ rpm -q elinks
//4.2 查询系统中已安装的 elinks 软件包的描述信息
$ rpm -qi elinks
//4.3 查询系统中已安装的 elinks 软件包里所包含的文件
$ rpm -ql elinks
//4.4 查询系统中文件 /etc/passwd 所属的软件包
$ rpm -qf /etc/passwd
//4.5 查询 zsh-4.3.10-9.el6.x86_64.rpm 包文件中的信息
$ rpm -qip zsh-4.3.10-9.el6.x86_64.rpm
//4.6 查询系统中已经安装的所有名字中包含 php 的软件包
$ rpm -qa | grep php
//4.7 显示已安装的所有软件包（后安装的先显示）
$ rpm -qa --last
```

```
//4.8 从小到大的顺序显示所有已经安装的软件包
$ rpm -qa --qf "%{size} %{name}.%{arch}\n" | sort –n
//4.9 查询当前已安装的软件包由哪些供应商提供
$ rpm -qa --qf "%{vendor} \n"|sort|uniq
//4.10 查询已经安装的由 remi 供应商提供的软件包
$ rpm -qa --qf "%{vendor} \t->\t   %{name}.%{arch}\n"|grep -i remi
//4.11 查询 httpd 包的最低依赖要求
$ rpm -qR httpd
//4.12 查询所有的 GPG 公钥信息
# rpm -q gpg-pubkey --qf "%{summary} => %{version}-%{release}\n"
//5.1 验证 elinks 软件包
#   rpm –V elinks
//5.2 验证包含文件 /etc/passwd 的软件包
#   rpm –Vf   /etc/passwd
//5.3 验证 zsh-4.3.10-9.el6.x86_64.rpm 文件
#   rpm –Vp   zsh-4.3.10-9.el6.x86_64.rpm
//5.4 检查 rpmdb 数据库，解决依赖关系以及包冲突
#   rpm -Va --nofiles --nomd5
//5.5 验证所有已安装的软件包
#   rpm –Va
```

注意

如果校验一切正常，将没有输出，反之则输出不一致结果，格式为：

xxxxxxxx　文件名

字段 1 由 8 个字符组成，每个字符指明该文件与 RPM 数据库中一致或不一致的地方，单个点（.）说明没有异常，具体含义如下：

5— 校验和　S— 文件大小　L— 符合连接　T— 文件修改时间

D— 设备　U— 用户　G— 组　M— 文件模式　?— 文件不可读

如果有任何输出显示，请判断是否真的有问题，然后决定删除或重安装异常的软件包，或者通过其他方式解决。

4.4 YUM 更新系统

4.4.1 YUM 概述

1．为什么使用 YUM

Linux 系统维护中令管理员最头疼的就是软件包之间的依赖性，往往是要安装 A 软件，但是编译的时候告诉用户 A 软件安装之前需要 B 软件，而当安装 Y 软件的时候，又告诉需要安装 Z 库，好不容易安装好 Z 库，发现版本还存在其他问题等。由于历史原因，RPM 软件包管理系统对软件之间的依存关系没有内部定义，这便造成安装 RPM 软件时经常出现令人无法理解的软件依赖问题。

其实开源社区早就对这个问题尝试进行了解决，不同的发行版推出各自的工具，比如

Yellow Dog 的 YUM（Yellow dog Updater，Modified），Debian 的 APT（Advanced Packaging Tool）等。开发这些工具的目的都是为了解决安装 RPM 时的依赖性问题，而不是额外再建立一套安装模式。这些软件也被开源软件爱好者们逐渐移植到别的发行版上。目前 YUM 是 CentOS/Fedora 系统上默认安装的更新系统。有关 YUM 的详细使用信息请参考：http://www.centos.org/docs/5/html/yum/index.html。

2．什么是 YUM

YUM（http://yum.baseurl.org/）是 Yellow dog Updater，Modified 的简称，起初是由 Yellow dog 发行版的开发者 Terra Soft 研发，用 Python 写成，那时叫做 YUP（Yellow dog Updater），后经杜克大学的 Linux@Duke 开发团队进行改进，遂有此名。

YUM 的宗旨是自动化地升级，安装/移除 RPM 包，收集 RPM 包的相关信息，检查依赖性并自动提示用户解决。YUM 使用方便，它具有如下特点：

- 自动解决包的依赖性问题，能更方便地添加/删除/更新 RPM 包。
- 便于管理大量系统的更新问题。
- 可以同时配置多个仓库（repository）。
- 简洁地配置文件（/etc/yum.conf）。
- 保持与 RPM 数据库的一致性。
- 有比较详细的日志，可以查看何时升级、安装了什么软件包等。

3．YUM 组件

YUM 包含如下组件。

（1）yum 命令

- 通过 yum 命令使用 YUM 提供的众多功能。
- 由名为“yum”软件包提供（默认已安装）。
- YUM 软件的主页为 http://linux.duke.edu/yum/。

（2）YUM 插件

- 由官方或第三方开发的 YUM 插件用于扩展 YUM 的功能。
- 通常由以名为“yum-<pluginname>”的软件包提供。

（3）YUM 仓库

- YUM 仓库（repository）亦称“更新源”。
- 一个 YUM 软件仓库就是一个包含了仓库数据的、存放众多 RPM 文件的目录。
- YUM 仓库必须包含一个名为“repodata”的子目录用于存放仓库数据，仓库数据包含所有 RPM 包的各种信息，包括描述、功能、提供的文件、依赖性等信息。
- YUM 客户通过访问 YUM 仓库数据进行分析，并完成查询、安装、更新等操作。
- YUM 客户可以使用 http://、ftp:// 或 file://（本地文件）协议访问 YUM 仓库。
- YUM 客户可以使用官方和第三方提供的众多 YUM 仓库更新系统。
- createrepo、yum-utils 等软件包（默认未安装）中提供了 YUM 仓库管理工具。

（4）YUM 缓存

- YUM 客户运行时会从软件仓库下载 YUM 仓库文件和 RPM 包文件。
- 下载的文件默认被缓存在“/var/cache/yum”目录中。
- 可以修改 YUM 的配置文件，配置 YUM 的缓存行为。

4.4.2 使用 yum 命令

1．yum 命令语法

yum 是 YUM 系统的字符界面管理工具。语法如下：

```
yum  [全局参数] 命令 [命令参数]
```

首先列出并解释一些常用的全局参数。

- -y：对 yum 命令的所有提问回答“是（yes）”。
- -C：只利用本地缓存，不从远程仓库下载文件。
- --enablerepo=REPO：临时启用指定的名为 REPO 的仓库。
- --disablerepo=REPO：临时禁用指定的名为 REPO 的仓库。
- --installlroot=PATH：指定安装软件时的根目录，主要用于为 chroot 环境安装软件。

2．yum 命令的常见用法

下面列出较常见的用法，如表 4-12 所示。

表 4-12 yum 的常见用法

命　　令	功　　能
yum check-update	检查可更新的所有软件包
yum update	下载更新系统已安装的所有软件包
yum upgrade	大规模的版本升级，与 yum update 不同的是，连旧的、淘汰的包也升级
yum install <packages>	安装新软件包
yum update <packages>	更新指定的软件包
yum remove <packages>	卸载指定的软件包
yum groupinstall <groupnames>	安装指定软件组中的软件包
yum groupupdate <groupnames>	更新指定软件组中的软件包
yum groupremove <groupnames>	卸载指定软件组中的软件包
yum grouplist	查看系统中已经安装的和可用的软件组
yum list	列出资源库中所有可以安装或更新的 rpm 包，以及已经安装的 rpm 包
yum list <regex>	列出资源库中与正则表达式匹配的，可以安装或更新的 rpm 包，以及已经安装的 rpm 包
yum list available	列出资源库中所有可以安装的 rpm 包
yum list available <regex>	列出资源库中与正则表达式匹配的所有可以安装的 rpm 包
yum list updates	列出资源库中所有可以更新的 rpm 包
yum list updates <regex>	列出资源库中与正则表达式匹配的所有可以更新的 rpm 包
yum list installed	列出资源库中所有已经安装的 rpm 包
yum list installed <regex>	列出资源库中与正则表达式匹配的所有已经安装的 rpm 包
yum list extras	列出已经安装的但是不包含在资源库中的 rpm 包
yum list extras <regex>	列出与正则表达式匹配的已经安装的、但是不包含在资源库中的 rpm 包
yum list recent	列出最近被添加到资源库中的软件包
yum search <regex>	检测所有可用的软件的名称、描述、概述和已列出的维护者，查找与正则表达式匹配的值

（续）

命　令	功　能
yum provides <regex>	检测软件包中包含的文件以及软件提供的功能，查找与正则表达式匹配的值
yum clean headers	清除缓存中的 rpm 头文件
yum clean packages	清除缓存中的 rpm 包文件
yum clean all	清除缓存中的 rpm 头文件和包文件
yum deplist <packages>	显示软件包的依赖信息

提示

1. 当第一次使用 yum 或 yum 资源库有更新时，yum 会自动下载所有所需的 headers 放置于/var/cache/yum 目录下，所需时间可能较长。

2. 可以使用 yum info 命令列出包信息，yum info 可用的参数与 yum list 的相同。

3．yum 命令工具使用举例

操作步骤 4.6　yum 命令工具使用举例。

```
//1．升级系统。
#  yum update
//2．安装指定的软件包。
#  yum install w3m lftp
//3．升级指定的软件包。
#  yum update w3m lftp
//4．卸载指定的软件包。
#  yum remore w3m lftp
//5．查看系统中已经安装的和可用的软件组。
#  yum grouplist
//6．安装指定软件组中的软件包。
#  yum groupinstall "Virtualization"
//7．更新指定软件组中的软件包。
#  yum groupupdate "Virtualization"
//8．卸载指定软件组中的软件包。
#  yum groupremore "Virtualization"
//9．清除缓存中的 rpm 头文件和包文件。
#  yum clean all
//10．搜索相关的软件包。
#  yum search python
#  yum search python rsync ssh
#  yum provides MTA
//11．显示指定软件包的信息。
#  yum info python
//12．查询指定软件包的依赖信息。
#  yum  deplist  python
//13．使用通配符列出符合条件的软件包。
#  yum  list  yum\*
```

```
# yum  list \*.i386
//14. 列出指定版本的 rpm 包。
# yum list dovecot-1.0.15
```

> **注意** 如果安装了并非来自仓库的软件，当该软件有新版时，yum update 无法自动更新它。为保证总是能用最新的软件，可以订阅一份电子邮件或 RSS 服务，这样当有新版软件时可以得到通知。

4.4.3 YUM 配置文件

1．主配置文件 /etc/yum.conf

文件 /etc/yum.conf 存放了 YUM 的基本配置参数，即“主配置”。下面列出默认的配置并进行说明：

```
[main]
cachedir=/var/cache/yum/$basearch/$releasever # 指定 YUM 缓存目录
keepcache=0                     # 是否保持缓存（包括仓库数据和 RPM），1 保存，0 不保存
debuglevel=2                    # 设置日志记录等级(0-10)，数值越高，记录的信息越多
logfile=/var/log/yum.log        # 设置日志文件路径
distroverpkg=centos-release     # 指定发行版本的软件包名称
tolerant=1                      # 允许 yum 在出现错误时继续运行，比如不需要更新的程序包
exactarch=1                     # 更新时是否允许更新不同架构的 RPM 包
                                # 比如是否在 i386 上更新 i686 的 RPM 包
                                # 设置为 1 表示精确匹配，即不允许更新不同架构的 RPM 包
obsoletes=1                     # 相当于 upgrade，允许更新陈旧的 RPM 包
gpgcheck=1                      # 校验软件包的 GPG 签名
plugins=1                       # 默认开启 YUM 的插件使用
installonly_limit = 5           # 允许保留多少个内核包

metadata_expire=90m             # 设置仓库数据的失效时间为 90min

# PUT YOUR REPOS HERE OR IN separate files named file.repo
# in /etc/yum.repos.d
reposdir = /etc/yum.repos.      # 指定仓库配置文件的目录，此为默认值，默认被省略
```

此外在主配置文件中可以设置 yum 命令使用的代理服务器，例如：

```
# 设置代理服务器及其端口号
proxy=http://mycache.mydomain.com:3128
# 设置用于 yum 连接的代理服务器的账户细节
proxy_username=your-yum-user
proxy_password=your-yum-password
```

2．仓库配置文件 /etc/yum.repos.d/*.repo

YUM 使用仓库配置文件（文件名以.repo 结尾的文件）配置仓库的镜像站点地址等配置信息。默认情况下，CentOS 在/etc/yum.repos.d/目录下包含如下 4 个配置文件。

- CentOS-Base.repo。
- CentOS-Media.repo。
- CentOS-Debuginfo.repo。
- CentOS-Vault.repo。

所有的配置文件语法相同，采用分段形式，每一段配置一个软件仓库，配置语法如下：

```
[repositoryid]
name=Some name for this repository
baseurl=url://server1/path/to/repository/
        url://server2/path/to/repository/
        url://server3/path/to/repository/
mirrorlist=url://path/to/mirrorlist/repository/
enabled=0/1
gpgcheck=0/1
gpgkey=A URL pointing to the ASCII-armoured GPG key file for the repository
failovermethod=priority|roundrobin
```

其中：

1）文件中以“#”开头的行是注释行。

2）repositoryid 用于指定一个仓库，必须保证此值的唯一性。

3）name 用于指定易读的仓库名称。

4）baseurl 用于指定本仓库的 URL，可以是如下的 3 种类型。

- http — 用于指定远程 HTTP 协议的源。
- ftp — 用于指定远程 FTP 协议的源。
- file — 用于本地镜像或 NFS 挂装文件系统。

5）mirrorlist 用于指定仓库的镜像站点列表。

6）enabled 用于指定是否使用本仓库，默认值为 1，即可用。

7）gpgcheck 用于指定是否检查软件包的 GPG 签名。

8）gpgkey 用于指定 GPG 签名文件的 URL。

> 注意
>
> 在 name baseurl 和 mirrorlist 中经常使用如下的变量：
> - $releasever — 当前系统的版本号。
> - $basearch — 当前系统的平台架构。

4.4.4 配置 YUM 仓库

1. CentOS 的 YUM 仓库

仓库配置文件 /etc/yum.repos.d/*.repo 配置了 yum 命令在安装和查询软件时连接的 YUM 仓库地址，而 CentOS 的 YUM 仓库存放在 CentOS 的镜像站点中。

> 提示
>
> http://www.centos.org/download/mirrors/ 提供了 CentOS 的镜像站点列表。并且可以在 http://mirror-status.centos.org/查看镜像站点的状态。

表 4-13 列出了由 CentOS-Base.repo 配置的 CentOS 官方仓库。

表 4-13 CentOS 的官方仓库

仓库名称	说明	默认是否启用
base	包含一个发型版本的所有软件包	是
updates	包含基于 base 仓库的所有软件的升级包	是
extras	包含 CentOS 扩展 RHEL 的软件包	是
centosplus	用于增强一些现有软件包的功能，如新内核	否
contrib	包含 CentOS 用户根据需要自行编译并贡献的软件包	否

> 提示
> 1. base 仓库对应镜像站点的 os 目录；其他仓库与镜像站点中的目录名一致。
> 2. 两张 DVD 安装光盘中提供的 rpm 包与 base 仓库中的内容一致。

在 6.5 版本的 CentOS 镜像站点中还提供了 xen4 仓库和 SCL 仓库集合。若需要使用这些仓库，只需安装 extras 仓库提供的仓库发型软件包即可安装好相应的仓库配置文件。

```
# yum install centos-release-xen
# yum install centos-release-SCL
```

2．仓库的启用与禁用

要启用或禁用一个仓库，除了直接修改仓库配置文件中的 enabled=0/1 之外，还可以使用 yum-config-manager 命令。

例如，要启用 centosplus 仓库，可以使用如下命令。

```
# yum-config-manager --enable centosplus
```

又如，要禁用仓库，可以使用如下命令。

```
# yum-config-manager --disable centosplus
```

3．配置仓库镜像站点

在仓库配置文件 CentOS-Base.repo 中默认配置了 mirrorlist 的 URL 地址，且默认安装启用了 yum-plugin-fastestmirror 插件，因此执行 yum 命令时默认会从镜像地址列表中选择一个速度最快的镜像地址，并从此地址获取软件包。

> 提示
> 当使用 mirrorlist 指定镜像地址列表时，还可以通过 failovermethod 配置指令改变镜像仓库的选择方式。
> 1）按镜像列表顺序选择镜像服务器地址，此为默认值。
> ```
> failovermethod=priority
> ```
> 2）从镜像列表中随机选择镜像服务器地址。
> ```
> failovermethod=roundrobin
> ```

并非所有的国内镜像都在 CentOS 的镜像站点列表中，所以可以使用 baseurl 直接指定最近或最快的镜像仓库。为了加快更新，在确保更新服务器及线路良好的情况下，在 baseurl 中只指定一个 URL 即可。使用 baseurl 配置仓库地址还用于如下情况：

- 指定局域网中的一个本地镜像地址。
- 在 yum 客户配置了代理时，避免代理缓存更多的不同镜像站点的相同内容。

为了加快更新，国内用户可以修改仓库配置文件，使用国内的镜像站点。表 4-14 列出了国内常见的 CentOS 镜像站点。

表 4-14　国内常见的 CentOS 镜像站点（HTTP）

名　称	地　址	名　称	地　址
搜狐	mirrors.sohu.com/centos/	北京理工大学	mirror.bit.edu.cn/centos
网易	mirrors.163.com/centos/	中国科技大学	mirrors.ustc.edu.cn/centos/
首都在线	mirrors.yun-idc.com/centos/	华中科技大学	mirrors.hustunique.com/centos/
盛大云	mirrors.grandcloud.cn/centos/	电子科技大学	mirrors.stuhome.net/centos/
清华大学	mirrors.tuna.tsinghua.edu.cn/centos/	东北大学	mirror.neu.edu.cn/centos/

下面给出一个修改仓库配置文件配置 CentOS 镜像地址的例子。

操作步骤 4.7　配置 CentOS 镜像地址的例子。

```
# cd /etc/yum.repos.d/
// 备份原始文件
# cp CentOS-Base.repo CentOS-Base.repo.orig
// 注释 mirrorlist 配置行
# sed -i "s/^mirrorlist/#mirrorlist/g" CentOS-Base.repo
// 启用 baseurl 配置行
# sed -i "s/^#baseurl/baseurl/g" CentOS-Base.repo
// 修改镜像站点的 URL
# sed -i "s/mirror.centos.org/mirrors.sohu.com/g" CentOS-Base.repo
```

4. 使用 DVD 光盘作为本地仓库

若实验环境无法连接 Internet，但手中有 CentOS 的 DVD 安装光盘或 ISO 文件，那么可以使用 DVD 光盘中的仓库来安装软件。

操作步骤 4.8　使用 DVD 光盘作为本地仓库的例子。

```
// 1. 创建光盘挂装点目录
# mkdir /media/CentOS/
// 2. 挂载光盘或 ISO 文件
# mount -r –t iso9660 /dev/dvd /media/CentOS/
# mount -r –t iso9660 –o loop CentOS-6.5-x86_64-bin-DVD1.iso /media/CentOS/
// 3. 启用 CentOS-Media.repo 文件中配置的 c6-media 仓库
# yum-config-manager --enable c6-media
// 4. 禁用 CentOS-Base.repo 配置的网络仓库
//    因为其默认配置会连接网络，若不能联网 yum 命令会报错，因此需要禁用网络仓库
//    解决方法 1:
# mv CentOS-Base.repo CentOS-Base.repo.orig
//    解决方法 2:
```

```
# yum-config-manager --disable base updates extras
// 5. 使用 yum 命令
# yum list
# yum –y install yum-plugin-{security,priorities,versionlock} yum-utils
# yum -y install system-config-{firewall,network}-tui ntsysv vim-enhanced
// 6. 解挂 DVD 并弹出光盘或解挂 ISO 文件
# eject /dev/dvd
# umount /media/CentOS/
```

4.4.5 配置非官方 YUM 仓库

1．为什么使用非官方仓库

所谓官方仓库是指 CentOS 提供的仓库，而非官方仓库是指官方仓库之外的由其他社区或某软件制作者提供的仓库。使用非官方仓库目的如下：

- 安装官方仓库中未提供的软件包。
- 安装比官方仓库中版本更新的软件包。

> 提示
> 1. 应该选择使用知名的非官方仓库。
> 2. 应该使用具有 GPG 签名的非官方仓库。

2．如何使用非官方仓库

表 4-15 列出了一些常用的非官方仓库。

表 4-15 常用的 YUM 非官方仓库

仓 库 名	URL	说 明
epel	http://fedoraproject.org/wiki/EPEL	包含 Fedora 的大量软件（未收录到 RHEL 的）
repoforge	http://repoforge.org/use/	历史悠久的综合性仓库（原来的 RPMForge）
remi	http://blog.famillecollet.com/	提供 php5[4～6]、mysql5[56] 等
atomic	https://www.atomicorp.com/	提供 php5[4～6]、mysql5[56] 等
webtatic	http://repo.webtatic.com/yum/	提供 php5[4～6]、mysql5[56] 等
elrepo	http://elrepo.org/	主要提供偏重于内核的新硬件支持模块
atrpms	http://atrpms.net/	主要提供偏重于内核的新硬件支持模块
rpmfusion	http://rpmfusion.org/	授权有争议的 ffmpeg/x264、nvidia/ati 闭源驱动等

要使用非官方仓库通常需要安装这些仓库提供的“release”RPM 包。例如：

- http://mirrors.yun-idc.com/epel/6/x86_64/epel-release-6-8.noarch.rpm。
- http://mirrors.hustunique.com/remi/enterprise/remi-release-6.rpm。
- http://pkgs.repoforge.org/rpmforge-release/rpmforge-release-0.5.3-1.el6.rf.x86_64.rpm。

当使用多个非官方仓库时，由于同一个软件有可能在多个仓库中同时出现，但其版本可能不同。为了避免相同软件升级时在不同仓库间摇摆，应该安装 yum 的优先级插件。

yum 的优先级插件 yum-plugin-priorities 通过在每个仓库的配置段中使用“priority=n”（n=1～100，数值越小优先级越高）配置语句来配置仓库的优先级。建议的优先级顺序为：

1）[base]、[updates]、[extras] ——（priority=1）。
2）[remi]/[atomic]/[webtatic]仓库——（priority=1）。
3）[epel]/ [rpmfusion]仓库——（priority=10）。
4）[rpmforge]仓库——（priority=20）。

> **提示**
>
> 1．remi/atomic/webtatic 仓库都提供了比 CentOS 6 官方仓库更高版本的 PHP 和 MySQL，若需要安装新的 PHP/MySQL 版本，选择其一即可。据笔者所知，当前只有 remi 仓库在国内有镜像，所以笔者倾向于安装 remi 仓库。
>
> 2．rpmfusion 仓库提供了 ffmpeg 等软件。此仓库通常被认为是一个为桌面应用提供的仓库，但是若用户的站点有调用 ffmpeg 生成不同分辨率图片的需求时，就需要配置这个仓库。
>
> 3．atomic 仓库除了提供了比 CentOS 6 官方仓库更高版本的 PHP 和 MySQL 之外，还提供了一些安全工具。配置 atomic 仓库还提供了一种专用方法。
>
> ```
> # wget -q -O - http://www.atomicorp.com/installers/atomic | sh
> ```

3．非官方仓库配置举例

操作步骤 4.9 配置非官方仓库（epel、repoforge、remi）。

```
// 1. 下载仓库 release 文件
# mkdir yum-repos-release
# cd yum-repos-release
# wget http://mirrors.yun-idc.com/epel/6/x86_64/epel-release-6-8.noarch.rpm
# wget http://mirrors.yun-idc.com/remi/enterprise/remi-release-6.rpm
# wget http://pkgs.repoforge.org/rpmforge-release/\
rpmforge-release-0.5.3-1.el6.rf.x86_64.rpm
// 2. 安装仓库 release 文件
# rpm –ivh *-release*.rpm
// 3. 导入第三方仓库的 GPG key
# rpm --import /etc/pki/rpm-gpg/RPM-GPG-KEY-*
// 4. 启用第三方仓库
// epel、rpmforge 仓库是默认开启的，只有 remi 和 remi-php55 仓库是默认未启用的
// 说明：（1）remi 仓库依赖于 epel 仓库，即启用 remi 仓库同时还要启用 epel 仓库
//       （2）写作本书时，当前 remi 仓库提供了 php5.4，而 remi-php55 仓库则提供了 php5.5，
// 若要使用 php5.4，只需启用 remi 仓库；若要使用 php5.5，需启用 remi 和 remi-php55 仓库
# yum-config-manager --enable remi remi-php55
// 5. 配置第三方仓库优先级
# yum -y install yum-plugin-priorities
# cd /etc/yum.repos.d/
# sed -i 's/\[base\]/\[base\]\npriority=1/' CentOS-Base.repo
# sed -i 's/\[updates\]/\[updates\]\npriority=1/' CentOS-Base.repo
# sed -i 's/\[extras\]/\[extras\]\npriority=1/' CentOS-Base.repo
# sed -i 's/\[centosplus\]/\[centosplus\]\npriority=1/' CentOS-Base.repo
# sed -i 's/\[contrib\]/\[contrib\]\npriority=1/' CentOS-Base.repo
```

```
# sed -i 's/\[remi\]/\[remi\]\npriority=1/' remi.repo
# sed -i 's/\[remi-php55\]/\[remi-php55\]\npriority=1/' remi.repo
# sed -i 's/\[epel\]/\[epel\]\npriority=10/' epel.repo
# sed -i 's/\[rpmforge\]/\[rpmforge\]\npriority=20/' rpmforge.repo
// 6. 配置第三方仓库的国内镜像
# sed -i "s/^mirrorlist/#mirrorlist/g" remi.repo
# sed -i "s/^#baseurl/baseurl/g" remi.repo
# sed -i "s/rpms.famillecollet.com/mirrors.hustunique.com\/remi/g" remi.repo
# sed -i "s/^mirrorlist/#mirrorlist/g" epel.repo
# sed -i "s/^#baseurl/baseurl/g" epel.repo
# sed -i "s/download.fedoraproject.org\/pub/mirrors.yun-idc.com/g" epel.repo
# sed -i "s/^mirrorlist/#mirrorlist/g" rpmforge.repo
# sed -i "s/apt.sw.be/mirrors.sohu.com\/dag/g" rpmforge.repo
```

提示

在操作步骤 4.7 和 4.9 中，配置仓库镜像时使用的是公共网域的镜像地址。若用户的局域网中有这些仓库的镜像，请适当修改 sed 命令使用本地域名或 IP。

注意

当本地局域网中有多台服务器同时需要安装软件和系统更新时，通常采用如下的方法实现加速：

1）通过 rsync 或 lftp 工具从远程仓库镜像站点镜像 YUM 仓库到本地的一台 YUM 服务器，并在 YUM 服务器上开启 Web 服务为本地局域网中的所有服务器提供仓库的 Web 访问。

2）在本地局域网中配置一台服务器提供 Web 缓存代理服务（如 polipo、squid 等），由其缓存已下载过的 RPM 文件。局域网中其他的服务器通过配置 /etc/yum.conf 中的 proxy 选项指向局域网中的 Web 缓存服务器的地址和端口号，其他服务器通过共用一个 Web 缓存实现加速访问。

4.5 思考与实验

1. 思考

1）简述 TCP/IP 模型及协议栈。

2）如何使用命令配置以太网接口？简述路由类型。

3）简述 RHEL/CentOS 下的 TCP/IP 配置文件族。

4）简述 Linux 下常用的网络服务和网络客户端。

5）什么是 RPM？为什么使用 RPM？RPM 具有什么功能？

6）举例说明使用 RPM 命令安装、升级、删除、查询、校验软件包的方法。

7）为何使用 YUM？yum 常用命令及参数有哪些？

2. 实验

1）学会使用 ifconfig 命令配置以太网接口。学会使用 route 命令设置静态路由。

2）学会通过修改配置文件的方法配置网络参数。

3）学会使用 system-config-network-tui 配置网络。

4）学会使用常用的网络测试工具。

5）学会使用 lftp 命令、wget 命令和 links/w3m 命令。

6）学会使用安全的网络客户工具 ssh、scp 和 sftp。

7）学会使用 rsync 命令同步文件或目录。

8）学会使用 rpm 命令和 yum 命令。

9）学会使用 DVD 安装光盘作为本地仓库。

10）学会配置使用第三方仓库。

3．进一步学习

1）学习 Linux 环境下的 IPv6 相关概念及配置。

2）学习 ethtool 工具的使用。

3）学习使用 quagga 路由守护进程配置动态路由。

4）学习使用 Windows 下的 sftp 工具 WinSCP（http://winscp.net/）。

5）学习使用 Windows 下的 rsync 工具 cwRsync（http://www.itefix.no/i2/download）。

6）阅读如下文档，学习 RPM 包的制作方法：

● 使用 RPM 生成软件包（Packaging software with RPM）。

Part 1：http://www.ibm.com/developerworks/library/l-rpm1/。

Part 2：http://www.ibm.com/developerworks/library/l-rpm2/。

Part 3：http://www.ibm.com/developerworks/library/l-rpm3/。

● 如何制作 RPM 包（How to create an RPM package）。

http://fedoraproject.org/wiki/How_to_create_an_ RPM_package。

● RPM 指南（RPM Guide）。

http://docs.fedoraproject.org/en-US/Fedora_Draft_Documentation/0.1/html/ RPM_ Guide/。

7）学习使用如下的 RPM 生成环境和跟踪管理工具。

● http://fedoraproject.org/wiki/Projects/Mock。

● http://fedoraproject.org/wiki/Projects/Koji。

8）不同发行版本包管理工具的比较。

● https://wiki.archlinux.org/index.php/Pacman_Rosetta。

● http://www.pixelbeat.org/docs/packaging.html。

第 5 章　基础架构服务

本章首先介绍了守护进程（服务）的概念及其管理工具的使用。接着介绍了计划任务服务、系统日志服务的配置。最后介绍了 DNS 缓存服务（Dnsmasq）以及 HTTP 缓存服务（Polipo）的配置和使用。

5.1　守护进程

5.1.1　守护进程的概念

1．什么是守护进程

通常 Linux 系统上提供服务的程序是由运行在后台的守护程序（Daemon）来执行的。一个实际运行中的系统一般会有多个这样的程序在运行。这些后台守护程序在系统开机后就运行了，并且在时刻地监听前台客户的服务请求，一旦客户发出了服务请求，守护进程便为它们提供服务。Windows 系统中的守护进程被称为“服务”。

按照服务类型，守护进程可以分为如下两类：

- 系统守护进程：如 atd、crond、cups、rsyslogd、mingetty 等。
- 网络守护进程：如 sshd、httpd、postfix、xinetd 等。

2．网络守护进程

在 Client/Server 模型中，服务器监听（Listen）在一个特定的端口上等待客户的连接。连接成功之后，客户机与服务器通过端口进行数据通信。

网络守护进程的工作就是打开一个端口，并且等待进入的连接。如果客户提请了一个连接，守护进程就创建（fork）子进程来响应此连接，而父进程继续监听更多的服务请求。正因为如此，每个守护进程都可以处理多个客户服务请求。

3．超级服务器的引入

运行 Linux 的计算机一般都作为服务器使用，提供了许多不同协议的服务。但是，一台繁忙的服务器也可能是专用于某个任务的，比如传输邮件、响应 DNS 请求等。

从守护进程的概念可以看出，对于系统所要提供的每一种服务，都必须运行一个监听某个端口连接的守护程序。无论如何，在提供多种服务的 Linux 系统中，系统内存中同时运行二三十种不同的守护进程是对资源的浪费。解决这个问题的方法是使用超级服务器（SuperServer）。

几乎所有的类 UNIX 系统都运行了一个“超级服务器”，它为众多服务创建套接字（Socket），并且使用 Socket 系统调用同时监听多个端口。当远程系统请求一个服务时，超级服务器监听到这个请求后，会产生该端口的服务器程序为客户提供服务。

使用最广泛的超级服务器程序是 xinetd，即“扩展网络守护进程（extended internet daemon）”。它是 inetd 的换代产品。与 inetd 相比，xinetd 具有更先进的配置和更好的安全性。

xinetd 在运行时读取/etc 下的文本配置文件，在文件中指出超级服务器需要监听的端口以及在数据包到达端口时需要启动的程序。

为了节省资源，引入了超级服务器用于监控网络服务，如 telnet、tftpd 等。使用超级服务器启动网络服务虽然可以节省资源，但是服务量很大的守护进程（如 HTTP 服务、FTP 服务）将影响到其他服务的运行，同时也影响所提供服务的响应速度。为此，某些常用的知名网络服务的守护进程需要单独启动。

> 提示
> 1）/etc/services 文件说明了可提供服务的端口号和名字。
> 2）大多数的网络服务程序都可以配置为由超级服务器来启动。

4．守护进程的运行方式

（1）独立运行的守护进程

- 独立运行的守护进程由 init 脚本负责管理。
- 独立运行的守护进程的脚本存放在/etc/rc.d/init.d/目录下。
- 所有的系统服务都是独立运行的，如 crond、rsyslogd、xinetd 等。

（2）由网络守护进程服务程序运行的守护进程

- 要运行的守护进程由 xinetd 启动。
- 由 xinetd 管理的守护进程的配置文件存放在/etc/xinetd.d/目录下。
- 默认的 xinetd 的主配置文件是/etc/xinetd.conf。
- xinetd 本身是独立运行的守护进程。

5．列表显示守护进程

使用 pstree 命令查看进程树：

```
# pstree
init─┬─atd
     ├─auditd───{auditd}
     ├─crond
     ├─denyhosts.py
     ├─httpd───8*[httpd]
     ├─login───bash
     ├─master─┬─pickup
     │        └─qmgr
     ├─6*[mingetty]
     ├─rsyslogd───3*[{rsyslogd}]
     ├─sshd───sshd───bash───pstree
     ├─udevd───2*[udevd]
     └─xinetd---2*[rsync]
```

从结果可以看出，httpd、postfix、xinetd 是独立启动的，而 rsync 是由 xinetd 启动的。

5.1.2 守护进程管理工具

1．文本用户界面（TUI）工具

ntsysv 是一个用于管理自动运行的守护进程的文本用户界面工具。在提示符下输入

ntsysv，进入如图 5-1 所示的界面。

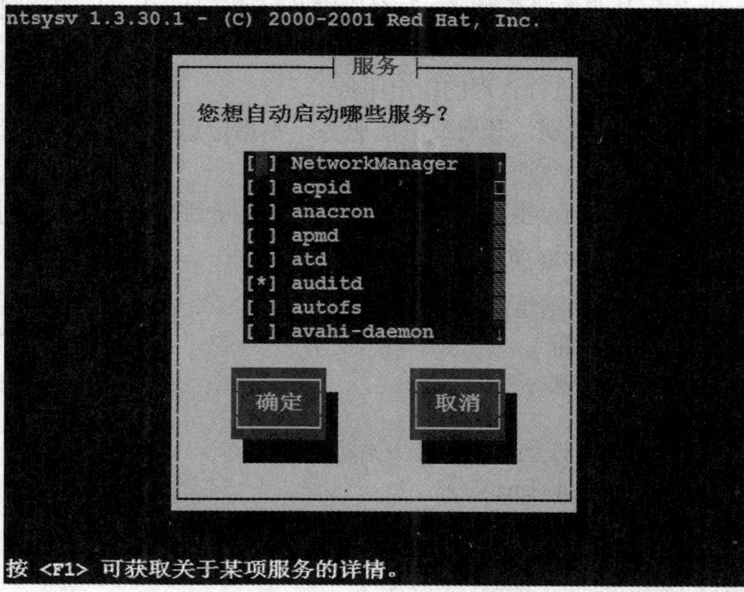

图 5-1　使用 ntsysv 配置服务

可以使用上下方向键移动光标选择操作对象，使用空格键激活或终止服务（[*]表示激活；[ ]表示终止）。另外，还可以在选中的操作对象上按〈F1〉键获得该服务的帮助信息。操作结束单击“确定”按钮结束（也可以单击“取消”按钮取消操作）。这样在下次启动机器时，修改将生效。

2．命令行界面（CLI）工具

（1）chkconfig

可以使用 chkconfig 命令检查、设置系统的各种服务。此命令实际上是通过操作/etc/rc[0-6].d 目录下的符号链接文件对系统的各种服务进行管理。

chkconfig 命令具有如下功能：

- 添加指定的新服务。
- 清除指定的服务。
- 显示由 chkconfig 管理的服务。
- 改变服务的运行级别。
- 检查指定服务的启动状态。

chkconfig 命令的格式如下：

```
# chkconfig --list [server-name]
# chkconfig --add server-name
# chkconfig --del server-name
# chkconfig [--level <levels>] server-name <on|off|reset>
```

其中：

- server-name 是由 chkconfig 命令管理的服务的名字。

- --list 显示由 chkconfig 管理的所有服务。
- --level levels 指定某服务要在哪个运行级别中开启或关闭，levels 的范围为 0～6。
- --add 添加由 chkconfig 进行管理的指定服务。
- --del 删除由 chkconfig 进行管理的指定服务。
- on|off 在指定的运行级别，开启或关闭服务。不指定运行级别时，默认的运行级别是 3、4、5。
- reset 在指定的运行级别，重置该服务，使其状态返回到操作系统启动时的默认状态。

下面给出几个使用 chkconfig 命令的例子：

```
//1. 查看指定的服务在所有运行级别的运行状态。
#   chkconfig --list sendmail
//2. 显示由 chkconfig 管理的服务。
#   chkconfig --list
//3. 显示在字符环境下（运行级别 3）默认启动的所有服务。
#   LANG=C chkconfig --list |grep '3:on'
//4. 添加一个由 chkconfig 管理的服务。
#   chkconfig --add httpd
//5. 更改指定服务在指定运行级别的运行状态。
#   chkconfig --level 35 httpd on
#   chkconfig httpd on
#   chkconfig --level 4 sendmail off
//6. 启动或停用由 xinetd 运行的服务。
#   chkconfig tftp on    # 相当于配置文件中的  "disable = no"
#   chkconfig tftp off   # 相当于配置文件中的  "disable = yes"
```

（2）service

可以使用 service 命令启动或终止守护进程。service 命令执行后立即生效，其命令格式为：

```
# service   server-name   start|stop|restart|reload
```

其中：

- server-name 对于独立运行的守护进程就是服务本身；对于由 xinetd 启动的进程就是 xinetd。
- start|stop|restart|reload 分别为启动/终止/重新启动服务/重新加载配置文件。

例如：

```
// 1. 要重新启动 Apache 可使用如下命令：
# service httpd restart
// 2. 要终止 vsftpd 可使用如下命令：
# service vsftpd stop
// 3. 要让日志守护进程 rsyslog 重新读取配置文件，可使用如下命令：
# service rsyslog reload
// 4. 要终止当前运行的 tftp 服务，可执行如下命令：
# chkconfig tftp off
# service xinetd restart
```

5.2 计划任务服务（crond）

5.2.1 计划任务简介

1．CentOS 下的计划任务

计划任务是指在约定的时间执行已经预先安排好的进程任务，即可以在无须人工干预的情况下运行作业。在 Linux 系统中，计划任务由 at/batch、cron 承担。

- at/batch 用于安排一次性任务。at 任务在指定的时间执行一次；bactch 任务在系统负载不重时执行一次。
- cron 用于安排周期性计划任务。例如每天、每周都要执行的任务。

本书着重介绍 Linux 下常用的 cron 计划任务。

在 CentOS 6 中，周期性计划任务由 cronie（https://fedorahosted.org/cronie）软件提供，cronie 包含了标准的 UNIX 守护进程 crond 和相关工具。cronie 基于原始的 vixie-cron 软件，并做了安全性和配置方面的改进，如支持 PAM 和 SELinux 等。

CentOS 6 中，与 cronie 相关的软件包包括：

- cronie 提供 crond 守护进程及其配置目录/etc/cron.d 以及用户使用的 crontab 命令。
- cronie-anacron 提供由 crond 调用的 anacron 程序及其配置文件/etc/anacrontab。
- crontabs 提供 run-parts 脚本以及依赖于此脚本的系统计划任务配置文件/etc/crontab 和配置目录/etc/cron.{daily,weekly,monthly}。

2．cron 与 anacron

cron 假定服务器是 24×7 全天候运行的，当系统时间变化或有一段关机时间，就会遗漏这段时间应该执行的 cron 任务。

anacron（anachronistic cron）是针对非全天候运行而设计的，它是 cron 的一个连续时间版本，当 anacron 发现时间不连续时，也会执行这一时间段内应该执行的任务，它不会因为时间不连续而遗漏计划任务的执行。

在 CentOS 6 中，anacron 是 cronie 的一部分，且由 crond 调用，仅用于运行系统常规计划任务，这些任务是/etc/cron.{daily,weekly,monthly}目录下的脚本文件。从而保证系统常规计划任务不会因为时间不连续而遗漏执行。

> 提示
>
> **CentOS 6 与 CentOS 5 的不同**
>
> 1）CentOS 5 的计划任务由软件包 vixie-cron 提供；而 CentOS 6 的计划任务由改进的 cronie 软件提供。
>
> 2）在 CentOS 5 中，crond 和 anacron 是两个独立启动的守护进程；而在 CentOS 6 中，只独立运行 crond 守护进程，anacron 是由 crond 每 h 调用一次。
>
> 3）在 CentOS 5 中，crond 和 anacron 分别执行目录/etc/cron. {daily, weekly, monthly} 下的系统计划任务；而在 CentOS 6 中，为了防止 crond 和 anacron 之间的冲突，目录/etc/cron. {daily,weekly,monthly}下的系统计划任务均通过 anacron 间接运行。

3. cron 的工作过程

cron 来源于希腊语单词 chronos（意为“时间”），是 Linux 系统下的一个自动执行计划任务的程序。由 cronie 软件包提供的守护进程（crond）是独立运行的，因为它是系统中的一项基础服务，通常配置为开机启动。其管理方法参见 5.1.2 节，此处不再赘述。

守护进程 crond 启动以后，根据其内部计时器每分钟唤醒一次，检测如下文件的变化并将其加载到内存：

- /etc/crontab 是 crontab 格式（man 5 crontab）的文件。
- /etc/cron.d/*是 crontab 格式（man 5 crontab）的文件。
- /var/spool/cron/*是 crontab 格式（man 5 crontab）的文件。
- /etc/anacrontab 是 anacrontab 格式（man 5 anacrontab）的文件。

一旦发现配置文件中安排的 cron 任务的时间和日期与系统当前时间和日期符合时，就执行相应的 cron 任务。当 cron 任务执行结束后，任何输出都将作为邮件发送给安排 cron 任务的所有者，或者是配置文件中指定的 MAILTO 环境变量中指定的用户。

守护进程 crond 搜索的 4 类配置文件中，/var/spool/cron 目录下的 crontab 文件是由用户使用 crontab 命令编辑创建的，当每个用户使用 crontab 命令安排了 cron 任务之后，在/var/spool/cron 目录下就会存在一个与用户同名的 crontab 文件。例如一个用户名为 osmond 的用户，它所对应的 crontab 文件就是 /var/spool/cron/osmond。

> 提示：由于守护进程 crond 每分钟都会唤醒一次、检测上述配置文件的变化并将其加载到内存，所以修改上述配置文件以及在目录/etc/cron.{hourly,daily,weekly,monthly} 下添加新的脚本均无须重新启动 crond 守护进程。

4. crontab 文件格式

crontab 文件是一种具有特定格式的文件，由守护进程 crond 加载到内存并根据其时间设定决定当前是否应该执行相应的 cron 任务。该文件可以出现如下行：

- 所有的空行、以#开始的行以及前导空格和制表符均被忽略。
- 所有的有效行可以是环境变量的定义，也可以是一个任务描述行。

该文件中，每个任务描述行的格式为：

```
minute hour    day-of-month    month-of-year    day-of-week    [username]    commands
```

每个任务描述行中都由用空格间隔的 7 个字段组成。表 5-1 说明了各个字段的含义和取值范围。

表 5-1 crontab 文件的格式说明

字 段	说 明	取 值 范 围
minute	一小时中的哪一分钟	0～59
hour	一天中的哪个小时	0～23
day-of-month	一月中的哪一天	1～31
month-of-year	一年中的哪一月	1～12
day-of-week	一周中的哪一天	0～7（0 和 7 均表示周日）

（续）

字　段	说　明	取 值 范 围
username	以指定的用户身份执行 commands。只有在/etc/crontab 和/etc/cron.d/*中才能使用此字段；当普通用户使用 crontab 命令安排 cron 任务时不能使用此字段，因为普通用户不能以其他人的身份执行命令	
commands	执行的命令（可以是命令、命令组合或者是脚本调用）	

下面重点说明一下前 5 个时间字段的语法：

- 不能为空，可以使用通配符*表示任何时间。
- 可以指定多个值，它们之间用逗号间隔。例如 1，3，7。
- 可以指定时间段，用减号间隔。例如 0-6。
- 可以用/n 表示步长。例如 8-18/2 表示时间序列 8，10，12，14，16，18。

表 5-2 给出了几个时间字段的例子及其说明。

表 5-2　crontab 文件的时间字段举例

5 个时间字段	说　明
* * * * *	每分钟
*/5 * * * *	每隔 5min
30 0 * * *	每天凌晨 0:30
0 4,8-18,22 * * *	每天 4:00，22:00 以及 8 到 18 的每个整点
10 */6 * * *	每天从零点开始每隔 6h 的 10 分（0:10，6:10，12:10，18:10）
23 0-23/2 * * *	每天逢偶数小时的 23 分（0:23，2:23，4:23，…，22:23）
30 1 1,15 * *	每月 1 日和 15 日凌晨 1:30
5 1 * * 7	每周日凌晨 1:05
0 22 * * 1-5	每周 1 到 5 晚 10 点
30 4 1,15 * 5	每月 1 日和 15 日以及每个周 5 的 4:30（注意：周和日是或的关系）

5．控制安排 cron 任务的人员

并非每个用户都可以安排 cron 任务，他们受两个文件的限制：/etc/cron.allow 和/etc/cron.deny。

1）当用户每次安排 cron 任务时，系统会先查找/etc/cron.allow 文件，若该文件存在，则只有包含在此文件中的用户允许使用 cron。

2）若/etc/cron.allow 文件不存在，系统继续查找/etc/cron.deny 文件，若该文件存在，则只有包含在此文件中的用户禁止使用 cron。

3）有一个例外：无论 root 是否包含在/etc/cron.allow 文件或/etc/cron.deny 文件中，root 都可以使用 cron。

/etc/cron.allow 文件和/etc/cron.deny 文件的格式很简单，每行只能包含一个用户名，且不能有空格字符。

6．run-parts 与/etc/cron.{hourly,daily,weekly,monthly}目录

名为 crontabs 的软件包创建了/etc/cron.{hourly,daily,weekly,monthly}目录，并提供了一个名为 run-parts 的工具。run-parts 命令的格式为：

```
#   run-parts <directory>
```

其功能是执行目录 directory 中的所有可执行文件。例如，由软件包 cronie 创建的默认配置文件 /etc/cron.d/0hourly 中有如下的配置行：

```
01 * * * * root run-parts /etc/cron.hourly
```

表示每当整点零一分，以 root 用户身份执行/etc/cron.hourly 目录下的所有可执行文件。

> **提示**
>
> 1）/etc/cron.{hourly,daily,weekly,monthly}目录中存放了众多系统常规任务脚本，这些脚本需在系统 crontab 文件或 anacrontab 文件中使用 run-parts 的工具调用执行。
>
> 2）可以使用 man 4 crontabs 命令查看 run-parts 的详细信息。

7．anacron 的执行

在 CentOS 6 中，/etc/cron.hourly 目录下的脚本由守护进程 crond 直接执行；/etc/cron.{daily,weekly,monthly}目录下的脚本由 crond 调用的 anacron 间接执行。

执行 anacron 的脚本文件为 /etc/cron.hourly/0anacron，此脚本中包含如下的行：

```
/usr/sbin/anacron –s
```

参数-s 表示顺序执行任务，即前一个任务完成之前，anacron 不会开始新的任务。从而避免了计划任务的交叠执行。

当 anacron 执行时会读取其配置文件 /etc/anacrontab，内容如下：

```
# /etc/anacrontab: configuration file for anacron

# See anacron(8) and anacrontab(5) for details.

SHELL=/bin/sh
PATH=/sbin:/bin:/usr/sbin:/usr/bin
MAILTO=root
# the maximal random delay added to the base delay of the jobs
RANDOM_DELAY=45
# the jobs will be started during the following hours only
START_HOURS_RANGE=3-22

#period in days   delay in minutes   job-identifier   command
1                 5                  cron.daily       nice run-parts /etc/cron.daily
7                 25                 cron.weekly      nice run-parts /etc/cron.weekly
@monthly          45                 cron.monthly     nice run-parts /etc/cron.monthly
```

该文件可以出现如下行：

- 所有的空行、以#开始的行以及前导空格和制表符均被忽略。
- 所有的有效行可以是环境变量的定义，也可以是一个任务描述行。

该文件中，除了常规的环境变量 SHELL、PATH、MAILTO 定义之外，还设置了如下两个环境变量，用于为定义的任务指定计划时间。

1）RANDOM_DELAY：指定随机延时的最大值。Anacron 会以一个任务描述行指定的 delay 值为基础，加上一个随机延时时间去执行各个作业。此环境变量用于为每个作业指定最大随机延时的分钟数。

- 默认的最小随机延时的值为 6min。
- CentOS 6 的默认配置中，RANDOM_DELAY 的值为 45，意为在一个任务描述行指定的 delay 值之上为每个作业再添加 6～45min 的随机延时。RANDOM_DELAY 的值也可以小于 6，甚至是 0。当其值为 0 时，不添加任何随机延时。
- 为每个作业添加随机延时是很有必要的。例如，多台计算机共享一个网络连接需要每天下载相同的数据。在这种情况下，添加随机延时可以有效地分散网络的负载。

2）START_HOURS_RANGE：指定计划任务在每天运行的时间段，以 h 为单位。

- CentOS 6 的默认配置中，START_HOURS_RANGE 的值为 3-22，即每天 3～22 点才执行此配置文件中制定的计划任务。
- 如果错过了这个时间段（例如，期间遭遇电源故障），那么当天将不会再执行这些计划任务。待明天继续执行。

该文件中，每个任务描述行的格式为：

```
period   delay   job-identifier   command
```

每个任务描述行中都由用空格间隔的 4 个字段组成。表 5-3 说明了各个字段的含义。

表 5-3　anacrontab 文件的格式说明

字　段	说　明
period	执行的时间间隔（天数）。可以使用整数也可以使用宏（@daily, @weekly, @monthly）
delay	在作业符合运行条件之后，到实际运行它之前等待的时间（分钟）。可以使用这个设置防止在系统启动时集中执行作业。同时，为不同任务描述行指定不同的延迟时间也可以分散作业的执行
job-identifier	任务的标识符，用在 anacron 的消息中，并作为/var/spool/anacron/目录下的作业时间戳文件的名称，只能包括非空白的字符
command	实际执行的任务

anacron 在/var/spool/anacron 目录中保留时间戳（Timestamp）文件，记录作业的运行时间。当 anacron 运行时，对于配置的每项计划任务，anacron 先根据相应的时间戳文件判定该任务是否已在配置文件的 period 字段所指定的期间内被执行了。如果它在给定周期内还没有被执行，anacron 会等待 delay 字段所指定的时间再加上一个随机延时（6～RANDOM_DELAY），然后执行 command 字段中指定的命令。

当任务完成后，anacron 会将当前的日期（命令 date +%Y%m%d 的执行结果）记录在/var/spool/anacron 目录下以 job-identifier 字段命名的时间戳文件中。基于 CentOS 6 的默认配置，时间戳文件有 3 个：cron.daily，cron.monthly 和 cron.weekly。

5.2.2　安排计划任务

1．计划任务的安排方法

由守护进程 crond 调用执行的任务不需要用户干预。计划任务的安排方法：

- 管理员可在/etc/crontab 文件和/etc/cron.d/*目录的文件中书写 crontab 格式的文件。
- 管理员可在/etc/cron.{hourly,daily,weekly,monthly}目录下安排每小时、每天、每周、每

月要执行的脚本。

- 管理员可以修改/etc/anacrontab 文件配置非每天、每周、每月要执行的计划任务。
- 每个用户都可以使用 crontab 命令安排自己的 cron 任务。

2. 修改系统 crontab 文件安排计划任务

守护进程 crond 启动后会自动检查/etc/crontab 文件和/etc/cron.d/*目录下文件的变化并加载到内存。因此，管理员直接编辑这些文件即可安排系统的 cron 任务。这些文件的格式是 5.2.1 节描述的 crontab 文件格式。

CentOS 6 默认的/etc/crontab 文件除了定义了几个环境变量和若干注释说明行之外，没有配置任何任务描述行。可以直接编辑这个文件为系统安排 cron 任务。但是为了使逻辑清晰，通常在/etc/cron.d/目录下创建单独的 crontab 文件来实现配置。例如，当安装了名为 denyhosts 的软件包之后，它会在/etc/cron.d/目录下自动创建一个名为 denyhosts 的 crontab 文件，用于实现 denyhosts 软件的计划任务。

下面给出一个通过修改这些文件安排 cron 任务的例子。

操作步骤 5.1 安排系统的计划任务举例。

```
// 1. 为/etc/crontab 追加配置行安排 cron 任务
# cat >> /etc/crontab <<_END
## 每隔两 h 将命令 netstat -a 的输出发送给 osmond@mydomain.com
0 */2 * * * netstat -a | mail osmond@mydomain.com
## 每星期日晚上 2 点查看/home 目录下使用量最大的前十名用户
0 2 * * 0 root du -sh /home/* | sort -nr | head -10
_END
// 2. 创建/etc/cron.d/ddns-update 文件安排 cron 任务
// 假如在 http://www.3322.org 注册了账号并配置了一个动态域名，
// 可以安排如下的 cron 任务实现动态域名的更新
// 注意：crontab 文件的任务描述行不支持续行符“\”，必须写在一行里，此处是为了排版而换行
# cat <_END >/etc/cron.d/ddns-update
*/5 * * * * root /usr/bin/wget -O /dev/null --http-user=YOURNAME --http-passwd=YOURPASSWORD
http://www.3322.org/dyndns/ update?system=dyndns&hostname=YOURHOSTNAME.f3322.org"
_END
```

3. 直接编写任务脚本安排计划任务

软件包 crontabs 提供了/etc/cron.{hourly,daily,weekly,monthly}目录，守护进程 crond 通过在其配置文件中使用 run-parts 工具调用执行这些目录下的脚本。因此，只要将任务脚本存放在相应的目录中即可。例如，将每 h 要执行的任务编写一个脚本放在/etc/cron.hourly 目录下。其他目录的使用类似，不再赘述。值得注意的是这些脚本要有可执行权限。

操作步骤 5.2 安排每日的计划任务举例。

```
// 在/etc/cron.daily 目录下创建一个脚本，用于凌晨清理/backup 目录，
// 删除该目录下 60 天内没有被修改过的文件，不包括 lost+found 目录
# echo '
find /backup -mtime +60 ! -name lost+found –exec /bin/rm –rf {} \;
' > /etc/cron.daily/cleanup-backups
# chmod +x /etc/cron.daily/cleanup-backups
```

4．修改系统 anacrontab 文件安排计划任务

由守护进程 crond 调用的 anacron 通过其配置文件/etc/anacrontab 以较低的进程优先级调用 run-parts 命令（即以 nice 命令运行 run-parts。默认运行一个命令的进程优先级是 0，而使用不带任何参数的 nice 命令运行的进程优先级是 10，进程优先级的数值越小其优先级越高）分别执行/etc/cron.{daily,weekly,monthly}目录下的系统脚本。

文件/etc/anacrontab 默认只提供了每日、每周和每月的配置，若希望以其他的时间间隔运行系统 cron 任务或一系列的任务脚本，可以通过编辑文件/etc/anacrontab 实现。

操作步骤 5.3　安排基于 anacron 的计划任务举例。

```
// 创建基于 anacron 的时间周期为两周的计划任务
// 首先修改/etc/anacrontab 文件，添加新的配置行
# echo '
14        55        cron.weekly2        nice run-parts /etc/cron.weekly2
' >> /etc/anacrontab
// 然后创建 /etc/cron.weekly2 目录
# mkdir /etc/cron.weekly2
// 最后在 /etc/cron.weekly2 目录下创建相应的脚本文件即可
```

5．使用 crontab 命令安排用户自己的 cron 任务

每个用户都可以设置自己的 crontab 文件（前提是其用户名没被列在/etc/cron.deny 文件中），以便执行用户自己需要自动运行的任务。用户自己的 crontab 文件位于/var/spool/cron/目录，但用户不能直接编辑这些文件，用户必须使用 crontab 命令编辑它。

crontab 命令用于安装、删除或者列出自己的 cron 任务。crontab 的命令格式如下：

```
crontab [-u user] file
crontab [-u user] [-l|-r|-e]
```

第一种格式是用于安装一个新的 crontab 文件，安装来源就是 file 指定的文件，如果使用“-”号作为文件名，就意味着使用标准输入作为安装来源。表 5-4 是 crontab 命令的选项说明。

表 5-4　crontab 命令的选项说明

选　项	说　明
-u user	指定具体哪个用户的 crontab 文件将被修改。如果不指定该选项，crontab 将默认是操作者本人的 crontab，也就是执行该 crontab 命令的用户的 crontab 文件将被修改。当使用了 su 命令后执行 crontab 命令就应该指定此参数，以免出现混乱
-l	在标准输出上显示当前的 crontab
-r	删除当前的 crontab 任务
-e	使用 Visual 或 EDITER 环境变量指定的编辑器编辑当前的 crontab 文件。当结束编辑离开时，编辑后的文件将自动安装

下面给出一个用户自己安排计划任务的例子。

操作步骤 5.4　安排用户自己的计划任务举例。

```
// （1）执行如下命令安排 osmond 用户的 crontab 任务
$ whoami
```

```
osmond
$ crontab –e
// 在 vi 中编写 crontab 任务，添加如下行：
// 每天凌晨 2 点删除~/temp 目录下的所有文件
00 02 * * * rm -rf   ~/temp/*
// 编辑完毕存盘退出 vi，这样一个 crontab 任务就建立好了
// （2）使用如下命令检查 crontab 任务
$ crontab –l
```

提示

虽然 root 用户也可以使用 crontab 命令安排自己的 cron 任务，但通常会采用直接编辑/etc/crontab、/etc/cron.d/*、/etc/anacrontab 配置文件或直接放置脚本到/etc/cron.{hourly,daily,weekly,monthly}目录的方法来实现。因为通常系统的 /etc 目录都是有备份的，恢复起来比较快捷。

5.3 系统日志服务（rsyslogd）

5.3.1 日志系统

1．什么是 syslog

日志的主要用途是系统审计、监测追踪和分析统计。

为了保证 Linux 系统正常运行、准确解决遇到的各种各样的系统问题，认真读取日志文件是管理员的一项非常重要的任务。

Linux 内核由很多子系统组成，包括网络、文件访问、内存管理等。子系统需要给用户传送一些消息，这些消息内容包括消息的来源及其重要性等。所有的子系统都要把消息送到一个可以维护的公用消息区。于是，就有了 syslog。

syslog 是一个综合的日志记录系统，它广泛应用于各种类 UNIX 系统上。它的主要功能是方便日志管理和分类存放日志。

syslog 使程序设计者从繁重的、机械的编写日志文件代码的工作中解脱出来，使管理员更好地控制日志的记录过程。在 syslog 出现之前，每个程序都使用自己的日志记录策略。管理员对保存什么信息或是信息存放在哪里没有控制权。

syslog 能设置成根据输出信息的程序或重要程度将信息分类到不同的文件。例如，由于核心信息更重要且需要有规律地阅读以确定问题出在哪里，所以要把核心信息与其他信息分开来，单独定向到一个分离的文件中。

syslog 以被动的方式工作，它只等待设备或程序向其输入信息，从不主动地搜集信息。

当前主要的 syslog 系统有：基本的 syslog 和较高级的 syslog-ng 以及 rsyslog。

2．CentOS 6 的日志系统

在 CentOS 6 中，默认的日志系统是 rsyslog（http://www.rsyslog.com/）。rsyslog 是一个类 UNIX 计算机系统上使用的开源软件工具，用于在 IP 网络中转发日志信息。rsyslog 采用模块化设计，是 syslog 的替代品。rsyslog 具有如下特点：

- 实现了基本的 syslog 协议。
- 直接兼容 syslogd 的 syslog.conf 配置文件。

- 在同一台机器上支持多个 rsyslogd 进程。
- 丰富的过滤功能，可将消息过滤后再转发。
- 灵活的配置选项，配置文件中可以写简单的逻辑判断。
- 增加了重要的功能，如使用 TCP 进行消息传输。
- 有现成的前端 Web 展示程序。

默认安装的 rsyslog 软件包提供的守护进程是 rsyslogd，它是一项系统的基础服务，应该设置为开机运行。rsyslogd 是独立运行的守护进程，其管理方法参见 5.1.2 节，此处不再赘述。

守护进程 rsyslogd 在启动时会读取其配置文件。管理员可以通过编辑/etc/rsyslog.conf 和/etc/sysconfig/rsyslog 来配置 rsyslog 的行为。/etc/sysconfig/rsyslog 文件用于配置守护进程的运行参数，/etc/rsyslog.conf 是 rsyslog 的主配置文件。

3．rsyslog 的配置文件

rsyslog 的配置文件/etc/rsyslog.conf 的结构如下：

- 全局指令（Global directives）。设置全局参数，如主消息队列尺寸、加载扩展模块等。
- 模板（Templates）。指定记录的消息格式，也用于动态文件名称生成。
- 输出通道（Output channels）。对用户期望的消息输出进行预定义。
- 规则（Rules）【selector + action】。指定消息规则；在规则中可以引用之前定义的模板和输出通道。
- 以 # 开始的行为注释，所有空行将被忽略。

有关模板和输出通道的配置请参考 rsyslog 的文档，下面重点说明与 syslog 配置兼容的规则配置语法，规则配置的每一行的格式如下：

```
facility.priority        action
设备.级别                  动作
```

设备字段用来指定需要监视的事件。它可取的值如表 5-5 所示。

表 5-5　rsyslog.conf 的设备字段说明

设 备 字 段	说　明
authpriv	报告认证活动。通常，口令等私有信息不会被记录
cron	报告与 cron 和 at 有关的信息
daemon	报告没有明确设备定义的守护进程的信息，如 xinetd 等
ftp	报告 FTP 守护进程的信息
kern	报告与内核有关的信息。通常这些信息首先通过 klogd 传送
lpr	报告与打印服务有关的信息
mail	报告与邮件服务有关的信息
mark	在默认情况下每隔 20min 就会生成一次表示系统还在正常运行的消息。Mark 消息很像经常用来确认远程主机是否还在运行的“心跳信号”（Heartbeat）。Mark 消息另外的一个用途是事后分析，能够帮助系统管理员确定系统死机发生的时间
news	报告与网络新闻服务有关的信息
syslog	由 syslog 生成的信息
user	报告由用户程序生成的任何信息，是可编程默认值
uucp	由 UUCP 子系统生成的信息

（续）

设 备 字 段	说　明
local0-local7	保留给本地其他应用程序使用
*	*代表除了 mark 之外的所有设备

级别字段用于指明与每一种功能有关的级别和优先级。它可取的值如表 5-6 所示。

表 5-6　rsyslog.conf 的级别字段说明

级 别 字 段	说　明
emerg	出现紧急情况使得该系统不可用，有些情况需广播给所有用户
alert	需要立即引起注意的情况
crit	危险情况的警告
err	除了 emerg、alert、crit 的其他错误
warning	警告信息
notice	需要引起注意的情况，但不如 err、warning 重要
info	值得报告的消息
debug	由运行于 debug 模式的程序所产生的消息
none	用于禁止任何消息
*	所有级别，除了 none

动作字段用于描述对应功能的动作。它可取的值如表 5-7 所示。

表 5-7　rsyslog.conf 的动作字段说明

动 作 字 段	说　明
filename	指定一个绝对路径的日志文件名来记录日志信息
:omusrmsg:users	发送信息到指定用户，users 可以是用逗号分隔的用户列表，*表示所有用户
device	将信息发送到指定的设备中，如/dev/console
| named_pipe	将日志记录到命名管道，用于日志调试非常方便 命名管道必须在 rsyslogd 启动之前使用 mkfifo 命令创建
@hostname	将信息发送到可解析的远程主机 hostname 或 IP，该主机必须正在运行 rsyslogd，并可以识别 rsyslog 的配置文件，rsyslog 使用 udp:514 端口传送日志信息
@@hostname	将信息发送到可解析的远程主机 hostname 或 IP，该主机必须正在运行 rsyslogd，并可以识别 rsyslog 的配置文件，rsyslog 使用 tcp:514 端口传送日志信息

rsyslog 可为某一事件指定多个动作，也可以同时指定多个设备和级别，它们之间用分号间隔。下面给出系统默认配置文件的说明。

```
#### MODULES ####

$ModLoad imuxsock   # 提供本地系统日志支持 (例如：通过 logger 命令)
$ModLoad imklog     # 提供内核日志支持 (相当于 syslog 的 rklogd)
#$ModLoad immark    # 提供 --MARK-- 消息功能

#### GLOBAL DIRECTIVES ####

# 使用默认日志的时间戳格式
```

```
$ActionFileDefaultTemplate RSYSLOG_TraditionalFileFormat

# 包含 /etc/rsyslog.d/ 目录下的配置文件
$IncludeConfig /etc/rsyslog.d/*.conf

#### RULES ####

# 将所有内核消息记录到控制台
#kern.*                                                 /dev/console

# 将 info 或更高级别的消息送到/var/log/messages，除了 mail/news/authpriv/cron 之外
# 其中*是通配符，代表任何设备；none 表示不对任何级别的信息进行记录。
*.info;mail.none;authpriv.none;cron.none                /var/log/messages

# 将 authpirv 设备的任何级别的信息记录到 /var/log/secure 文件中，
# 这主要是一些和认证、权限使用相关的信息
authpriv.*                                              /var/log/secure

# 将 mail 设备中的任何级别的信息记录到/var/log/maillog 文件中，
# 这主要是和电子邮件相关的信息。
# 文件名之前的减号（-）表示对文件的写入不立即同步到磁盘，这样可以加快日志写入
# 速度。但是，一旦在日志写入过程中系统崩溃，将极有可能丢失日志数据
mail.*                                                  -/var/log/maillog

# 将 cron 设备中的任何级别的信息记录到 /var/log/cron 文件中，
# 这主要是和系统中定期执行的任务相关的信息
cron.*                                                  /var/log/cron

# 将任何设备的 emerg 级别或更高级别的消息发送给所有正在系统上的用户
*.emerg                                                 *

# 将 uucp 和 news 设备的 crit 级别或更高级别的消息记录到 /var/log/spooler 文件中
uucp,news.crit                                          /var/log/spooler

# 将和本地系统启动相关的信息记录到 /var/log/boot.log 文件中
local7.*                                                /var/log/boot.log
```

5.3.2 查看日志文件

1．常见的日志文件

从 rsyslog 的配置文件可知，日志文件存放在“/var/log”目录下。为了查看日志文件的内容必须要有 Root 权限。日志文件中的信息很重要，只有超级用户才能有访问这些文件的权限。

管理员可以使用下面的命令：

```
# ls /var/log/*
```

查看系统中使用的日志文件。常见的日志文件如表 5-8 所示。

表 5-8　常见的日志文件

日 志 文 件	说　明
audit/	存储 auditd 审计守护进程的日志目录
cups/	存储 CUPS 打印系统的日志目录
httpd/	记录 Apache 的访问日志和错误日志目录
nginx/	记录 Nginx 的访问日志和错误日志目录
mail/	存储 mail 日志的目录
ppp/	存储 pppd 的日志目录
samba/	记录 Samba 的每个用户的日志目录
squid/	记录 Squid 的日志目录
acpid	存储 acpid 高级电源管理守护进程的日志
anaconda.*	安装程序 anaconda 的日志
boot.log	记录系统启动日志
btmp	记录登录未成功的信息日志
dmesg	记录系统启动时的消息日志
lastlog	记录最近几次成功登录的时间和最后一次不成功的登录
maillog	记录邮件系统的日志
messages	由 rsyslogd 记录的 info 或更高级别的消息日志
secure	由 rsyslogd 记录的认证日志
spooler	由 rsyslogd 记录的 uucp 和 news 的日志
vsftpd.log	记录 vsftpd 的日志
wtmp	一个用户每次登录进入和退出时间的永久记录
yum.log	记录 yum 的日志

2．查看文本日志文件

绝大多数日志文件是纯文本文件，每一行就是一个消息。只要是在 Linux 下能够处理纯文本的工具都能用来查看日志文件。可以使用 cat、tac、more、less、tail 和 grep 进行查看。

下面以/var/log/messages 为例，说明其日志文件的格式。该文件中每一行表示一个消息，而且都由 4 个域的固定格式组成。

- 时间标签（Timestamp）：表示消息发出的日期和时间。
- 主机名（Hostname）：表示生成消息的计算机的名字。
- 生成消息的子系统的名字：可以是 Kernel，表示消息来自内核；也可以是进程的名字，表示发出消息的程序的名字。若消息来自某个进程，则在进程名后使用方括号标明此进程的 PID。
- 消息（Message），即消息的内容。

例如：

```
May 15 18:57:15 centos1 syslogd 1.4.1: restart.
May 15 19:20:13 centos1 sshd(pam_unix)[2968]: session opened for user root by (uid=0)
May 15 20:02:07 centos1 sshd(pam_unix)[763]: session closed for user root
```

第 1 行是 syslog 发出的消息，说明了守护进程已经在 May 15，18:57:15 重新启动了。第 2 行是来自 sshd 的消息，说明了有一个 root 身份的 sshd 连接在 May 15 19:20:13 启动了。第 3 行也是来自 sshd 的消息，说明了一个 root 身份的 sshd 连接在 May 15 20:02:07 停止了。可以看出，实际上在“/var/log/message”文件中的消息都不是特别重要或紧急的。

3．查看非文本日志文件

也有一些日志文件是二进制文件，需要使用相应的命令进行读取。

（1）lastlog 命令

使用 lastlog 命令来检查某特定用户上次登录的时间，并格式化输出上次登录日志 /var/log/lastlog 的内容。例如：

```
# lastlog
Username      Port      From            Latest
root          pts/1     192.168.0.77    Sat May 15 19:20:13 +0800 2004
bin                                           **Never logged in**
…
osmond        pts/2     192.168.0.77    Sun May  2 17:04:33 +0800 2004
user1         pts/0     192.168.0.77    Wed Dec  3 12:15:27 +0800 2003
…
```

（2）last 命令

last 命令往回搜索 wtmp 来显示自从文件第一次创建以来登录过的用户。例如：

```
# last
root     pts/0          192.168.0.230      Sun Mar 13 10:23    still logged in
reboot   system boot  2.6.18-194.32.1.   Sun Mar 13 07:42          (08:09)
root     pts/1          192.168.0.200      Wed Mar  9 11:05 - 13:48  (02:42)
root     pts/0          192.168.0.230      Wed Mar  9 05:41 - down   (08:07)
root     tty1                               Thu Jan 13 01:03 - down   (00:04)
reboot   system boot  2.6.18-194.el5     Thu Jan 13 01:02          (00:05)

wtmp begins Thu Jan 13 01:02:35 2011
```

（3）who 命令

who 命令查询 wtmp 文件并报告当前登录的每个用户。who 命令的默认输出包括用户名、终端类型、登录日期及远程主机。例如：

```
# who
root     pts/1          May 15 19:20 (192.168.0.77)
```

5.3.3 日志工具

1．LogRotate

CentOS 提供了一个专门的日志滚动处理程序 logrotate，logrotate 能够自动完成日志的压缩、备份、删除工作。一般把它加入到系统每天执行的计划任务中，这样就省得管理员自己去处理了。logrotate 工具由 RPM 包 logrotate 提供，该软件包是默认安装的。

logrotate 的命令格式为：

```
# logrotate [选项] <logrotate 配置文件的路径>
```

logrotate 命令的选项说明如表 5-9 所示。

表 5-9　logrotate 命令的选项说明

选　项	说　明
-d	详细显示指令执行过程，便于排错或了解程序执行的情况
-v	在执行日志滚动时显示详细信息
-f	强行实施日志滚动，即使根据配置文件的设置认为无需要亦然
-m command	指定发送邮件的程序，默认为/usr/bin/mail
-s statefile	使用指定的状态文件，默认为/var/lib/logrotate.status

管理员可以在 logrotate 的配置文件中设置日志的滚动周期、日志的备份数目，以及如何备份日志等。logrotate 的主配置文件是/etc/logrotate.conf，此文件一般用于设置全局配置语句。另外，在默认的 CentOS 系统中还有一个名为/etc/logrotate.d 的目录。通常每一项服务在该目录下都有一个与服务同名的配置文件，例如 syslog、samba、cron 等。此目录下的所有配置文件都被“include”到主配置文件/etc/logrotate.conf 中。管理员可以在此目录下添加其他文件以滚动其他服务的日志。在这些文件中，可以使用表 5-10 中的配置语句。

表 5-10　logrotate.conf 的配置语句及功能

配 置 语 句	功　能
compress	对滚动的旧日志文件使用 gzip 压缩
nocompress	不压缩滚动的旧日志文件
copytruncate	用在处于打开状态的日志文件，将当前日志备份并截断
nocopytruncate	备份日志文件但是不截断
create <mode> <owner> <group>	滚动日志时使用指定的文件模式创建新的日志文件
nocreate	不创建新的日志文件
delaycompress	和 compress 一起使用，转储的日志文件到下一次滚动时才压缩
nodelaycompress	覆盖 delaycompress 选项，转储同时压缩
ifempty	即使是空文件也滚动日志，这个是 logrotate 的默认选项
notifempty	如果是空文件的话，不滚动日志
errors <address>	将滚动日志时的错误信息发送到指定的 E-mail 地址
mail <address>	把转储的日志文件发送到指定的 E-mail 地址
nomail	转储时不使用 E-mail 发送日志文件
olddir <directory>	将滚动的旧日志文件存储到指定的目录，必须和当前日志文件在同一个文件系统
noolddir	将滚动的旧日志文件和当前日志文件放在同一个目录下
prerotate/endscript	在滚动日志以前需要执行的命令可以放入此语句括号内，这两个关键字必须单独成行
postrotate/endscript	在滚动日志以后需要执行的命令可以放入此语句括号内，这两个关键字必须单独成行
daily	指定日志滚动周期为每天

（续）

配置语句	功能
weekly	指定日志滚动周期为每周
monthly	指定日志滚动周期为每月
rotate <n>	指定日志文件删除之前日志滚动的备份次数，0 代表没有备份，5 代表保留 5 个备份
tabootext [+] list	让 logrotate 不转储指定扩展名的文件，默认的扩展名是：.rpmorig，.rpmsave，dpkg-dist，.dpkg-old，.dpkg-new，.disabled，，v，.swp，.rpmnew，~
size <n>	当日志文件到达指定的大小时才进行日志滚动，n 可以指定为以 bytes 为单位（默认），或使用 G/M/k 后缀单位

在/etc/logrotate.conf 中可以使用以上的配置语句设置全局值；在/etc/logrotate.conf 用 include 语句所包含的配置文件中也可以使用上述的配置语句，被 include 的配置文件中的语句会覆盖/etc/logrotate.conf 中的配置。

下面是 CentOS 6 默认的 /etc/logrotate.conf 配置文件。

```
# see "man logrotate" for details
# 每周清理一次日志文件
weekly
# 保存过去四周的日志文件
rotate 4
# 清除旧日志文件的同时，创建新的空日志文件
create
# 使用日期作为被滚动文件的后缀
dateext
# 若使用压缩的日志文件，请删除下面行的注释符
#compress
# 包含 /etc/logrotate.d 目录下的所有配置文件
include /etc/logrotate.d

# 设置 /var/log/wtmp 和 /var/log/btmp 的日志滚动
/var/log/wtmp {
    monthly
    create 0664 root utmp
        minsize 1M
    rotate 1
}

/var/log/btmp {
    missingok
    monthly
    create 0600 root utmp
    rotate 1
}
# 对其他系统日志也可以在此配置
```

可以使用 ls 命令显示/etc/logrotate.d 目录：

```
# ls /etc/logrotate.d
```

```
cups  httpd  mysqld  named  rpm  samba  snmpd  syslog  up2date  vsftpd.log
```

其中，每个文件的基本格式均相同。语法格式为：

```
# 注释
/full/path/to/logfile {
    配置语句 1
    …
    配置语句 n
}
```

下面以/etc/logrotate.d 目录下的 syslog 文件为例进行说明：

```
# 对在 rsyslog.conf 配置的日志文件进行日志滚动
/var/log/cron
/var/log/maillog
/var/log/messages
/var/log/secure
/var/log/spooler
{
    # 调用日志滚动通用函数
    sharedscripts
    # 在日志滚动之后执行语句括号 postrotate 和 endscript 之间的命令
    postrotate
        # 重新读取 rsyslogd 的配置文件
        /bin/kill -HUP `cat /var/run/syslogd.pid 2> /dev/null` 2> /dev/null || true
    endscript
}
```

在 CentOS 6 中，logrotate 是由 crond 运行的。在默认配置中，可以发现在/etc/cron.daily 目录中有一个名为 logrotate 的文件，该文件内容如下：

```
#!/bin/sh
/usr/sbin/logrotate      /etc/logrotate.conf
EXITVALUE=$?
if [ $EXITVALUE != 0 ]; then
    /usr/bin/logger -t logrotate "ALERT exited abnormally with [$EXITVALUE]"
fi
exit 0
```

由于该脚本在/etc/cron.daily 目录下，所以 crond 每天执行一次 logrotate，执行时读取其配置文件/etc/logrotate.conf。执行后判断 logrotate 命令是否正确执行，若发生错误（$?<>0）则将 logrotate 的执行错误代码使用 logger 命令记入系统日志。

2．LogWatch

LogWatch 是一个对历史日志进行分析的工具，它由 Perl 语言编写，主页为http://www.logwatch.org/。在 RHEL/CentOS 中 LogWatch 工具由 RPM 包 logwatch 提供，且是默认安装的。默认情况下，logwatch 以 cron 任务方式每日运行一次。

管理员还可以在命令行上直接运行 logwatch，logwatch 的命令格式为：

```
# logwatch [选项]
```

表 5-11 列出了 logwatch 的常用命令选项。

表 5-11　logwatch 的常用命令选项

选　项	说　明
--help	显示命令帮助信息
--print	在标准输出显示日志分析结果
--archives	同时分析压缩过的日志文件
--range <range>	指定分析时间范围，Yesterday 是默认值，还可用 Today、All 等
--service <name>	指定要分析的服务
--output <output_type>	指定输出格式，mail、html、unformatted（默认值）
--mailto <addr>	指定将分析结果以邮件发送的 Email 地址

例如，在屏幕上打印昨天的日志信息简要，如用户登录失败信息、SSH 登录信息、磁盘空间使用等。

```
# logwatch --print
```

又如，在屏幕上打印今天的 SSH 登录信息。

```
# logwatch --range Today --service sshd --print
```

LogWatch 几乎不需要额外的配置即可正常运行，在/usr/share/logwatch/default.conf/目录下默认有 80 余种日志的分析配置文件。若要对自己的特殊日志做监控，请参考 /usr/share/doc/logwatch-7.*/HOWTO-Customize-LogWatch 文件进行配置。

3．使用 logger 工具测试日志记录

logger 工具可以直接向系统日志写入信息，通常用来做日志测试。

例如，在主机 soho 上使用 logger 命令进行邮件日志测试可以使用如下命令。

```
# logger -p mail.info "This is a tast for remote log."
```

在中心日志主机 centos1 上查看邮件日志/var/log/maillog，将会看到如下信息。

```
Mar 03 12:42:08 localhost root: This is a tast for remote log.
```

又如，将一个持续增长的文件导入系统日志可以使用如下命令。

```
# tail –f /tmp/logfile | logger –p daemon.info
```

logger 工具详细用法请参考其 man 手册。

5.4　缓存与代理服务

5.4.1　DNS 缓存服务（Dnsmasq）

1．Dnsmasq 简介

Dnsmasq 是一个轻量级的、易于配置的 DNS 转发器（DNS forwarder）和 DHCP 服务器，它为小型网络提供了 DNS 和可选择的 DHCP 功能。它服务那些只在本地适用的域名，这些域名是不会在全球的 DNS 服务器中出现的。

Dnsmasq 的设计目标是使用 NAT 通过 ADSL 连接互联网的家庭网络。对于那些需求低资源消耗且配置方便简单的小型网络（最多可支持 1000 台主机）也是一个很好的选择，经常被用于机房内部网络和实验网络环境。尽管在 Linux 世界中，DNS 和 DHCP 软件一般是采用 ISC（http://www.isc.org/）的 BIND 和 DHCP，但由于 Dnsmasq 配置相对简单，在简单的小型网络中也被广泛采用。

目前 Dnsmasq 不仅支持几乎所有的 Linux 系统，同时在基于开源固件（如 DD-WRT、OpenWRT 等）的无线路由器上也得到了广泛应用。

Dnsmasq 具有如下功能：

- Dnsmasq 允许在/etc/hosts 文件中加入本地内网解析，每当内网机器查询时就会优先查询 hosts 文件，这就等于将/etc/hosts 共享给全内网的机器使用，从而解决内网机器互相识别的问题。相比逐台机器编辑 hosts 文件或者添加 bind DNS 记录，仅编辑一个 hosts 文件，这简直太容易了。
- Dnsmasq 从上游域名解析服务器中获取公网的 IP 地址-域名映射关系放入缓存，减少服务器负担的同时也提升了性能。
- Dnsmasq 能被配置用来向特定的上游 DNS 服务器发送特定的域名解析请求，从而可以简单地与私有的 DNS 服务器结合使用。
- Dnsmasq 集成的 DHCP 服务器支持静态和动态的 DHCP 租约服务，支持多网络和多 IP 地址范围，并且实现了 BOOTP/TFTP/PXE 协议用于支持无盘工作站或网络设备的远程启动。

2．CentOS 下的 Dnsmasq

在 CentOS 6 的官方仓库中提供了 Dnsmasq 的 RPM。可以使用如下命令进行安装：

```
# yum -y install dnsmasq bind-utils
```

默认安装的 dnsmasq 软件包提供的守护进程是 dnsmasq，它是独立运行的守护进程，其管理方法参见 5.1.2 节，此处不再赘述。

Dnsmasq 运行时既可使用命令行参数也可读取其主配置文件，且配置文件中的参数配置优先于命令行参数中指定的配置。通常采用修改配置文件的方式配置 Dnsmasq，但如下几个命令行参数也经常被使用。

```
# dnsmasq -v 或 --version            // 显示 dnsmasq 的版本号
# dnsmasq -w 或 --help               // 显示 dnsmasq 的帮助信息
# dnsmasq --help dhcp                // 显示 dnsmasq 可用的 DHCP 选项
# dnsmasq -d 或 --no-daemon          // 以调试模式运行 dnsmasq
# dnsmasq --test                     // 检测 dnsmasq 配置文件语法的正确性
```

3．Dnsmasq 的配置文件

Dnsmasq 的主配置文件是/etc/dnsmasq.conf。在配置文件中，每个选项占据一行，表 5-12 列出了 Dnsmasq 的常用配置选项及说明。

表 5-12　**Dnsmasq** 的常用配置选项说明

选　项	说　明
conf-dir=<path>	从指定的目录中读取所有的配置文件
user=<username>	指定 Dnsmasq 启动后切换的用户（默认为 nobody）
group=<groupname>	指定 Dnsmasq 启动后切换的用户（默认为 dip）
pid-file=<path>	指定 Dnsmasq 启动后生成的 PID 文件（默认为 /var/run/dnsmasq.pid）
log-queries	记录 DNS 查询日志
log-facility=<facilty>|<file>	指定系统日志的 facility 或单独的日志文件（默认为 DAEMON）
interface=<interface>	指定 Dnsmasq 监听的网络接口
listen-address=<ipaddr>	指定 Dnsmasq 监听的本机 IP 地址
no-dhcp-interface=<interface>	在指定的接口上不提供 DHCP 服务而仅提供 DNS 服务
domain-needed	不向上游 DNS 转发简单主机名（不带域名）的查询
expand-hosts	为/etc/hosts 中的简单主机名扩展域名后缀
bogus-priv	对 RFC1918 定义的私有地址执行虚假反向 DNS 查询。对/etc/hosts 或 DHCP 租约文件中未找到的私有地址的反向查询回应“no such domain”，而不会向上游 DNS 服务器转发
no-hosts	不加载 /etc/hosts 本地静态主机表文件
addn-hosts=<path>	指定除了/etc/hosts 之外额外要读取的 hosts 文件。若设置了 no-hosts，则仅读取此选项指定的文件。可以重复使用此选项用于多个额外的 hosts 文件
localise-queries	在/etc/hosts 中查找与网络接口子网对应的 IP 地址返回给查询发送者
dns-forward-max=<queries>	指定并发 DNS 查询的最大数目（默认为 150）
cache-size=<cachesize>	指定 DNS 缓存的条目数（默认为 150），设置为 0 时表示禁用缓存
no-negcache	禁用消极缓存。所谓消极缓存是指缓存从上游 DNS 处获得的针对某查询的“no such domain”回应，以便之后回答相同的查询而无须再次转发
neg-ttl=<time>	指定消极缓存生存周期（time-to-live，TTL），单位为秒
local-ttl=<time>	指定从 /etc/hosts 应答时的生存周期，单位为秒。默认为 0，这意味着请求者不应该自己缓存信息
no-resolv	不读取 /etc/resolv.conf 文件，仅通过 server 选项获取上游 DNS 服务器
resolv-file=<path>	指定 resolv.conf 文件的路径（默认为 /etc/resolv.conf），在此文件中应该包含上游 DNS 服务器地址的设置
strict-order	默认情况下，Dnsmasq 将查询发送到任何它知道的上游服务器并试图找到受青睐的服务器以便后用。此选项强制使用在/etc/resolv.conf 中或 server 选项给出的域名服务器顺序
all-servers	默认情况下，当 Dnsmasq 有多个上游服务器可用时，仅向其中之一发送查询。指定此选项后，Dnsmasq 向所有可以的服务器发送查询请求，Dnsmasq 将收到的首个查询结果返回给请求者
no-poll	不轮询/etc/resolv.conf 文件的变更，仅当 Dnsmasq 收到 SIGHUP 进程信号才重新读取/etc/resolv.conf 文件
clear-on-reload	当重新加载 /etc/resolv.conf 文件时清除 DNS 缓存
local=/domain/	从不对指定的本地域做 DNS 转发查询
address=/domain/ipaddr	对特定域中的所有主机返回 IP 地址而不进行 DNS 转发
server=/domain/ipaddr	对特定的域的查询指定上游 DNS 服务器 IP 地址
domain=<domain>[,<iprange>]	为 DHCP 服务器指定 DNS 域名
dhcp-leasefile=<path>	指定 DHCP 租约文件路径（默认为 /var/lib/dnsmasq/dnsmasq.leases）
dhcp-lease-max=<number>	指定最大 DHCP 租约数（默认为 150）
dhcp-range=ipaddr,ipaddr,time	启用 DHCP 服务器，并指定地址池的 IP 地址范围及租期
dhcp-option=<optspec>	指定发送给 DHCP 客户的选项
dhcp-boot=<bootp opts>	为 netboot/PXE 启动指定启动器

（续）

选　项	说　明
dhcp-host=<hostspec>	为特定的主机设置地址或主机名
read-ethers	从文件 /etc/ethers 读取 DHCP 静态主机地址信息
enable-tftp	启用 Dnsmasq 内置的只读 TFTP 服务器
tftp-root=<directory>	指定 TFTP 服务器的根目录
tftp-max=<connections>	指定 TFTP 传输连接的最大数（默认为 50）
dhcp-authoritative	指定 Dnsmasq 是本地网络中唯一的 DHCP 服务器

管理员可以直接编辑主配置文件/etc/dnsmasq.conf 修改 Dnsmasq 配置，为了使逻辑清晰也可以在/etc/dnsmasq.d 目录下创建配置片段文件，为此需要先执行如下命令。

```
# echo 'conf-dir=/etc/dnsmasq.d'  >> /etc/dnsmasq.conf
```

4．Dnsmasq 应用举例（1）基本配置

操作步骤 5.5　Dnsmasq 的基本配置。

```
// （1）创建配置文件/etc/dnsmasq.d/common.conf
# cat > /etc/dnsmasq.d/common.conf <<END
listen-address=127.0.0.1,192.168.0.254
user=dnsmasq
group=dnsmasq
log-queries
log-facility=/var/log/dnsmasq.log
pid-file=/var/run/dnsmasq.pid
END
// （2）检查 Dnsmasq 配置语法的正确性
# dnsmasq --test
dnsmasq: syntax check OK.
// （3）创建 dnsmasq 用户和组
# groupadd -r dnsmasq
# useradd -r -g dnsmasq dnsmasq
// （4）创建/var/log/dnsmasq.log 的日志滚动配置文件
# cat >  /etc/logrotate.d/dnsmasq <<END
/var/log/dnsmasq.log {
        missingok
        notifempty
        delaycompress
        sharedscripts
        size 200M
        weekly
        create 0640 dnsmasq dnsmasq
        postrotate
                [ ! -f /var/run/dnsmasq.pid ] \
                 || kill -USR2 \`cat /var/run/dnsmasq.pid\`
        endscript
```

```
}
END
// （5）检查 Dnsmasq 配置语法的正确性并启动 Dnsmasq
# dnsmasq --test
dnsmasq: syntax check OK.
# service dnsmasq start
# chkconfig dnsmasq on
```

提示

1）在上面的基本配置中，核心配置语句是用 listen-address 指定 Dnsmasq 监听的网络地址。若 Dnsmasq 仅服务于本机，则只指定 127.0.0.1 即可；若 Dnsmasq 同时服务于本地网络，则还需指定本机 IP 地址（如 192.168.0.254）。

2）基于安全考虑，每个守护进程均应该以不同的用户和组运行而尽量避免使用 nobody，上例中配置了以 dnsmasq 用户和组运行。

3）默认情况下，Dnsmasq 将其日志通过 rsyslog 记录在/var/log/message 中。为了查看日志方便，可以将其日志记录到单独的文件中（如/var/log/dnsmasq.log），但这不是必须的。需要注意的是，将日志记录到单独的日志文件时，需同时配置针对这个日志文件的日志滚动。

5．Dnsmasq 应用举例（2）本地 DNS 缓存和转发器

操作步骤 5.6 Dnsmasq 的 DNS 配置。

```
// （1）创建配置文件/etc/dnsmasq.d/dns.conf
# cat > /etc/dnsmasq.d/dns.conf <<END
domain-needed
bogus-priv
dns-forward-max=150
cache-size=1000
neg-ttl=3600
no-poll
no-resolv

local=/olabs.lan/

# 指定默认的上游 DNS，即默认所有公网域名查询均转发至此服务器
#    为了避免 DNS 污染，请正确选择上游 DNS
#        ——对经常访问国外网站的用户或开发组，通常应该选用 GoogleDNS 或 OpenDNS；
#        ——对经常访问国内网站的用户或开发组，通常应该选用 114DNS
server=8.8.8.8
server=208.67.222.222
# 对特定的域名指定专门的 DNS 转发服务器（即使用特定的上游 DNS）
#  当默认的上游 DNS 选用 GoogleDNS 或 OpenDNS 时，访问国内网站可能不会合理使用 CDN
#  网络（例如，北京电信网络中的用户可能解析到了上海移动的网站地址）。为了避免此种情况发
#  生，可以对常用的国内网站域名指定专门的上游 DNS，通常使用 114DNS 或 ISP 使用的 DNS
server=/baidu.com/114.114.114.114
server=/taobao.com/114.114.114.119
```

```
server=/alipay.com/114.114.114.119
server=/163.com/202.106.46.151

# 设置泛域名解析
address=/lan/192.168.0.254
address=/dev/192.168.0.252

# 域名劫持，将某公网域名解析到局域网
# 例如，将 mirrors.yun-idc.com 解析到 192.168.0.250
address=/mirrors.yun-idc.com/192.168.0.250
END
// （2）编辑 /etc/hosts
# cat >> /etc/hosts <<END
192.168.0.254     zbox
192.168.0.253     mele
192.168.0.252     soho
192.168.0.251     cubie
END
// （3）检查 Dnsmasq 配置语法的正确性并启动 Dnsmasq
# dnsmasq --test
dnsmasq: syntax check OK.
# service dnsmasq restart
// （4）为本机使用 Dnsmasq 配置 DNS 客户
# echo 'nameserver 127.0.0.1' > /etc/resolv.conf
// （5）测试并阅读 DNS 查询的缓存和转发日志
# host zbox
# host mele.olabs.lan
# dig baidu.com
# dig taobao.com
# host abc.lan
# host bcd.lan
# host xyz.abc.lan
# host qaz.xyz.abc.lan
# dig 163.com | grep "Query time"
# dig 163.com | grep "Query time"
# cat /var/log/dnsmasq.log | grep forwarded
# cat /var/log/dnsmasq.log | grep cached
```

提示

1）私网地址对应的顶级域名不应该使用.com、.net、.org、.cn 等典型的公网域名，也应该避免使用.local。推荐使用.lan、.dev、.localnet 等。

2）Dnsmasq 在运行时读取/etc/hosts 文件，并提供对其所列主机名的解析，所以只要将本地网络的主机名和其对应的 IP 地址写入此文件即可。若有多个（大量）主机名均指向相同的 IP 地址，最简单的方法是在 Dnsmasq 的配置中使用 address 选项配置泛域名解析。

3）本书主要介绍 Linux 服务器而非桌面环境的配置，作为服务器的 Linux 主机通常配置静态 IP 地址而不是从 DHCP 服务器获得动态 IP 地址和相关的网络参数（如域名服务器和默认网关等）。即便如此，直接编辑/etc/resolv.conf 文件修改 DNS 客户端的方法并不保险，因为它可能被修改。更好的方法是修改网络接口配置文件的 DNS1 选项的值为 127.0.0.1，然后重启网络接口或干脆重启网络服务。例如：

```
# sed -i 's/DNS1=8.8.8.8/DNS1=127.0.0.1/' \
      /etc/sysconfig/network-scripts/ifcfg-eth0
# service network restart
```

6. Dnsmasq 应用举例（3）DHCP 和 tftpd 服务

操作步骤 5.7 Dnsmasq 的 DHCP +tftpd 配置。

```
// （1）创建配置文件/etc/dnsmasq.d/dhcp-tftp.conf
# cat > /etc/dnsmasq.d/dhcp-tftp.conf <<END
dhcp-range=192.168.0.30,192.168.0.80,255.255.255.0,12h
dhcp-option=3,192.168.0.1        # dhcp-option=option:router,192.168.0.1
dhcp-option=6,192.168.0.254   # dhcp-option=option:dns-server,192.168.0.254

dhcp-host=11:22:33:44:55:66,fred,192.168.0.60

dhcp-boot=pxelinux.0,192.168.0.254
enable-tftp
tftp-root=/var/lib/tftpboot
dhcp-authoritative
dhcp-ignore=tag:!known
dhcp-ignore=#known
no-dhcp-interface=eth1
END
// （2）准备 tftp 服务器目录和启动器 pxelinux.0
# yum –y install syslinux
# mkdir /var/lib/tftpboot
# cp /usr/share/syslinux/pxelinux.0 /var/lib/tftpboot
# cp /usr/share/syslinux/menu.c32 /var/lib/tftpboot
// （3）检查 Dnsmasq 配置语法的正确性并启动 Dnsmasq
# dnsmasq --test
dnsmasq: syntax check OK.
# service dnsmasq restart
// （4）查看 Dnsmasq 的监听端口
# netstat -ltup|grep dnsmasq
tcp     0     0 *:domain     *:*          LISTEN       5278/dnsmasq
tcp     0     0 *:domain     *:*          LISTEN       5278/dnsmasq
udp     0     0 *:domain     *:*                       5278/dnsmasq
udp     0     0 *:bootps     *:*                       5278/dnsmasq
udp     0     0 *:tftp       *:*                       5278/dnsmasq
```

```
udp        0        0 *:domain        *:*                              5278/dnsmasq
# netstat -ltupn|grep dnsmasq
tcp        0        0 0.0.0.0:53      0.0.0.0:*         LISTEN         5278/dnsmasq
tcp        0        0 :::53           :::*              LISTEN         5278/dnsmasq
udp        0        0 0.0.0.0:53      0.0.0.0:*                        5278/dnsmasq
udp        0        0 0.0.0.0:67      0.0.0.0:*                        5278/dnsmasq
udp        0        0 0.0.0.0:69      0.0.0.0:*                        5278/dnsmasq
udp        0        0 :::53           :::*                             5278/dnsmasq
```

提示 本例只配置了 DHCP+TFTP 服务，请参考相关资料完成完整的 PXE 安装服务器的配置。

5.4.2 HTTP 缓存服务（Polipo）

1. Polipo 简介

Polipo（http://www.pps.univ-paris-diderot.fr/~jch/software/polipo/）是一个为个人或小型网络设计的轻量级的 Web 缓存代理。Polipo 使用了多种技术用于加快 Web 客户的访问。与老牌的 Squid 相比，它是一个小巧而又配置简单的 Web 缓存代理。

Polipo 同时提供了一个 Web 接口用于查看文档、查看配置和本地磁盘缓存等，通过 http:// your_polipo_server:8123 可以访问此 Web 界面。

Polipo 的常见应用场合包括：

- 在小型工作组或 Linux 集群中，通常使用 Polipo 配置 Web 缓存代理，从而加快多台主机的软件包安装和 YUM 更新。
- 由于 Polipo 也支持 SOCKS 协议，所以也被用来与 tor 结合实现“翻墙”技术。

在 EPEL 仓库中提供了 Polipo 的 RPM。可以使用如下命令安装：

```
# yum -y install polipo
```

默认安装的 polipo 软件包提供的守护进程是 polipo，它是独立运行的守护进程，其管理方法参见 5.1.2 节，此处不再赘述。

2. Polipo 的配置文件

Polipo 的主配置文件是/etc/polipo/config，在配置文件中每行配置一个选项，表 5-13 列出了 Polipo 的常用配置选项及说明。

表 5-13 Polipo 的常用配置选项说明

选　项	说　明
daemonise	设置为 true 时表示以守护进程方式运行
pidFile	指定守护进程启动后生成的 PID 文件
proxyAddress	指定监听的网络地址（默认为 127.0.0.1）
proxyPort	指定监听的网络端口（默认为 8123）
allowedClients	指定可访问客户的 IP 或网络地址，用于实现访问控制
cacheIsShared	指定是否分享缓存，若仅本机使用应设为 fasle
parentProxy	指定上游缓存代理的地址和端口号

（续）

选　项	说　明
socksParentProxy	指定上游 socks 代理的地址和端口号
socksProxyType	指定 socks 代理的协议类型（socks4 或 socks5）
chunkHighMark	指定用于缓存的内存数量的最大值（单位为 bytes），默认为 25165824（24M）
objectHighMark	指定用于内存中缓存的对象的最大个数
diskCacheRoot	指定磁盘缓存的路径（默认为/var/cache/polipo/），设置为空""可以禁用磁盘缓存
localDocumentRoot	指定本地 Web 的根路径（默认为/usr/share/polipo/www），设置为空""可以禁用 Polipo 的 Web 接口
disableIndexing	指定是否允许查看 Web 接口中的缓存索引页面
disableServersList	指定是否允许查看 Web 接口中的服务器列表页面

3．Polipo 应用举例

操作步骤 5.8　使用 Polipo 配置 HTTP 缓存代理。

```
// （1）编辑配置文件/etc/polipo/config
# cp /etc/polipo/config{，.orig}
# cat > /etc/polipo/config <<END
daemonise = true
pidFile = /var/run/polipo/polipo.pid
proxyAddress = 0.0.0.0
allowedClients = 127.0.0.1,192.168.0.0/24
cacheIsShared = true
chunkHighMark = 50331648
objectHighMark = 16384
disableIndexing = false
dnsQueryIPv6 = no
END
// （2）启动 Polipo 服务
# service polipo start
# chkconfig polipo on
// （3）配置代理客户
// 设置 yum 和 wget 使用代理
// 提示：对于局域网中的其他主机，请将 127.0.0.1 换成 Polipo 服务器的 IP 地址
# echo 'proxy=http://127.0.0.1:8123' >> /etc/yum.conf
# echo 'http-proxy = 127.0.0.1:8123' >> /etc/wgetrc # 或 ~/.wgetrc
```

5.5　思考与实验

1．思考

1）什么是守护进程？简述守护进程的运行方式和分类。

2）简述 chkconfig、service 和 ntsysv 命令的使用方法。

3）什么是 cron 任务？简述 crontab 文件中各个字段的含义。

4）什么是 rsyslog？简述 rsyslog 的功能。

5）可以使用哪些命令查看非文本日志文件？

6）为什么要进行日志滚动？ CentOS 如何实现日志滚动？

7）什么是缓存代理？其工作过程如何？

8）简述 Dnsmasq 和 Polipo 的功能。

2．实验

1）学会安排 cron 任务。

2）学会查看系统日志文件。

3）学会配置日志滚动。

4）学会配置 Dnsmasq 实现 DHCP 和 DNS 缓存和转发器。

5）学会配置 Polipo 实现 Web 缓存代理服务。

3．进一步学习

1）学习 chkconfig 和 service 的替代品 systemctl 的使用方法。

2）学习使用 rsyslog 配置中央日志服务器。

3）学习时间同步服务器（ntpdate 和 ntpd）的配置和使用。

4）学习 Dnsmasq 的更多应用。

- http://code.google.com/p/dnsmasq-android-ios/。
- http://code.google.com/p/autoddvpn/wiki/DNSMasq。
- http://www.dd-wrt.com/wiki/index.php/DNSMasq_-_DNS_for_your_local_network_-_HOWTO。
- http://www.dd-wrt.com/wiki/index.php/DNSMasq_as_DHCP_server。

5）学习基于 PXE 启动的网络安装服务器的配置。

- http://www.syslinux.org/wiki/index.php/PXELINUX。
- http://www.cobblerd.org/。
- http://www.ibm.com/developerworks/linux/library/l-cobbler/。
- https://access.redhat.com/site/documentation/en-US/Red_Hat_Enterprise_Linux/6/html/Installation_Guide/ch-kickstart2.html。

6）学习 ISC（http://www.isc.org/）的 DHCP 和 DNS 的配置方法。

第 6 章　服务器安全基础

本章首先介绍了基本的系统安全配置、sudo 的配置及使用、口令策略与口令安全配置。然后介绍了 OpenSSH 的相关概念、SSH 服务器的配置以及 SSH 的密钥管理。接着介绍了 SSL/TLS 的相关概念、OpenSSL 的密钥和证书管理。最后介绍了基于主机的访问控制 TCP Wrappers 与防火墙的配置。

6.1　系统安全

6.1.1　基本的系统安全

1．设置计算机 BIOS

为了确保服务器的物理安全，在必要的情况下应该设置 BIOS：

- 禁止附加存储介质（如光驱、USB 等）启动系统。
- 设置 BIOS 修改口令。

2．正确选择安装类型

与 Windows 操作系统不同，Linux 的发型版不仅包括核心的操作系统还包含了大量的应用程序。基于安全的考虑，Linux 系统中安装的软件越少越安全。因此，作为服务器使用的 Linux 系统，强烈建议采用最小化安装方式安装 CentOS 系统。安装之后，在系统运行过程中，再使用 yum 命令安装要使用的软件包。

3．正确选择磁盘布局

在安装系统时就应该考虑使用合理的磁盘布局。使用默认的磁盘布局，由于所有的数据（包括系统程序和用户数据）都存在于/分区中，所以这样的布局很不安全。

下面是磁盘布局（无论使用物理分区还是逻辑卷）的一些建议：

- /目录中必须包括 /etc、/lib、/bin、/sbin，即不能在此 4 个目录上使用独立的分区或逻辑卷。
- 除了/、/boot 和 SWAP 之外，应该根据需要尽量分离数据到不同的分区或逻辑卷。
- 建议创建独立的/usr、/var、/tmp、/var/tmp 文件系统。
- 根据日志管理需要，应该创建独立的 /var/log、/var/log/audit 文件系统。
- 若所有普通用户数据存储在本机，还应该创建独立的 /home 文件系统。

4．保持系统更新

当 CentOS 开发组发现软件的漏洞之后，会对软件重新打包并将修复后的软件包保存到相应的 YUM 仓库中，因此保持系统中软件包的更新极为重要。

在命令行上，手动更新涉及如下 3 个命令：

```
# yum check-update                    // 检查可用更新
# yum -y update                       // 更新所有软件包
# yum -y update-minimal               // 最小化更新
```

若希望实现自动更新，应该安装 yum-cron 并启动 yum-cron 服务。

```
# yum -y install yum-cron
# chkconfig yum-cron on
# service yum-cron start
```

提示 与常规的服务要启动守护进程不同，yum-cron 服务仅用于控制每日更新脚本/etc/cron.daily/0yum.cron 的执行，只有运行了 yum-cron 服务才执行相应的 cron 任务。

yum-cron 服务还通过配置文件 /etc/sysconfig/yum-cron 控制了更新行为。例如：

```
// 将 CHECK_ONLY 设置为 yes，仅执行更新检查而非实际更新（默认为 no）
CHECK_ONLY=no
// 默认每日更新的执行结果发送给 cron 中 EMAIL 环境变量所指定的用户，通常是 root
// 若希望将结果发往其他邮箱，可以设置 MAILTO 参数
MAILTO=13912345678@139.com
```

修改配置文件 /etc/sysconfig/yum-cron 之后，需要重新启动 yum-cron 服务。

```
# service yum-cron restart
```

5. 关闭不必要的服务

免受攻击的最好的保护措施就是安装尽量少的服务软件，至少要尽可能地关闭不必要的服务守护进程。可以使用 chkconfig 或 ntsysv 命令关闭不必要的服务。

要成批地更改要启动的服务，可以使用如下的脚本：

```
#!/bin/bash
# /root/bin/stop_services.sh
# 请将要停止的服务以空格间隔写入变量 stop_services
stop_services="bluetooth hidd irqbalance rawdevices "
for i in $stop_services; do
        echo "disabling $i"
        chkconfig $i off
done
```

也可以使用如下的命令，生成一个停止服务的脚本：

```
# LANG=C chkconfig --list | grep :on | awk '{print "chkconfig "$1" off"}' > /root/bin/chkconfig_off.sh
```

然后编辑文件 chkconfig_off.sh，删除要启动服务的行，执行脚本即可。

> **提示**
>
> 可以使用如下命令查看本机已监听的网络端口：
>
> ```
> # netstat -tanp | grep LISTEN
> # nmap -sT -O <ServerIP>
> ```
>
> 通过显示的结果，可以采取关闭服务或配置防火墙等操作。

6．禁用重启热键

默认地，任何能物理访问服务器的用户在无须登录的情况下就可以通过键盘热键〈Ctrl+Alt+Delete〉重启系统。

为了避免这种情况的发生，可以修改/etc/init/control-alt-delete.conf 文件：

```
# sed -i -e 's/^start/#start/' -e 's/^exec/#exec/'    /etc/init/control-alt-delete.conf
```

7．禁用启动时的交互热键

CentOS 允许控制台用户在启动过程中通过热键〈I〉执行交互式启动设置。

使用交互式启动的攻击者可以禁用防火墙和其他服务，为了避免这种情况的发生，可以使用如下命令修改文件 /etc/sysconfig/init：

```
# sed -i "s/PROMPT=yes/PROMPT=no/" /etc/sysconfig/init
```

8．为单用户模式启用认证

在 CentOS 中，默认情况下进入单用户模式无须认证，因此可以绕过安全验证而获得超级用户访问权限。为了启用单用户模式的用户认证，可以修改/etc/sysconfig/init 文件：

```
#  sed -i "s#SINGLE=/sbin/sushell#SINGLE=/sbin/sulogin#" /etc/sysconfig/init
```

9．设置超时自动注销

为 BASH 设置超时自动注销，可创建/etc/profile.d/autologout.sh 文件，添加如下内容：

```
TMOUT=300    # 5min 后超时
readonly TMOUT
export TMOUT
```

然后为该文件添加可执行权限：

```
# chmod +x /etc/profile.d/autologout.sh
```

6.1.2　禁止 root 账号登录

1．关于 sudo

为了提高系统安全性，应该禁止 root 账号登录。系统管理员在任何情况下应以一个普通用户登录系统，当需要使用管理类命令时可以使用 sudo 命令前缀执行，执行时无须知道超级用户的口令，使用普通用户自己的口令即可。当然，并非所有普通用户都能执行 sudo 命令，需要修改 sudo 的配置文件/etc/sudoers 来设置哪个普通用户或组可以执行。

sudo 具有以下特点：

- sudo 设计者的宗旨是给用户尽可能少的权限但能保证完成他们的工作。
- sudo 是设置了 SUID 位的执行文件。
- sudo 能够限制指定用户在指定主机上运行某些命令。
- sudo 可以提供日志（/var/log/secure），忠实地记录每个用户使用 sudo 做了些什么，并且能将日志传到中心主机或者日志服务器。
- sudo 为系统管理员提供配置文件，允许系统管理员集中地管理用户的使用权限和使用的主机。它默认的存放位置是/etc/sudoers。
- sudo 使用时间戳文件来完成类似“检票”的系统。当用户执行 sudo 并且输入口令后，他就获得了一张默认存活期为 5min 的“入场券”（默认值可以在编译的时候改变）。超时以后，用户必须重新输入口令。

2．快速配置 sudo

默认情况下，只有 root 用户可以使用 sudo 命令。要分派其他用户使用 sudo 命令，需要修改配置文件/etc/sudoers。要修改 sudo 的配置文件应该使用 visudo 命令，使用 visudo 有两个原因：一是它能够防止两个用户同时进行修改；二是它能进行有限的语法检查。

最简单的配置 sudo 的方法是：

（1）将所有需要使用 sudo 的普通用户添加到 wheel 组中。

```
# usermod -G wheel   osmond
# usermod -G wheel   jason
```

（2）配置允许 wheel 组可以执行 sudo 命令。

```
# visudo
// 删除如下行的注释符，之后保存退出
%wheel          ALL=(ALL)          ALL
```

3．sudo 命令

当配置好 sudo 的配置文件之后，授权用户就可以使用 sudo 命令执行管理类命令了。sudo 命令的格式为：

```
sudo -V | -h | -k | -l | -v
sudo [-Hb] [-u username|#uid] { -i | -s | <command> }
```

表 6-1 列出了 sudo 命令的常用选项及说明。

表 6-1　sudo 命令的常用选项及说明

选　项	说　明
-V	显示版本信息，并退出
-h	显示帮助信息
-l	显示当前用户（执行 sudo 的使用者）的权限
-v	延长口令有效期限 5min
-k	将会强迫使用者在下一次执行 sudo 时问口令（不论有没有超过 5min）
-H	将环境变量中的$HOME 指定为要变更身份的使用者的目录（如不加-u 参数就是/root）
-b	在后台执行指令

（续）

选　项	说　明
-u username	以指定的用户作为新的身份。省略此参数表示以 root 的身份执行指令
-i	执行一个新用户身份的交互式 Shell，与“su -”命令类似
-s	执行环境变量$SHELL 所指定的 Shell，或是/etc/passwd 里所指定的 Shell

下面是一些使用 sudo 命令的例子。

操作步骤 6.1　sudo 命令举例。

```
// (0) 显示当前 sudo 的软件版本
[crq@centos6 ~]$ sudo -V
Sudo version 1.8.6p3
// (1) 首次运行 sudo 命令
[crq@centos6 ~]$ sudo tail /etc/shadow

We trust you have received the usual lecture from the local System
Administrator. It usually boils down to these three things:

    #1) Respect the privacy of others.
    #2) Think before you type.
    #3) With great power comes great responsibility.

Password:                                    # 输入 crq 用户自己的口令
crq is not in the sudoers file.  This incident will be reported.
// 因为 crq 用户未在 /etc/sudoers 文件中，所以未能执行 tail 命令
[crq@centos6 ~]$
// (2) 以 root 用户身份执行命令
// 因为 osmond 在 /etc/sudoers 中被配置可用 sudo
[osmond@centos6 ~]$ sudo touch /root/sudotest
Password:                                    # 输入 osmond 用户自己的口令
[osmond@centos6 ~]$ ls /root/sudotest
ls: /root/sudotest: Permission denied
[osmond@centos6 ~]$ sudo ls -l /root/sudotest
// 5min 之内再使用 sudo 命令无须再输入口令
-rw-r--r-- 1 root root 0 Dec 19 01:51 /root/sudotest
// (3) 以其他用户身份执行命令
[osmond@centos6 ~]$ sudo -u crq touch /home/crq/sudotest
[osmond@centos6 ~]$ ls -l /home/crq/sudotest
ls: /home/crq/sudotest: Permission denied
[osmond@centos6 ~]$ sudo ls -l /home/crq/sudotest
-rw-r--r-- 1 crq crq 0 Dec 19 01:53 /home/crq/sudotest
// (4) 显示当前用户 osmond 的 sudo 权限
[osmond@centos6 ~]$ sudo -l
User osmond may run the following commands on this host:
    (ALL) ALL
// (5) 以 root 用户身份执行交互 Shell
[osmond@centos6 ~]$ sudo –i
[root@centos6 ~]#
```

```
[root@centos6 ~]# exit
[osmond@centos6 ~]$
```

> **注意** 当配置好 sudo 的配置文件之后，就可以执行如下命令禁止 root 账号登录了：
>
> ```
> # passwd  -l  root
> ```

6.1.3 口令策略与口令安全

1．口令策略

为了保证信息安全，Linux 的系统用户也应该遵循信息世界通用的口令策略：

（1）口令必须保持私有。

（2）一个口令在使用 60 天后必须更换。

（3）避免使用最近使用过的 5 个口令。

（4）口令必须符合复杂性要求

- 不包含用户的账户名、超过两个连续字符的用户全名。
- 至少 12 个字符的长度。
- 至少包含英文大写字符、英文小写字符、十进制数字和非字母字符（例如：!，$，#，%）四类字符中的三类。

2．口令安全

对于 Linux 系统而言，为了保证系统用户口令安全，应采取如下措施。

（1）散列存储机制

- 明文存储口令是极不安全的，系统账户的口令必须以散列（哈希）方式存储。
- CentOS 6 中默认使用带加盐的 sha512 哈希算法生成系统用户的口令。

（2）影子口令机制

- CentOS 6 默认将用户口令保存在只能被 root 查看的 /etc/shadow 文件中。
- 基于/etc/shadow 文件的时间字段实现了口令时效，关于口令时效的设置参考本书 3.1.3 节。

（3）基于 PAM 的账号保护和口令策略实施。

- 避免重复使用最近几次设置过的口令。
- 限制口令中可用的字符类别及数目、口令长度。
- 记录失败的登录并在 N 次失败后锁定。

3．PAM 简介

PAM（Pluggable Authentication Modules）是一个为 Linux 程序实现模块化的身份验证的系统。PAM 提供了系统的验证体系结构框架，并且可以配置，以尽量减少系统的不必要的风险暴露。PAM 由 PAM 核心和 PAM 模块组成。

- PAM 的核心在 CentOS 系统中以一个共享连接库的形式存在，此连接库文件是/lib{,64}/libpam.so 和/lib{,64}/libpam_misc。
- PAM 模块是被 PAM 核心调用的、用来真正实现验证的库，在 CentOS 系统中这些模块存放在/lib{,64}/security 目录中。由于可用的 PAM 模块众多，从而提供了丰富的验证方法和功能。

每个使用 PAM 功能的应用程序都必须连接 PAM 核心库文件才能要求 PAM 实施验证。

要检查一个应用程序是否使用了 PAM 验证，可以使用 ldd 命令检查它是否连接了 PAM 的核心库（/lib{,64}/libpam.so 和/lib{,64}/libpam_misc），例如：

```
# ldd /bin/login|grep libpam
        libpam.so.0 => /lib64/libpam.so.0 (0x0000003fee400000)
        libpam_misc.so.0 => /lib64/libpam_misc.so.0 (0x0000003fe5800000)
```

也可以使用如下的 RPM 命令显示所有支持 PAM 验证的软件包。

```
# rpm -q --whatrequires pam
```

通常将使用 PAM 验证功能的应用程序称为 PAM 客户端。

PAM 的设计目标就是为系统管理者提供最大限度的灵活性。系统管理者可以通过/etc/pam.d/目录下的配置文件来设置应用程序（PAM 客户端）的验证。/etc/pam.d/目录下的配置文件均使用相同的语法。以#开头的行为注释，除注释之外每一行的配置语法如下：

```
模块类型        控制标记        模块路径        执行参数
```

下面对每个字段进行详细说明。

（1）模块类型（module-type）

PAM 模块类型用于指定 PAM 模块的执行时机。每一种类型都可以定义多个模块，PAM 将依次执行每一种类型定义的每一个模块。表 6-2 列出了模块类型的说明。

表 6-2　PAM 客户配置文件的模块类型说明

模块类型	说明
auth	用于对用户验证身份时。如提示用户输入密码或判断用户是否为 root 等
account	用于对账号的各项非验证属性进行检查。如用来限制/允许用户对某个 PAM 客户端的访问时间，当前可用的系统资源（用户的最大数量），或者限制用户的位置（如 root 用户只能从控制台登录）等
session	这类模块的主要用途是处理为用户提供服务之前/后需要做的一些事情，如记录打开/关闭交换数据的信息，挂载目录等
password	用于更新登录用户口令。如修改用户密码

（2）控制标记（control-flag）

模块可以被堆叠（同种类型的模块按先后顺序依次执行），控制标记用于控制同种类型的若干模块的执行方式，即决定执行一个模块返回成功或失败之后如何处理同种类型的其他模块。表 6-3 列出了控制标记的取值说明。

表 6-3　PAM 客户配置文件的控制标记说明

控制标记	说明
required	这个标记表示需要模块返回一个成功值。即使某个模块验证失败，也要等所有的模块都执行完毕之后，PAM 才返回错误信息。这样做是为了不让用户知道被哪个模块拒绝。如果对用户验证成功，所有的模块都会返回成功信息
requisite	如果当前的模块验证失败，PAM 核心立刻返回一个错误信息，把控制权交回应用程序，不再进行同类型后面的模块验证操作，返回值与第一个失败的模块有关

（续）

控制标记	说　明
sufficient	如果通过当前模块的验证返回成功，PAM 核心立刻返回验证成功信息（即使前面有模块失败了，也会把失败的结果忽略掉），把控制权交回应用程序。后面的层叠模块即使使用 requisite 或者 required 控制标志，也不再执行。如果验证失败，sufficient 的作用和 optional 相同
optional	表示即使当前模块验证失败，也允许用户享受应用程序提供的服务。使用这个标志，PAM 核心会忽略当前模块产生的验证错误，继续顺序执行下一个层叠模块
include	用于包含另一个配置文件并执行其所指定的模块

表 6-4 列出了控制标记的取值及其动作对比。

表 6-4　PAM 客户配置文件的控制标记及其动作对比

控制标记	当前模块执行结果	动　作	最终返回结果
required	成功	继续执行同类型的下一个模块	视其他模块的执行结果
	失败		失败
requisite	成功	继续执行同类型的下一个模块	视其他模块的执行结果
	失败	停止同类型模块的执行	失败
sufficient	成功	停止同类型模块的执行	成功
	失败	继续执行同类型的下一个模块	视其他模块的执行结果
include	成功	继续执行同类型的下一个模块	视其他模块的执行结果
	失败		
optional	PAM_IGNORE	执行同类型的模块	视其他模块的执行结果

（3）模块路径（module-path）

本字段用来指定模块名。若所引用的模块在默认目录下（/lib{,64}/security/），则直接指定模块名称即可；若存放在非默认目录下，则应该书写模块的完整路径名。

（4）执行参数（module-arguments）

本字段用来指定执行模块时使用的参数。执行参数是一组用空格分开的变量，用来改变当前 PAM 模块的行为。对于当前模块无效的参数将会被忽略，并把错误信息记录到 rsyslog 中。不同的模块使用的参数不同，请查阅如下文档获得更详细的信息。

- /usr/share/doc/pam/pam-VERSION/：存放内置模块的说明文件。
- /usr/share/doc/pam/pam_**moduleNAME**-VERSION/：存放第三方模块的说明文件。
- http://www.kernel.org/pub/linux/libs/pam/Linux-PAM-html/Linux-PAM_SAG.html。

在/etc/pam.d 目录下的许多配置文件中都包含如下的配置行：

```
auth        include     system-auth
account     include     system-auth
password    include     system-auth
session     include     system-auth
```

许多 PAM 客户端进行验证时会包含/etc/pam.d/system-auth 配置文件的内容。即 system-auth 为许多 PAM 客户端提供了一个“通用的全局配置”，对标准系统验证进行简单、统一的管理，修改此配置文件可以同时影响多个 PAM 客户端的验证。

表 6-5 列出了与口令安全相关的 PAM 模块，更多模块细节请参考 PAM 文档。

表 6-5　与口令安全相关的 PAM 模块

模块名称	可用类型	功能说明
pam_unix.so	auth	验证用户密码的有效性
	account	检查密码是否过期，提示用户修改密码
	password	完成让用户按要求更改密码的任务
	session	将登录和注销事件记录到日志中
pam_cracklib.so	password	用来检查密码的强度
pam_tally2.so	auth、account	限制用户登录失败若干次之后禁止登录

4. 基于 pam_unix.so 模块的口令安全配置

验证类 UNIX 风格口令的 PAM 模块由 pam_unix.so 提供。表 6-6 列出了 pam_unix.so 模块的常用参数说明。

表 6-6　pam_unix.so 模块常用参数说明

模块参数	可用类型	参数说明
try_first_pass	auth	不会要求用户输入口令，而是从之前的 auth 类型来取得用户口令，若口令不符合或未输入，则要求重新输入一次
	password	用来防止用户新设定的密码与以前的旧密码相同
use_first_pass	auth	与 try_first_pass 功能类似，只是口令不符合或未输入则认为认证失败
	password	用来防止用户新设定的密码与以前的旧密码相同
nullok	auth	允许口令为空的用户账号登录系统
use_authtok	password	强制用户使用前面堆叠验证模块提供的密码，例如由 pam_cracklib 验证模块提供的新密码
sha512/ sha256/md5	password	采用 sha512/ sha256/md5 算法生成散列口令
shadow	password	采用影子口令机制存储口令
remember=n	password	会将 n 个使用过的旧口令以散列方式保存到/etc/security/opasswd 文件中，以避免用户设置频繁使用的口令

操作步骤 6.2　避免重复使用最近几次设置过的口令。

```
// 例如要避免用户重复使用最近 5 次设置过的口令，可以修改 /etc/pam.d/system-auth 配置文件
// 在如下行的行末添加 remember=5 选项的设置即可
password    sufficient    pam_unix.so sha512 shadow nullok try_first_pass use_authtok remember=5
```

5. 基于 pam_cracklib.so 模块的口令安全配置

用户设置口令时应该尽可能地使用多种字符（如大写字母、小写字母、数字、特殊字符），为了避免用户设置易于猜测的简单口令，管理员可以通过设置 pam_cracklib.so 模块来实现。它的工作方式就是先提示用户输入口令，然后使用一个系统字典和一套规则来检测输入的口令是否能满足强壮性要求。口令的强度检测分两次进行，第一次只是检测口令是否是提供的“口令对比字典”中的一部分，如果检测结果是否定的，那么就会提供一些附加的检测来进一步检测其强度，例如，检测新口令中的字符占旧口令字符的比例、口令的长度、所用字符大小写状况，以及是否使用了特殊字符等。

表 6-7 列出了 pam_cracklib.so 模块的常用参数说明。

表 6-7　pam_cracklib.so 模块常用参数说明

模块参数	可用类型	参数说明
retry=N	password	用户最多可以几次输入口令后报错。默认是 1 次
difok=N	password	新口令有几个字符不能和旧口令相同，默认是 5 个。另外，如果新口令有一半的字符与旧口令不同，也会被接受
diginore=N	password	默认当新口令有 23 个字符时，difok 选项会被忽略
minlen=N	password	最小口令长度
dcredit=N	password	当 N≥0 时，N 代表新口令最多可以有多少个阿拉伯数字。当 N<0 时，N 代表新口令最少要有多少个阿拉伯数字
ucredit=N	password	与 dcredit 书写规则类似，但此处指大写字母
lcredit=N	password	与 dcredit 书写规则类似，但此处指小写字母
ocredit=N	password	与 dcredit 书写规则类似，但此处指特殊字符
minclass=N	password	新口令要使用的最少字符类数为 N，默认 N=0（即不做此项检测）。共有 4 类字符可用，分别为大写字母、小写字母、数字和特殊字符

操作步骤 6.3　限制口令中可用的字符类别及数目、口令长度。

```
// 例如，要限制用户设置口令时至少使用 1 个大写字母、1 个小写字母、1 个阿拉伯数字和 1 个特
// 殊字符且口令长度最少使用 12 个字符，可以修改 /etc/pam.d/system-auth 配置文件
// 在如下行的行末添加相应的模块参数即可
password    requisite    pam_cracklib.so try_first_pass retry=3 type=
minlen=12 dcredit= -1 ucredit= -1 ocredit= -1 lcredit= -1
```

6．基于 pam_tally2.so 模块的口令安全配置

为了避免用户口令的暴力破解，应该设置在登录失败若干次之后锁定账户。这可以通过设置 pam_tally2 来实现。pam_tally2 由 pam_tally2.so 和 pam_tally2 命令行工具两部分组成。pam_tally2.so 模块将用户失败的登录次数记录于二进制文件/var/log/tallylog 中，可以使用 pam_tally2 命令查看。还可以使用 pam_tally2 命令将某用户的失败登录计数器清零，从而解除账户锁定：

```
# /sbin/pam_tally2 --user <username> --reset
```

表 6-8 列出了 pam_tally2.so 模块的常用参数说明。

表 6-8　pam_tally2.so 模块常用参数说明

模块参数	可用类型	参数说明
onerr=[fail| succeed]	auth，account	当意外发生时（如无法打开/var/log/tallylog 文件），若 onerr=succeed，则返回 PAM_SUCCESS；否则返回相应的 PAM 错误代码
deny=n	auth	若用户的失败登录次数超过 n 则拒绝登录
lock_time=n	auth	每此失败登录后都锁定 n 秒
unlock_time=n	auth	当超出了最大允许尝试值，n 秒之后再解除锁定。若不指定此选项，则账户一直保持锁定直到管理员使用 pam_tally2 命令解除账户锁定
even_deny_root	auth	root 账号也可以被锁定
root_unlock_time=n	auth	与 even_deny_root 选项配合，指定 root 账号的解锁时间（秒）

操作步骤 6.4　记录失败的登录并在 N 次失败后锁定。

```
// 例如，要设置用户（包括 root）在登录失败 5 次之后禁止登录，并在 20min 后解锁
// 可以修改/etc/pam.d/system-auth 配置文件，在如下行之后
auth        required        pam_env.so
// 添加如下配置行
auth      required        pam_tally2.so deny=5 onerr=fail even_deny_root unlock_time=1200
```

6.2 OpenSSH

6.2.1 SSH 与 OpenSSH

1. SSH 简介

管理员时常需要同时管理通过网络相连的分散于各处的多台主机，而类 UNIX 操作系统最大的特色就是可以进行远程登录并进行管理。UNIX 系统很早就有用于实现远程登录、远程命令执行、远程文件传输的功能（r 族命令：rlogin、rsh、rcp）。但遗憾的是它们都不安全。

SSH 的英文全称为 Secure Shell，是 IETF（Internet Engineering Task Force）的网络工作组（Network Working Group）所制定的协议，SSH 是建立在应用层和传输层基础上的安全协议。SSH 目的是要在非安全网络上提供安全的远程登录和其他安全网络服务。SSH（Secure SHell）协议是 C/S 模式协议，即区分客户端和服务器端。一次成功的 SSH 会话需要两端通力合作来完成。所有使用 SSH 协议的通信（包括口令），都会被加密传输。传统的 Telnet 和 FTP 之所以不安全，就是因为它们使用纯文本口令，并用明文发送。这些信息可能会被截取，口令可能会被检索，然后未经授权的人员可能会使用截取的口令登录进系统而对系统造成危害。

2. SSH 协议体系结构

SSH 协议是建立在应用层和传输层基础上的安全协议。SSH 协议目前有 SSH1（SSH protocol version 1）及 SSH2（SSH protocol version 1）两个版本，当然现在的主流是 SSH2，因为它提供了比 SSH1 更安全的数据传输能力。在 SSH 协议中，常见的密钥加密算法有 RSA、DSA 及 Diffie-Hellman 等。SSH1 主要是使用 RSA 的加密技术，而 SSH2 除了 RSA 以外，还使用 DSA 及 Diffie-Hellman 等算法。

SSH 协议的体系结构如图 6-1 所示。

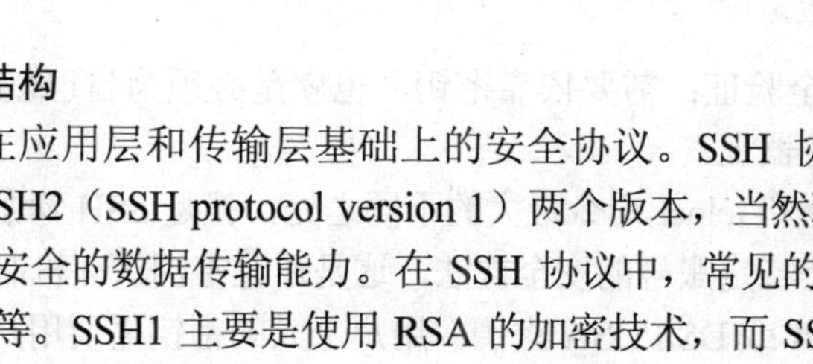

图 6-1　SSH 协议体系结构

SSH 协议主要由传输层协议、连接协议及用户认证协议三部分组成，共同实现 SSH 的安全保密机制。

（1）传输层协议（The Transport Layer Protocol)：传输层协议提供服务器认证、数据机密

性、信息完整性等的支持。

（2）用户认证协议（The User Authentication Protocol）：用户认证协议为服务器提供客户端的身份鉴别。

（3）连接协议（The Connection Protocol）：连接协议将加密的信息隧道复用成若干个逻辑通道，提供给更高层的应用协议使用。

同时 SSH 协议框架中还为许多高层的网络安全应用协议提供扩展的支持。各种高层应用协议可以相对独立于 SSH 基本体系之外，并依靠这个基本框架，通过连接协议使用 SSH 的安全机制。

3．SSH 基于主机的安全验证

在 SSH 协议中每台主机都有一对或多对主机密钥对（首次启动 SSH 时会自动生成，一般无须变更）。SSH 通过严格的主机密钥检查，用户可以核对来自服务器的公钥同之前所定义的密钥是否一致。这样就防止了某个用户访问一个他没有相应公钥的主机。由于 SSH 提供了主机身份认证，它利用主机的公钥而不是 IP 地址，所以它使网络更加安全可靠，并且不容易受到 IP 地址欺骗的攻击。这有助于辨认连接到系统上的访问者身份，从而防止非法访问者登录到系统中。

4．SSH 基于用户的安全验证

SSH 提供两种级别的用户安全验证。

（1）基于口令的安全验证：只要知道自己的用户账号和口令，就可以登录到远程主机。

与使用传统 r 族命令和 telnet 命令的不同之处是 SSH 对所有传输的数据进行加密传输，包括用户口令。对用户口令进行加密传输虽然在一定程度上提高了安全性，但是不能保证正在连接的服务器就是想连接的服务器。可能会有别的服务器在冒充真正的服务器，也就是受到“中间人”这种方式的攻击。

（2）基于密钥的安全验证：需要依靠密钥，也就是必须为自己创建一对密钥，并把公用密钥放在需要访问的服务器上。

与使用传统 r 族命令和 telnet 命令最大的不同之处，就是 SSH 添加了密钥认证机制。SSH 提供了通过网络进入某个特定账号的安全方法，这是通过密钥认证机制实现的。每个用户都拥有自己的一对或多对 RSA 或 DSS/DSA 密钥。用户个人的密钥需要用户自己生成。

当 SSH 客户连接 SSH 服务器时，客户端软件就会向服务器发出请求，请求使用用户的密钥进行安全验证。服务器收到此请求后，先在用户的家目录下寻找其公钥，然后把它和用户发送过来的公钥进行比较。如果两个密钥一致，服务器就用公钥生成加密“质询”（Challenge）并把它发送给客户端软件。客户端软件收到“质询”之后就使用用户自己的私钥解密，再把它送还给服务器。认证通过后，客户端向服务器发送会话请求开始双方的加密会话。

基于密钥的安全验证时，用户必须知道自己私钥的保护短语。但是，与基于用户口令的安全验证不同，基于密钥的安全验证不需要在网络上传送用户口令。使用基于密钥的安全验证不仅加密所有传送的数据，而且“中间人”这种攻击方式也是不可能的，因为“中间人”没有私钥。

5．SSH 的简单工作过程

在整个通信过程中，为实现 SSH 的安全连接，服务器端与客户端要经历如下 5 个阶段。

- 版本号协商阶段：SSH 目前包括 SSH1 和 SSH2 两个版本，双方通过版本协商确定使用的版本。

- 密钥和算法协商阶段：SSH 支持多种加密算法，双方根据本端和对端支持的算法，协商出最终使用的算法。
- 认证阶段：SSH 客户端向服务器端发起认证请求，服务器端对客户端进行认证。
- 会话请求阶段：认证通过后，客户端向服务器端发送会话请求。
- 交互会话阶段：会话请求通过后，服务器端和客户端进行信息的交互。

6．OpenSSH 简介

OpenSSH（http://www.openssh.org）是 SSH 协议的免费开源实现。它用安全、加密的网络连接工具（s 族命令：ssh、scp、sftp）代替了 telnet、rlogin、rsh、rcp 和 ftp 等工具。应该尽可能地使用 OpenSSH 的工具集合来避免传统命令工具的安全问题。

OpenSSH 具有如下特性：

- 强壮的加密算法（包括 3DES、Blowfish、AES 和 Arcfour 等）。
- 强壮的认证方法（Public Key，One-Time Password 和 Kerberos）。
- X11 转发（为 X Window 系统传输提供加密传输隧道）。
- 端口转发（为其他非加密协议提供加密传输隧道）。
- Agent 转发（Single-Sign-On）。
- 互操作性（兼容 SSH 1.3、1.5 和 2.0 协议标准）。
- 支持 SSH1 和 SSH2 协议的 SFTP 客户和服务器。
- 支持数据压缩。

从 OpenSSH 版本 2.9 以来，默认支持 SSH2 协议，该协议支持 RSA 和 DSA 密钥认证，默认使用 RSA 密钥认证。OpenSSH 既支持用户密钥认证，同时也支持基于 PAM 的用户口令认证。

CentOS 6 默认安装了 openssh 的客户端和服务器端软件包。若在安装系统时只安装了“core”组件，可以使用如下命令来安装。

```
# yum install openssh-server openssh-clients
```

6.2.2 配置 OpenSSH 服务

默认安装的 openssh-server 软件包提供的守护进程是 sshd，它是一项系统的基础服务，应该设置为开机运行。sshd 是独立运行的守护进程，其管理方法参见 5.1.2 节，此处不再赘述。

1．OpenSSH 的配置文件

守护进程 sshd 在启动时会读取其配置文件/etc/ssh/sshd_config。表 6-9 列出了常用配置选项的说明。

表 6-9　sshd_config 的常用配置选项说明

选　项	说　明
Port	指定 sshd 的监听端口，默认为 22
ListenAddress	指定 sshd 监听的网络地址，默认为 0.0.0.0
Protocol	指定 ssh 协议的版本号
HostKey	指定主机密钥文件的位置
SyslogFacility	指定 rsyslog 的 Facility

（续）

选　项	说　明
LogLevel	指定 rsyslog 的 Level
PermitRootLogin	指定是否允许 root 用户登录
StrictModes	指定是否使用严格模式，当值为 yes 时，sshd 会在用户登录之前检查用户自家目录下的.ssh 目录及其子目录下文件的权限和属主
AuthorizedKeysFile	指定存放所有已知用户公钥的文件位置
PasswordAuthentication	指定是否允许使用口令登录
UsePAM	指定是否使用 PAM 进行用户认证
UseDNS	指定是否使用 DNS 反向解析
DenyUsers	指定拒绝登录的用户列表（以空格间隔）
AllowUsers	指定允许登录的用户列表（以空格间隔）
DenyGroups	指定拒绝登录的组列表（以空格间隔）
AllowGroups	指定允许登录的组列表（以空格间隔）
Subsystem sftp	指定 sftp 子系统的命令及可选参数

> 提示
>
> 1）基于用户和组的访问控制指令的检测顺序依次为：DenyUsers，AllowUsers，DenyGroups，AllowGroups。
>
> 2）若配置 sshd 基于主机的访问控制，请参考 6.4.1 节。

2．SSH 服务配置举例

尽管 SSH 服务的默认配置即可运行，但通常会基于安全考虑实施一些配置。

操作步骤 6.5　加强 ssh 服务的安全配置。

```
# cd /etc/ssh/
// 禁止 root 登录（需配置 sudo）
# sed –i 's/^#PermitRootLogin yes/PermitRootLogin no/' sshd_config
// 设置所有用户仅能通过密钥认证登录
# sed –i 's/^#PasswordAuthentication yes/PasswordAuthentication no/' sshd_config
// 禁止模拟已被视为废弃的 rsh 的认证方式
# sed –i '/^#IgnoreRhosts yes/ s/^#//' sshd_config
# sed –i '/^#HostbasedAuthentication no/ s/^#//' sshd_config
// 设置用户登录会话空闲 5min 自动注销
# sed –i 's/^#ClientAliveInterval 0/ClientAliveInterval 300/ sshd_config
// 设置用户登录会话最大数为 5
# sed –i 's/^#ClientAliveCountMax 3/ClientAliveCountMax 5/ sshd_config
// 限制用户访问（请根据需要修改）
# cat >> sshd_config <<END
DenyUsers     user1 user2 foo
AllowUsers    root osmond vivek
END
// 重新启动 sshd 服务
# service sshd restart
```

6.2.3 OpenSSH 的主机密钥管理

1．OpenSSH 主机密钥相关文件

- /etc/ssh/ssh_host_key：本地主机 RSA 认证私钥（SSH-1）。
- /etc/ssh/ssh_host_key.pub：本地主机 RSA 认证公钥（SSH-1）。
- /etc/ssh/ssh_host_{dsa, rsa}_key：本地主机 DSA/RSA 认证私钥（SSH-2）。
- /etc/ssh/ssh_host_{dsa, rsa}_key.pub：本地主机 DSA/RSA 认证公钥（SSH-2）。
- /etc/ssh/ssh_known_hosts：已知的主机密钥的系统级列表。
- ~/.ssh/known_hosts：已知的主机密钥的用户级列表。

2．主机密钥生成

OpenSSH 的服务启动脚本/etc/init.d/sshd 中包含了主机密钥的生成命令。因此，sshd 首次启动时默认会生成三对主机密钥（SSH-1 RSA、SSH-2 RSA、SSH-2 DSA）。因此管理员一般无须重新生成这三对主机密钥，但是若系统是从一个旧系统克隆而来（如硬盘对拷、复制的虚拟机文件等），则在克隆的系统上应该重新生成这三对主机密钥。

在 CentOS 上要重新生成主机密钥很简单：首先删除/etc/ssh/ssh_host_*，然后运行 service sshd restart 命令，sshd 的启动脚本会自动生成主机密钥对。

3．搜集可信任主机的公钥

在客户端，为了搜集可信任主机的公钥，可以使用 ssh-keyscan 命令，其基本格式如下：

```
ssh-keyscan -t <rsa1|rsa|dsa> <Hostname|IPaddress> [<Hostname|IPaddress> …]
```

其中：

- -t <rsa1|rsa|dsa>：用于指定密钥算法。可以同时指定多种算法（用逗号间隔）。
- Hostname|IPaddress：指定被信任主机的主机名或 IP 地址。

例如，如下命令将主机 soho（IP：192.168.0.200，FQDN：soho.ls-al.loc）的 rsa 和 dsa 公钥导入用户自己的可信任主机文件（~/.ssh/known_hosts）。

```
$ ssh-keyscan  -t  rsa,dsa  soho  soho.ls-al.loc  192.168.0.200 > ~/.ssh/known_hosts
```

> 提示　若没有使用 ssh-keyscan 命令收集指定主机的公钥，使用 ssh 客户首次连接此服务器时就会显示用户是否信任此主机的交互提示信息。

6.2.4 OpenSSH 的用户密钥管理

1．OpenSSH 用户密钥相关文件

- ~/.ssh/identity：用户默认的 RSA1 身份认证私钥(SSH-1)。
- ~/.ssh/identity.pub：用户默认的 RSA1 身份认证公钥(SSH-1)。
- ~/.ssh/id_{dsa, rsa}：用户默认的 DSA/RSA 身份认证私钥(SSH-2)。
- ~/.ssh/id_{dsa, rsa}.pub：用户默认的 DSA/RSA 身份认证公钥(SSH-2)。
- ~/.ssh/authorized_keys：用于存放所有已知用户的公钥。

2．ssh-keygen 和 ssh-copy-id

要使用用户密钥登录远程主机（ssh）或远程传输文件（scp/sftp），要经过两个步骤：

- 在客户端主机上生成 SSH 密钥对。对于 Linux/Mac 系统，可以使用 ssh-keygen 命令；对于 Windows 系统，可以使用 OpenSSH 的 ssh-keygen 命令，也可以使用图形界面工具（如 Putty 提供的 PuttyGen）。
- 将生成的私钥文件在客户端妥善保存（仅自己可读），将公钥文件上传到服务器（被登录的主机）指定用户的~/.ssh/authorized_keys 文件中（此文件可以存放所有可访问当前主机当前用户的所有已知的公钥，依次罗列其中即可）。若用户使用的是 Linux 系统，这个工作可以在客户端主机上使用 ssh-copy-id 命令完成，若用户使用的是 Windows 系统，通常将其公钥发送给系统管理员，由系统管理员将其公钥以追加方式添加到指定用户的~/.ssh/authorized_keys 文件中。

下面以 Linux 客户为例，介绍用户密钥的生成和公钥传输过程。

操作步骤 6.6　用户密钥的生成和公钥传输。

```
// 1. 确保用户账号在远程主机（被登录的主机）上已经存在，并为其设置用户口令
[root@soho ~]# useradd smart
[root@soho ~]# passwd smart
// 2. 在客户机上使用 ssh-keygen 命令生成密钥对
[smart@zbox ~]$ ssh-keygen -t rsa -C "smart@zbox-$(date '+%F')"
// -t rsa：表示使用 RSA 算法的密钥，-t 参数可以省略，省略时即 –t rsa
// 为了安全起见还可以用-b 参数指定密钥算法位数，默认情况下是 2048 位（即：-b 2048）
// -C 参数用于为密钥添加一个注释信息，以便日后分辨，通常会加一个创建密钥的时间戳
Generating public/private rsa key pair.
Enter file in which to save the key (/home/smart/.ssh/id_rsa):
Created directory '/home/smart/.ssh'.
Enter passphrase (empty for no passphrase):            // 输入私钥保护短语
Enter same passphrase again:                           // 再次输入私钥保护短语
Your identification has been saved in /home/smart/.ssh/id_rsa.
Your public key has been saved in /home/smart/.ssh/id_rsa.pub.
The key fingerprint is:
9b:23:5a:65:10:0c:41:6e:07:11:ea:d8:21:0e:ed:ec smart@zbox-2014-05-31
The key's randomart image is:
+--[ RSA 2048]----+
|     .B*         |
| . o ...         |
|o + o o          |
|oB o . .         |
|..=      S       |
| .       o o     |
|  E      o +     |
|      o .        |
|      .          |
+-----------------+
// 查看已生成的密钥对
[smart@zbox ~]$ ll .ssh
-rw------- 1 smart smart 1743 5 月   31 15:54 id_rsa
-rw-r--r-- 1 smart smart  403 5 月   31 15:54 id_rsa.pub
```

```
// 3. 将公钥上传到服务器
[smart@zbox ~]$ ssh-copy-id -i smart@soho
// 参数 -i 表示传输默认的名为 .ssh/id_rsa.pub 的文件，若要传输其他名字的公钥文件需指定
The authenticity of host 'soho (192.168.0.252)' can't be established.
RSA key fingerprint is d3:ba:b7:f2:e9:0c:36:64:ab:ef:36:5a:4f:7a:bc:79.
Are you sure you want to continue connecting (yes/no)? yes
Warning: Permanently added 'soho,192.168.0.252' (RSA) to the list of known hosts.
smart@soho's password:          // 输入 smart 用户在 soho 主机上的用户口令
// 使用 ssh-copy-id 命令传输公钥文件时，被登录的远程服务器必须接受口令登录，
// 否则只能将公钥传给远程服务器的系统管理员，由他负责将公钥文件追加到
// 用户的 ~/.ssh/authorized_keys 文件中
Now try logging into the machine, with "ssh 'smart@soho'", and check in:
  .ssh/authorized_keys
to make sure we haven't added extra keys that you weren't expecting.
// 4. 以密钥认证方式进行远程登录
[smart@zbox ~]$ ssh smart@soho
Enter passphrase for key '/home/smart/.ssh/id_rsa': // 输入私钥保护短语
[smart@soho ~]$ ll .ssh
-rw------- 1 smart smart 403 5 月   31 15:07 authorized_keys
$ exit
logout
Connection to soho closed.
[smart@zbox ~]$
// 5. 修改密钥保护短语
[smart@zbox ~]$ ssh-keygen   -f   ~/.ssh/id_rsa   -p
// 基于安全考虑，每隔一段时间应该修改一次私钥保护短语
// 本命令还可以为无私钥保护短语的私钥设置保护短语
// 或为已设置了私钥保护短语的私钥清除私钥保护短语
Enter old passphrase:                              // 输入旧的私钥保护短语
Key has comment '/home/smart/.ssh/id_rsa'          // 输入新的私钥保护短语
Enter new passphrase (empty for no passphrase):    // 再次输入新的私钥保护短语
Enter same passphrase again:
Your identification has been saved with the new passphrase.
```

提示

在没有提供 ssh-copy-id 命令的系统中，可以使用如下命令：

```
[smart@zbox ~]$ cat .ssh/id_rsa.pub | ssh smart@soho \
                "cat - >> ~/.ssh/authorized_keys"
```

3．使用 ssh-agent 和 ssh-add

若私钥使用了保护短语，那么每次执行 ssh/scp/sftp 命令时均需要输入该私钥保护短语，为了避免每次执行命令时均需重新输入私钥保护短语，OpenSSH 软件包中提供了 ssh-agent 和 ssh-add 两个工具。

ssh-agent 是一个用户级别的守护进程，它用于设置一个对解密的私钥进行高速缓存的环境。而 ssh-add 用于向这个高速缓存添加私钥。ssh/scp/sftp 命令内置支持了同 ssh-agent 通信的机制，不必每次新连接时都提示输入私钥保护短语才能获取解密的私钥。ssh-agent 环境的

启用和 ssh-add 向高速缓存添加私钥是个一次性的过程，添加之后便不会再提示输入私钥保护短语了。

直接执行 ssh-agent 会启动一个守护进程并在标准输出上打印设置两个环境变量：SSH_AUTH_SOCK（ssh/scp/sftp 可以用来同 ssh-agent 建立对话的 UNIX 套接字的路径）和 SSH_AGENT_PID 的信息。

为了在当前 Shell 及其子 Shell 中使用这个高速缓存，应该执行由 ssh-agent 输出的环境变量设置。为了在启动 ssh-agent 守护进程的同时执行这些环境变量的设置，应该使用“eval $(ssh-agent)”命令。

下面是一个使用 ssh-agent 和 ssh-add 以及 ssh 登录的过程。

```
[smart@zbox ~]$ eval $(ssh-agent)
[smart@zbox ~]$ ssh-add
Enter passphrase for key '/home/smart/.ssh/id_dsa':          # 输入私钥保护短语
Identity added: /home/smart/.ssh/id_dsa (/home/smart/.ssh/id_dsa)
[smart@zbox ~]$ ssh-add -l
1024 2a:8b:f2:64:f7:e5:41:74:ef:f5:8f:99:37:9c:30:f8 /home/smart/.ssh/id_dsa (DSA)
[smart@zbox ~]$ ssh soho                                     # 不用再输入私钥保护短语
[smart@soho ~]$
```

启动 ssh-agent 的最佳方式就是把如下行添加到 ~/.bash_profile 中。

```
eval $(ssh-agent)
```

6.3 OpenSSL

6.3.1 SSL/TLS

1. SSL 简介

安全套接层（Security Socket Layer，SSL）是一种为通信双方提供安全通道的协议。

SSL 在通信的双方协商加密算法和密钥，为其他应用层协议（如 HTTP、FTP、SMTP 等）建立加密通道。SSL 也可以通过使用数字证书验证通信双方身份的真实性。

SSL 的目的是确保通信安全，通过使用各种加密技术和加密算法，SSL 具备了保护信息的保密性、完整性、不可否认性等安全特征的功能，从而保证了主机之间在通信时免遭窃听、篡改和伪造。由于安全通道是透明的，即无须对传输的数据进行任何变更，因此使得几乎所有基于 TCP 的协议均可在 SSL 上运行，非常方便。

SSL 最早由网景公司（Netscape Communication）开发，主要针对 Web、电子邮件及新闻组通信的安全问题。1994 年 SSLv1 仅在网景公司内部流传，并没有公开实现和广泛部署。SSLv2 在 1995 年推出，但其包含许多中等程度的安全缺陷。为此，1996 年年末，网景公司发布了 SSLv3。1999 年，互联网标准化组织 ISOC 接替网景公司，在 SSLv3 的基础上，1999 年，Internet 工程任务组（Internet Engineering Task Force，IETF）的传输层安全工作组完成了传输层安全（Transport Layer Security，TLS）的标准化工作，发布了 RFC 2246。2006 年和 2008 年，TLS 进行了两次升级，分别为 TLS v1.1（RFC 4346）和 TLS v1.2（RFC 5246）。另外，IETF 在 2011 年发布了 TLS v2.0 的征求意见稿（RFC 6176）。当前广泛使用的版本是 TLS v1.0，其次是 SSLv3，但主流浏览器都已经支持了 TLS v1.1 和 TLS v1.2。

> 提示　通常，TLS 1.0 被标示为 SSL 3.1，TLS 1.1 被标示为 SSL 3.2，TLS 1.2 被标示为 SSL 3.3。

2．SSL 协议体系结构

SSL 协议基于 C/S 模式，由两层组成，分别为握手协议层和记录协议层。

- 握手协议（Handshake Protocol）层的主要功能是在双方传输加密的应用数据之前，在客户端和服务器之间相互认证对方的身份、协商加密算法、生成密钥和初始化会话等，从而建立一条连接双方的安全通道。
- 记录协议（Record Protocol）层则具体实现数据的分割和加密等安全相关操作，将上层协议传来的应用数据封装成一系列经过保护的记录进行传输。

SSL 协议可以独立于应用层协议，因此可以保证一个建立在 SSL 协议之上的应用协议能透明地传输数据。SSL 协议在 TCP/IP 网络协议栈的位置如图 6-2 所示。

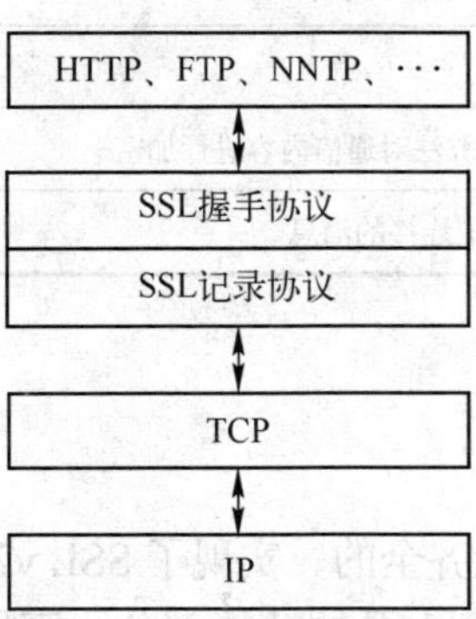

图 6-2　SSL 协议结构

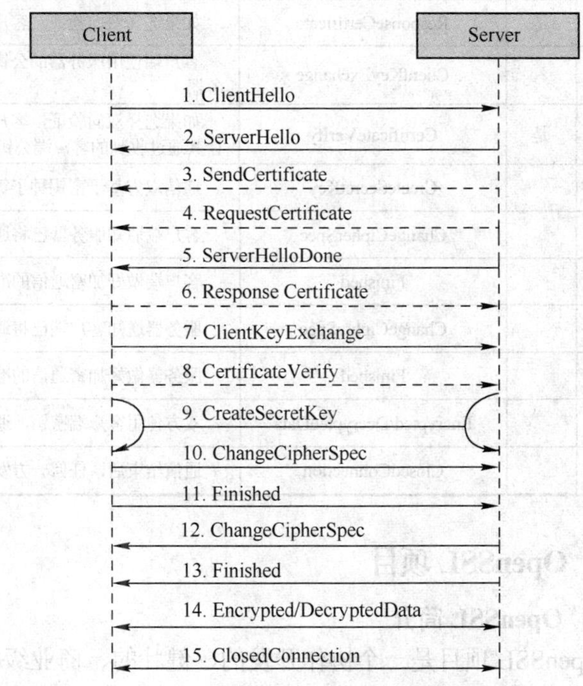

图 6-3　SSL 建立通信的流程图

3．SSL/TLS 的握手过程和两种认证类型

SSL 握手协议的功能之一是在客户端和服务器之间互相验证身份。通信双方需要通过数字证书（Digital Certificate）进行身份验证。这些数字证书基于 X.509 标准，数字证书不仅包含任何一方在互联网上的公共密钥，还包含一个数字签名（Digital Signature）用来保证公钥的真实性。

认证过程依赖于公共密钥加密，并使用证书来保护专有名称（Distinguished Name）与公共密钥。首先通过对方证书中的数字签名来验证对方的证书是否有效。如果证书有效，则在该证书中提取公钥，验证对方的签名以确定对方是否合法。如果两项验证均通过，则证明对方的身份是真实可信的。在 SSL 中，客户端对服务器端的身份验证（即单向验证）是必须的，而服务器端对客户端的身份验证（即双向验证）是可选的。

图 6-3 描述了 SSL 建立通信的流程图。其中，步骤 1～13 是 SSL 的握手过程，握手过程需要通过握手消息来实现。表 6-10 列出了 SSL 握手过程及各种握手消息的说明。

表 6-10　SSL 握手过程及各种握手消息的说明

序号	可选	握 手 消 息	简 单 说 明
1		ClientHello	客户端明文发送所支持的 SSL/TLS 最高协议版本号和所支持的加密算法集合及压缩方法集合等信息给服务器端
2		ServerHello	服务器收到客户端信息后，选定双方都能够支持的 SSL/TLS 协议版本和加密方法及压缩方法，返回给客户端
3	是	SendCertificate	服务器端发送服务器端证书给客户端
4	是	RequestCertificate	如果选择双向验证，服务器端向客户端请求客户端证书
5		ServerHelloDone	服务器通知客户端初始协商结束
6	是	ResponseCertificate	如果选择双向验证，客户端向服务器端发送客户端证书
7		ClientKeyExchange	客户端使用服务器的公钥，对客户端公钥和密钥种子进行加密，再发送给服务器
8	是	CertificateVerify	如果选择双向验证，客户端用本地私钥生成数字签名，并发送给服务器端，让其通过收到的客户端公钥进行身份验证
9		CreateSecretKey	通信双方基于密钥种子等信息生成通信密钥
10		ChangeCipherSpec	客户端通知服务器已将通信方式切换到加密模式
11		Finished	客户端做好加密通信的准备
12		ChangeCipherSpec	服务器通知客户端已将通信方式切换到加密模式
13		Finished	服务器做好加密通信的准备
14		Encrypted/DecryptedData	双方使用客户端密钥，通过对称加密算法对通信内容进行加密
15		ClosedConnection	通信结束后，任何一方发出断开 SSL 连接的消息

6.3.2 OpenSSL 项目

1．OpenSSL 简介

OpenSSL 项目是一个协作开发的、健壮的、商业级的、功能齐全的、实现了 SSL v2/v3 和 TLS v1 协议的开源工具包。OpenSSL 软件包大概可以分成三个主要的功能部分：密码算法库、SSL/TLS 协议库、命令行工具。

OpenSSL 基于由 Eric A. Young 和 Tim J. Hudson 这两个加拿大人自 1995 年开始开发的优秀的开源 SSLeay 库。1998 年，OpenSSL 项目组（http://www.openssl.org/）接管了 OpenSSL 的开发工作，并推出了 OpenSSL 的 0.9.1 版。OpenSSL 的最新版本是 1.0.1f。

OpenSSL 的特性包括：

- 开放源代码，基于一个 Apache 风格的许可证发布。
- 用 C 语言开发，具有优秀的跨平台性能。

- 提供了 SSL v2/v3 和 TLS v1.0 的全功能实现。
- 基于 PKI 标准，支持 X509 证书标准。
- 提供众多的加密和摘要算法库。
- 提供了命令行界面（openssl 命令）。
- 提供了应用程序编程接口（C/C++、Perl、PHP 和 Python 等）。

2．OpenSSL 的命令行工具

OpenSSL 提供了一个 openssl 的命令行工具，其功能强大，主要包括：

- 创建 RSA，DSA & DH 密钥对。
- 公共密钥加密操作。
- 创建 X509 证书，CSRs & CRLs。
- 生成消息摘要。
- 使用加密算法加密&解密。
- SSL/TLS 服务器端/客户端测试。
- 处理 S/MIME 签名或加密邮件。
- 时间戳记的请求、生成和验证。

3．CentOS 6 中的 OpenSSL

基于美国的加密算法出口限制，RHEL/CentOS 提供的 OpenSSL 不支持 IDEA、RC5 和 MDC2。若希望使用全功能的 OpenSSL，可以从源代码安装，但在一般情况下 CentOS 下的版本已经够用。若希望从源代码安装，请参考其官方文档的安装说明。在 CentOS 6.5 中，openssl 软件包是默认安装的，当前的版本为 openssl-1.0.1e。下面列出其配置文件 openssl.cnf 的位置以及默认的主要目录。

```
# rpm -ql openssl
# tree -F -L 2 /etc/pki
/etc/pki
├── CA/                                          # 本地 CA 部署目录
└── tls/
    ├── cert.pem -> certs/ca-bundle.crt          # 由 openssl 依赖的 ca-certificates 软件包
    |   安装的 CA 证书绑定（多个 CA 证书存储在单一文件中视为证书绑定）
    ├── certs/                                   # 存放证书的目录
    ├── openssl.cnf                              # openssl 默认使用的配置文件
    └── private/                                 # 存放私钥的目录
```

4．使用 OpenSSL

OpenSSL 实现的是传输层加密协议，只提供了协议库、加密算法库和命令行工具。因为它不是应用层程序，所以也没有自己的守护进程运行。

所有使用 OpenSSL 协议库和加密算法库的服务程序都需要配置各自服务的配置文件，并运行它们自己的守护进程。例如，OpenSSH 使用了 OpenSSL 提供的加密算法库，并运行其自己的 SSH 服务守护进程；又如，若要 Apache 支持 SSL 的 HTTPS 协议，需配置 Apache 的 mod_ssl 模块，并运行 Apache 的守护进程 httpd（参见本书 7.5.1 节）。

另外，用户还可以使用 openssl 命令行工具进行文件加解密、生成信息摘要等的工作。openssl 命令行工具的命令格式和参数比较复杂，下面仅说明如何使用 openssl 命令对文件进行对称加解密和创建信息摘要的方法。

（1）对文件进行对称加解密需要使用 enc 子命令，其命令格式为：

```
openssl enc 算法名称 -k 加解密口令 -e -in <明文文件名> -out <加密文件名>
openssl enc 算法名称 -k 加解密口令 -d -in <加密文件名> -out <明文文件名>
```

例如：

```
# openssl enc -des3 -k mypasswd -e -in install.log -out install.log.des3
# openssl enc -des3 -k mypasswd -d -in install.log.des3 -out install.log.1
# diff install.log install.log.1
# openssl enc -aes256 -k mypasswd -e -in install.log -out install.log.aes256
# openssl enc -aes256 -k mypasswd -d -in install.log.aes256 -out install.log.2
# diff install.log install.log.2
```

（2）对文件生成摘要（Hash/Digest）需要使用 dgst 子命令，其命令格式为：

```
openssl dgst 算法名称  <文件名>
```

例如：

```
# wget http://mirrors.sohu.com/centos/6.5/isos/x86_64/CentOS-6.5-x86_64-minimal.iso
# wget http://mirrors.sohu.com/centos/6.5/isos/x86_64/sha256sum.txt
# openssl dgst -sha256 CentOS-6.5-x86_64-minimal.iso
SHA256(CentOS-6.5-x86_64-minimal.iso)=
f9d84907d77df62017944cb23cab66305e94ee6ae6c1126415b81cc5e999bdd0
# grep 'minimal' sha256sum.txt
f9d84907d77df62017944cb23cab66305e94ee6ae6c1126415b81cc5e999bdd0
CentOS-6.5-x86_64-minimal.iso
```

6.3.3 密钥和证书管理

1. PKI、CA 与证书管理

公钥基础设施（Public Key Infrastructure，PKI）是一个基于非对称加密技术实现并提供安全服务的、具有通用性的安全基础设施。PKI 通过一组组件和规程，支持利用数字证书管理密钥并建立信任关系。PKI 同时融合了 Hash 算法以及对称加密技术。支持 PKI 的应用标准可以保护信息的完整性、保密性和不可否认性等安全特征。

PKI 由多个组件构成，其中最基本的组件是数字证书（Digital Certificate），通常简称为证书（Certificate）。证书就是整个 PKI 的管理对象，是将持有者的身份信息和其所拥有的公钥进行绑定的文件。证书文件还包含颁发证书的权威机构（CA）对该证书的签名。通过签名保障了证书的合法性和有效性。当前，通常使用 X.509v3 标准的证书，其主要内容如表 6-11 所示。

表 6-11　X.509 v3 证书的主要内容

字　段	说　明
版本（Certificate Fortmat Version）	证书格式版本号，例如 V3

（续）

字　段	说　明
序列号（Certificate Serial Number）	证书的序列号，是证书的唯一标识
签名算法（Signature and Hashing Algorithm for the CA）	CA 用于颁发证书所使用的签名和 Hash 算法，例如 RSA 和 SHA-1
颁发者（Issuer Name）	CA 的唯一标识名
有效期（Validity Period）	证书的有效时间段，包括证书生效和过期的时间
使用者（Subject Name）	证书申请者的唯一标识信息。 在 RFC2253 中，也称 DN（Distinguish Name），包含必须的 CN（Common Name）和其他一些可选属性
公钥（Subject Public Key Information）	证书申请者的公钥信息和加密算法
颁发者唯一标识符（Issuer Unique Identifier）	CA 的唯一标识符（可选项）
使用者唯一标识符（Subject Unique Identifier）	证书申请者的唯一标识符（可选项）
扩展部分（Type Criticality Value Extension）	可选的扩展属性，包括扩展项类型、关键标志和扩展项值
CA 签名（CA Signature）	CA 对颁发证书的数字签名

按照证书签名者的身份不同，证书可以分为 3 类：

- 自签名证书（通常用于实验环境）。
- 由本地 CA 签署的证书（用于 Intranet 环境）。
- 由可信任的 CA 签署的证书（用于 Internet 环境）。

证书权威机构（Certificate Authority，CA）是 PKI 中受信任的第三方实体。它是信任的起点，各个实体必须对 CA 高度信任，因为他们要通过 CA 的担保来认证其他实体。

CA 是 PKI 的核心，其任务主要包括：

- 证书颁发、吊销、更新和续订等。
- 证书吊销列表（Certificate Revocation List，CRL）的管理和发布。
- 在线证书状态协议（Online Certificate Status Protocol，OCSP）的管理和发布。
- 证书存储以及事件日志记录等。

由可信任的 CA 签署的证书是需要付费的。在 Intranet 环境中可以创建机构自己的本地 CA，使用 openssl 命令工具可以管理维护一个小型 CA，也可以使用 OpenCA（https://pki.openca.org/）维护和管理一个集成了 OpenLDAP 和关系数据库存储的本地 CA。

要配置某项服务支持 SSL 协议，通常要经过如下的步骤：

- **步骤 1**：在服务器上生成密钥对，生成证书签名请求文件并发送给 CA。
- **步骤 2**：由 CA 签署证书签名请求文件并生成已签署的证书，将其发还给请求者。
- **步骤 3**：使用已签署的证书配置某服务的 SSL 支持并启动服务。

本书不再讲述 CA 的创建和部署，仅使用自签名证书。在使用自签名证书时，由于证书签署工作由自己完成，所以上述的步骤 1 和步骤 2 也可以合二为一。

下面分两个步骤举例说明如何用自签名证书和私钥配置 vsftpd 支持 SSL/TLS 协议。

2．创建自签名证书和私钥

操作步骤 6.7　创建自签名证书和私钥。

```
// 1. 生成服务器的私钥文件
# cd /etc/pki/tls
# openssl genrsa -aes128 -out private/ftp.olabs.lan.key 2048
```

```
// -aes128 表示使用 AES-128 算法的口令来保护私钥，
// 也可以使用 AES-192（-aes192） 或 AES-256（-aes256）。
// 但基于安全，最好不要使用 DES、3DES 和 SEED 算法。
// 2048 表示使用 2048 位的 RSA 密钥长度，默认长度为 512
// 鉴于当前硬件设备速度的提高，强烈建议使用 2048 位的 RSA 密钥
Generating RSA private key, 2048 bit long modulus
.............................................+++
.............................................................+++
e is 65537 (0x10001)
Enter pass phrase for private/ftp.olabs.lan.key:
Verifying - Enter pass phrase for private/ftp.olabs.lan.key:
// 确保私钥安全，修改私钥文件的权限
# chmod 600 private/ftp.olabs.lan.key
// 生成的私钥是 PEM 格式的文本文件
# cat private/ftp.olabs.lan.key
// 可以使用如下命令查看 RSA 密钥的结构
# openssl rsa -text –in private/ftp.olabs.lan.key
// 若希望生成一个与此私钥对应的公钥，可以执行如下命令（非必要，可选项）
# mkdir pub
# openssl rsa -in private/ftp.olabs.lan.key \
      -pubout -out pub/ftp.olabs.lan.key.pub
Enter pass phrase for private/ftp.olabs.lan.key:
writing RSA key
// 生成的公钥也是 PEM 格式的文本文件
# cat pub/ftp.olabs.lan.key.pub
// 2. 生成证书签名请求文件
# mkdir req
// 基于私钥生成一个新的证书签名请求文件
# openssl req -new -key private/ftp.olabs.lan.key -out req/ftp.olabs.lan.csr
Enter pass phrase for private/ftp.olabs.lan.key:
You are about to be asked to enter information that will be incorporated
into your certificate request.
What you are about to enter is what is called a Distinguished Name or a DN.
There are quite a few fields but you can leave some blank
For some fields there will be a default value,
If you enter '.', the field will be left blank.
-----
Country Name (2 letter code) [XX]:CN
State or Province Name (full name) []:BEIJING
Locality Name (eg, city) [Default City]:Beijing
Organization Name (eg, company) [Default Company Ltd]:olabs
Organizational Unit Name (eg, section) []:.
Common Name (eg, your name or your server's hostname) []:ftp.olabs.lan
Email Address []:osmond@olabs.lan

Please enter the following 'extra' attributes
```

```
to be sent with your certificate request
A challenge password []:
An optional company name []:
// 生成的证书签名请求文件也是 PEM 格式的文本文件
# cat req/ftp.olabs.lan.csr
// 可以使用如下命令查看 CSR 文件的结构
# openssl req -text -in req/ftp.olabs.lan.csr -noout
// 上述命令使用了交互模式输入 Distinguish Name 信息，
// 要使用非交互模式，可以使用 –subj 选项指定，也可以预先将其写入一个配置文件
# echo '
[req]
prompt = no
distinguished_name = req_distinguished_name

[req_distinguished_name]
CN = ftp.olabs.lan
emailAddress = osmond@olans.lan
O = olabs
ST= BEIJING
L = Beijing
C = CN
' > req/ftp.olabs.lan.cnf
// 然后使用带有 -config 选项的 openssl req 命令，即可从该文件读取这些信息
# openssl req -new -key private/ftp.olabs.lan.key -out req/ftp.olabs.lan.csr\
      -config req/ftp.olabs.lan.cnf
// 有了 CSR 文件，接下来的工作是将其发送给 CA，并等待其发还已经签署的证书
// 本例仅使用自签名证书，即使用刚创建的本机私钥而非 CA 的私钥签署证书
// 3. 签署证书
# openssl x509 -req -days 365 -in req/ftp.olabs.lan.csr \
-signkey private/ftp.olabs.lan.key -out certs/ftp.olabs.lan.crt
// 生成的证书文件也是 PEM 格式的文本文件
# cat certs/ftp.olabs.lan.crt
// 可以使用如下命令查看 CRT 文件的结构
# openssl x509 -text -in certs/ftp.olabs.lan.crt
```

提示

上述操作详细地描述了私钥生成、CSR 生成和证书签署的过程，而对于自签名证书而言，无须 csr 文件，可以仅用一条命令从私钥生成自签名证书：

```
# openssl req -new -x509 -days 365 \
    -key private/ftp.olabs.lan.key -out certs/ftp.olabs.lan.crt
```

另外，还可以使用一条命令同时生成私钥和自签名证书：

```
# openssl req -new -x509 -days 365 -sha1 -nodes \
  -newkey rsa:2048 -keyout private/ftp.olabs.lan.key \
  -out certs/ftp.olabs.lan.crt -subj \
'/O=olabs/L=Beijing/C=CN/emailAddress=osmond@olans.lan/CN=ftp.olabs.lan'
```

> 注意
>
> 若私钥设置了保护口令，在用于支持 SSL 的某项服务时，该服务的守护进程在启动时会提示输入私钥保护口令。为了方便守护进程自动在后台启动，可以使用如下命令去除一个已被私钥口令保护的私钥文件：
>
> ```
> # cp private/ftp.olabs.lan.key{,.enc}
> # openssl rsa   -in private/ftp.olabs.lan.key.enc \
>                 -out private/ftp.olabs.lan.key
> ```
>
> 若在生成私钥时就决定不用私钥保护口令，则：
>
> 1）在 openssl genrsa 命令中不使用用于保护私钥口令的对称加密算法参数 -aes128|-aes192|-aes256 等即可。
>
> 2）在 openssl req -newkey rsa:2048 命令中使用 -nodes 参数即可。

3．配置 vsftpd 支持 SSL/TLS 协议的单向认证

操作步骤 6.8 配置 vsftpd 支持 SSL/TLS 协议的单向认证。

```
// 1. 安装 vsftpd
# yum –y install vsftpd
// 查看当前安装的 vsftpd 是否支持 OpenSSL
# ldd /usr/sbin/vsftpd | grep libssl
    libssl.so.10 => /usr/lib64/libssl.so.10 (0x00007fcf8325b000)
// 2. 配置 vsftpd 支持 SSL/TLS 协议
# cp /etc/vsftpd/vsftpd.conf{,.orig}
# cat <<EOT>> /etc/vsftpd/vsftpd.conf
# SSL Configuration for vsfpd
ssl_enable=YES
ssl_tlsv1=YES
allow_anon_ssl=NO
force_local_data_ssl=YES
force_local_logins_ssl=YES
require_ssl_reuse=NO
ssl_ciphers=HIGH
rsa_cert_file=/etc/pki/tls/certs/ftp.olabs.lan.crt
rsa_private_key_file=/etc/pki/tls/private/ftp.olabs.lan.key
EOT
// 上面的配置基于默认配置，匿名用户无须 SSL 支持，但本地用户的登录和数据传输均启用
// SSL。有关 vsftpd 的更多配置请参考其官方文档及手册 man vsftpd.conf
// 另外，默认也安装了一些配置案例，位于 /usr/share/doc/vsftpd-2.2.2/EXAMPLE/*
// 3. 启动 vsftpd
# service vsftpd start
# chkconfig vsftpd on
// 4. 测试
# lftp   ftp://osmond@ftp.olabs.lan
// 在 Windows 环境下，可以安装支持 SSL 的 FTP 客户端，如 FileZilla 等
```

6.4 TCP Wrappers 与防火墙

6.4.1 TCP Wrappers

1. TCP Wrappers 简介

TCP Wrappers 是一个应用层的访问控制程序。其原理是在服务器向外提供的 TCP 服务上包裹一层安全检测机制。外来的连接请求首先要通过这层安全检测，获得认证之后才能被系统服务接收。TCP Wrappers 的功能有两种实现方式：一种是由 tcpd 守护进程实现的，常被用于 inetd+TCP Wrappers 的系统中（如 FreeBSD 等）；另一种是通过每种服务程序调用 libwrap.so 链接库实现的，即内置 libwrap.so 库支持的网络服务程序都能使用 TCP Wrappers 来实现访问控制，常被用于 xinetd+TCP Wrappers 的系统中（如 CentOS 等）。

在 CentOS 中 TCP Wrappers 一般是默认安装的。若未安装，可以使用如下命令安装：

```
# yum -y install tcp_wrappers
```

2. 检查 TCP Wrappers 的支持

要检查系统中的某项服务是否支持 TCP Wrappers，可以使用 ldd 命令，例如：

```
# ldd /usr/sbin/sshd | grep libwrap
        libwrap.so.0 => /lib64/libwrap.so.0 (0x00007f08a718d000)
# ldd /usr/sbin/httpd | grep libwrap
```

若 ldd 命令的输出包含“libwrap.so.0”，则表示其支持 TCP Wrappers。

3. 访问控制配置文件和访问控制规则

TCP wrappers 使用/etc/hosts.allow 和/etc/hosts.deny 两个配置文件实现访问控制。

- /etc/hosts.allow 是一个许可表。
- /etc/hosts.deny 是一个拒绝表。

访问控制的规则如下：

（1）TCP Wrappers 查找/etc/hosts.allow 和/etc/hosts.deny 文件，若没有这两个配置文件或两个配置文件的内容均为空，则允许所有的访问。

（2）TCP Wrappers 若发现这两个文件，首先读取/etc/hosts.allow，然后再读取/etc/hosts.deny，一旦在查询中发现主机与服务相匹配就会终止查询。

- 若在/etc/hosts.allow 中发现主机与服务相匹配，则允许访问并终止规则查询。
- 若在/etc/hosts.deny 中发现主机与服务相匹配，则禁止访问并终止规则查询。

（3）若在两个文件中均未查找到匹配的项目，则允许访问。

> 提示　若守护进程支持 TCP Wrappers，对/etc/hosts.allow 和/etc/hosts.deny 配置文件的修改会立即生效，无须重启服务。

4. 访问控制配置文件的基本语法

/etc/hosts.allow 和/etc/hosts.deny 配置文件中，以“#”开头的行为注释行，其他的规则行均使用如下的语法。

```
daemon_list : client_list [ : shell_command ]
```

表 6-12　访问控制配置文件的基本语法说明

项　目	说　　明
daemon_list	是用逗号间隔的服务列表
	ALL 表示所有的服务
	<daemon>用于指定单个服务，如 in.telnetd 代表 telnet 服务
	<daemon@host> 用于限定某网络接口上的服务，用于有多网卡的主机
client_list	用逗号间隔的主机表
	ALL 表示所有的主机
	LOCAL 表示本地主机
	KNOW 表示可解析的域名；UNKNOW 表示不可解析的域名
	PARANOID 表示任何可能被伪造的 IP 地址的主机，即 IP 与其主机名不符的客户
	使用 IP 地址，如 12.23.34.45
	使用主机名，如 www.abc.com
	使用以句点“.”开始的域名表示该域下的所有主机，如.abc.com
	使用 IP 地址段，如 12.23.
	使用 CIDR，如 192.168.0.0/22
	使用 client@host，如 osmond@www.abc.com
shell_command	执行 Shell 命令，为可选项

另外，在 daemon_list 和 client_list 中还可以使用 EXCEPT 操作符，语法为：

```
list_1 EXCEPT list_2
```

例如：

```
// 除了 vsftpd 之外的所有服务
All EXCEPT vsftpd
// foobar.edu 域中除了 web.foobar.edu 之外的所有主机
foobar.edu EXCEPT web.foobar.edu
```

提示

1）使用通配符 KNOWN、UNKNOWN 和 PARANOID 依赖于 DNS 服务器的正确运行。域名解析时出现的任何失误都可能使合法用户无法访问某项服务。

2）可以使用 man 5 hosts_access 命令查看/etc/hosts.allow 和/etc/hosts.deny 基本语法的详细信息。

3）此外，这两个文件还支持扩展语法，使用 man 5 hosts_options 命令可以查看/etc/hosts.allow 和/etc/hosts.deny 扩展语法的详细信息。最常用的扩展语法就是允许在/etc/hosts.allow 的配置行末尾使用“: deny”表示拒绝。

5. TCP Wrappers 配置举例

由于在/etc/hosts.allow 和/etc/hosts.deny 中没有相应的匹配规则时，默认是被允许访问的，所以需要预先明确默认的访问策略（两种方法择其一）。

方法 1：使用基本语法，通常：

- 在/etc/hosts.deny 中先拒绝特定服务的所有主机访问。
- 在/etc/hosts.allow 中开放允许访问的特定服务的主机。

方法 2：使用扩展语法，通常：

- 在/etc/hosts.allow 中开放允许访问的特定服务的主机。
- 在/etc/hosts.allow 的最后部分使用带有 deny 语句的配置行拒绝所有主机访问特定的服务。

下面是一个配置例子。要求仅允许本地主机、192.168.0 网段和 mynet.com 域访问系统中的 telnet 和独立启动的 vsftpd 服务，配置过程如下。

（1）使用基本语法

先编辑/etc/hosts.deny 拒绝所有主机访问，为此在/etc/hosts.deny 添加如下行：

```
in.telnetd,vsftpd:        ALL
```

再编辑/etc/hosts.allow 开放允许访问的主机，为此在/etc/hosts.allow 添加如下行：

```
in.telnetd,vsftpd:        LOCAL, 192.168.0., .mynet.com
```

（2）使用扩展语法

在/etc/hosts.allow 中添加如下两条访问控制规则：

```
in.telnetd,vsftpd:        LOCAL, 192.168.0., .mynet.com
in.telnetd,vsftpd:        ALL:          deny
```

> 提示　由 TCP Wrappers 提供的一些额外的安全功能，不应被视为防火墙的替代品。应该结合防火墙或其他安全加强设施一并使用，为系统多提供一层安全防护。

6.4.2 防火墙

1．Linux 防火墙简介

Linux 从内核 2.4 版本开始，内置了一个 Netfilter 子系统，用于控制系统的网络输入和输出。在用户空间提供了一个 iptables 命令工具操作 Netfilter 子系统中的规则来实现防火墙的功能。

在 CentOS 中，名为 iptables 的软件包不仅提供了 iptables 命令工具，同时提供了一个名为 iptables 的 INIT 脚本用于在启动时开启名为 iptables 服务实现防火墙功能。大多数的服务都需要启动守护进程。与其他服务不同，iptables 无须运行守护进程，因为 Netfilter 是 Linux 内核提供的功能，用户只要使用 iptables 工具操作其中的表和链配置规则即可。iptables 的 INIT 管理脚本/etc/rc.d/init.d/iptables 实现如下任务：

- 加载防火墙配置文件 /etc/sysconfig/iptables-config。
- 在启用/停用时加载/卸载相关的内核模块。
- 使用 iptables-restore 命令通过规则集文件/etc/sysconfig/iptables 加载防火墙规则。
- 使用 iptables-save 命令存储当前的防火墙规则到规则集文件/etc/sysconfig/iptables。

- 清除防火墙规则；设置最严格的防火墙规则等。

在 Linux 系统中，配置防火墙的核心任务是配置防火墙规则。配置防火墙规则的基础工具是使用 iptables 命令，但遗憾的是 iptables 命令规则比较复杂。幸运的是 CentOS 提供了基于 iptables 的前端配置工具：

- 命令行工具 lokkit。
- TUI 工具 system-config-firewall-tui。

本书不再讲述 iptables 的命令规则，请参考其他资料了解 iptables 命令的详细使用。下面重点介绍使用 lokkit 配置防火墙的方法。

2．使用 lokkit 配置防火墙

lokkit 的命令格式为：

```
lokkit [选项]
```

常用选项如表 6-13 所示。

表 6-13　lokkit 命令的常用选项说明

选　项	说　明
-h, --help	显示帮助信息
-q, --quiet	只处理命令行参数的安静执行模式
-n, --nostart	配置防火墙但不激活新的配置
--enabled	启用防火墙（默认）
–disabled	禁用防火墙
--update	如果启用了防火墙，则以非交互方式更新
--default=<类型>	设置防火墙默认类型：server, desktop。会覆盖所有现存的配置
-s <服务名>, --service=<服务名>	为某个服务（比如 ssh）打开防火墙，可用的服务名可使用--list-services 参数查看
-p <port>[-<port>]:<protocol>, --port=<port>[-<port>]:<protocol>	打开防火墙中的特定端口（例如：ssh:tcp、tftp:udp、8080:tcp、3000-3100:tcp 等）
--addmodule=<模块名>	启用指定的 iptables 模块
--removemodule=<模块名>	禁用指定的 iptables 模块
--block-icmp=<ICMP 类型>	阻断指定的 ICMP 类型。默认设置时接受所有 ICMP 类型。可用的 ICMP 类型可使用--list-icmp-types 参数查看

操作步骤 6.9　使用 lokkit 配置服务器的防火墙。

```
// 1. 启用防火墙
# lokkit –enabled
// 2. 设置防火墙默认类型
# lokkit --default=server
// 3. 为某个服务打开防火墙
// 仅配置，不应用（-n）
# lokkit -s http -s https -s ftp -s dns –n
# lokkit -p 67:udp -p 69:udp -n
// 4. 添加 ftp 的连接跟踪模块
# grep IPTABLES_MODULES= /etc/sysconfig/iptables-config
IPTABLES_MODULES=""
```

```
# lokkit --addmodule=nf_conntrack_ftp –n
# grep IPTABLES_MODULES= /etc/sysconfig/iptables-config
IPTABLES_MODULES="nf_conntrack_ftp"
// 5. 更新防火墙
// 默认地，使用 lokkit 命令（不使用-n 参数）配置规则时，会立即应用此规则
// 若要启用已配置但尚未应用（lokkit -n）的防火墙规则，需执行
# lokkit --update
// 6. 查看防火墙状态
# service iptables status
// 7. 查看 iptables 防火墙规则集文件
# cat /etc/sysconfig/iptables
```

6.5 思考与实验

1. 思考

1）简述 Linux 服务器的基本安全配置。

2）简述 PAM 的作用及其配置方法。与口令安全相关的 PAM 模块有哪些？

3）简述 SSH 的工作过程。简述 SSL 协议的握手过程。

4）什么是 PKI？什么是 CA？证书的组成？

5）什么是防火墙？什么是连接跟踪？CentOS 提供了哪些防火墙配置工具？

2. 实验

1）服务器的基本安全配置。

2）配置 sudo 并禁止 root 直接登录。

3）配置基于 PAM 的账号的口令的安全保护。

4）配置 ssh 服务以加强安全性。

5）配置 ssh/scp/sftp 的密钥登录，并使用 ssh-agent 和 ssh-add。

6）创建自签名证书，并配置 vsftpd 支持 SSL/TLS 协议的单向认证。

7）配置 TCP_Wappers 和基于 Netfilter/iptables 的主机防火墙。

3. 进一步学习

1）学习 chkrootkit（http://www.chkrootkit.org/）和 aide（http://aide.sf.net/）的安装、配置和使用（EPEL 仓库提供了其 RPM 包）。

2）学习基于 PAM 的各种访问控制（登录/列表/时间/资源）的配置。

3）学习配置 xinetd 实现由其管理服务的访问控制。

4）学习使用 SSH 隧道（Tunnel）实现端口转发（Port forward）的方法
（参考：https://www.ibm.com/developerworks/cn/linux/l-cn-sshforward/）。

5）学习使用 keychain 完美实现 ssh/scp/sftp 无口令登录的方法。

6）学习使用 denyhost 或 fail2ban 保护 ssh 服务。

7）在 Windows 系统上安装 Git（http://msysgit.github.io/），学习使用 git 命令操作本地仓库。

8）使用 Git 同时安装的 OpenSSH 创建自己的密钥对，在 GitHub（https://github.com）上注册自己的账号并上传自己的公钥，学习操作远程 git 仓库。有关 Github 的使用，请参考蒋

鑫所著的开源书 GotGitHub（http://www.worldhello.net/gotgithub/）。

9）学习使用 etckeeper（EPEL 仓库有提供）以 git 方式管理系统的/etc 目录。

10）学习配置 vsftpd 支持 SSL/TLS 协议的双向认证。

11）学习使用 Windows 环境下的 xca（http://xca.sf.net）实现 CA 证书的管理。

12）学习使用 StartSSL 公司（http://www.startssl.com/）提供的免费 SSL 证书。请参考 https://github.com/ioerror/duraconf/tree/master/startssl。

第7章 Apache基础

本章首先介绍了 WWW 与 Apache 的相关概念。然后介绍了 Apache 的配置文件基本语法、Apache 模块以及基本配置指令和容器配置指令。接着介绍了主机访问控制、别名机制、认证授权以及虚拟主机的配置。最后介绍了 Apache 的 SSL 配置以及安全相关模块的配置。

7.1 WWW 与 Apache

7.1.1 WWW 和 Web 服务

1．Web 简介

万维网（World Wide Web，WWW）。WWW 也称 Web，是 Internet 提供的一种信息检索手段，起源于 CERN（欧洲核子中心），其发明者是 Tim Berners-Lee，最初的目的是提供一个统一的接口，使分散于世界各地的科学家能够方便地访问各种形式的信息。

WWW 是一种交互式图形界面的 Internet 服务，具有强大的信息连接功能。它使得成千上万的用户通过简单的图形界面就可以访问各个大学、组织、公司等机构和个人的最新信息和各种服务。

Web 具有如下特点：

- Web 是图形化的和易于导航的。
- Web 是与平台无关的。
- Web 是分布式的。
- Web 是动态的。
- Web 是交互的。

2．Web 客户和 Web 服务器

Web 系统是客户/服务器式的。主要包括 Web 客户和 Web 服务器。最典型的 Web 客户是 Web 浏览器。通常将 Web 客户和 Web 浏览器视为同义语，但严格地讲，可以向 Web 服务器发送 HTTP 请求的程序都是 Web 客户。Web 浏览器只是 Web 客户的一种，其他的 Web 客户还有 wget、curl 等。

Web 浏览器的职责：

- 生成一个 Web 请求（通常在单击某个链接点时启动）。
- 通过网络将 Web 请求发送给某个 Web 服务器。
- 解释服务器传来的 Web 文档，并把结果显示在屏幕上。

Web 服务器的职责：

- 默认监听 TCP/IP 的 80 端口。
- 接受 Web 客户请求。
- 检查请求的合法性，包括安全性屏蔽。

- 针对请求获取并制作数据，包括 Java 脚本、CGI 脚本和 PHP 脚本等，为文件设置适当的 MIME 类型来对数据进行前期处理和后期处理。
- 把信息发送给提出请求的客户机。

Web 客户与 Web 服务器的通信过程如图 7-1 所示。

图 7-1　Web 服务器与 Web 客户的通信过程

下面的步骤描述了 Web 浏览器与 Web 服务器的通信过程。

1）当用户在浏览器地址栏输入 URL 或点击一个超链接时生成一个 Web 请求。

2）通过网络将 Web 请求发送给某个 Web 服务器。

3）Web 服务器接受请求并进行合法性检查。

4）Web 服务器针对请求获取并制作数据，包括 Java 脚本、CGI 脚本和 PHP 脚本等，为文件设置适当的 MIME 类型以对数据进行前期处理和后期处理。

5）Web 服务器把信息发送给提出请求的客户机。

6）Web 浏览器解释服务器传来的 Web 文档，并把结果显示在屏幕上。

7）Web 浏览器断开与远端 Web 服务器的连接。

也就是说，平时在浏览某个网站的时候是每打开一个网页建立一次连接，读完后马上断开；当需要另一个网页时重新连接，周而复始。

3．常用的 Web 服务器

Linux 环境下常用的 Web 服务器软件主要有：

- Apache（http://httpd.apache.org/）。
- Nginx（http://nginx.org/）。
- Cherokee（http://www.cherokee-project.com）。
- Lighttpd（http://www.lighttpd.net/）。
- Monkey（http://monkey-project.com/）。

根据 Netcraft（http://www.netcraft.com/survey/）提供的最新调查资料，Apache Web 服务器是使用比例最高的 Web 服务器。本书将重点介绍 Apache 和 Nginx 的配置和使用。

7.1.2 Apache 简介

1．Apache 的特性

选择 Web 服务器时，其功能和运行性能是最重要的因素。Apache 的众多特性保证了它可以高效而且稳定地运行。其特性主要表现在如下几个方面：

- 开放源代码、跨平台应用。
- 模块化设计、运行稳定、良好的安全性。
- 实现了动态共享对象（DSO），允许在运行时动态装载功能模块。
- 支持最新的 HTTP 1.1 协议。

- 支持虚拟主机、支持 HTTP 认证、集成了代理服务、支持安全 Socket 层（SSL）。
- 使用简单而强有力的基于文本的配置文件、具有可定制的服务器日志。
- 支持通用网关接口 CGI、FastCGI、服务器端包含命令（SSI）。
- 支持 PHP、Perl、Python、Ruby、Java Servlets 等脚本编程语言。
- 支持第三方软件开发商提供的大量功能模块。

可以参考 http://httpd.apache.org/docs/2.2/new_features_2_2.html 查看 Apache 2.2 版的新特性。

2．Apache 的结构

Apache 由内核、标准模块和第三方提供的模块三个层次组成。

通常 Apache 在默认安装时，安装图 7-2 中的 1、2 两部分。根据用户需要，用户可以通过修改配置去掉一些默认安装的标准模块；也可以通过修改配置安装一些默认不安装的模块。同时，如果用户需要，也可以安装一些第三方提供的模块。用户可以连接 http://modules.apache.org 查看有关第三方模块的信息。

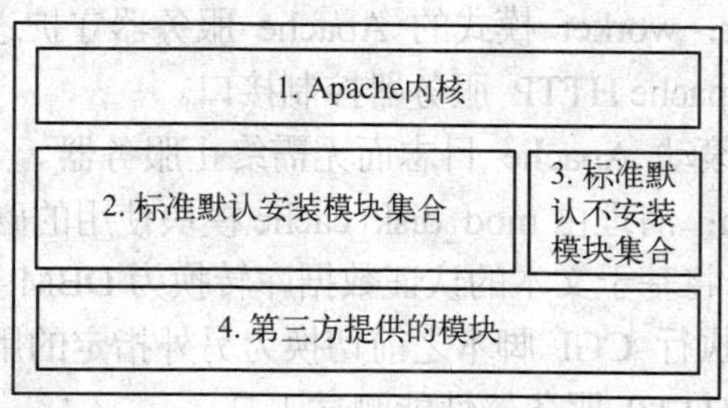

图 7-2 Apache 的结构

3．Apache 的运行机制

Apache 2.2 使用新的多处理模块（Multi-Processing Module，MPM），使用此类模块会在服务器处理多个请求时，控制 Apache 的运行方式。Apache 中的三种运行方式分别如下。

1）预派生（Profork）MPM。此模块在功能上兼容于 Apache 1.3 的运行模型。这种运行方式首先启动一个父进程，然后创建并启动一定（可配置）数量的子进程监听客户的请求。当监听到客户的服务请求后，子进程就响应此请求。重要的是，父进程始终监控子进程，当没有足够的空闲子进程为客户服务时，父进程就会创建并运行新的子进程准备为客户提供服务；如果存在过多的空闲子进程，父进程就会依次终止这些空闲的子进程，直到服务器回到最大空闲子进程（可配置）数量之下。通过始终保持一定数量的空闲子进程来响应客户的请求，服务器可以避免在接收到客户请求时启动新进程的开销。

2）工作者（Worker）MPM。此模块是混合使用进程和线程的运行模型。这种运行方式首先启动一个父进程，然后创建并启动一定（可配置）数量的子进程，每个子进程都创建并启动相同数量的线程，由线程监听客户请求，而子进程并不监听客户请求。重要的是，父进程始终监控子进程，当没有足够的空闲线程为客户服务时，父进程就会创建并运行新的子进程，并在子进程中创建与先前子进程创建的相同数量的线程准备为客户提供服务。这种运行方式是以牺牲可靠性和健壮性来换取可扩展性的。

3）独立子进程（Perchild）MPM。这是一种运行于类 UNIX 系统上的运行模式，它也是混合使用进程和线程的运行模型。这种运行模式与工作者 MPM 类似，只是每个子进程创建的线程数量可以不一致，即每个子进程都可以创建指定数量（可配置）的线程。当服务器上负载增加后，Apache 不会创建新的子进程，而是在当前的子进程之一上创建新的线程为客户提供服务。这种运行方式具有最高的可扩展性，但却只有最低的可靠性。

7.1.3 CentOS 下的 Apache

1．安装 Apache

CentOS 6.5 提供了 Apache 2.2.15。使用如下命令安装 Apache 2.2 及其手册。

```
# yum install httpd httpd-tools httpd-manual
```

2．Apache 的相关文件

（1）二进制文件

- /usr/sbin/httpd: prefork 模式的 Apache 服务器守护进程。
- /usr/sbin/httpd.event：prefork 模式的 Apache 服务器守护进程。
- /usr/sbin/httpd.worker：worker 模式的 Apache 服务器守护进程。
- /usr/sbin/apachectl: Apache HTTP 服务器控制接口。
- /usr/sbin/rotatelogs: 滚动 Apache 日志而无需终止服务器。
- /usr/sbin/htcacheclean：清理由 mod_disk_cache 模块使用的磁盘缓存。
- /usr/sbin/httxt2dbm：将基于文本的认证数据库转换为 DBM 数据库。
- /usr/sbin/suexec：在执行 CGI 脚本之前切换为另外指定的用户。
- /usr/bin/ab：Apache HTTP 服务器性能测试工具。
- /usr/bin/htdbm：管理基本认证的 DBM 数据库形式的口令文件。
- /usr/bin/htdigest：建立和更新摘要认证口令文件。
- /usr/bin/htpasswd：建立和更新基本认证口令文件。
- /usr/bin/logresolve：将 Apache 日志文件中的 IP 地址解析为主机名。
- /usr/lib/httpd/modules/*.so：Apache 的模块文件。

（2）配置文件

- /etc/httpd/conf/httpd.conf：Apache 的主配置文件。
- /etc/httpd/conf.d/*.conf：被主配置文件包含的配置文件。
- /etc/httpd/conf/magic：mod_mime_magic 模块使用的 Magic 数据，无须配置。
- /etc/logrotate.d/httpd：Apache 的日志滚动配置文件。
- /etc/rc.d/init.d/httpd：Apache 的 INIT 启动脚本。
- /etc/sysconfig/httpd：httpd 守护进程的启动配置文件。

（3）日志文件

- /var/log/httpd/access_log：访问日志。
- /var/log/httpd/error_log：错误日志。

（4）默认的 Web 文档

- /var/www/html/：根文档目录。
- /var/www/cgi-bin/：CGI 程序目录。
- /var/www/error/：默认的错误文档目录。
- /var/www/icons/：与 icons 相关的图片目录。

3．管理 Apache

（1）查看 Apache 的相关信息

```
# apachectl -V 或 httpd -V      // 显示 Apache 的编译参数
# apachectl -l 或 httpd -l        // 查看已经被编译的模块
# apachectl -M 或 httpd -M     // 列出所有模块，包括 mod_so 加载的 DSO(动态共享对象)
```

（2）检查 Apache 配置文件的正确性

```
# service httpd configtest 或 apachectl configtest 或 httpd –t
# apachectl -S 或 httpd –S                // 检查虚拟主机配置的正确性
```

（3）Apache 的启动和停止

由 CentOS 提供的 Apache 的 RPM 软件包名为 httpd，提供 Apache 服务的守护进程也是 httpd，且默认以独立运行方式启动，其管理方法参见 5.1.2 节，此处不再赘述。

7.2 Apache 配置基础

7.2.1 Apache 的配置文件

1．主配置文件和 Include 指令

Apache 的主配置文件是 httpd.conf，为了按逻辑分割配置，可以用 Include 指令和通配符附加许多其他配置文件。在 CentOS 的 Apache 主配置文件里包含了如下的配置：

```
Include conf.d/*.conf
```

也就是说，/etc/httpd/conf.d/目录下的所有以.conf 为后缀的文件都被包含进了主配置文件。通常用于添加对主服务或可由各个虚拟主机继承的额外配置。例如，默认存在一个/etc/httpd/conf.d/welcome.conf 配置文件。

```
<LocationMatch "^/+$">
    Options -Indexes
    ErrorDocument 403 /error/noindex.html
</LocationMatch>
```

此文件的作用是当根文档目录下没有 index 文件时显示/var/www/error/noindex.html 文件。管理员可以在/etc/httpd/conf.d/目录下添加自己的配置文件。

2．基于目录的配置文件

Apache 除了使用主配置文件之外，还可以使用分布在整个网站目录树中的特殊文件来进行分散配置。这样的特殊配置文件称为基于目录的配置文件，这些特殊的文件默认为 .htaccess ，但是也可以用 AccessFileName 指令来改变它的名字。

3．配置文件的基本语法

- 每一行包含一个指令，在行尾使用反斜杠" \"可以表示续行。
- 配置文件中的指令不区分大小写，但是指令的参数（Argument）通常区分大小写。
- 以 "#" 开头的行被视为注解并在读取时被忽略。注解不能出现在指令的后边。

● 空白行和指令前的空白字符将在读取时被忽略，因此可以采用缩进以保持配置层次的清晰。

无论是主配置文件还是用 Include 语句包含的配置文件以及.htaccess 配置文件，都应该遵从 Apache 的配置语法。

7.2.2 Apache 的模块

1. Apache 的两种编译方式

Apache 是模块化的服务器，它有两种编译方式。

（1）静态编译：将核心模块和所需要的模块一次性编译

● 优点：运行速度快。

● 缺点：要增加或删除模块必须重新编译整个 Apache。

（2）动态编译：只编译核心模块和 DSO （动态共享对象）模块——mod_so

● 优点：各模块可以独立编译，并可随时用 LoadModule 指令加载，用于特定模块的指令可以用 <IfModule> 指令包含起来，使之有条件地生效。

● 缺点：运行速度稍慢。

2. CentOS 中 Apache 的模块

由如下命令的输出可知，RHEL/CentOS 中的 Apache 只有 4 个模块是静态编译的，其他可用模块都是动态编译的。

```
# httpd -l
Compiled in modules:
  core.c
  prefork.c                        // 使用预派生（Profork）MPM 模式运行的
  http_core.c
  mod_so.c
```

被编译的模块中包含 mod_so.c，表示当前的 Apache 支持 Dynamic Shared Objects（DSO），即用户可以在不重新编译 Apache 的情况下使用 APache eXtenSion（apxs）编译 Apache 的其他模块（也包括第三方模块）。

所有动态编译的模块，在使用时需要使用 LoadModule 指令加载。例如，加载重写模块的配置行如下：

```
LoadModule rewrite_module modules/mod_rewrite.so
```

7.2.3 Apache 的基本配置指令

1. 获得 Apache 配置的帮助

（1）显示 Apache 的指令列表（包含提供指令的模块和指令作用域）

```
# httpd -L 或 apachectl –L
```

（2）显示配置文件的手册页

```
# man httpd.conf
```

（3）显示 HTML 格式的手册（需安装 httpd-manual 软件包）

```
# elinks http://localhost/manual/
```

（4）查看官方在线文档

```
# elinks http://http://httpd.apache.org/docs/2.2/
```

下面列出一些基本的常用指令及其说明，更详细的信息请参考相关的手册。

2．Apache 的服务器标识指令

表 7-1 列出了服务器标识指令。

表 7-1　Apache 的服务器标识指令

指　令	说　明
ServerName	服务器用于辨识自己的主机名和端口号
ServerAdmin	服务器返回给客户端的错误信息中包含的管理员邮件地址
ServerSignature	配置服务器生成页面（内部错误页面、ftp 目录列表、mod_status 和 mod_info 的输出）的页脚的信息（服务器版本，虚拟主机名等）
ServerTokens	控制了服务器回应给客户端的“Server:”应答头是否包含关于服务器操作系统类型和 Apache 编译的模块描述信息
UseCanonicalName	决定 Apache 如何构造 URL 中 SERVER_NAME 和 SERVER_PORT 的指令

3．Apache 的文件定位指令

表 7-2 列出了文件定位指令。

表 7-2　Apache 的文件定位指令

指　令	说　明
ServerRoot	指定服务器安装的基础目录
DocumentRoot	组成网络上可见的主文档树的根目录
ErrorLog	存放错误日志的位置
CustomLog	访问日志文件的位置
LockFile	Apache 使用的锁文件的位置
PidFile	设置服务器用于记录父进程(监控进程) PID 的文件

4．Apache 预派生（Profork）运行模式的相关指令

表 7-3 列出了预派生（Profork）MPM 模式运行的相关指令。

表 7-3　Apache 预派生（Profork）运行模式的相关指令

指　令	说　明
StartServers	启动时服务器启动的进程数
MinSpareServers	保有的备用进程的最小数目
MaxSpareServers	保有的备用进程的最大数目
MaxClients	服务器允许启动的最大进程数
MaxRequestsPerChild	一个服务进程允许的最大请求数

5．Apache 其他常用的全局配置指令

表 7-4 列出了一些常用的全局配置指令。

表 7-4　Apache 常用的全局配置指令

指　　令	说　　明
Listen	指定监听的 IP 地址、端口号，默认为 80
User	指定运行 Apache 服务的用户名，默认为 apache
Group	指定运行 Apache 服务的组名，默认为 apache
LogLevel	指定错误日志的记录级别
Timeout	指定网络连接超时，默认为 120（单位为秒）
KeepAlive	指定是否保持连接，默认为 Off
KeepAliveTimeout	保持连接状态时的超时时间，默认为 15（单位为秒）
MaxKeepAliveRequests	保持连接状态时，每次连接最多请求文件数，默认为 100
DirectoryIndex	指定默认的索引页文件，默认为 index.html index.html.var
IndexOptions	指定服务器所生成的列表页面的输出选项
IndexIgnore	指定服务器在所生成的列表页面中不显示的文件，可用 Shell 的通配符指定
IndexStyleSheet	指定服务器在所生成的列表页面时使用的 CSS 文件

7.2.4　Apache 的配置容器和指令作用域

1．Apache 的配置容器

表 7-5 列出了 Apche 的常用配置容器（也称配置段）。

表 7-5　Apache 的常用配置容器

配 置 容 器	说　　明
<Directory></Directory>	用于对指定的目录（可使用 Shell 通配符）实施额外的配置
<DirectoryMatch></DirectoryMatch>	功能与上同，只是在描述目录时可以使用正则表达式
<Files></Files>	用于对指定的文件（可使用 Shell 通配符）实施额外的配置
<FilesMatch></FilesMatch>	功能与上同，只是在描述文件时可以使用正则表达式
<Location></Location>	用于对指定的 URL（可使用 Shell 通配符）实施额外的配置
<LocationMatch></LocationMatch>	功能与上同，只是在描述 URL 时可以使用正则表达式
<Limit></Limit>	用于对指定的 HTTP 方法实施额外的配置
<LimitExcept></LimitExcept>	用于对指定的 HTTP 方法之外的方法实施额外的配置
<VirtualHost></VirtualHost>	用于对虚拟主机实施额外的配置（一台计算机支持多个站点的能力）

2．Apache 的指令作用域

在 Apache 的配置文件中，有些指令的作用范围是全局的，有些指令则只能在容器（配置段）中出现。要查询一个指令可以被应用于哪些配置段中，可以在 Apache 手册中查看该指令的作用域（Context）项。

在手册中关于指令的作用域的取值及含义如下。

- **server config**：指令可以用于服务器配置文件（httpd.conf），但不能用于任何<VirtualHost>或<Directory>段以及.htaccess 文件中。
- **virtual host**：指令可以用于服务器配置文件的<VirtualHost>段中。
- **directory**：指令可以用于服务器配置文件<Directory>、<Location>、<Files>、<Proxy>段中，并服从配置段的限制。

- **.htaccess**：指令可以用于针对单个目录及其子目录的.htaccess 文件中。它可能会因 overrides 的设置而不起作用。

3．查看 CentOS 中 Apache 的主配置文件

可以使用如下命令查看 CentOS 中 Apache 的主配置文件。

```
# less   /etc/httpd/conf/httpd.conf
```

CentOS 6 中 Apache 默认的重要配置信息汇总如下。

- 配置文件：/etc/httpd/conf/httpd.conf。
- 服务器的根目录：/etc/httpd。
- 根文档目录：/var/www/html。
- 访问日志文件：/var/log/httpd/access_log。
- 错误日志文件：/var/log/httpd/error_log。
- 运行 Apache 的用户：apache。
- 运行 Apache 的组：apache。
- 端口：80。
- 模块存放路径：/usr/lib/httpd/modules。

prefork MPM 运行方式的参数如下。

- StartServers 8。
- MinSpareServers 5。
- MaxSpareServers 20。
- ServerLimit 256。
- MaxClients 256。
- MaxRequestsPerChild 4000。

4．修改 CentOS 中 Apache 的默认配置以提高安全性

操作步骤 7.1　修改 CentOS 中 Apache 的默认配置以提高安全性。

```
// 1. 生成默认主站的 index.html 文件
# echo '<H1>It Works!</H1>' > /var/www/html/index.html
// 2. 避免显示 "Apache 2 Test Page" 测试页面
// 将 /etc/httpd/conf.d/welcome.conf 改名为非.conf 后缀的文件
# mv /etc/httpd/conf.d/welcome.conf /etc/httpd/conf.d/welcome
// 或者删除 /etc/httpd/conf.d/welcome.conf
# rm -f /etc/httpd/conf.d/welcome.conf
// 3. 设置服务器名和管理员 Email（请根据实际修改）
# cd /etc/httpd/conf/
# sed –i '/^ServerAdmin/ s/root@localhost/webmaster@olabs.lan/' httpd.conf
# sed -i '/^#ServerName/ s/^S/\nServerName www.olabs.lan\:80/' httpd.conf
// 4. 为了避免服务器信息外泄带来安全隐患，修改主配置文件
# sed -i '/^ServerSignature/ s/On/Off/' httpd.conf
# sed -i '/^ServerTokens/ s/OS/ProductOnly/' httpd.conf
# sed -i 's/Options Indexes/Options/' httpd.conf
// 5. 为了提高服务器性能，开启 KeepAlive
# sed -i '/^KeepAlive/ s/Off/On/' httpd.conf
```

```
// 6. 重新启动 Aapche
# service httpd start
```

7.3 Apache 的基本配置

7.3.1 主机访问控制和别名机制

1．访问控制

在 Apache 中可以根据访问者的 IP 地址或域名来决定是否为之提供资源。访问控制也称强验证。在 Apache 2.2 版本中，访问控制的功能由 mod_authz_host 模块提供。

- 访问控制的指令用在<Location>、<Directory>、<Files> 和<Limit>容器中。
- 访问控制的指令既可以用在主配置文件或其包含的配置文件中，也可以用在.htaccess 配置文件中。
- 访问控制的指令可以放在“主配置”部分用于控制主服务器；也可以放在<VirtualHost>容器中用于控制虚拟主机。

Apache 使用下面的三个指令配置访问控制。

- Order：用于指定执行允许访问规则和执行拒绝访问规则的先后顺序。
- Deny：定义拒绝访问列表。
- Allow：定义允许访问列表。

（1）Order 指令有两种形式

- Order Allow,Deny：在执行拒绝访问规则之前先执行允许访问规则。默认拒绝所有访问。任何不匹配 Allow 指令或者匹配 Deny 指令的客户都将被禁止访问。
- Order Deny,Allow：在执行允许访问规则之前先执行拒绝访问规则。默认允许所有访问。任何不匹配 Deny 指令或者匹配 Allow 指令的客户都被允许访问。

关键字 Allow 和 Deny 之间用逗号分隔，它们之间不能有空格。注意在所有情况下，每个 Allow 和 Deny 指令语句都将被评估。

（2）Deny 和 Allow 的语法

```
Allow from <访问列表>
Deny from <访问列表>
```

访问列表可以使用如下的几种形式。

- All：表示所有客户。
- 域名：表示域内的所有客户，如 olabs.net。
- IP 地址：可以指定完整的 IP 地址或部分 IP 地址。
- 网络/子网掩码：如 192.168.1.0/255.255.255.0。
- CIDR 规范：如 192.168.1.0/24。

提示　为了提高服务器性能，尽量不要在访问列表中使用域名而应该使用 IP 或 IP 网段。使用域名时 Apache 要做正、反两次域名查询解析。

例如：

```
Order Allow,Deny
Allow from 192.168.0
```

以上表示只允许 192.168.0.0/24 网段的访问。

```
Order Deny,Allow
Deny from 192.168.0.2 192.168.0.5
```

以上表示拒绝 192.168.0.2 和 192.168.0.5 的访问，其他访问均允许。

```
Order Deny,Allow
Deny from all
Allow jamond.net
```

以上表示允许来自 jamond.net 域的客户访问，拒绝所有其他客户访问。

```
Order Allow,Deny
Allow from jamond.net
Deny from osmond. jamond.net
```

以上表示允许来自 jamond.net 域的客户访问，但禁止主机 osmond.jamond.net 访问。对于其他客户，使用默认规则，禁止访问。

2．别名

使用别名（Alias）可以将文档根目录（/var/www/html）以外的内容加入站点。例如在 Apache 的默认配置中，由于 error 目录和 icons 目录都在文档根目录之外，所以设置了这两个目录的别名访问，同时还使用<Directory>容器配置了对别名目录的访问控制。

使用 Alias 指令可以映射 URL 到文件系统的特定区域。Alias 指令的格式为：

```
Alias /URL-path "/path/to/other/directory/"
```

这会将以 /URL-path 开头的 URL 映射到 /path/to/other/directory 中的文件。例如：

```
Alias /icons/ "/var/www/icons/"
```

会让 http://localhost/icons/script.png 的请求访问文件系统中的文件 /var/www/icons/ script.png 。

下面三条语句的效果不同：

```
// 为以/icons/开头的 URL 建立别名，这不包含以/icons 开头的 URL
Alias /icons/ "/var/www/icons/"
// 为以/icons 开头的 URL 建立别名，这包含以/icons/开头的 URL
Alias /icons "/var/www/icons/"
// 这是一个错误，它会让 http://localhost/icons/script.png，
// 的请求访问文件系统中的文件 /var/www/iconsscript.png
Alias /icons/ "/var/www/icons"
```

保险的写法是：URL 结尾不使用“/”，目录的结尾使用“/”。

通常在设置别名后还应该使用<Directory>容器设置访问控制。例如默认配置中与如下配置行：

```
Alias /icons/ "/var/www/icons/"
```

对应的目录配置段为：

```
<Directory "/var/www/icons">
    Options Indexes MultiViews
    AllowOverride None
    Order allow,deny
    Allow from all
</Directory>
```

3．Options 指令

Options 指令控制了在特定目录中将使用哪些服务器特性。通常出现在<Directory>、<Location>容器或.htaccess 配置文件中。表 7-6 列出了 Options 指令的常用选项。

表 7-6　Options 指令的常用选项

选　项	说　明
All	除 MultiViews 之外的所有特性。这是默认设置
None	将不启用任何额外特性
ExecCGI	允许使用 mod_cgi 执行 CGI 脚本
FollowSymLinks	服务器允许在此目录中使用符号连接
SymLinksIfOwnerMatch	服务器仅在符号连接与其目的目录或文件的拥有者具有相同的 uid 时才使用它
Indexes	若一个映射到目录的 URL 被请求，而此目录中又没有 DirectoryIndex 指定的文件（例如 index.html），则服务器会返回由 mod_autoindex 模块生成的一个格式化后的目录列表
MultiViews	允许使用 mod_negotiation 提供内容协商的“多重视图”

显然，FollowSymLinks 和 SymLinksIfOwnerMatch 选项不能出现在<Location>容器中。

在目录容器中直接使用这些 Options 指令的选项，表示直接赋予某种特性。除了 All 和 None 之外，还可以在这些选项之前添加加号（+）表示添加此特性；之前添加减号（-）表示去掉此特性。

注意　为了提高 Apache 服务器的性能，建议不要修改 Apache 默认对符号链接跟随的配置，因为如果取消了对符号链接的跟随，服务器在每收到一个请求时都要判断其是否为符号链接，从而影响服务器的性能。但是启用符号链接跟随将带来安全性隐患，这需要管理员在性能和安全两方面做出权衡。

4．IndexOptions 指令

当在 Options 指令的选项中指定了 Indexes 时，Apache 会调用 mod_autoindex 模块生成的一个格式化后的目录列表。可以使用 IndexOptions 指令配置此目录列表的显示特性。表 7-7 列出了 IndexOptions 指令的常用选项。

表 7-7　**IndexOptions 指令的常用选项**

选　项	说　明
FancyIndexing	使用华丽的目录列表
FoldersFirst	像资源管理器那样将目录列在前面
HTMLTable	使用 HTML 表格展示目录列表
NameWidth=[n|*]	指定文件名列的宽度，*表示自适应（n 为西文字符个数）
DescriptionWidth=[n|*]	指定描述宽度，*表示自适应（n 为西文字符个数）
VersionSort	以文件版本号排序
IgnoreCase	列表排序时忽略大小写
XHTML	生成 XHTML 1.0 页面而非 HTML 3.2

如下是 CentOS 的默认配置。

```
IndexOptions FancyIndexing VersionSort NameWidth=* HTMLTable
```

与 Options 类似，在 IndexOptions 指令中的选项前也可添加+和-，与 Options 的含义相同。

5. 配置举例

操作步骤 7.2　使用别名配置对 yum 仓库和 Kickstart 的访问。

```
// 创建并编辑被主配置文件包含的 /etc/httpd/conf.d/pxeinstall.conf
# vi /etc/httpd/conf.d/pxeinstall.conf
// 添加如下配置
Alias /mirrors /var/ftp/mirrors
<Directory /var/ftp/mirrors>
        Options Indexes FollowSymlinks
        IndexOptions +DescriptionWidth=* +FoldersFirst
        Order Allow,Deny
        Allow from 192.168.0    127.0.0.1
</Directory>

Alias   /centos         /var/ftp/mirrors/centos/
#Alias /rhel            /var/ftp/mirrors/rhel/
Alias   /epel           /var/ftp/mirrors/epel/
Alias   /remi           /var/ftp/mirrors/remi/
Alias   /rpmforge       /var/ftp/mirrors/rpmforge/
Alias   /custom         /var/ftp/mirrors/custom/

Alias /ks /kickstart
<Directory /kickstart>
        Options Indexes FollowSymlinks
        IndexOptions +DescriptionWidth=* +FoldersFirst

        Order Allow,Deny
```

```
        Allow from 192.168.0   127.0.0.1
</Directory>
// 编辑后保存退出 vi
#
// 测试语法正确性
# apachectl -t
Syntax OK
// 重新启动 Apache
# service httpd restart
// 测试
# elinks http://localhost/mirrors
# elinks http://192.168.0.252/ks
# elinks http://www.olabs.lan/centos
```

> **注意**
>
> 上面的功能也可以通过在文档根目录（/var/www/html）下创建符号链接来实现，当然文档根目录必须由“Options FollowSymLinks”配置（默认存在）。但是，使用符号链接的缺点是不容易追踪这些不包含在文档根目录之外的目录。
>
> 便于管理员维护的做法是在配置文件中明确地使用 Alias 指令来添加对不包含在文档根目录之内的资源，并根据需要设置访问控制。

7.3.2 认证授权

1．认证

认证和授权是 Apache 允许指定用户使用用户名和口令访问特定资源的一种方式。认证（Authentication）是指任何识别用户身份的过程。

（1）两种认证类型

在 RFC 2617 中定义了两种认证方式，分别为：基本（Basic）认证和摘要（Digest）认证。表 7-8 列出了两种认证的比较。

表 7-8 基本认证和摘要认证

比 较 项 目	基 本 认 证	摘 要 认 证
Apache 认证类型模块	mod_auth_basic	mod_auth_digest
口令证书管理程序	htpasswd	htdigest
浏览器支持情况	所有浏览器均支持	绝大多数浏览器均支持
特点	可用于任何认证领域	只用于指定的认证领域
	在网络中传输明文口令，不安全	在网络中传输 MD5 口令，更安全

在 Apache 2.2 中提供了多种不同的口令证书存储机制的认证模块。

- 纯文本文件：mod_authn_file。
- DBM 数据库文件：mod_authn_dbm。
- 关系数据库：mod_authn_dbd。
- LDAP：mod_authnz_ldap。

默认使用纯文本文件存储认证口令证书。当需要认证的用户数较多时，为了加快用户检索可以使用 DBM 数据库，为了与其他应用集成可以使用关系数据库或 LDAP 存储。本节仅介绍使用纯文本文件存储认证口令证书的情况。

（2）认证的配置指令

所有的认证配置指令既可以出现在主配置文件的<Directory>或<Location>容器中，也可以出现在./htaccess 文件中。表 7-9 列出了可用的认证配置指令。

表 7-9　Apache 的认证配置指令

指　令	指令语法	认证类型	说　明
AuthName	AuthName <认证领域名称>	Basic 或 Digest	定义受保护领域的名称
AuthType	AuthType Basic 或 Digest	Basic 或 Digest	定义使用的认证方式
AuthGroupFile	AuthGroupFile <文件名>	Basic 或 Digest	指定认证组文件的位置
AuthUserFile	AuthUserFile <文件名>	Basic 或 Digest	指定认证口令文件的位置
AuthDigestDomain	AuthDigestDomain URI [URI] …	Digest	指定需要认证的 URI

2．授权

授权（Authorization）是允许特定用户访问特定区域或信息的过程。在 Apache 2.2 中提供了不同证书存储机制的授权模块。

- 纯文本文件：mod_authz_user 和 mod_authz_groupfile。
- DBM 文件：mod_authz_dbm。
- LDAP：mod_authnz_ldap。

当使用认证指令配置了认证之后，还需要为指定的用户或组进行授权。

使用纯文本证书存储机时为用户或组进行授权的指令是 Require（使用其他不同证书存储机制的授权还需要其他的配置指令，此处不再赘述）。

Require 指令的 3 种使用格式如表 7-10 所示。

表 7-10　Apache 的授权配置指令的使用格式

指令语法格式	说　明
Require user 用户名 [用户名] ……	授权给指定的一个或多个用户
Require group 组名 [组名] ……	授权给指定的一个或多个组
Require valid-user	授权给认证口令文件中的所有用户

3．管理认证口令文件和认证组文件

认证证书实际上是存储了用户名及其口令的纯文本文件、数据库文件或 LDAP 目录等。本节仅讨论纯文本文件的认证证书。

基于纯文本文件的基本认证的认证证书管理需要使用 htpasswd 命令，摘要认证的认证证书管理需要使用 htdigest 命令。表 7-11 列出了这两个命令的使用方法。

表 7-11　htpasswd 和 htdigest 命令的使用方法

功　能	htpasswd	htdigest
添加一个认证用户的同时创建认证口令文件	htpasswd -cm <认证口令文件名> <用户名>	htdigest -c <认证口令文件名> <认证领域> <用户名>
向现存的口令文件中添加用户或修改已存在的用户的口令	htpasswd -m <认证口令文件名> <用户名>	htdigest <认证口令文件名> <认证领域> <用户名>
从认证口令文件中删除用户及其口令	htpasswd -D <认证口令文件名> <用户名>	无此功能，需要直接编辑认证口令文件

htpasswd 命令默认使用 CRYPT 算法的加密口令，使用-m 参数可以生成 MD5 算法的加密

口令。此外，htpasswd 命令还提供了-b 参数用于在命令行上直接指定用户名及其口令，而非交互模式。

除了用户认证口令文件之外，Apache 还支持认证组文件。但 Apache 没有提供创建认证组文件的命令，它只是一个文本文件，可以使用任何的文本编辑器创建并修改此文件。该文件中每一行的格式如下：

```
组名 用户名 用户名 ……
```

在认证组文件中指定的用户名，必须先使用 htpasswd 或 htdigest 命令添加到认证口令文件中。

> 注意
>
> 基于安全因素的考虑，认证口令文件和认证组文件不应该存放在 DocumentRoot 指令指定的目录或其子目录下。
>
> 由于 CentOS 的 Apache 的子进程以 apache 用户运行，所以必须保证 apache 用户能进入认证口令文件和认证组文件所在的目录，且能被 apache 子进程在认证过程中读取这两个文件的内容。

4．认证和授权配置举例

下面给出一个在<Location>容器中使用基本认证的例子。

操作步骤 7.3 在主配置文件中配置对/server-status 访问的基本认证。

```
// 1. 创建被主配置文件包含的配置文件
# vi /etc/httpd/conf.d/server-status.conf
// 添加如下的配置行
#ExtendedStatus On
<Location /server-status>
    // 由 mod_status 模块生成服务器状态信息
    SetHandler server-status

    // 指定使用基本认证方式
    AuthType Basic
    // 指定认证领域名称
    AuthName "Server Status"
    // 指定认证口令文件的存放位置
    AuthUserFile /etc/httpd/passwd/jamond
    // 授权给认证口令文件中的所有用户
    require valid-user

    // 启用主机访问控制，仅允许本地主机和本地网络访问
    #Order deny,allow
    #Allow from 192.168.0.0/24 127.0.0.1
    // Satisfy 指令用于控制主机访问控制和用户认证授权是否同时实施
    // Satisfy all：表示同时实施主机访问控制和用户认证授权（Satisfy 的默认值）
    // Satisfy any：表示主机访问控制和用户认证授权任何一种条件满足即可访问
    // 对于本例来说，本地主机和本地网络（192.168.0.0/24 127.0.0.1）可直接访问
    // 其他主机的访问则使用用户的 HTTP 认证来访问
```

```
        #Satisfy any
        // 为了在本地网络上测试用户的 HTTP 认证，请先注释上述三条指令
        // 测试 HTTP 认证之后再取消上述三条指令的注释，测试主机访问控制是否生效
</Location>
#
// 2. 创建认证口令文件，并添加两个用户，并将认证口令文件的属主改为 apache
# mkdir /etc/httpd/passwd
# htpasswd -bcm /etc/httpd/passwd/jamond osmond osmondspasswd
# htpasswd -bm /etc/httpd/passwd/jamond jason jasonspasswd
# chown apache /etc/httpd/passwd/jamond
#
// 3. 检测配置文件的正确性并重新启动 httpd
# httpd –t
# service httpd restart
#
// 4. 在客户端使用浏览器检测配置
# elinks http://www.olabs.lan/server-status
// 输入用户名 osmond 及其口令 osmondspasswd 之后，即可显示服务器的状态信息页面，
// 也可以使用用户名 jason 及其口令 jasonspasswd 进行访问测试
```

7.4 Apache 的虚拟主机

7.4.1 虚拟主机简介

1．虚拟主机及其实现

Apache 的虚拟主机主要应用于 HTTP 服务，将一台主机虚拟成多台 Web 服务器。举个例子来说，一家公司想从事提供主机代管服务，它为其他企业提供 Web 服务。那么它肯定不是为每一家企业都各准备一台物理服务器，而是用一台功能较强大的服务器，用虚拟主机的形式，提供多个企业的 Web 服务，虽然所有的 Web 服务就是这台服务器提供的，但是让访问者看起来却像是在不同的服务器上获得 Web 服务。举例来说，可以利用虚拟主机服务将两个不同公司 www.company1.com 与 www.company2.com 的主页内容都存放在同一台主机上。而访问者只需输入公司各自的域名就可以访问到它想得到的主页内容。

用 Apache 设置虚拟主机服务通常可以采用两种方案。

- 基于 IP 地址的虚拟主机：每个网站拥有不同的 IP 地址。
- 基于名字的虚拟主机：主机只有一个 IP 地址，可以使用不同的域名来访问不同的网站。 这是最常用的虚拟主机。

提示

1. 若主机只有一个 IP 地址，也可以使用不同的端口号来访问不同的网站，称为“基于端口的虚拟主机”。通常用于临时测试环境。

2. 在一台主机上配置基于 IP 的虚拟主机时，既可以安装配置多个网络接口，也可以为一个网络接口绑定多个 IP 地址。

3. 可以在一台主机上混合配置不同方式的虚拟主机。

4. 无论哪一种虚拟主机，都应该配置 DNS。只有基于 IP 的虚拟主机可以使用 IP 地址和域名访问；而基于域名的虚拟主机只能使用域名访问。

2．虚拟主机配置指令

无论配置基于 IP 的虚拟主机还是配置基于域名的虚拟主机都需要使用<VirtualHost>容器，下面是 Apache 的配置文件中给出的虚拟主机配置样例。

```
<VirtualHost :80>
    ServerAdmin webmaster@dummy-host.example.com
    DocumentRoot /www/docs/dummy-host.example.com
    ServerName dummy-host.example.com
    ErrorLog logs/dummy-host.example.com-error_log
    CustomLog logs/dummy-host.example.com-access_log common
</VirtualHost>
```

其中：

- ServerAdmin：用于指定当前虚拟主机的管理员 E-mail 地址。
- DocumentRoot：用于指定当前虚拟主机的根文档目录。
- ServerName：用于指定当前虚拟主机的名称和端口号。
- ErrorLog：用于指定当前虚拟主机的错误日志存放路径。
- CustomLog：用于指定当前虚拟主机的访问日志存放路径。

若配置基于域名的虚拟主机，需要在 <VirtualHost> 容器之外使用 NameVirtualHost 指令为一个基于域名的虚拟主机指定一个 IP 地址（可以使用*表示本机配置的所有 IP 地址）和端口（省略端口部分表示 80 端口）。

在 <VirtualHost> 容器中还可以放入其他指令。大部分的 Apache 指令都可以放入 <VirtualHost> 容器中以改变相应虚拟主机配置。例如，可以在 <VirtualHost> 容器中使用 <Directory>、<Location> 等容器设置访问控制等。如果想了解某指令是否可以放入 <VirtualHost> 容器，请参见 Apache 手册中指令的作用域。

3．主服务器配置与虚拟主机配置的关系

（1）覆盖性

主服务器（Main Server）范围内的配置指令（在所有 <VirtualHost> 容器之外的指令，包括主配置文件使用 Include 包含的配置文件中的指令） 仅在它们没有被虚拟主机的配置覆盖时才起作用。换句话说，<VirtualHost> 容器中的指令会覆盖主服务器范围内同名的配置指令。

（2）继承性

每个虚拟主机都会从主服务器配置继承相关的配置。例如，当在 <VirtualHost> 容器中没有使用 DirectoryIndex 配置指令时，因为在主服务器配置中已经出现如下配置语句：

```
DirectoryIndex index.html index.var
```

所以当访问虚拟主机时，能够显示 index.html 页面。

4．使用虚拟主机配置文件

配置虚拟主机时可以在主配置文件中进行。但是为了方便维护虚拟主机的配置，通常为某个虚拟主机或某组虚拟主机使用单独的配置文件。为此，首先修改主配置文件/etc/httpd/conf/httpd.conf，在文件尾部添加如下的配置行：

```
Include vhosts.d/*.conf
```

然后使用如下命令创建存放虚拟主机配置文件的目录：

```
# mkdir /etc/httpd/vhosts.d
```

如此配置之后，即可在/etc/httpd/vhost.d 目录下创建虚拟主机配置文件了。

7.4.2 配置基于 IP 的虚拟主机

1．基于 IP 的虚拟主机的配置步骤

1）在一台主机上配置多个 IP 地址并配置域名解析。

2）创建文档目录和测试主页。

3）修改配置文件，添加虚拟主机配置。

4）重新启动 Apache，分别使用 IP 和域名进行访问测试。

在一台计算机上配置多个 IP 地址有两种方法：

- 安装多块物理网卡，对每块网卡配置不同的 IP 地址。
- 在一块网卡上绑定多个 IP 地址。为了方便实验，本书采用此方法。

配置域名解析时可以使用如下方法：

- 在实际环境中通常需要配置 BIND，修改区文件添加 A 等资源记录配置。
- 若局域网中有 Dnsmasq 服务器，且局域网中的所有主机的 DNS 解析均指向此 Dnsmasq 服务器，则仅需修改 Dnsmasq 服务器中的/etc/hosts，或在其配置中添加 address 语句实现泛域名解析配置。然后重启 dnsmasq 服务即可。
- 若局域网中无 Dnsmasq 服务器，为了方便测试虚拟主机，也可以直接配置测试主机上的静态解析 Hosts 表文件。Linux 中的配置文件为 /etc/hosts；Windows 下为 C:\WINDOWS\System32\drivers\etc\hosts。为了方便实验，本文采用此方法。

2．基于 IP 的虚拟主机的配置举例

下面举例说明在 192.168.0.111 的 80 端口上创建一个基于 IP 的虚拟主机以及在 192.168.0.252 的 8848 端口上创建一个基于端口号的虚拟主机的配置过程。

操作步骤 7.4 配置 Apache 基于 IP 和端口号的虚拟主机。

```
// 1. 配置虚拟网络接口
# ifconfig eth0:0 192.168.0.111 up
// 上面的配置是临时的，重启主机后将失效。要实现永久配置需要执行如下配置：
# cd /etc/sysconfig/network-scripts/
# cat ifcfg-eth0|egrep '(NAME)|(DEVICE)|(IPADDR)'
NAME=eth0
IPADDR=192.168.0.252
# cp ifcfg-eth0 ifcfg-eth0:1
# sed -i "s/eth0/eth0:1/"   ifcfg-eth0:1
# sed -i "s/192.168.0.252/192.168.0.111/"   ifcfg-eth0:1
# ifconfig | egrep '(^eth)|(inet addr)'| grep -v 127.0.0.1
eth0      Link encap:Ethernet  HWaddr 00:01:2E:40:94:35
          inet addr:192.168.0.252  Bcast:192.168.0.255  Mask:255.255.255.0
eth0:1    Link encap:Ethernet  HWaddr 00:01:2E:40:94:35
          inet addr:192.168.0.111  Bcast:192.168.0.255  Mask:255.255.255.0
```

```
# service network restart
// 配置静态域名解析
# echo "192.168.0.111 www.ipvhost.lan" >>/etc/hosts
#
// 2. 创建虚拟主机的根文档目录和各自的测试主页
# mkdir -p /var/www/vhosts/192.168.0.111/{htdocs,logs,conf,cgi-bin}
# mkdir -p /var/www/vhosts/192.168.0.252_8848/{htdocs,logs,conf,cgi-bin}
// 此处创建了 4 个子目录，只有 htdocs 是必需的，其他为可选，还可以根据需要创建其他目录
// htdocs：存放虚拟主机的 Web 文档
// logs：存放与主服务器分离的本虚拟主机的日志文件
// conf：存放与本虚拟主机相关的配置文件，如用户验证口令文件等
// cgi-bin：存放本虚拟主机自己使用的 CGI 程序
# cd /var/www/vhosts/
# echo 'www.ipvhost.lan' > 192.168.0.111/htdocs/index.html
# echo 'www.olabs.lan:8848' > 192.168.0.252_8848/htdocs/index.html
# tree /var/www/vhosts/
/var/www/vhosts/
|-- 192.168.0.111
|   |-- cgi-bin
|   |-- conf
|   |-- htdocs
|   |   `-- index.html
|   `-- logs
`-- 192.168.0.252_8848
    |-- cgi-bin
    |-- conf
    |-- htdocs
    |   `-- index.html
    `-- logs
// 3. 配置被 Apache 主配置文件包含的虚拟主机配置文件
# vi /etc/httpd/vhosts.d/ip-vhosts.conf
//添加如下的配置行
<VirtualHost 192.168.0.111:80>
    ServerName www.ipvhost.lan
    DocumentRoot /var/www/vhosts/192.168.0.111/htdocs
    <Directory /var/www/vhosts/192.168.0.111/htdocs>
        Options MultiViews -Indexes FollowSymLinks
        AllowOverride None
        Order allow,deny
        allow from all
    </Directory>
</VirtualHost>
# vi /etc/httpd/vhosts.d/port-vhost_8848.conf
//添加如下的配置行
Listen 8848
<VirtualHost 192.168.0.252:8848>
```

```
        ServerName www.olabs.lan:8848
        DocumentRoot /var/www/vhosts/192.168.0.252_8848/htdocs
        <Directory /var/www/vhosts/192.168.0.252_8848/htdocs>
            Options MultiViews -Indexes FollowSymLinks
            AllowOverride None
            Order allow,deny
            allow from all
        </Directory>
</VirtualHost>
// 4. 检测虚拟主机配置并重新启动 Apache
# apachectl -S
192.168.0.111:80          www.ipvhost.lan (/etc/httpd/vhosts.d/ip-vhosts.conf:1)
192.168.0.252:8848        www.olabs.lan (/etc/httpd/vhosts.d/ip-vhosts.conf:12)
Syntax OK
# service   httpd restart
// 5. 修改 iptabls 防火墙开启 8848 端口，以便在其他主机上进行网络测试
# lokkit -p 8848:tcp
// 或
# sed  -i '/80/ s/$/\n-A INPUT -m state --state NEW -m tcp -p tcp --dport 8848 -j ACCEPT/' /etc/sysconfig/iptables
# service iptables restart
// 6. 在客户浏览器上进行测试
$ elinks http://192.168.0.111
$ elinks http://www.ipvhost.lan
$ elinks http://192.168.0.252:8848
$ elinks http://www.olabs.lan:8848
```

7.4.3 配置基于域名的虚拟主机

1．基于域名的虚拟主机的配置步骤

1）配置虚拟主机的域名解析。

2）创建文档目录和测试主页。

3）修改配置文件添加虚拟主机配置。

4）重新启动 Apache，使用域名进行访问测试。

2．基于域名的虚拟主机的配置举例

Apache 服务器 IP 地址为 192.168.0.252，主服务器域名为 www.olabs.lan，下面举例说明在此服务器上创建 www.olabs.net 和 wiki.olabs.net 两个基于域名（这两个域名也解析到 IP 地址 192.168.0.252）的虚拟主机的配置过程。

操作步骤 7.5 配置 Apache 基于域名的虚拟主机。

```
// 1. 配置虚拟主机的域名解析
// 在实际环境中通常要配置 BIND，作为测试，本例使用修改静态主机表的方法
# echo "192.168.0.252      www.olabs.net"   >> /etc/hosts
# echo "192.168.0.252      olabs.net"   >> /etc/hosts
# echo "192.168.0.252      wiki.olabs.net"   >> /etc/hosts
```

```
# echo "192.168.0.252        docs.olabs.net"    >> /etc/hosts
// 若启用了 dnsmasq 服务，也可以在其配置文件中添加如下的泛域名解析配置行并重启之
address=/olabs.net/192.168.0.252
// 2. 创建文档目录和测试主页
# mkdir -p /var/www/vhosts/{www,wiki}.olabs.net/{htdocs,logs,conf,cgi-bin}
# echo 'www.olabs.net' > /var/www/vhosts/www.olabs.net/htdocs/index.html
# echo 'wiki.olabs.net' > /var/www/vhosts/wiki.olabs.net/htdocs/index.html
// 3. 在主配置文件或其包含的配置文件中设置 NameVirtualHost 指令支持 80 端口的虚拟主机
// 即在 <VirtualHost> 容器之外使用 NameVirtualHost 指令
# echo 'NameVirtualHost *:80' > /etc/httpd/conf.d/NameVirtualHost.conf
// 4. 配置被 Apache 主配置文件包含的虚拟主机配置文件
# vi /etc/httpd/vhosts.d/www.olabs.net
// 添加如下的配置行（并做虚拟主机的分离日志配置）
<VirtualHost *:80>
    ServerAdmin webmaster@olabs.net
    ServerName www.olabs.net
    ServerAlias olabs.net
    DocumentRoot /var/www/vhosts/www.olabs.net/htdocs/
    ErrorLog /var/www/vhosts/www.olabs.net/logs/error_log
    CustomLog /var/www/vhosts/www.olabs.net/logs/access_log combined
    <Directory /var/www/vhosts/www.olabs.net/htdocs/>
        Options MultiViews -Indexes FollowSymLinks
        AllowOverride None
        Order allow,deny
        allow from all
    </Directory>
</VirtualHost>
// 编辑后退出 vi
// 生成配置文件/etc/httpd/vhosts.d/wiki.olabs.net
# cp /etc/httpd/vhosts.d/{www,wiki}.olabs.net
# sed -i 's/www.olabs/wiki.olabs/' /etc/httpd/vhosts.d/wiki.olabs.net
# sed -i 's/ServerAlias olabs.net/ServerAlias docs.olabs.net/' \
        /etc/httpd/vhosts.d/wiki.olabs.net
// 5. 启用虚拟主机配置
// 为了方便管理一个虚拟主机是否启用，可以采用如下的方法：
//（1）创建虚拟主机配置文件时使用不包含 .conf 后缀的文件名
//（2）因为在主配置文件中添加了配置语句 Include vhosts.d/*.conf，
//     所以要启用一个虚拟主机的配置可以创建一个包含 .conf 文件名后缀的符号链接文件，
//     若要停用此虚拟主机只要删除符号链接文件，重新启动 Apache 即可
# cd /etc/httpd/vhosts.d/
# ln -s www.olabs.net www.olabs.net.conf
# ln -s wiki.olabs.net{,.conf}
# ll
-rw-r--r-- 1 root root 554 4 月    2 23:53 ip-vhosts.conf
-rw-r--r-- 1 root root 445 4 月    3 01:15 wiki.olabs.net
lrwxrwxrwx 1 root root   14 4 月    3 01:17 wiki.olabs.net.conf -> wiki.olabs.net
```

```
-rw-r--r-- 1 root root 435 4 月      3 01:12 www.olabs.net
lrwxrwxrwx 1 root root    13 4 月      3 01:17 www.olabs.net.conf -> www.olabs.net
// 6. 检测虚拟主机配置并重新启动 Apache
# httpd -S
# service httpd restart
// 7. 测试基于域名的虚拟主机
# elinks http://www.olabs.net
# elinks http://olabs.net
# elinks http://wiki.olabs.net
# elinks http://docs.olabs.net
// 8. 配置 logrotate 实现虚拟主机的日志滚动
# cp /etc/logrotate.d/httpd{,_vhosts}
# sed -i 's#/var/log/httpd#/var/www/vhosts/*/logs#' \
    /etc/logrotate.d/httpd_vhosts
// 9. 为原来的主服务器配置虚拟主机
// 当在同一个 IP（如 192.168.0.252）上配置了基于域名的虚拟主机后，原来的主服务器将失效
// 从 https –S 命令的输出可知
# httpd -S
…………
*:80                         is a NameVirtualHost
        Default server wiki.olabs.net (/etc/httpd/vhosts.d/wiki.olabs.net.conf:1)
…………
// 当前默认的服务器是第一个基于域名的虚拟主机 wiki.olabs.net
// 因此针对原来主服务的访问都指向了 http://wiki.olabs.net
# elinks http://www.olabs.lan
# elinks http://192.168.0.252
// 解决此问题的方法是为原来的主服务器再配置一个虚拟主机，并配置其为默认，以便能用 IP 访问
# echo '
<VirtualHost _default_:80>
    DocumentRoot /var/www/html
    ServerName www.olabs.lan
</VirtualHost>
' > /etc/httpd/vhosts.d/default-main.conf
// 检测虚拟主机配置、重启服务并测试
# httpd -S
# service httpd reload
# elinks http://www.olabs.lan
# elinks http://192.168.0.252
```

提示

若在虚拟主机的<VirtualHost>容器之内没有配置日志指令，则每个虚拟主机将继承使用主配置文件中<VirtualHost>容器之外的日志配置。

若希望将不同虚拟主机的日志文件分离放置于不同的文件，需在<VirtualHost>容器之内使用 ErrorLog 和 CustomLog 语句指定本虚拟主机单独使用的日志文件，并配置基于 logrotate 实现的日志滚动。

7.5 Apache 的安全配置

7.5.1 基于 SSL 的 Apache

1．Apache 的 SSL 支持

Apache HTTP 服务器模块 mod_ssl 提供了与 OpenSSL 的接口，它使用安全套接字层和传输层安全协议提供强加密。 此模块基于 Ralf S. Engelschall 的 mod_ssl（http://www.modssl.org/）项目。

要安装 mod_ssl 模块可以执行如下命令。

```
# yum -y install mod_ssl
```

基于 SSL 的 HTTPS 协议监听在 443 端口，而 Aapche 的主服务器已经监听在 80 端口，因此要支持 HTTPS 协议，必须配置基于 443 端口的虚拟主机（可以是基于 IP 的，也可以是基于域名的）。

要配置 Apache 支持 SSL，与上一章配置 vsftpd 支持 SSL 类似，也要经过两个步骤：

步骤 1：生成服务器私钥文件和证书文件。

步骤 2：修改 Apache 的配置文件并启动服务。

当安装了 mod_ssl 模块之后，会看到被 Apache 主配置文件包含的配置文件/etc/httpd/conf.d/ssl.conf，在此配置文件中默认创建了一个基于 443 端口的虚拟主机。

```
# grep 'Module|Listen|VirtualHost|Engine|Certificate' /etc/httpd/conf.d/ssl.conf |grep -v ^#
LoadModule ssl_module modules/mod_ssl.so
Listen 443
<VirtualHost _default_:443>
SSLEngine on
SSLCertificateFile /etc/pki/tls/certs/localhost.crt
SSLCertificateKeyFile /etc/pki/tls/private/localhost.key
</VirtualHost>
```

其中，_default_:443 中的_default_表示此虚拟主机是默认的基于 IP 的虚拟主机。也就是说，可以使用 **https://<服务器的 IP 地址>** 访问此虚拟主机，当然若服务器 IP 配置了对应的 FQDN，也可以使用 **https://<服务器的 FQDN>** 访问此虚拟主机。

在/etc/httpd/conf.d/ssl.conf 中默认已经配置了名为/etc/pki/tls/private/localhost.key 的私钥和名为/etc/pki/tls/certs/localhost.crt 的自签名证书，且这两个文件已经在安装 mod_ssl 软件包时生成，可以使用如下命令查看生成这两个文件的脚本。

```
# rpm -q --scripts mod_ssl
```

可以使用如下命令查看私钥和自签名证书的结构信息：

```
# openssl rsa -text -in /etc/pki/tls/private/localhost.key
# openssl x509 -text -in /etc/pki/tls/certs/localhost.crt
```

因为默认已经配置好了私钥和证书，所以重新启动 Apache 服务器之后，即可使用浏览器访问了。

```
# service httpd restart
# w3m https://192.168.0.254
# w3m https://www.olabs.lan
```

> 提示 在 Windows 环境下，可以使用 IE、FireFox、Chrome 等浏览器测试；若 Linux 上安装了图形环境，也可以使用 FireFox 浏览器进行测试。但不管使用何种浏览器，由于此证书是自签名证书，所以都会显示证书不可信的信息，在测试环境中，可以添加对此证书的额外信任从而浏览站点内容。

2．与 SSL 相关的 Apache 配置指令

表 7-12 列出了 Apache 中常用的与 SSL 相关的配置指令及其说明。

表 7-12　Apache 中常用的与 SSL 相关的配置指令及其说明

指　令	说　明
SSLEngine	用于开启或关闭 SSL/TLS 协议引擎，一般用于<VirtualHost>段中针对特定的虚拟主机开启 SSL/TLS 引擎。默认值为 off，要开启 SSL 引擎需将其设置为 on
SSLProtocol	用于控制 mod_ssl 允许使用哪些版本的 SSL/TLS 协议，通过握手协商客户端只能使用被允许的协议。可取值为 SSLv2、SSLv3、TLSv1、TLSv1.1、TLSv1.2 以及 ALL（等价于+SSLv2 +SSLv3 +TLSv1 +TLSv1.1 +TLSv1.2）
SSLCipherSuite	用于在 SSL 握手过程中进行加密算法协商时告诉客户端允许使用哪些加密算法。取值是一个冒号分隔的 OpenSSL 加密算法套件字符串。CentOS 的 ssl.conf 中的值为 ALL:!ADH:!EXPORT:!SSLv2:RC4+RSA:+HIGH:+MEDIUM:+LOW
SSLHonorCipherOrder	用于指定是否强制使用服务器端的加密算法套件优先级顺序。在 SSL/TLS 握手阶段，服务器通常优先尊重客户端给出的加密算法套件优先级顺序。但是，如果将此指令设为"on"，那么将优先使用服务器端的优先级顺序。
SSLStrictSNIVHostCheck	指定是否允许不支持 TLS-SNI（Server Name Indication）的客户端访问基于域名的 SSL 虚拟主机。该指令的默认值为 off，即允许不支持 TLS-SNI 的客户端访问基于域名的 SSL 虚拟主机。若在非默认的基于域名的虚拟主机里设置为"on"，则不支持 SNI 的客户端不允许访问此特定的虚拟主机。若在默认的基于域名的虚拟主机里设置为"on"，则不支持 SNI 的客户端不允许访问任何属于该 IP /端口组合的基于域名的虚拟主机
SSLRequire	其值是一个布尔表达式。根据这个布尔表达式的值实现基于每个目录的访问控制，只有当布尔表达式的值为真时才允许 SSL 访问。这是一个非常强大的指令，因为其后所跟的表达式可以非常复杂。在布尔表达式中可以使用标准 CGI/1.0 和 Apache 变量、SSL 相关的变量实现逻辑判断
SSLCertificateFile	用于指定服务器证书文件（PEM 编码格式的 X.509 证书）的位置
SSLCertificateKeyFile	用于指定服务器私钥文件（PEM 编码格式）的位置
SSLCACertificateFile	用于客户端认证。此指令指定了一个多合一的 CA 证书（PEM 编码格式），只有持有这些 CA 所签发证书的客户端才允许访问
SSLVerifyClient	用于客户端认证。此指令指定对客户端证书的验证级别。取值 none 表示根本不要求客户端持有证书（默认值）；取值 require 表示客户端必须持有一个有效的证书
SSLVerifyDepth	用于客户端认证。此指令指定验证客户端证书有效性时允许的最大证书链深度，所谓的"最大深度"其实是指证书链上中间 CA 的最大个数。"0"表示仅接受自签名证书。默认值"1"表示只接受自签名证书和已知 CA 直接签名的证书

3．配置 Apache 基于域名的 SSL 虚拟主机

一般地，一个证书的 DN（Distinguished Name）中包含一个唯一的 CN（Common Name），当证书的 CN 与 Apache 所配置的 SSL/TLS 虚拟主机的域名一致时才能访问此虚拟主机。

如何在相同的 IP 地址 443 端口上创建多个 SSL/TLS 的基于域名的虚拟主机，一直是被广泛探讨和研究的课题。之所以探讨这个课题，究其原因是由于基于 SSL/TLS 的 HTTPS 协议的限制所导致的。HTTPS 协议的过程是：服务器首先与客户机之间进行服务器身份验证并协商安全会话，然后客户端向服务器发送 HTTP 请求。因此，在客户端开始发送 HTTP 请求之前，服务器就已经把证书发给了客户端（客户端根据本地的根证书去验证证书链，等等）。在这个过程中，客户端所访问的域名所处的地位是“被告知”的地位。若 SSL/TLS 协商之后客户端发出的 Host: 请求头中的域名恰巧与 SSL/TLS 协商过程中发来证书的 CN 一致，则基于该域名的 HTTPS 站点可以被访问，否则不能被访问。对于 Apache 来说，在 SSL/TLS 协商过程中发送给客户端的证书是基于 IP:Port 上配置的第一个虚拟主机所指定的证书，即使配置了多个虚拟主机使用了不同的证书，在 SSL/TLS 协商过程中也只发送第一个虚拟主机所指定的证书，从而造成其他虚拟主机不可访问（因为证书的 CN 与请求头中的域名不一致）。

解决这个问题，通常有三种方法。

- 在一个证书中支持泛域名（*.domain.tld）。
- 在一个证书中支持多个域名（这些域名可以不属于同一个子域）。
- 客户端在 SSL/TLS 握手之初先向服务器端指出所要访问的主机域名，服务器端根据客户端所指定的域名来决定发送哪个证书。

前两种方法的实现是证书制作范畴，通过 SAN（Subject Alternative Name，主体备用名称）的 X.509 扩展实现（RFC 2459），即使用 subjectAltName 指定多个域名，既可以分别指定多个域名，也可以使用通配符的泛域名或两者混用。但是，通常认为使用通配符的泛域名是不安全的，因为一个证书可以验证整个域下面的所有服务器，一旦其被破解，则所有加密通信也就同时失密了。多域名证书（SAN 证书）通常也称 UCC（Unified Communications Certificates，统一通信证书）。

第三种方法是通过 TLS 协议的 SNI（Server Name Indication，服务器名称指示）扩展实现的（RFC 6066）。OpenSSL 从版本 0.9.8k 开始已经默认支持 TLS-SNI 扩展，Apache 从版本 2.2.12 开始其 mod_ssl 模块已经支持 TLS-SNI 扩展。这就意味着在 CentOS 6.5 中，可以在同一 IP 的 443 端口上创建多个 SSL/TLS 的基于域名的虚拟主机，且每个虚拟主机可以分别使用各自的证书。

当今，几乎所有的主流浏览器都支持 X509 的 SAN 扩展和 TLS 的 SNI 扩展。Firefox 从版本 2.0 开始支持；微软从 IE7 开始支持，但一些移动设备上的浏览器对上述扩展的支持仍有盲点。

因为 CentOS 6.5 中的 Apache 支持 TLS-SNI 扩展，所以在同一 IP 的 443 端口上创建多个 SSL/TLS 的基于域名的虚拟主机的配置相对简单，只需在不同的基于域名的<VirtualHost> 容器中指定此虚拟主机域名对应的证书和私钥即可。下面主要说明多域名证书的生成和 Apache 中使用多域名证书的配置。

4．生成多域名证书

若仅要支持单一域名的 HTTPS 协议的 Web 站点，自签名证书的创建过程与上一章的操作步骤 6.6 一致。

要获得 SAN 证书，在生成证书时就要使用 subjectAltName 指定多个域名。

操作步骤 7.6 生成支持 SAN 扩展的 X509 证书。

```
// 1. 生成服务器的私钥文件
# cd /etc/pki/tls
# openssl genrsa -out private/olabs.net.key 2048
```

```
# chmod 600 private/olabs.net.key
// 2. 生成证书签名请求文件
# openssl req -new -key private/olabs.net.key -out req/olabs.net.csr \
    -subj '/O=olabs/L=Beijing/C=CN/emailAddress=osmond@olabs.net/CN=olabs.net'
// 3. 生成扩展配置文件
# cd /etc/pki/tls
// 使用 subjectAltName 指定多个域名
// 每个域名前使用"DNS:"前缀，且各个域名之间使用逗号间隔（写在一行里，此处换行是为了排版）
# cat <<EOT> certs/olabs.net.ext
subjectAltName = DNS:olabs.net, DNS:www.olabs.net, DNS:wiki.olabs.net, DNS:docs.olabs.net, DNS:www.olabs.lan
# 若使用通配符，可以写成：（基于安全考虑，不建议使用）
# subjectAltName = DNS:olabs.net, DNS:*.olabs.net, DNS:www.olabs.lan
EOT
// 4. 生成自签名证书文件
# openssl x509 -req -days 365 \
  -in req/olabs.net.csr -signkey private/olabs.net.key \
  -out certs/olabs.net.crt    -extfile certs/olabs.net.ext
// 5. 查看证书中的 SAN 扩展信息
# openssl x509 -text -in certs/olabs.net.crt | grep -A2 'X509v3 extensions'
        X509v3 extensions:
            X509v3 Subject Alternative Name:
                DNS:olabs.net, DNS:www.olabs.net, DNS:wiki.olabs.net, DNS:docs.olabs.net, DNS:www.olabs.lan
```

5. 配置 Apache 的 SSL/TLS 虚拟主机

下面配置 www.olabs.net（别名 olabs.net）、wiki.olabs.net（别名 docs.olabs.net）基于 HTTPS 协议访问的虚拟主机。

操作步骤 7.7 配置使用 SAN 证书的 Apache 基于域名的虚拟主机。

```
// 1. 在主配置文件或其包含的配置文件中设置 NameVirtualHost 指令支持 443 端口的虚拟主机，
// 即在 <VirtualHost> 容器之外使用 NameVirtualHost 指令
# echo 'NameVirtualHost *:443' >> /etc/httpd/conf.d/NameVirtualHost.conf
// 2. 配置被 Apache 主配置文件包含的虚拟主机配置文件
# vi /etc/httpd/vhosts.d/www.olabs.net.443
// 添加如下的配置行
<VirtualHost *:443>
    ServerAdmin webmaster@olabs.net
    ServerName www.olabs.net
    ServerAlias olabs.net

    SSLEngine on
    SSLCipherSuite HIGH:MEDIUM:!aNULL:!SSLv2
    SSLProtocol all -SSLv2
```

```
    SSLCertificateFile            /etc/pki/tls/certs/olabs.net.crt
    SSLCertificateKeyFile         /etc/pki/tls/private/olabs.net.key

    LogLevel warn
    ErrorLog /var/www/vhosts/www.olabs.net/logs/error_ssl_log
    CustomLog /var/www/vhosts/www.olabs.net/logs/access_ssl_log common
    LogFormat "%t %h %{SSL_PROTOCOL}x %{SSL_CIPHER}x \"%r\" %b" ssl_request
    CustomLog /var/www/vhosts/www.olabs.net/logs/ssl_request_log ssl_request

    UseCanonicalName On
    ServerSignature Off
    # 提示：本例使用了与 HTTP 协议（80 端口）虚拟主机一致的根文档目录，
    #         因为是有别于 80 端口的另一个虚拟主机，所以完全可以指定另外的根文档目录
    DocumentRoot /var/www/vhosts/www.olabs.net/htdocs/
    <Directory /var/www/vhosts/www.olabs.net/htdocs/>
        Options MultiViews -Indexes FollowSymLinks
        AllowOverride None
        Order allow,deny
        allow from all
    </Directory>
</VirtualHost>
// 编辑后退出 vi
// 生成配置文件 /etc/httpd/vhosts.d/wiki.olabs.net.443
# cp /etc/httpd/vhosts.d/{www,wiki}.olabs.net.443
# sed -i 's/www.olabs/wiki.olabs/' /etc/httpd/vhosts.d/wiki.olabs.net.443
# sed -i 's/ServerAlias olabs.net/ServerAlias docs.olabs.net/' \
            /etc/httpd/vhosts.d/wiki.olabs.net.443
// 启用 SSL 虚拟主机的配置文件
# cd /etc/httpd/vhosts.d/
# ln -s www.olabs.net.443 www.olabs.net.443.conf
# ln -s wiki.olabs.net.443 wiki.olabs.net.443.conf
// 3. 检测虚拟主机配置并重新启动
# httpd -S
# service httpd restart
// 4. 修改 iptabls 防火墙开启 443 端口
// 若防火墙还未开启 443 端口，请执行如下命令
# lokkit -p 443:tcp
// 5. 测试基于域名的 SSL/TLS 虚拟主机
# w3m https://www.olabs.net
# w3m https://olabs.net
# w3m https://wiki.olabs.net
# w3m https://docs.olabs.net
// 在 Windows 中可以使用 IE7 或 FireFox 进行测试。不管使用何种浏览器，
// 由于此证书是自签名证书，所以都会显示证书不可信的信息。
// 在测试环境中，可以添加对此证书的额外信任从而浏览站点内容
```

Apache 的 mod_ssl 模块在/etc/httpd/conf.d/ssl.conf 文件中配置了基于 IP 的 SSL/TLS 虚拟主

机（<VirtualHost_default_:443>），使用了默认生成的 localhost.crt 自签名证书和 localhost.key 私钥。因为在操作步骤 7.6 生成的 SAN 证书中，使用 subjectAltName 同时还指定了 www.olabs.lan（192.168.0.252），所以此默认的基于 IP 的 SSL/TLS 虚拟主机也可以使用这个 SAN 证书。执行如下命令即可替换证书和私钥，重启 Aapche 并测试。

```
# sed -i -e '/^SSLCertificateFile/ s/localhost.crt/olabs.net.crt/' \
       -e  '/^SSLCertificateKeyFile/ s/localhost.key/olabs.net.key/' /etc/httpd/conf.d/ssl.conf
# service httpd restart
# w3m https://www.olabs.lan
```

提示　基于同一 IP 和 443 端口号的多个虚拟主机都可以使用一张多域名的 SAN 证书，不论其是基于 IP 的虚拟主机还是基于域名的虚拟主机。

6. 将 HTTP 的访问重定向到 HTTPS

有些情况下，只希望通过 HTTPS 协议访问某网站，为了方便用户即使不使用 https://协议前缀的 URL 就能访问 HTTPS 协议的站点，例如当用户在浏览器的地址栏中输入 http://github.com 时会自动跳转到 https://github.com。为了实现此功能，可以配置监听此域名的 80 端口的虚拟主机，使用 Redirect 或 Rewrite 对站点根目录的访问重定向到 HTTPS 协议的 URL 即可。

下面举例说明，对 wiki.olabs.net 和 docs.olabs.net 的 HTTP 协议的访问重定向到 HTTPS 协议的配置过程。

操作步骤 7.8 将 HTTP 的访问重定向到 HTTPS。

```
// 1. 配置被 Apache 主配置文件包含的虚拟主机配置文件
# vi /etc/httpd/vhosts.d/wiki.olabs.net.redirect
// 添加如下的配置行
<VirtualHost *:80>
    ServerName wiki.olabs.net
    ServerAlias docs.olabs.net
    LogLevel warn
    ErrorLog /var/www/vhosts/wiki.olabs.net/logs/redirect_error_log
    RedirectPermanent /          https://wiki.olabs.net/
    ServerSignature Off
</VirtualHost>
// 编辑后退出 vi
// 2. 启用重定向的配置文件
# cd /etc/httpd/vhosts.d
// 首先删除原来名为 wiki.olabs.net.conf 的符号链接
# rm -f wiki.olabs.net.conf
// 创建.conf 后缀的新符号链接指向 wiki.olabs.net.redirect
# ln -s wiki.olabs.net.redirect wiki.olabs.net.redirect.conf
// 3. 检测虚拟主机配置并重新启动
# httpd -S
# service httpd restart
// 4. 测试 HTTP 到 HTTPS 的跳转
# w3m http://wiki.olabs.net
```

```
# w3m http://docs.olabs.net
```

7.5.2 Apache 的安全模块

1．Apache 的安全模块简介

在 Apache 中，常用的安全模块如表 7-13 所示。

表 7-13　Apache 常用的安全模块

模　块	说　明
mod_evasive	是为 Apache 提供的一个针对 Dos 和 DDos 攻击的检测和规避系统
mod_qos	是 Apache 的 QoS (Quality of Service) 模块，用以提供各种控制机制包括设置不同请求的访问优先级，和基于不同资源的服务器访问控制。通常使用该模块实现针对 Slowloris HTTP DoS（http://ha.ckers.org/slowloris/）攻击的防护
mod_security	是一个开放源码的 Web 应用防火墙（WAF）和入侵检测系统，它是以 Apache 模块的形式提供的一个为 Web 应用程序构建的预防系统。它用来保护和监测实时的 HTTP 流量以及对 Web 应用程序的野蛮攻击。它使用 OWASP（https://www.owasp.org）提供的核心规则集，这些规则用来保护 Web 应用程序以免遭常见漏洞的攻击。可检测的攻击参见 https://www.owasp.org/index.php/Category:Attack

在 EPEL 仓库中提供了这三个模块的 RPM。

2．安装配置 Apache 的安全模块

操作步骤 7.9　安装配置 Apache 的安全模块。

```
// 1. 安装 mod_evasive、mod_qos 和 mod_security
# yum -y install mod-evasive mod-qos
# yum -y install mod_security mod_security_crs
// 2. 配置 mod_evasive 防止 Dos/DDos 攻击
# vi /etc/httpd/conf.d/mod_evasive.conf
LoadModule evasive20_module modules/mod_evasive20.so
<IfModule mod_evasive20.c>
        # 定义内存中的哈希表大小，若服务器比较繁忙，这个数值可以设定大一点
        DOSHashTableSize        3097
        # 在 DOSPageInterval 定义的间隔内，同一 IP 访问同一页面的次数，超过则加入黑名单
        DOSPageCount            2
        # 在 DOSSiteInterval 定义的间隔内，同一 IP 访问站点所有页面的次数，超过则加入黑名单
        DOSSiteCount            50
        # 为 DOSPageCount 指定计时间隔，以秒为单位
        DOSPageInterval         1
        # 为 DOSSiteCount 指定计时间隔，以秒为单位
        DOSSiteInterval         1
        # 加入黑名单后拒绝访问时间，以秒为单位
        DOSBlockingPeriod       10
        # 设置邮件通知的 Email 地址
        DOSEmailNotify          you@yourdomain.com
</IfModule>
// 保存后退出 vi
3. 配置 mod_qos 防止 Slowloris HTTP DoS 攻击
# vi /etc/httpd/conf.d/mod_qos.conf
```

```
LoadModule qos_module modules/mod_qos.so
// 添加 Qos 配置
<IfModule mod_qos.c>
    # 处理来自多达 100000 个不同的 IP 连接
    QS_ClientEntries            100000
    # 只允许每个 IP 有 50 个连接
    QS_SrvMaxConnPerIP          50
    # 活动的 TCP 连接的最大数量限制为 256
    MaxClients                  256
    # 当 TCP 连接的 70%（QS_SrvMaxConnClose/ MaxClients）都被占用时，禁用 keep-alive
    QS_SrvMaxConnClose          180
    # 最小请求/响应速度（拒绝慢客户阻断服务器）
    QS_SrvMinDataRate           150 1200
    # 限制请求头和请求体（当心，同时也限制了上传和 post 请求）
    # LimitRequestFields        30
    # QS_LimitRequestBody       102400
</IfModule>
// 保存后退出 vi
4. 配置 mod_security
// 默认配置即可工作，其配置语法相对复杂，限于篇幅请参考相关的文档对其配置细化。
//    其 Apache 的模块配置文件为：/etc/httpd/conf.d/mod_security.conf，
//          默认的日志文件为（查看日志文件进行排错）：
//                SecDebugLog /var/log/httpd/modsec_debug.log
//                SecAuditLog /var/log/httpd/modsec_audit.log
//          OWASP 规则集配置文件为：
//             /etc/httpd/modsecurity.d/modsecurity_crs_10_config.conf
//             /etc/httpd/modsecurity.d/activated_rules/*.conf
5. 检测配置并重新启动
# httpd –t
# service httpd restart
```

7.6 思考与实验

1. 思考

1）什么是 Apache？简述其特点。
2）如何配置 CentOS 默认的 Apache 以提高安全性？
3）如何设置基于主机的访问控制？
4）如何使用认证和授权指令设置基于用户的访问控制？
5）Apache 有哪几种日志？Apache 的日志指令有哪些？
6）什么是虚拟主机？Apache 支持几种类型的虚拟主机？
7）如何配置 SSL/TLS 的 Apache 基于域名的虚拟主机？
8）什么是 SAN 证书？TLS 的 SNI 扩展的作用是什么？
9）简述 Apache 常用的安全模块及其作用。

2．实验

1）学会使用符号链接和别名管理站点。

2）学会配置访问控制、认证和授权。

3）学会配置基于 IP 和基于域名的虚拟主机。

4）学会查看 Apache 的日志文件。

5）学会配置虚拟主机的分离日志及其日志滚动。

6）学会配置 SSL/TLS 的 Apache 基于域名的虚拟主机。

7）安装配置 mod-evasive 和 mod-qos 模块。

3．进一步学习

1）查看 Apache 手册，了解各个模块的作用，学习常用指令的配置语法。

2）学习 mod_rewrite 模块的配置和使用。

3）学习使用.htaccess 文件分割配置任务。

4）学习配置每个用户的 Web 站点以及 suexec。

5）学习配置 httpd-itk 的 MPM 运行模式。

6）学习使用 ab 命令测试 Apache 服务器的性能。

7）学习使用 rotatelogs 和 cronolog（http://cronolog.org/） 实现日志滚动。

8）配置 SSL 双向认证（包括客户端）的 Apache 虚拟主机。

第 8 章　Nginx 基础

本章首先介绍了 Nginx 及其特性。然后介绍了 Nginx 的配置文件的结构和基本语法。接着分别介绍了全局配置指令、HTTP 配置指令、虚拟主机的配置及其 URI 匹配配置。最后介绍了 Nginx 的 SSL 配置以及 Nginx 的连接限制配置。

8.1　选用 Nginx

8.1.1　Nginx 简介

1．什么是 Nginx

Nginx（发音为“engine x”）是由俄罗斯软件工程师 Igor Sysoev 编写的一个开源 Web 服务器。自从 2004 年向公众推出以来，Nginx 一直专注于高性能、高并发性和低内存占用。Nginx 在 Web 服务器功能之上提供了诸多附加功能，如反向代理服务器、负载均衡、缓存、访问和带宽控制，以及有效整合各种应用，这些都有助于使 Nginx 成为现代网站架构一个不错的选择。目前，Nginx 在互联网上是第二流行的开源 Web 服务器。

2．Nginx 的特性

作为 Web 服务器使用的 Nginx 具有如下特性：

- 开放源代码、跨平台应用。
- 模块化设计、运行稳定、良好的安全性。
- 采用 master-slave 运行模型，能够充分利用 SMP 的优势。
- 处理静态文件和索引文件，自动索引；打开文件句柄缓存。
- 使用缓存加速反向代理；简单负载均衡以及容错。
- 使用缓存加速 FastCGI，uwsgi，SCGI 和 memcached 服务的缓存加速支持；简单的负载均衡以及容错。
- 模块化的架构。过滤器包括 gzip 压缩、ranges 支持、chunked 响应、XSLT，SSI 以及图像缩放等。
- 支持 SSL、支持 TLS SNI。
- 支持虚拟主机、支持 HTTP 认证。

3．为什么选用 Nginx

1）高并发连接：Nginx 专为性能优化而开发，解决了 C10K 问题（由丹尼尔·凯格尔在 http://www.kegel.com/c10k.html的描述）。通过基于事件的处理机制 epoll（Linux 2.6+）、kqueue（FreeBSD 4.1+）等实现这一目标。有报告表明 Nginx 能支持高达 50,000 个并发连接数。

2）高稳定性：Nginx 采取了分阶段资源分配技术，使得它的 CPU 与内存占用率非常低。Nginx 官方表示保持 10,000 个没有活动的连接，它只占 2.5MB 内存，所以类似 DOS 这样的攻击对 Nginx 来说基本上是毫无用处的。

3）高性能：Nginx 支持异步 IO（AIO）（FreeBSD 4.3+, Linux 2.6.22+）、支持直接 IO（Direct IO）【有关异步 IO 和直接 IO 的解释请参见“Linux 中直接 I/O 机制的介绍”一文，地址为 http://www.ibm.com/developerworks/cn/linux/l-cn-directio/】，支持 sendfile（FreeBSD 3.1+, Linux 2.2+, Mac OS X 10.5+）等机制以减少 Worker 进程在磁盘 I/O 的阻塞延迟。采用了操作系统提供的一些最新特性，支持 acceptfilter(FreeBSD4.1+)，TCP_DEFER_ACCEPT (Linux 2.4+)等，从而大大提高了性能。

4）支持热部署：Nginx 几乎可以做到 7*24 小时不间断运行，即使运行数月也不需要重新启动。能够在不间断服务的情况下，对软件版本进行升级。

5）可扩展：Nginx 代码质量非常高，代码很规范，手法成熟，模块扩展也很容易。

8.1.2 CentOS 下的 Nginx

1．安装 Nginx

CentOS 6.5 的官方仓库没有提供 Nginx，而 EPEL 仓库中提供了 Nginx。另外 Nginx 主站也提供了 Nginx 的 yum 软件仓库。为了安装最新的 Nginx，建议使用 Nginx 官方的软件仓库安装 Nginx。

```
# rpm -ivh
http://nginx.org/packages/centos/6/noarch/RPMS/nginx-release-centos-6-0.el6.ngx.noarch.rpm
# sed -i 's/\[nginx\]/\[nginx\]\npriority=1/' /etc/yum.repos.d/nginx.repo
# yum install nginx
```

有关从源代码安装 Nginx 的方法请参考官方文档。

2．Nginx 的相关文件

（1）二进制文件

- /usr/sbin/nginx：Nginx 的守护进程。

（2）配置文件

- /etc/init.d/nginx：Nginx 的 INIT 启动脚本。
- /etc/nginx/nginx.conf：Nginx 的主配置文件。
- /etc/nginx/conf.d/*.conf：被主配置文件包含的配置文件。
- /etc/nginx/mime.types：Mime 类型配置数据，一般无须配置。
- /etc/nginx/fastcgi_params：FastCGI 参数配置文件。
- /etc/nginx/scgi_params：SCGI 参数配置文件。
- /etc/nginx/uwsgi_params：UWSGI 参数配置文件。

（3）日志文件

- /var/log/nginx/access.log：默认的访问日志。
- /var/log/nginx/error.log：默认的错误日志。

3．管理 Nginx

（1）查看 Nginx 的相关信息

```
# nginx -v                          // 显示 Nginx 的版本
nginx version: nginx/1.6.0
# nginx -V                          //显示 Nginx 的编译参数
```

（2）检查 Nginx 配置文件的正确性

```
# service nginx configtest
# nginx -t
```

（3）Nginx 的启动和停止

Nginx 默认以独立运行方式启动，其守护进程名为 nginx。

```
# service nginx start|stop|restart |reload      // 启动|停止|重启|重新加载配置
# service nginx upgrade                         // 在不间断服务的情况下，对软件版本进行升级
# service nginx status                          // 显示 Nginx 的运行状态
```

若希望 nginx 在下次计算机启动时自动启动，请使用如下命令。

```
# chkconfig nginx on
```

若 Apache 与 Nginx 同时监听在 80 端口，请关闭 Apache 的开机启动。

```
# chkconfig httpd off
```

8.2 Nginx 配置基础

8.2.1 Nginx 的配置文件

1．配置文件的结构

Nginx 使用 C 语言风格的配置文件，这种风格的配置文件适用于逻辑嵌套的描述，它容易创建、阅读和维护、也容易实现自动化。

作为 HTTP 服务器使用的 Nginx 的配置文件包括如表 8-1 所示的若干部分。

表 8-1 Nginx 配置文件的组成

配置段	说明	层次	继承性
全局配置	指定全局配置，如 Nginx 的 Worker 进程的用户，错误日志等	直接在顶层书写全局配置指令	无
全局配置之 events	指定 Events 模块的配置，如指定事件处理机制，worker 进程的连接数等	在 events{}中书写其配置指令	无
upstream	指定一系列的后端上游服务器的配置，如后端服务器地址及端口等	在 upstream{}中书写其配置指令	既不会继承也不会被继承
http	指定 HTTP 模块的配置，如 server 配置段、HTTP 日志、mime.types 等	在 http{}中书写其配置指令	继承全局配置
server	指定每个虚拟主机的配置，如指定主机名，根文档目录，监听端口等	在 server{}中书写其配置指令 server 配置块位于 http 配置块之内	继承全局配置和 http 配置段中的配置
location	用于匹配网页位置的配置，如根目录“/”，“/images”目录等	在 location 配置块中书写其配置指令 location 配置块位于 server 配置块之内	继承 server 配置段中的配置

2．主配置文件和 include 指令

Nginx 的主配置文件是 /etc/nginx/nginx.conf，为了按逻辑分割配置，可以用 include 指令和通配符附加许多其他配置文件。在 CentOS 的 Nginx 主配置文件里包含了如下的配置：

```
http {
    include        /etc/nginx/mime.types;
    include        /etc/nginx/conf.d/*.conf;
}
```

第一个 include 指令用于包含 Mime 类型配置指令文件/etc/nginx/mime.types；第二个 include 指令用于包含/etc/nginx/conf.d/目录下的所有以.conf 为后缀的配置文件。

3．配置文件的基本语法

- 每一行包含一个指令，并以分号（;）结束。
- 配置文件中的指令区分大小写。
- 任何“#”之后的内容被视为注解并在读取时被忽略。
- 空白行和指令前的空白字符将在读取时被忽略，因此可以采用缩进以保持配置层次的清晰。
- 每一种配置块（events|upstream|http|server|location）都大致遵从如下的语法：

```
<section> {
        <directive> <parameters>;
}
```

无论是主配置文件还是以 include 包含的配置文件，都应该遵从 Nginx 基本配置语法。

8.2.2 Nginx 的模块

1．Nginx 的模块及编译方式

在 http://wiki.nginx.org/Modules 列出了若干 Nginx 的官方模块及其描述。Nginx 的官方模块包括如下几种类型：

- 核心模块 core。
- 标准 HTTP 模块。
- 可选的 HTTP 模块。
- Mail 模块。

另外，还可以在 http://wiki.nginx.org/3rdPartyModules 和 https://github.com 找到若干 Nginx 的第三方模块。

与 Apache 的模块编译不同，直到目前为止 Nginx 还不支持动态的模块编译方式。因此，若当前的 Nginx 中不包含需要的功能，就需要重新从源代码编译 Nginx。

2．CentOS 中 Nginx 的模块

在 CentOS 中，通过 Nginx 官方 YUM 仓库安装的 Nginx 所包含的模块可以通过查看其编译参数获得。

```
# nginx -V
nginx version: nginx/1.6.0
built by gcc 4.4.7 20120313 (Red Hat 4.4.7-3) (GCC)
TLS SNI support enabled
configure arguments: --prefix=/etc/nginx --sbin-path=/usr/sbin/nginx --conf-path=/etc/nginx/nginx.conf –
error-log-path=/var/log/nginx/error.log --http-log-path=/var/log/nginx/access.log --pid-
path=/var/run/nginx.pid --lock-path=/var/run/nginx.lock --http-client-body-temp-
path=/var/cache/nginx/client_temp --http-proxy-temp-path=/var/cache/nginx/proxy_temp --http-fastcgi-
temp-path=/var/cache/nginx/fastcgi_temp --http-uwsgi-temp-path=/var/cache/nginx/uwsgi_temp --http-scgi-
temp-path=/var/cache/nginx/scgi_temp --user=nginx --group=nginx --with-http_ssl_module --with-
http_realip_module --with-http_addition_module --with-http_sub_module --with-http_dav_module --with-
http_flv_module --with-http_mp4_module --with-http_gunzip_module --with-http_gzip_static_module –
```

```
with-http_random_index_module --with-http_secure_link_module --with-http_stub_status_module --with-http_auth_request_module --with-mail --with-mail_ssl_module --with-file-aio --with-ipv6 --with-http_spdy_module --with-cc-opt='-O2 -g -pipe -Wp,-D_FORTIFY_SOURCE=2 -fexceptions -fstack-protector --param=ssp-buffer-size=4 -m64 -mtune=generic'
```

8.3 Nginx 的基本配置

8.3.1 Nginx 的全局配置

1．Nginx 的全局配置指令

表 8-2 列出了 Nginx 常用的全局配置指令。

表 8-2　Nginx 常用的全局配置指令

指　　令	说　　明
user	指定 worker 进程运行时使用的用户和组，省略组时表示与设置的用户一致
worker_processes	指定 worker 进程的个数，默认值为 1。在 1.3.8 和 1.2.5 以上的版本中可以使用非数字的值“auto”表示自动设置此值（通常为服务器 CPU 的核数）
worker_priority	指定 worker 进程的优先级（即 Linux 系统中进程的 nice 值）
worker_rlimit_nofile	指定 worker 进程能够打开的最多文件数，必须大于 worker_connections 的值
error_log	指定全局错误日志文件及日志记录级别（debug、info、notice、warn、error、crit、alert 和 emerg）
pid	指定 Nginx 主进程的 PID 文件位置
use	指定 Nginx 使用的事件处理机制，对于 Linux 2.6+内核，使用 epoll
worker_connections	指定每个 worker 进程同时连接的最大数目
multi_accept	指定 Nginx 是否尽可能多地接受连接，默认为 off

提示　指令 user 所指定的用户应该能正常访问站点的根文档目录，当使用 FastCGI 时（见第 10 章），还应该能访问 FastCGI 的 socket（如 php-fpm 的 socket）以及读写 FastCGI 的 cache 和 temp 目录。

2．Nginx 的全局配置举例

操作步骤 8.1　修改 Nginx 的全局配置。

```
// 备份原始 Nginx 的主配置文件
# cp /etc/nginx/nginx.conf{,.orig}
// 修改 Nginx 的全局配置
# vi /etc/nginx/nginx.conf
user    nginx;
worker_processes    auto;
worker_rlimit_nofile        16384;

worker_priority             -5;

error_log    /var/log/nginx/error.log warn;
pid              /var/run/nginx.pid;
```

```
events {
    use epoll;
    worker_connections        8192;
    multi_accept on;
}
// 修改后保存并退出 vi
// 检测配置文件语法
# nginx -t
nginx: the configuration file /etc/nginx/nginx.conf syntax is ok
nginx: configuration file /etc/nginx/nginx.conf test is successful
```

8.3.2 Nginx 的 HTTP 配置

1. Nginx 基本的 HTTP 配置指令

表 8-3 列出了一些基本的 HTTP 配置指令。

表 8-3 Nginx 基本的 HTTP 配置指令

指　令	说　明
types	指定文件扩展名对应的 MIME 应答类型。在 Nginx 的发布中此指令定义在/etc/nginx/mime.types 中，需要时也可以在 server 和 location 配置段中指定
default_type	指定默认 MIME 应答类型，默认值为 text/plain。
charset	用于在应答头中的"Content-Type"字段使用指定的编码集，默认为 off。通常设置为 utf-8
server_tokens	在错误信息页面和服务器的响应头中隐藏 Nginx 的版本信息，以提供安全性
index	若客户的 URL 中没有指定访问的文件，则设置一个默认主页
server { }	用于开始一个虚拟主机的配置段
error_page	为特定的 HTTP 错误编码自定义错误页面。
log_format	用于设置访问日志的格式并为此格式命名，以便在 access_log 指令中使用此处设置的格式名来决定访问日志的格式
access_log	指定访问日志的文件名以及由 log_format 指定的格式名等。可以使用 off 禁止记录访问日志，通常用于特定的 URL，使用在 location{}中即可
log_not_found	指定是否将"文件没有找到（404）"的错误信息写入 error_log 指定的文件中。默认值为 on
open_log_file_cache	为频繁使用的日志文件句柄所在的路径变量设置缓存，默认值为 off

提示

许多指令既可以出现在 http 配置段中，也可以出现在 server 配置段中，甚至可以出现在 location 配置段中，某指令是否能出现在某个配置段中，请参考 Nginx 文档（http://nginx.org/en/docs/）中指令的"context:"说明。例如 index、error_page 、access_log 等指令皆如此。

http 配置段中的指令是对所有 server 配置段（虚拟主机）都适用的全局配置。通常在 http 配置段中设置适用于所有虚拟主机的配置，然后对于某特定的虚拟主机再使用 server 配置段中设置适应当前虚拟主机的配置，而在当前虚拟主机中未重新设置的配置将继承自 http 配置段。若一个指令在这三个配置段中同时出现，则优先顺序是 location{}→server{}→http{}。

若一个指令在 location 配置段中没有定义，则继承上一个级别 server 配置段中的定义；若此指令在 server 配置段中也没有定义，则继承上一个级别 http 配置段中的定义；若 http 配置段中仍旧没有定义，则使用 Nginx 对此指令设置的默认值。

2．Nginx 的 HTTP 配置段举例（1）

操作步骤 8.2　Nginx 基本的 HTTP 配置段举例。

```
// 修改Nginx 的主配置文件，添加基本配置指令并使用 include 分隔配置
# vi /etc/nginx/nginx.conf
// 修改 http 配置段
http {
    include           /etc/nginx/mime.types;
    default_type   application/octet-stream;

    log_format   main   '$remote_addr - $remote_user [$time_local] "$request" '
                        '$status $body_bytes_sent "$http_referer" '
                        '"$http_user_agent" "$http_x_forwarded_for"';

    access_log   /var/log/nginx/access.log   main;

    #sendfile           on;
    #tcp_nopush         on;
    #keepalive_timeout   65;
    #gzip   on;

    server_tokens     off;
    charset           utf-8;
    index             index.html index.htm index.php;

    include /etc/nginx/httpconf.d/*.conf;
    include /etc/nginx/conf.d/*.conf;
    include /etc/nginx/vhosts.d/*.conf;
}
// 保存后退出 vi
// 创建被主配置文件包含的配置文件目录
# mkdir /etc/nginx/{httpconf,vhosts}.d/
// 测试配置文件语法的正确性
# nginx –t
```

3．Nginx 常用的与 HTTP 客户请求相关的指令

表 8-4 列出了 Nginx 中常用的与 HTTP 客户请求相关的指令。

表 8-4　Nginx 中常用的与 HTTP 客户请求相关的指令

指　令	说　明
client_body_buffer_size	用于为读取客户端请求体指定缓冲区的大小，默认值：8k（32 位系统）/16k（64 位系统）。若一个客户端请求体超过此处设置的值，则 Nginx 会尝试将这些请求体的整体或部分写入一个临时文件
client_header_buffer_size	用于为读取客户端请求头指定缓冲区的大小，默认值：1k。对于绝大多数的请求头而言，1k 大小已经足够，但对于大请求头（如包含长 cookies 等）可以适当加大此值，通常设置为系统分页大小（用命令 getconf PAGESIZE 获得）或其整数倍。若一个请求头不能适应此缓冲区的大小，则由 large_client_header_buffers 分配更大的请求头的缓冲区数量和大小
large_client_header_buffers	用于为一些比较大的客户端请求头指定使用的缓冲区数量和大小，默认的缓冲区数量是 4，缓冲区的大小是 4k（32 位系统）/8k（64 位系统）。即最大缓存为 4 个 4k（32 位系统）/4 个 8k（64 位系统）

（续）

指　令	说　明
client_max_body_size	指定允许客户端请求的最大单个文件字节数，它出现在请求头部的 Content-Length 字段（可以更改此参数，达到限制用户上传文件大小的目的）
client_header_timeout	用于设置读取客户端请求头的超时时间，默认值为 60s。若超过这个时间而客户端没有任何响应，Nginx 将为客户返回一个"Request time out" (408)错误
client_body_timeout	用于设置读取客户端请求体的超时时间，默认值为 60s。此超时仅为连续两次读操作之间设置，而不是为整个请求体的传输设置。若超过这个时间而客户端没有任何响应，Nginx 将为客户返回一个"Request time out" (408)错误
keepalive_timeout	用于设置客户端连接保持活动的超时时间，默认值为 75s。当超过此值之后，服务器会关闭该连接
keepalive_requests	用于设置在一个连接保持活动期间内的最大请求连接数，默认值为 100
keepalive_disable	用于为不支持连接保持的浏览器禁用连接保持，默认值为 msie6
msie_padding	指定开启或关闭 MSIE 的 msie_padding 特性，默认值为 on。当此功能开启时，Nginx 将为响应体分配最小 512 字节，以便响应大于或等于 400 的状态代码
msie_refresh	指定允许或禁止为 MSIE 发布一个 refresh 而不是做一次 redirect，默认值为 off

4．Nginx 的 HTTP 配置段举例（2）

操作步骤 8.3　Nginx 的 HTTP Client 配置举例。

```
// 添加由主配置文件包含的配置文件
# vi /etc/nginx/httpconf.d/client-requests.conf
client_body_buffer_size         512k;
client_header_buffer_size       32k;
large_client_header_buffers     8 64k;
client_max_body_size            10m;

client_body_timeout             60;
client_header_timeout           60;
keepalive_timeout               30;
keepalive_disable               none;
// 保存后退出 vi
// 测试配置文件语法的正确性
# nginx -t
```

5．Nginx 中与 HTTP 性能相关的指令

在 Nginx 中，与 HTTP 性能相关的指令主要包括以下几类。

- 选择合适的 Nginx 文件 I/O 传输机制：sendfile（可缓存）、directio（无缓存）和 aio（无缓存）。
- 如何对静态文件进行缓存：指定缓存文件句柄的最大值及失效时间等（仅缓存文件句柄，静态文件都是尽量使用 sendfile 进行发送的）。
- 为了加快处理静态集合数据（如主机名、MIME 类型、HTTP 变量等），Nginx 使用了哈希表。可以通过 *_hash_max_size 指令调整哈希表的最大值，甚至通过 *_hash_bucket_size 指令调整哈希桶（Bucket）的尺寸，哈希桶（Bucket）的尺寸通常是处理器高速缓存区大小的整数倍。
- 调整与 TCP Sockets 相关的参数。
- 启用 Gzip 压缩响应页面，减少页面传输提升页面访问速度，同时减轻网络带宽占用。

表 8-5 列出了一些 Nginx 中常用的与 HTTP 性能相关的指令。

表 8-5　Nginx 中常用的与 HTTP 性能相关的指令

分　类	指　令	说　明
文件 I/O 机制	sendfile	指定是否开启操作系统的 sendfile() 系统调用，默认值为 off。开启此功能后，可以加快 I/O 操作以便加快静态文件的响应速度
	directio	指定在读取文件的大小大于等于设定值的文件时使用直接 I/O 标志：O_DIRECT（FreeBSD, Linux），F_NOCACHE（Mac OS X），调用 directio()函数（Solaris）。在读取文件时，若是给定文件大小大于等于指定尺寸时，自动禁止 sendfile 操作。通常这个参数用于大文件传输或在 Linux 中开启了 aio 的情况
	directio_alignment	设置的 directio 的对齐方式（即块大小），默认值为 512。在大多数情况下，一个 512 字节的对齐方式是足够的。但在 Linux 下使用 XFS 时，需要增加至 4K
	aio	指定是否开启异步 I/O，默认值为 off。在 Linux 中，使用异步 I/O 必须同时开启直接 I/O。文件大小只有在 directio_alignment 定义的整数倍时的数据才可以使用 AIO，对于文件数据块之前和之后的，那些不能取整的部分则是以 blocking 方式读取的，这也是为什么需要 output-buffer 的原因
	output_buffers	为从磁盘读取响应文件指定缓存的个数（默认值为 1）和缓存大小（默认值为 32k）
文件句柄缓存	open_file_cache	指定是否启用静态文件缓存，默认值为 off。当开启缓存时，可以缓存已打开的文件句柄、文件大小、文件修改时间、文件路径信息以及文件查询失败的错误信息。开启缓存需要使用 max=N 指定缓存对象的最大个数，当缓存满时使用“近期最少用（LRU）”算法移除缓存对象；使用 inactive=TIME 指定文件多久不被访问就会从缓存中移除
	open_file_cache_errors	为 open_file_cache 指令指定是否在搜索一个文件时缓存错误信息，默认值为 off
	open_file_cache_min_uses	指定在一个时间范围内（由 open_file_cache 指令的 inactive 参数指定）缓存文件的最少访问次数，默认值为 1。若超过此处指定的值，文件句柄将一直是在缓存中打开，否则将被移除
	open_file_cache_valid	指定多长时间检查一次缓存对象的有效性，默认为 60s
内存 HASH	server_names_hash_bucket_size	服务器名称的哈希桶大小，默认值依赖于 CPU 缓存（32/64/128）
	server_names_hash_max_size	服务器名称的哈希表的最大值，默认值为 512
	types_hash_bucket_size	MIME 类型的哈希桶大小，默认值为 64
	types_hash_max_size	MIME 类型的哈希表的最大值，默认值为 1024
	variables_hash_bucket_size	HTTP 变量的哈希桶大小，默认值为 64
	variables_hash_max_size	HTTP 变量的哈希表的最大值，默认值为 1024
HTTP socket	send_timeout	设置发送到客户端的响应超时。此超时仅设置在两个连续的写操作之间，而不是整个响应传输过程。若客户在这段时间内没有收到任何响应，则该连接被 Nginx 关闭。默认值为 60s
	reset_timedout_connection	是否重置已超时的连接以释放与之关联的内存，默认值为 off
	tcp_nodelay	指定是否使用 Socket 的 TCP_NODELAY 选项，此选项只对 keep-alive 连接有效。默认值为 on
	tcp_nopush	指定是否使用 Socket 的 TCP_CORK（Linux）或 TCP_NOPUSH（FreeBSD）选项对数据包进行 Nagle 化（采用 Nagle 算法将较小的包组装为更大的帧）处理，默认值为 off。启用此选项将导致 Nginx 试图将其 HTTP 应答头封装到一个包中。此选项只在启用 sendfile 时才有效
Gzip 压缩	gzip	指定是否启用 gzip 压缩。默认值为 off
	gzip_http_version	指定响应请求的最小 HTTP 协议版本，默认为 1.1
	gzip_comp_level	指定 gzip 压缩等级，其取值从 1 到 9，1 为最小化压缩（处理速度快），9 为最大化压缩（处理速度慢）。默认值为 1
	gzip_min_length	指定被压缩的响应最小长度（单位为字节），默认值为 20。少于此值大小的响应将不会被压缩，被比较的长度由响应头中的 Content-Length 字段决定
	gzip_buffers	指定用于压缩响应的缓存区的个数及大小。默认情况下，一个缓存区的大小为分页大小（可以使用 getconf PAGESIZE 命令获得），根据环境的不同可能是 4k 或 8k
	gzip_types	指定除了 text/html 类型之外还要对哪些 MIME 类型的响应进行 gzip 压缩，默认值为 text/html。特殊取值*表示对所有 MIME 类型的响应进行压缩

（续）

分 类	指 令	说 明
Gzip压缩	gzip_static	是否能直接从服务器硬盘读取预先压缩好的以".gz"为文件扩展名的文件（而不是未压缩的文件）进行传输，默认值为 off。开启此功能可以避免使用传统 Gzip 模块那样每次访问页面都要承受压缩带来的性能损耗。值得注意的是，Nginx Gzip Static 模块不会自动创建 .gz 文件，需要预先使用 gzip 或兼容.gz 格式的命令工具手动创建
	gzip_proxied	是否根据请求和应答来决定对代理请求的应答启用压缩，事实上被代理的响应是由其请求头中的"Via"字段确定的。默认值 off 表示不对任何代理的响应进行压缩。可以同时指定多个参数，表示这些情况下启用 gzip 压缩： expired - 当响应应头包含"Expires"字段且禁用缓存 no-cache - 当响应应头包含"Cache-Control"字段且设置为 no-cache no-store - 当响应应头包含"Cache-Control"字段且设置为 no-store private - 当响应应头包含"Cache-Control"字段且设置为 private no_last_modified - 当响应应头不包含"Last-Modified"字段 no_etag - 当响应应头不包含"ETag"字段 auth - 当请求头包含"Authorization"字段 any - 为所有代理请求
	gzip_disable	使用正则表达式指定某些不需要 gzip 压缩的浏览器（将和 User-Agents 进行匹配）
	gzip_vary	指定是否向响应头添加"Vary: Accept-Encoding"字段，默认值为 off

6. Nginx 的 HTTP 配置段举例（3）

操作步骤 8.4 Nginx 中与 HTTP 性能相关的指令举例。

```
// 添加由主配置文件包含的配置文件
# vi /etc/nginx/httpconf.d/performance.conf
## I/O Mechanism ##
sendfile                    on;
## Cache File Handles ##
open_file_cache             max=102400   inactive=20s;
open_file_cache_valid       30s;
open_file_cache_min_uses    2;
open_file_cache_errors      on;
## HASH ##
variables_hash_max_size          1024;
server_names_hash_max_size       1024;
types_hash_max_size              1024;
## HTTP socket ##
tcp_nopush                       on;
tcp_nodelay                      off;

send_timeout                     30;
reset_timedout_connection   on;
## Enable Gzip ##
gzip   on;
gzip_http_version           1.0;
gzip_comp_level             2;
gzip_min_length             1100;
gzip_buffers                4 8k;
gzip_types                  text/css        text/javascript
```

```
        text/xml    text/plain    text/x-component
        application/javascript    application/x-javascript
        application/json    application/xml    application/rss+xml
        application/atom+xml    application/vnd.ms-fontobject
        font/truetype    font/opentype    image/svg+xml;
    gzip_static        on;
    gzip_proxied       expired no-cache no-store private auth;
    gzip_disable       "MSIE [1-6]\.";
    gzip_vary          on;
    // 保存后退出 vi
    // 测试配置文件语法的正确性
    # nginx -t
```

7. 利用浏览器缓存

与浏览器缓存相关的 HTTP 头字段包括 Last-Modified/If-Modified-Since、Etag/If-None-Match 和 Expires。其中，Last-Modified、Etag 和 Expires 是响应头中的字段；If-Modified-Since 和 If-None-Match 是请求头中的字段。是否能利用浏览器缓存的主动权在服务端，只有服务器端的响应头发送了 Last-Modified、Etag 和 Expires 字段，浏览器才能加以利用。若服务器支持或配置支持了这三个响应头字段，则浏览器可以有效地利用客户端缓存中的数据减少带宽占用。

当浏览器请求一个资源时，若服务器返回的响应头仅发送了 Expires 字段（其值为一个过期时间），则下次请求相同资源时，浏览器会根据当前时间和浏览器缓存的相应资源的响应头的 Expires 字段值比较，一旦未过期浏览器便不再联系服务器而直接使用浏览器缓存中的资源展示给用户。Nginx 支持在响应头中添加 Expires 字段，具体配置参见 8.3.6 节的配置举例。

但是，通常不会仅在响应头中使用 Expires 字段，因为从当前时间到过期时间期间，被访问的资源可能已经被更新，为了检查资源是否更新过，就需要服务器端发送响应头的 Last-Modified 和/或 Etag 字段。它们的功能都是用于检查资源是否更新过，区别在于 Last-Modified 字段的值是一个时间，而 Etag 的值是一个标识该资源的唯一字符串，使用 Etag 是为了避免浏览器与服务器时间不同步的情况发生。其利用浏览器缓存的过程如下。

- 步骤 1：浏览器向服务器请求资源 A。
- 步骤 2：服务器返回资源 A，并给 A 的响应头中添加 Last-Modified/ETag 字段。
- 步骤 3：浏览器展示资源 A，并将资源 A 的内容连同响应头的 Last-Modified/ETag 字段一起缓存。
- 步骤 4：再次请求资源 A，浏览器查询上次请求该资源时服务器返回的响应头中的 Last-Modified/ETag 字段，并发送请求头 If-Modified-Since/If-None-Match 给服务器。请求头字段 If-Modified-Since 的值为之前获得的响应头字段 Last-Modified 的值；请求头字段 If-None-Match 的值为之前获得的响应头字段 ETag 的值。
- 步骤 5：服务器收到请求头 If-Modified-Since/If-None-Match 之后，与要发送的资源 A 的响应头进行比较。若一致，则认定该资源自上次客户端请求之后还未被修改，向浏览器返回响应代码 304（Not Modified）和一个空的响应体。由于仅发送了空响应体，因此节省了大量带宽资源。
- 步骤 6：浏览器收到响应代码 304 之后，利用本地缓存的资源内容展示资源 A。

Nginx 也支持 Last-Modified/If-Modified-Since 和 Etag/If-None-Match，并提供了 etag 和 if_modified_since 配置指令。通常无须配置这两个指令，保持默认值即可。

- 指令 etag 的默认值为 on，表示自动为静态资源生成 ETag 响应头字段。
- 指令 if_modified_since 的默认值为 exact，表示当响应头的 Last-Modified 与请求头的 If-Modified-Since 一致时返回响应代码 304；另一个可取值 before 表示只要响应头的 Last-Modified 早于请求头的 If-Modified-Since，就返回响应代码 304。

8．Nginx 的 HTTP 变量

在 Nginx 的 HTTP 核心模块中提供了大量的 HTTP 变量，这些变量可以被一些配置指令引用，也可以使用 if 指令对变量的值进行判断，甚至个别变量可以使用 set 指令重新赋值。值得注意的是，不是所有的配置指令都接受变量。若在一个指令中插入了一个变量值的引用，而此指令又不支持变量，则 Nginx 不会报告配置错误，而是将变量的引用视为纯文本。

Nginx 的 HTTP 变量大致可以分为三类：HTTP 请求头（Request Headers）变量、HTTP 响应头（Response Headers）变量以及由 Nginx 自身创建的变量。表 8-6 列出了常用的 Nginx 自身创建的变量，更多的变量解释请参见 Nginx 的文档。

表 8-6　常用的 Nginx 自身创建的变量

变　量	说　明
$binary_remote_addr	二进制数据客户端 IP 地址（固定的 4 个字节）
$remote_addr	客户端 IP 地址（7～15 字节）
$document_root	对当前的请求返回 root 指令的值
$document_uri, $uri	返回当前请求的 URI，若执行了内部重定向则其值与原始的 URI 请求不同
$request_uri	客户端请求参数的原始 URI，在整个处理过程中保持不变
$request_method	请求中使用的 HTTP 方法
$scheme	返回 http 或 https，取决于客户端的请求
$server_name	表示 server_name 的值，通常在处理请求时使用
$host	相当于 HTTP 请求头中的 Host

8.3.3 Nginx 的虚拟主机配置

1．Nginx 的 server 段配置指令

在 Nginx 中，使用 server 配置段配置虚拟主机。表 8-7 列出了 Nginx 用于 server 配置段的常用指令。

表 8-7　Nginx 用于 server 配置段的常用指令

指　令	说　明
listen	指定 Nginx 监听的 IP 地址和/或端口号，以及 UNIX socket 的路径
port_in_redirect	是否让 Nginx 在重定向操作中指定端口号，默认值为 on。若设置为 off，Nginx 在重定向的请求中不会在 url 中添加端口
server_name	指定服务器的主机名
server_name_in_redirect	是否让 Nginx 在重定向操作中使用 server_name 指定的第一个主机名作为重定向地址。默认值为 off，表示使用请求头中“Host”字段所指定的值作为重定向的主机名
root	为当前虚拟主机指定根文档目录
disable_symlinks	指定是否关闭站内的符号链接跟随，默认值为 off
try_files	按顺序检查存在的文件，并返回首先找到的页面
location {}	匹配虚拟机中特定的 URI，并在 location 块中针对特定的 URI 进行配置

2．listen 指令

指令 listen 的语法格式为：

```
listen [address][:port] [additional options];
```

其中常用的附加选项如下。

- default_server：指定此 server 块定义的 IP 地址和端口组合作为默认的虚拟主机。
- ssl：指定只有 HTTPS 连接才使用这个端口。
- ipv6only=on：指定 listen 仅监听 IPv6 地址。

例如：

```
// 指定监听 127.0.0.1 的 80 端口（省略端口号时表示 80）
listen 127.0.0.1;
// 指定监听 127.0.0.1 的 8000 端口（除了使用 IP 地址还可以使用可解析的主机名）
listen 127.0.0.1:8000;
listen localhost:8000;
// 指定监听当前服务器所有 IP 地址的 8000 端口
listen 8000;
listen *:8000;
// 指定监听当前服务器所有 IP 地址的 443 端口，且仅当 HTTPS 连接时使用
listen 443 ssl;
listen *:443 ssl;
// 指定监听 IPv6 地址的 80 端口
listen [2a02:750:5::123]:80    ipv6only=on;
listen [::]:80    ipv6only=on;
// 指定默认虚拟主机
listen 80 default_server;
listen 443 default_server ssl;
listen [2a02:750:5::123]:80 default_server ipv6only=on;
```

3．Serve r_name 指令

指令 server_name 的语法格式为：

```
server_name hostname1 [hostname2…];
```

在指定主机名时可以使用：

- 完全合格域名（FQDN）。
- 在域名的首、尾使用通配符“*”。
- 使用 Perl 风格的正则表达式（PCRE），在主机名前面加“~”。
- 使用 Nginx 内置的$hostname 变量。
- ""：空主机名，用以处理那些请求头中没有“Host”字段的请求。
- _：指一个无效主机名，它从来不会与任何真实的服务器主机名相匹配。

> 提示　在 Nginx 中没有类似 Apache 的 ServerAlias 指令，所有的主机名都依次罗列在 server_name 指令之后，且第一个主机名被认为是主的（等同于 Apache 的 ServerName 指令所指定的主机名）。

> 在 Nginx 中，虽然可以使用通配符和正则表达式指定主机名，但这添加了额外的匹配时间，在无必要时应该尽量使用 FQDN 而减少使用含有通配符和正则表达式的主机名。

例如：

```
// 主机名 www.example.com
server_name www.example.com;
// 主机名 example.com 和 www.example.com
server_name example.com www.example.com;
server_name .example.com;
// 依次匹配 example.com、*.example.com 和 www.example.*
server_name example.com *.example.com www.example.*;
// 依次匹配 www.example.com、www 后加一个数字并以.example.com 结尾的
server_name www.example.com ~^www\d+\.example\.com$;
```

当 Nginx 使用请求头的 Host 字段值寻找虚拟主机时，如果主机名匹配多个指定的值（例如一个通配符匹配和正则表达式匹配），则第一个匹配到的将被选中，并按下列优先顺序进行匹配：

1）确切的 FQDN 主机名。

2）主机名开始于一个星号通配符，如 *.example.com。

3）主机名结束于一个星号通配符，如 www.example.*。

4）第一个匹配的正则表达式（在配置文件中出现的顺序）。

> 提示
>
> 若匹配失败，Nginx 将按配置文件的以下优先级使用 server 配置段：
>
> 1）listen 指令被标记为 default_server 的 server 配置段。
>
> 2）第一个出现 listen（或者默认的 listen 80）的 server 配置段。

4．disable_symlinks 指令

指令 disable_symlinks 的语法格式为：

```
disable_symlinks off;
disable_symlinks on | if_not_owner [from=part];
```

此指令可以使用如下的取值。

- off：不检查符号链接，若是符号链接则允许访问（默认值）。
- on：表示检查路径的任何部分是否包含符号链接，若包含符号链接则禁止访问。
- if_not_owner：表示检查路径的任何部分是否包含符号链接，且符号链接和链接到的目标拥有不同文件属主时，则访问被拒绝。
- from=<part>：当使用 on 参数和 if_not_owner 参数时，路径的任何部分无论是否包含符号链接都要被检查。当使用 from 参数指定一个路径时，表示只对以此值（part）开始的路径检查是否包含符号链接，是否允许访问则由 on 参数和 if_not_owner 参数决定。

例如：

```
// 禁止一切包含符号链接的访问
disable_symlinks on;
// 禁止 $document_root 开始的包含符号链接的访问
```

```
disable_symlinks on from=$document_root;
// 禁止 $document_root 开始的包含符号链接的访问
// 且这些符号链接和链接到的目标拥有不同文件属主
disable_symlinks if_not_owner from=$document_root;
```

注意 为了提高 Nginx 服务器的性能，建议不要修改 disable_symlinks 的默认值（off），否则服务器在每收到一个请求时都要判断其是否为符号链接甚至比对被链接文件的属主，从而影响服务器的性能。但是 disable_symlinks 的默认配置将带来安全性隐患，这需要管理员在性能和安全两方面做出权衡。

5. try_files 指令

指令 try_files 的语法格式为：

```
try_files file ... uri;
try_files file ... =code;
```

其中：

- file：既可以是一个文件，也可以是个路径（以/结束）。
- uri：既可以是一个静态的 URI，也可以是一个被命名的 location。表示若前面指定的页面无法访问，则显示此 uri 指定的页面。
- =code：是最后一个参数（可选），code 是 HTTP 的返回代码。表示若前面指定的页面无法访问，则显示由 code 指定的错误页面。

例如：

```
// 例 1：
try_files $uri $uri/ backups/$uri /generic-not-found.html;
// 首先将$uri 视为文件名访问，若其不存在则
// 将$uri 视为目录访问其 index 页面，若其不存在则
// 将$uri 视为子目录访问 backups/$uri 目录的 index 页面，若其不存在则
// 最后访问/generic-not-found.html 页面（此页面需事先存在）
// 例 2：
try_files $uri $uri/ /index.php?q=$uri&$args;
// $uri 和 $uri/ 的意义同上，若其均不存在则
// 最后将$uri 和$args 视为/index.php 的参数访问
// 例 3：
try_files $uri $uri/ /error.php?c=404 =404;
// $uri 和 $uri/ 的意义同上，若其均不存在则
// 访问应用程序的 404 错误页面，若其不存在则
// 最后访问 Nginx 的 404 错误页面
// 例 4：
location / {
    try_files $uri $uri/index.html $uri.html @backend;
}
location @backend {
    proxy_pass http://127.0.0.1:10000;
}
// 指令 try_files 既可以出现在 server 配置段，也可以出现在 location 配置段
```

```
// 当一系列静态页面均不存在时，将请求发往后端的反向代理服务器处理
// @backend 是一个命名的 location，此命名的 location 需事先定义好
```

8.3.4 Nginx 的虚拟主机配置举例

1．配置默认的虚拟主机

基于安全的考虑，通常设置一个默认的虚拟主机用于立即关闭两种类型的响应：

- 请求头中没有“Host”字段（即空主机头）的请求。
- 请求头中 “Host”字段中对当前 Nginx 服务器而言是无效主机名的请求。

操作步骤 8.5 为 Nginx 配置默认的虚拟主机。

```
// 1. 备份文件 /etc/nginx/conf.d/default.conf
# mv /etc/nginx/conf.d/default.conf{,.orig}
// 2. 创建新的文件 /etc/nginx/conf.d/default.conf 并添加配置
# vi /etc/nginx/conf.d/default.conf
server {
    listen 80 default_server; # IPv4
    listen [::]:80 ipv6only=on default_server; # IPv6

    server_name ""   _;
    return 444;          # 非标准 HTTP 代码 444，会使 Nginx 立即关闭连接
}
// 保存后退出 vi
// 3. 测试配置文件语法的正确性
# nginx -t
// 4. 重启 Nginx 或重新加载配置
# service nginx reload
// 5. 测试无效域名的虚拟主机访问
// 由于当前 Nginx 还没有配置任何真实主机名的虚拟主机，因此
// 对于任何能解析到本服务器 IP 地址的主机名的默认 80 端口的访问均立即关闭连接（return 444）
# elinks -dump http://www.olabs.lan
ELinks: Error reading from socket
# elinks -dump http://www.olabs.net
ELinks: Error reading from socket
```

2．配置基于 IP 和 Port 的虚拟主机

参照上一章为 Apache 配置虚拟主机的操作步骤 7.4。下面举例说明在 192.168.0.111 的 80 端口上创建一个基于 IP 的虚拟主机，以及在 192.168.0.252 的 8858 端口上创建一个基于端口号的虚拟主机的配置过程。

操作步骤 8.6 配置 Nginx 基于 IP 和端口号的虚拟主机。

```
// 1. 配置虚拟网络接口（沿用上一章操作步骤 7.4 的配置）
// 2. 创建虚拟主机的根文档目录和各自的测试主页（沿用上一章操作步骤 7.4 的配置，并添加）
# mkdir -p /var/www/vhosts/192.168.0.252_8858/{htdocs,logs,conf,cgi-bin}
# cd /var/www/vhosts/
# echo 'www.olabs.lan:8858' > 192.168.0.252_8858/htdocs/index.html
```

```
// 3. 配置被 Nginx 主配置文件包含的虚拟主机配置文件
# vi /etc/nginx/vhosts.d/ip-vhosts.conf
//添加如下的配置行
server {
    listen 192.168.0.111:80;
    server_name www.ipvhost.lan;
    root /var/www/vhosts/192.168.0.111/htdocs;
    try_files $uri $uri/index.html $uri.html =404;
}
# vi /etc/nginx/vhosts.d/port-vhost_8858.conf
//添加如下的配置行
server {
    listen 192.168.0.252:8858;
    server_name www.olabs.lan;
    root /var/www/vhosts/192.168.0.252_8858/htdocs;
    try_files $uri $uri/index.html $uri.html =404;
}
// 4. 检测配置并重新加载 Nginx 配置
# nginx -t
# service nginx reload
// 5. 修改 iptabls 防火墙开启 8858 端口
# lokkit -p 8858:tcp
// 6. 在客户浏览器上进行测试
$ elinks http://192.168.0.111
$ elinks http://www.ipvhost.lan
$ elinks http://192.168.0.252:8858
$ elinks http://www.olabs.lan:8858
```

3．配置基于域名的虚拟主机

参照上一章为 Apache 配置虚拟主机的操作步骤 7.5，Nginx 服务器 IP 地址为 192.168.0.252，其域名为 www.olabs.lan，下面举例说明在此服务器上创建 www.olabs.lan 的基于域名的虚拟主机的同时，创建 www.olabs.net 和 wiki.olabs.net 两个基于域名（这两个域名也解析到 IP 地址 192.168.0.252）的虚拟主机的配置过程。

操作步骤 8.7 配置 Nginx 基于域名的虚拟主机。

```
// 1. 配置虚拟主机的域名解析（沿用上一章操作步骤 7.5 的配置）
// 2. 创建文档目录和测试主页（沿用上一章操作步骤 7.5 的配置）
// 3. 配置被 Nginx 主配置文件包含的虚拟主机配置文件
# vi /etc/nginx/vhosts.d/www.olabs.lan
// 添加如下的配置行
server {
    listen          80;
    server_name    www.olabs.lan olabs.lan localhost;
    root    /usr/share/nginx/html;
    try_files $uri $uri/index.html $uri.html =404;
}
```

```
# vi /etc/nginx/vhosts.d/www.olabs.net
// 添加如下的配置行（并做虚拟主机的分离日志配置）
server {
      listen 80;
      server_name www.olabs.net olabs.net;
      root /var/www/vhosts/www.olabs.net/htdocs;
      try_files $uri $uri/index.html $uri.html =404;
      access_log /var/www/vhosts/www.olabs.net/logs/access.log main;
      error_log    /var/www/vhosts/www.olabs.net/logs/error.log warn;
}
// 生成配置文件/etc/nginx/vhosts.d/wiki.olabs.net
# cp /etc/nginx/vhosts.d/{www,wiki}.olabs.net
# sed -i 's/www.olabs/wiki.olabs/' /etc/nginx/vhosts.d/wiki.olabs.net
# sed -i '/server_name/ s/olabs.net;/docs.olabs.net;/' \
/etc/nginx/vhosts.d/wiki.olabs.net
// 4. 启用虚拟主机配置
# cd /etc/nginx/vhosts.d/
# ln -s www.olabs.lan{,.conf}
# ln -s www.olabs.net{,.conf}
# ln -s wiki.olabs.net{,.conf}
// 5. 检测配置并重新加载 Nginx 配置
# nginx -t
# service nginx reload
// 6. 测试基于域名的虚拟主机
# elinks http://www.olabs.lan
# elinks http://olabs.lan
# elinks http://www.olabs.net
# elinks http://olabs.net
# elinks http://wiki.olabs.net
# elinks http://docs.olabs.net
// 7. 配置 logrotate 实现虚拟主机的日志滚动
# cp /etc/logrotate.d/nginx{,_vhosts}
# sed -i 's#^/var/log/nginx#/var/www/vhosts/*/logs#' \
/etc/logrotate.d/nginx_vhosts
```

8.3.5 URI 匹配配置

1. location 指令

指令 location 可以根据 URI（Uniform Resource Identifier）的不同需求来进行特殊的配置，它要解决三个问题：匹配什么 URI，如何匹配 URI，以及对匹配的 URI 做何种配置。指令 location 的语法格式为：

```
格式 1：location [modifier] uri {...}
格式 2：location @name {…}
```

格式 2 使用标记“@”指定一个命名的 location，这种 location 并不会在正常请求中执行，它们仅使用在 Nginx 内部重定向请求中。下面重点解释格式 1。

其中 uri 是要匹配的对象，它可以通过两种方式指定：

● 使用前缀字符串指定（如 /、/docs、/docs/ 等）。

● 使用正则表达式指定（如 \.(gif|jpg|jpeg)$ 等）。

可以使用匹配修饰符（modifier）指定如何匹配 URI（即以何种方式匹配），匹配修饰符可以省略，省略时不能使用正则表达式，只能接受前缀字符串匹配。

可用的匹配修饰符包括：

● =：表示精确字符串匹配。

● ^~：与不使用匹配修饰符的行为类似，仅在字符串匹配后禁止检查正则表达式。

● ~：表示使用正则表达式匹配（区分大小写）。

● ~*：表示使用正则表达式匹配（不区分大小写）。

若 service_name 为 s.cn，location 中的 uri 为 abc，根据不使用匹配修饰符以及使用不同的匹配修饰符等多种情况，是否能访问一系列的 URL 请参见表 8-8 的比较。

表 8-8 location 指令中使用不同匹配修饰符的比较

访问的 URL	location = /abc	location /abc	location ~ ^/abc$	location ~* ^/abc$
http://s.cn/abc	能	能	能	能
http://s.cn/ABC	取决于 OS 的 FS*	取决于 OS 的 FS*	不能	能
http://s.cn/abc?p1&p2	能**	能**	能**	能**
http://s.cn/abc/	不能	能	不能	不能
http://s.cn/abcd	不能	能	不能	不能

* 若操作系统的文件系统是大小写敏感的，则不能匹配；否则，能匹配。

** 是否使用页面查询参数与匹配修饰符无关。

在一个 server 配置段中，可以同时出现多个 location 指令。当一个客户请求发送到 Nginx 时，Nginx 将与一系列的 URI 进行匹配，若找到匹配的 location 则应用此 location 块中的配置并停止进一步查询。总的原则是先进行字符串匹配，然后再以配置文件的书写顺序进行正则表达式匹配。在匹配 location 时遵循如下的优先顺序：

1）查询使用匹配修饰符“=”的 location 配置段，做字符串精确匹配。

2）查询没有使用匹配修饰符的 location 配置段，做字符串匹配。

3）查询使用匹配修饰符“^~”的 location 配置段，做前缀字符串匹配。

4）查询使用匹配修饰符~ or ~*的 location 配置段，做正则表达式匹配。

5）查询没有使用匹配修饰符的 location 配置段，做前缀字符串匹配。

例如：

```
location  = / {
  # 只匹配 / 的请求
  [ configuration A ]
}
location  / {
  # 匹配任何以 / 开始的请求，但是正则表达式与一些较长的字符串将被首先匹配
  # 例如对所有以 /documents 开始的请求将在 Configuration C 中处理
  [ configuration B ]
}
```

```
location /documents {
    # 匹配任何以 /documents 开始的请求
    [ configuration C ]
}
location ^~ /images/ {
    # 匹配任何以 /images/ 开始的请求并且停止搜索，不检查正则表达式
    [ configuration D ]
}
location ~* \.(gif|jpg|jpeg)$ {
    # 匹配任何以 gif、jpg 或 jpeg 结尾的文件，但是所有 /images/ 目录的请求
    # 将在 Configuration D 中优先处理，不会进入正表达式匹配
    [ configuration E ]
}
```

对于上面的配置，不同的 URI 请求将应用不同的配置：

- 对于 / 的请求将使用 configuration A 的配置。
- 对于 /articles/article.html 的请求将使用 configuration B 的配置。
- 对于 /documents/document.html 的请求将使用 configuration C 的配置。
- 对于 /images/1.gif 的请求将使用 configuration D 的配置。
- 对于 /documents/1.jpg 的请求将使用 configuration E 的配置。

另外，在格式 1 中除了精确匹配（使用匹配修饰符“=”）之外，location 可以嵌套使用，例如：

```
# 首先匹配 /
location / {
    # 匹配 /css 前缀字符串，匹配后停止搜索，不检查正则表达式
    location ^~ /css {
        # 使用正则表达式匹配 css 目录下的后缀为.css 的文件
        location ~* /css/.*\.css$ {
        }
    }
}
```

2. 用于 location 配置段的常用指令

表 8-9 列出了一些用于 location 配置段的常用指令。

表 8-9 用于 location 配置段的常用指令

分　类	指　令	说　明
别名	alias	为 location 配置段启用别名，为其指定一个区别于 root 的路径
目录列表	autoindex	当没有找到主页文件时指定是否启用自动目录列表
访问控制与用户认证	allow	指定允许访问的 IP 或网段（CIDR），all 表示所有
	deny	指定拒绝访问的 IP 或网段（CIDR），all 表示所有
	auth_basic	指定 HTTP 基本认证的认证领域（realm）字符串
	auth_basic_user_file	指定 HTTP 基本认证的用户口令文件路径
	satisfy	同时使用主机访问控制与用户认证授权（all），默认值 使用主机访问控制或用户认证授权的任意一种（any）

（续）

分　类	指　令	说　明
流媒体文件	flv	是否为 location 配置段启用 flv 模块
	mp4	是否为 location 配置段启用 MP4 模块
	mp4_buffer_size	为 MP4 文件设置初始的缓冲区大小
	mp4_max_buffer_size	为处理 MP4 元数据（metadata）设置缓冲区的最大值
速率限制	limit_rate	限制将每个应答传送到客户端的速度，单位为：字节/秒
	limit_rate_after	指定每个应答被传递多长时间后才开始限制速度，默认为 1min
响应头处理	add_header	当服务器应答代码为 20{0,1,4,6}、30{1..4,7}时，为响应头添加新的任意的特殊字段，字段值可以包含变量
	expires	当服务器应答代码为 20{0,1,4,6}、30{1..4,7}时，是否允许添加或修改响应头的“Expires” 和 “Cache-Control” 字段，默认值为 off，开启此功能需要一个时间参数，特殊的值“max”将 Expires 字段设置为“31 December 2037 23:59:59 GMT”，将 Cache-Control 字段最大化到 10 years。特殊的值“epoch”将 Expires 字段设置为“Thu, 01 Jan 1970 00:00:01 GMT”
服务器状态	stub_status	指定是否开启 Nginx 服务器状态信息模块，用于显示 Nginx 状态

为了给虚拟主机添加某项功能，通常将实现此功能的指令写成独立的配置片段文件，然后再在需要此功能的虚拟主机的 server 配置段中使用 include 指令包含相应的配置片段文件即可。为此，先创建一个配置片段文件目录，然后将所有的配置片段文件放入其中。

```
# mkdir /etc/nginx/snippets/
```

8.3.6 Nginx 配置举例

1．开启服务器状态页面并配置用户基本认证

操作步骤 8.8 配置对/nginx_status 访问的基本认证。

```
// 1. 创建并编辑用户基本认证的片段配置文件
# vi /etc/nginx/snippets/http_auth_basic.conf
    auth_basic "Restricted";
    auth_basic_user_file /etc/httpd/passwd/jamond;
// 可以使用 httpd-tools 软件包提供的 htpasswd 命令制作用户认证文件
// 此处沿用上一章操作步骤 7.3 中制作的/etc/httpd/passwd/jamond
// 2. 创建并编辑服务器状态显示的片段配置文件
# vi /etc/nginx/snippets/nginx_status.conf
    location /nginx_status {
        stub_status on;                              # 开启 stub_status 模块
        include snippets/http_auth_basic.conf;       # 启用用户基本认证
        access_log off;                              # 对/nginx_status 的访问不记入访问日志
    }
// 3. 在需要开启服务器状态显示的虚拟主机中包含配置
# vi /etc/nginx/vhosts.d/www.olabs.lan.conf
server {
    listen          80;
    server_name     olabs.lan www.olabs.lan;
```

```
        root      /usr/share/nginx/html;
        try_files $uri $uri/index.html $uri.html =404;

        include snippets/nginx_status.conf;
    }
    // 4. 检查语法正确性并重新加载配置
    # nginx -t
    # service nginx reload
    // 5. 在客户端使用浏览器检测配置
    # elinks http://olabs.lan/nginx_status
    // 输入用户名 osmond 及其口令 osmondspasswd 之后，即可显示服务器的状态信息页面
    // 也可以使用用户名 jason 及其口令 jasonspasswd 进行访问测试
```

2．使用别名配置对 yum 仓库和 Kickstart 的访问

操作步骤 8.9 使用别名配置对 yum 仓库和 Kickstart 的访问。

```
// 1. 创建并编辑本地主机访问控制的片段配置文件
# vi /etc/nginx/snippets/access_allow_localnet_and_localhost.conf
    allow 192.168.0.0/24;
    allow 127.0.0.1;
    deny    all;
// 2. 创建并编辑片段配置文件/etc/nginx/snippets/yum-repos_kickstart.conf
# vi /etc/nginx/snippets/yum-repos_kickstart.conf
    location /mirrors/      {
        alias /var/ftp/mirrors/;      # 定义别名/mirrors/的访问目录
        # 启用本地主机访问控制
        include snippets/access_allow_localnet_and_localhost.conf;
        autoindex on; # 开启自动目录列表
    }

    location /centos/ {
        alias /var/ftp/mirrors/centos/;                    # 定义别名/centos/的访问目录
        # 启用本地主机访问控制
        include snippets/access_allow_localnet_and_localhost.conf;
        autoindex on;                                      # 开启自动目录列表
    }

    location /ks/      {
        alias /kickstart/;                                 # 定义别名/ks/的访问目录
        # 启用本地主机访问控制
        include snippets/access_allow_localnet_and_localhost.conf;
        include snippets/http_auth_basic.conf;             # 启用 HTTP 用户基本认证
        satisfy any;    # 192.168.0.0/24 内的主机可直接访问，其他地址的访问需用户认证
        autoindex on;                                      # 开启自动目录列表
    }
// 3. 在需要开启别名访问的虚拟主机中包含配置
# vi /etc/nginx/vhosts.d/www.olabs.lan.conf
```

```
server {
    …………
    include snippets/yum-repos_kickstart.conf;
}
// 4. 检查语法正确性并重新加载配置
# nginx -t
# service nginx reload
// 5. 在客户端使用浏览器检测配置
# elinks http://olabs.lan/mirrors/
# elinks http://olabs.lan/centos/
# elinks http://olabs.lan/ks/
```

3. 启用 flv 和 MP4 模块及限速

操作步骤 8.10 启用 flv 和 MP4 模块及限速。

```
// 1. 创建并编辑启用 flv 和 MP4 模块的片段配置文件
# vi /etc/nginx/snippets/flv_mp4.conf
    flv;
    mp4;
    mp4_buffer_size 1m;
    mp4_max_buffer_size 20m;

    tcp_nopush off;            # 不对数据包进行 Nagle 化处理
    tcp_nodelay  on;
    aio on;                    # 启用异步 I/O 传输机制
    #directio 4k;              # 为 XFS 文件系统设置
    output_buffers 1 2M;
// 2. 在需要开启 flv 和 MP4 模块的虚拟主机中包含配置
# vi /etc/nginx/vhosts.d/www.olabs.lan.conf
server {
    …………
    location /videos {         # 对/videos 访问启用 flv 和 MP4 模块并限速 200k
        include snippets/flv_mp4.conf;
        limit_rate 200k;
    }

    location /downloads {      # 对/downloads 访问限速 20k
        limit_rate 20k;
    }
}
// 3. 检查语法正确性并重新加载配置
# nginx -t
# service nginx reload
```

4. 为客户端缓存设置页面响应头中的到期时间

操作步骤 8.11 为客户端缓存设置页面响应头中的到期时间。

```
// 1. 创建并编辑为静态文件设置到期时间的片段配置文件
# vi /etc/nginx/snippets/set_expires_for_static_files.conf
    location ~* ^.+\.(?:css|cur|js|jpe?g|gif|htc|ico|png|html|xml|otf|ttf|eot|woff|svg|swf)$ {
        expires 30d;                # 设置到期时间为 30 天
        tcp_nopush    on;           # 对数据包进行 Nagle 化处理
        tcp_nodelay off;
        access_log off;             # 不记入访问日志
        ## 设置操作系统的静态文件句柄缓存
        ## 提示：若此处不设置将使用上一层（server 段）甚至更上一层（http 段）中的配置
        open_file_cache max=10000 inactive=120s;
        open_file_cache_valid 45s;
        open_file_cache_min_uses 2;
        open_file_cache_errors off;
    }

    location ~* ^.+\.(?:pdf|pptx?)$ {
        expires 30d;
        tcp_nodelay off;
        tcp_nopush    on;
    }
// 2. 创建并编辑处理 favicon.ico 到期时间的片段配置文件
# vi /etc/nginx/snippets/favicon_and_empty.conf
    location = /favicon.ico {
        expires 30d;
        try_files /favicon.ico @empty;  # 若 favicon.ico 不存在则启用 empty_gif
    }

    location @empty {
        expires 30d;
        empty_gif;                  # 返回一个内存中常驻的尺寸为 1x1 像素的透明 GIF
    }
// 3. 在需要为静态页面设置到期时间的虚拟主机中包含配置
# vi /etc/nginx/vhosts.d/www.olabs.lan.conf
server {
    …………
    include snippets/set_expires_for_static_files.conf;
    include snippets/favicon_and_empty.conf;
}
// 4. 检查语法正确性并重新加载配置
# nginx -t
# service nginx reload
// 5. 测试响应头的“Expires” 和 “Cache-Control” 字段
#    curl -I http://olabs.lan
HTTP/1.1 200 OK
Server: nginx
Date: Sun, 08 Jun 2014 15:51:51 GMT
```

```
Content-Type: text/html; charset=utf-8
Content-Length: 612
Last-Modified: Thu, 24 Apr 2014 13:32:20 GMT
Connection: keep-alive
ETag: "53591264-264"
Expires: Tue, 08 Jul 2014 15:51:51 GMT
Cache-Control: max-age=2592000
Accept-Ranges: bytes
```

5．为搜索引擎爬虫限速且不记入访问日志

操作步骤 8.12 为搜索引擎爬虫限速。

```
// 1. 创建并编辑为搜索引擎爬虫限速的片段配置文件
# vi /etc/nginx/snippets/limit_rate_for_search_engine_bots.conf
        # 使用 if 语句对 $http_user_agent 变量的值进行判断
        # 若其值是 Google 或 Baidu 或 Yahoo 的搜索引擎爬虫则进行限速且不记入访问日志
        if ($http_user_agent ~ Googlebot|Baiduspider|Slurp) {
            limit_rate 20k;
            access_log off;
        }
// 2. 在为搜索引擎爬虫限速的虚拟主机中包含配置
# vi /etc/nginx/vhosts.d/www.olabs.lan.conf
server {
    …………
    location / {
        …………
        include snippets/limit_rate_for_search_engine_bots.conf;
    }
}
// 3. 检查语法正确性并重新加载配置
# nginx -t
# service nginx reload
```

8.4 Nginx 的安全配置

8.4.1 基于 SSL 的 Nginx

1．Nginx 的 SSL 支持

Nginx 的 ngx_http_ssl_module 模块提供对 HTTPS 的支持，同时需要 OpenSSL 库的支持。通过查看 Nginx 的编译信息可知：

```
# nginx -v
nginx version: nginx/1.6.0
# nginx -V 2>&1 | grep SNI
TLS SNI support enabled
# nginx -V 2>&1 | grep -o with-http_ssl_module
with-http_ssl_module
```

当前已安装的由 Nginx 官方 YUM 仓库提供的 nginx 已经默认支持 HTTPS，且支持 TLS SNI。

2．与 SSL 相关的 Nginx 配置指令

表 8-10 列出了 Nginx 中常用的与 SSL 相关的配置指令及其说明。

表 8-10　Nginx 中常用的与 SSL 相关的配置指令

指　　令	说　　明
ssl	用于开启或关闭 SSL/TLS 协议引擎，用于 server 段中针对特定的虚拟主机开启 SSL/TLS 引擎。默认值为 off，要开启 SSL 引擎需将其设置为 on。建议在 listen 指令中使用 ssl 参数代替此指令
ssl_protocols	用于控制允许使用哪些版本的 SSL/TLS 协议，通过握手协商客户端只能使用被允许的协议。默认值为“SSLv3 TLSv1 TLSv1.1 TLSv1.2”
ssl_ciphers	用于在 SSL 握手过程中进行加密算法套件协商时告诉客户端允许使用哪些加密算法。取值是一个冒号分隔的 OpenSSL 加密算法套件字符串。默认值为“HIGH:!aNULL:!MD5”
ssl_prefer_server_ciphers	用于指定是否强制使用服务器端的加密算法套件优先级顺序。在 SSL/TLS 握手阶段，服务器通常优先尊重客户端给出的加密算法套件优先级顺序。但是，如果将此指令设为“on”，那么将优先使用服务器端的优先级顺序
ssl_certificate	用于指定虚拟主机的证书文件（PEM 编码格式的 X.509 证书）的位置
ssl_certificate_key	用于指定虚拟主机的私钥文件（PEM 编码格式）的位置
ssl_session_cache	用于设置存储 SSL 会话参数的缓存类型及其大小，默认值为 none。取值 builtin 表示使用 OpenSSL 的内置缓存（仅用于单 worker 的情况），取值 share 表示所有的 worker 公用一个缓存（推荐使用），单位为字节，1MB 可以存储大约 4000 个会话。每个共享缓存必须命名，且一个被命名的共享缓存可以用于多个虚拟主机
ssl_session_timeout	设置客户端能够反复使用储存在缓存中的会话参数时间
ssl_session_tickets	用于指定是否启用 TLS 的 Tickets 会话机制（RFC 5077），默认值为 on。启用此机制后，TLS 服务器将会话状态封装到一个 ticket，并将其转发给客户端。客户机随后可以使用获得的 ticket 恢复会话
ssl_trusted_certificate	该指令用于客户端认证。此指令指定了一个多合一的 CA 证书（PEM 编码格式），只有持有这些 CA 所签发证书的客户端才允许访问
ssl_verify_client	该指令用于客户端认证。此指令指定对客户端证书的验证级别。取值 off 表示根本不要求客户端持有证书（默认值）；取值 optional 表示客户端证书若存在则对其进行验证；取值 on 表示客户端必须持有一个有效的证书
ssl_verify_depth	该指令用于客户端认证。此指令指定验证客户端证书有效性时允许的最大证书链深度，所谓的“最大深度”其实是指证书链上中间 CA 的最大个数。“0”表示仅接受自签名证书。默认值“1”表示只接受自签名证书和已知 CA 直接签名的证书

操作步骤 8.13　配置虚拟主机可以共用的 SSL 参数。

```
// 1. 在 http 配置段中创建被主配置文件包含的/etc/nginx/httpconf.d/ssl.conf
// 许多虚拟主机可以共用一些 SSL 参数，为此可以在 http 配置段配置 ssl 的全局配置
# vi /etc/nginx/httpconf.d/ssl.conf
    # 指定一个名为 SSL 的 SSL 会话缓存，其大小为 10m
    ssl_session_cache              shared:SSL:10m;
    # 指定 SSL 会话的过期时间为 30min，到时重新验证 SSL 会话
    ssl_session_timeout            30m;

    ssl_protocols                  TLSv1 TLSv1.1 TLSv1.2;
    ssl_ciphers                    HIGH:MEDIUM:!aNULL:!SSLv2;
    ssl_prefer_server_ciphers      on;
// 2. 检查语法正确性
# nginx -t
```

3．配置 Nginx 的 SSL/TLS 虚拟主机

下面配置 www.olabs.net（别名 olabs.net）、wiki.olabs.net（别名 docs.olabs.net）基于 HTTPS 协议访问的虚拟主机。

操作步骤 8.14 配置使用 SAN 证书的 Nginx 基于域名的虚拟主机。

```
// SAN 证书的制作请参考上一章的 7.5.1 节，本例沿用操作步骤 7.6 制作的证书
// 1. 配置被 Nginx 主配置文件包含的虚拟主机配置文件
# vi /etc/nginx/vhosts.d/www.olabs.net.443
// 添加如下的配置行
server {
    listen 443 ssl;
    server_name www.olabs.net olabs.net;
    root /var/www/vhosts/www.olabs.net/htdocs;
    try_files $uri $uri/index.html $uri.html =404;
    access_log /var/www/vhosts/www.olabs.net/logs/access.ssl.log main;
    error_log    /var/www/vhosts/www.olabs.net/logs/error.ssl.log warn;

    ssl_certificate          /etc/pki/tls/certs/olabs.net.crt;
    ssl_certificate_key   /etc/pki/tls/private/olabs.net.key;
}
// 编辑后退出 vi
// 生成配置文件 /etc/nginx/vhosts.d/wiki.olabs.net.443
# cd /etc/nginx/vhosts.d/
# cp {www,wiki}.olabs.net.443
# sed -i 's/www.olabs/wiki.olabs/' wiki.olabs.net.443
# sed -i '/server_name/ s/olabs.net;/docs.olabs.net;/' wiki.olabs.net.443
// 2. 启用虚拟主机配置
# ln -s www.olabs.net.443{,.conf}
# ln -s wiki.olabs.net.443{,.conf}
// 3. 检测配置并重新加载 Nginx 配置
# nginx -t
# service nginx reload
// 4. 修改 iptabls 防火墙开启 443 端口
// 若防火墙还未开启 443 端口，请执行如下命令
# lokkit -p 443:tcp
// 5. 测试基于域名的 SSL/TLS 虚拟主机
# w3m https://www.olabs.net
# w3m https://olabs.net
# w3m https://wiki.olabs.net
# w3m https://docs.olabs.net
// 在 Windows 中可以使用 IE7 或 FireFox 进行测试。不管使用何种浏览器，
// 由于此证书是自签名证书，所以都会显示证书不可信的信息
// 在测试环境中，可以添加对此证书的额外信任从而浏览站点内容
```

4．将 HTTP 的访问重定向到 HTTPS

下面举例说明，对 wiki.olabs.net 和 docs.olabs.net 的 HTTP 协议的访问重定向到 HTTPS 协

议的配置过程。

操作步骤 8.15 将 HTTP 的访问重定向到 HTTPS。

```
// 1. 配置被 Nginx 主配置文件包含的虚拟主机配置文件
# vi /etc/nginx/vhosts.d/wiki.olabs.net.redirect
server {
    listen 80;
    server_name wiki.olabs.net docs.olabs.net;
    return 301 https://wiki.olabs.net$request_uri;
}
// 2. 启用重定向的配置文件
# cd /etc/nginx/vhosts.d
// 首先删除原来名为 wiki.olabs.net.conf 的符号链接
# rm -f wiki.olabs.net.conf
// 创建.conf 后缀的新符号链接指向 wiki.olabs.net.redirect
# ln -s wiki.olabs.net.redirect wiki.olabs.net.redirect.conf
// 3. 检测配置并重新加载 Nginx 配置
# nginx –t
# service nginx reload
// 4. 测试 HTTP 到 HTTPS 的跳转
# w3m http://wiki.olabs.net
# w3m http://docs.olabs.net
```

8.4.2 Nginx 的连接限制

1. Nginx 的连接限制模块

在 Nginx 中提供了两个连接控制模块。

- ngx_http_limit_conn_module：可根据条件（如客户端 IP 地址，服务器主机名等）进行并发连接数控制。
- ngx_http_limit_req_module：可以根据条件（如客户端 IP 地址）进行请求频率的控制。

Nginx 使用一个共享内存区来存储请求状态信息。例如，当通过每个客户端 IP 地址做控制时，共享内存区则存储了一张以客户端 IP 地址为键（key）、其对应值为请求状态的键值表。Nginx 读取记录于共享内存区中与键（key）对应的请求状态信息：

- 通过分析连接的数目限制并发连接数。
- 通过漏桶（Leaky Bucket）算法限制请求速率。漏桶算法是网络世界中流量整形（Traffic Shaping）或速率限制（Rate Limiting）时经常使用的一种算法，它的主要目的是控制数据注入到网络的速率，平滑网络上的突发流量。

在 64 位系统中，当以客户端 IP 地址为键时，一个键$binary_remote_addr 占 4 个字节，其对应的请求状态值占 64 字节。1 兆字节的内存共享区可以存储大约 16，000 个连接会话的状态值。当一个共享内存区的存储耗尽时，服务器将为后续访问返回错误 503（服务暂时不可用）的信息。

使用这两个模块可以在一定程度上预防 DoS/DDoS 攻击。

2．Nginx 的连接限制指令

表 8-11 列出了 Nginx 的连接限制的相关配置指令。

表 8-11　Nginx 的连接限制指令

分类	指　令	说　明
并发连接数目	limit_conn_zone	定义一个内存共享区，为其命名并指定其大小和使用的键
	limit_conn	针对已命名的内存共享区中的键（key）设置最大的并行连接数。一旦超过此值，服务器将为后续访问返回错误 503（服务暂时不可用）的信息
	limit_conn_log_level	指定当达到最大连接数后记录日志的等级，默认值为 error
	limit_conn_status	指定拒绝请求时返回的状态码，默认值为 503
请求频率	limit_req_zone	定义一个内存共享区，为其命名并指定其大小、使用的键及请求速率
	limit_req	针对已命名的内存共享区中的键（key）设置可接受的突发请求（burst）数目的最大值。若请求速率超过了所指定的内存共享区所指定的速率，则小于突发请求数目的请求将按照所指定的速率做延时处理，而大于突发请求数目的请求，服务器将为后续访问返回错误 503（服务暂时不可用）的信息。若对突发请求数目之内的请求不做延时处理，可以使用 nodelay 参数
	limit_req_log_level	指定当超速率访问后记录日志的等级，默认值为 error，若希望同时记录突发请求数目之内的延时处理则应该使用 info
	limit_req_status	指定拒绝请求时返回的状态码，默认值为 503

3．Nginx 连接限制的配置举例

操作步骤 8.16　连接限制配置举例。

```
// 1. 在 http 配置段中定义限制区
// limit_conn_zone 和 limit_req_zone 指令不能出现在 server 和 location 配置段中
// 注意文件名使用了两个下划线，以保证其优先 limit_conn_and_limit_req.conf 被加载
# vi /etc/nginx/httpconf.d/limit__zones.conf
    ## 为每个客户端 IP 的最大连接数设置一个内存共享区
    ## 此区的名称为 conPerIp，其大小为 10MB，并以$binary_remote_addr 作为键
    limit_conn_zone      $binary_remote_addr zone=conPerIp:10m;

    ## 为每个虚拟主机的连接最大连接数设置一个内存共享区
    ## 此区的名称为 conPerServer，其大小为 10MB，并以$server_name 作为键
    limit_conn_zone      $server_name        zone=conPerServer:10m;

    ## 为每个客户端 IP 的请求速率设置内存共享区
    ## 此区的名称为 reqPerSec10，其大小为 10MB，以$binary_remote_addr 作为键
    ## 并设置此区的访问速率为每秒 10 个连接请求
    limit_req_zone       $binary_remote_addr zone=reqPerSec10:10m rate=10r/s;
// 2. 在 http 配置段中定义限制
# vi /etc/nginx/httpconf.d/limit_conn_and_limit_req.conf
    ## 指定使用 conPerIp 区，且每个客户端 IP 的最大并发连接数为 10
    limit_conn conPerIp 10;
    ## 指定使用 conPerServer 区，且访问每个虚拟主机的最大并发连接数为 1000
    limit_conn conPerServer 1000;
    ## 指定使用 reqPerSec10 区（速率为每秒 10 个连接请求）
    ## 指定最大的突发请求数为 50，且对 50 个之内的突发请求不做延时处理
```

```
        limit_req    zone=reqPerSec10 burst=50 nodelay;
// 3. 检查语法正确性并重新加载配置
# nginx -t
# service nginx reload
```

> **提示**
>
> 上例中将 limit_conn_and_limit_req.conf 文件放在了/etc/nginx/ httpconf.d/目录下，其配置对所有的虚拟主机（server 配置段）均有效。由于 limit_conn 和 limit_req 指令也可以出现在 server 配置段且仅用于限制当前的虚拟主机，因此也可以将 limit_conn_and_limit_req.conf 文件放在片段配置目录/etc/nginx/snippets/下，然后再在需要实施限制的虚拟主机的 server 配置段中使用 include 指令包含配置。

8.5 思考与实验

1．思考

1）什么是 Nginx？简述其特点。

2）如何管理符号链接，如何使用别名？

3）Nginx 中提供了哪些与性能相关的配置指令？

4）Nginx 支持几种类型的虚拟主机？如何设置默认虚拟主机？

5）location 指令可以使用哪些匹配修饰符，其各自含义如何？

6）如何设置基于主机的访问控制和基于用户的访问控制？

7）如何为客户端缓存设置页面响应头中的到期时间？

2．实验

1）学会配置各种与性能相关的指令。

2）学会配置与 HTTP 客户请求相关的指令。

3）学会配置基于 IP、端口和域名的虚拟主机。

4）学会配置虚拟主机的分离日志及其日志滚动。学会查看 Nginx 的日志文件。

5）学会配置别名、目录自动列表、访问控制、用户认证。

6）学会配置 Nginx 的状态信息显示页面。

7）学会为静态页面配置响应头中的到期时间。

8）学会配置 SSL/TLS 的 Nginx 基于域名的虚拟主机。

9）学会配置 Nginx 的连接限制，以提高安全性。

3．进一步学习

1）查看 Nginx 手册，了解各个模块的作用，学习常用指令的配置语法。

2）学习 ngx_http_rewrite_module 模块中各指令的使用。

3）学习使用 ngx_http_referer_module 模块提供的指令，防止图片盗链。

第 9 章　Apache 进阶

本章首先介绍了 Web 编程语言与数据库，着重介绍了 MySQL 数据库以及键值缓存系统 Memcached 和 Redis 的安装与配置。接着介绍了 CGI 的相关概念和 Apache 的 CGI 配置方法及其应用。最后介绍了 PHP 的安装与配置，以及 LAMP 的应用。

9.1　Web 编程语言与数据库

9.1.1　Web 编程语言简介

1．Linux 下的脚本语言

Linux 环境下常用的脚本语言包括：PHP（Hypertext Preprocessor，超文本预处理器）、Perl（Practical Extraction and Report Language）、Python 和 Ruby。

网络中有人给这四种语言的特性做了四字评价：“PHP 简明单纯，Perl 凝练晦涩，Python 优雅明晰，Ruby 精巧灵动”。

2．在 CentOS 6.5 下安装 Perl/Python/PHP/Ruby

表 9-1 列出了 Linux 环境下常用的脚本语言。通常 Perl 和 Python 是默认安装的，要安装 PHP 和 Ruby 只要使用 yum 命令即可。

表 9-1　Linux 下常用的脚本语言

语言	主　页	YUM 仓库
PHP	http://www.php.net/	官方仓库提供了 5.3.3 版，Remi 仓库提供了 5.4.28 版
Perl	http://www.perl.org/	官方仓库提供了 5.10.1 版
Python	http://www.python.org/	官方仓库提供了 2.6.6 版
Ruby	http://www.ruby-lang.org/	官方仓库提供了 1.8.7 版

提示　官方仓库提供的 Ruby 版本较低，管理员可以从官方下载更高版本的源代码之后编译安装；若需要同时管理多版本的 Ruby，请使用 Ruby 的版本管理工具 RVM（https://rvm.io/）安装不同版本的 Ruby。

3．CentOS 下的脚本语言的模块管理

每一种脚本语言都为方便用户编程提供了众多模块，这些模块存放在各自的仓库中。CentOS 将这些仓库中常用的模块制作成了 RPM 包，存在 YUM 的官方仓库或第三方 YUM 仓库中以方便用户使用 yum 命令安装和更新。

安装和管理这些模块的另一种方法是使用每种脚本语言各自提供的模块管理工具。表 9-2 列出了常用脚本语言的管理工具。

表 9-2　脚本语言的库/模块/包的管理工具

语　言	管 理 工 具	库/模块/包仓库的 URL
PHP	pear、pecl	http://pear.php.net 和 http://pecl.php.net
Perl	cpan	http://www.cpan.org/
Python	easy_install 或 pip	http://pypi.python.org/
Ruby	gem	http://rubygems.org/

本书不再赘述这些工具的详细使用方法，可以在命令行后加-h/-help 参数学习它们的使用方法。总体来说，这些工具的使用与 yum 类似，通常在安装或更新过程中也能解决依赖关系，只是从每种脚本语言各自的仓库中获取包而非 YUM 仓库。

4．Linux 下的 Java 运行环境

在 CentOS 6.5 中提供了两种版本的 OpenJDK（http://openjdk.java.net/），可以使用 yum 直接安装所需的版本。若希望安装 Oracle 的 JavaSE 请参见本书 10.2.3 节。

```
# yum search openjdk
java-1.6.0-openjdk.x86_64 : OpenJDK Runtime Environment
java-1.7.0-openjdk.x86_64 : OpenJDK Runtime Environment
……
# yum install java-1.7.0-openjdk
# java -version
java version "1.7.0_55"
OpenJDK Runtime Environment (rhel-2.4.7.1.el6_5-x86_64 u55-b13)
OpenJDK 64-Bit Server VM (build 24.51-b03, mixed mode)
```

9.1.2　关系数据库系统

1．Linux 下常用的关系数据库

动态 Web 站点并非一定要有数据库支持（例如，DokuWiki 将其所有数据存在文件系统中而不是向 MediaWiki 那样将数据存到关系数据库中），但大多数应用需要数据库支持。虽然当前有些动态网站已经开始使用 noSQL 数据库，但绝大多数的应用仍在使用传统的关系型数据库。表 9-3 列出了 Linux 下常用的关系数据库。

表 9-3　Linux 下常用的关系数据库

数 据 库	主　页	YUM 仓库
MySQL	http://www.mysql.com	CentOS 官方仓库提供了 5.1.71 版，Remi 仓库提供了 5.5.37 版
PostgreSQL	http://www.postgresql.org/	CentOS 官方仓库提供 8.4.20 版 http://yum.postgresql.org/提供了最新版本的 YUM 仓库
SQLite	http://sqlite.org/	CentOS 官方仓库提供了 2 和 3 两个版本

下面重点介绍 MySQL 的安装配置。有关关系型数据库系统对比的介绍内容，请参考：http://en.wikipedia.org/wiki/Comparison_of_relational_database_management_systems。

2．MySQL 数据库简介

MySQL 是一个多用户多线程的关系型数据库管理系统，是一个客户机/服务器结构的系统，它由一个服务器守护程序 mysqld 与很多不同的客户程序和库组成。MySQL 支持

FreeBSD、Linux、MAC、Windows 等多种操作系统平台。其具有如下特点：

- 可以同时处理几乎不限数量的用户。
- 可以处理拥有上千万条记录的大型数据。
- 简单有效的用户特权系统。
- 支持常见的 SQL 语句规范。
- 可移植行高，安装简单，小巧。
- 良好的运行效率，有丰富信息的网络支持。
- 相对其他大型数据库而言调试、管理、优化简单。
- 提供多种存储引擎支持，如 MyISAM、InnoDB 等。MySQL5.5 默认使用高效的事务引擎 InnoDB。
- 支持复制功能（Replication），为高可用的 MySQL 系统提供了可靠方案。

MySQL 的原始开发者为瑞典 MySQL AB 公司，现在已经被 Oracle 公司收购。MariaDB 是一个采用 Maria 存储引擎的 MySQL 分支版本，是由原来 MySQL 的作者 Michael Widenius 创办的公司所开发的免费开源的数据库服务器。在开源世界里，MariaDB 有望取代 MySQL，RHEL/CentOS7 将会默认提供 MariaDB 而非 MySQL。

3．安装 MySQL 服务

操作步骤 9.1 安装 MySQL 服务。

```
// 1. 安装 MySQL 服务（开启 REMI 仓库安装 MySQL 的 5.5.37 版）
# yum install mysql mysql-server
// 2. 启动 MySQL 服务，并设置开机启动
# chkconfig --levels 35 mysqld on
# service mysqld start
// 3. 配置 MySQL 的 root 用户口令
# yum install pwgen
// 生成一个 20 位的大小写字母和数字混用的口令
# pwgen -1 20
Aed7ahBuu7ru2Wooyohg
//用 pwgen 生成的口令作为 MySQL 的 root 口令
# mysqladmin -u root password 'Aed7ahBuu7ru2Wooyohg'
```

注意 在生产环境，管理员应该运行 /usr/bin/mysql_secure_installation，此 Bash 脚本在设置 MySQL 的 root 账户口令的同时，还配置了其他的安全设置。

4．配置 MySQL 服务

MySQL 服务的配置文件为/etc/my.cnf，且 mysql-server 的 RPM 包提供了用于不同规模数据库的配置文件样本（/usr/share/doc/mysql-server-5.5.37/my-*.cnf），管理员可以根据需要复制样板文件为/etc/my.cnf，然后做适当修改即可。有关 MySQL 的详细配置及其配置参数的解释请参考 MySQL 手册，下面仅给出一个配置例子。

操作步骤 9.2 MySQL 服务配置举例。

```
// 1. 备份原始配置文件
# cp /etc/my.cnf{,.orig}
```

```
// 2. 使用/usr/share/doc/mysql-server-5.5.37/my-huge.cnf
# cp /usr/share/doc/mysql-server-5.5.37/my-huge.cnf /etc/my.cnf
// 3. 修改 MySQL 服务的配置
# vi /etc/my.cnf
# 下面的选项将被传递到所有的 MySQL 客户端
[client]
#password          = your_password
Port               = 3306
Socket                      = /var/lib/mysql/mysql.sock
default-character-set  =      utf8

# MySQL 服务器配置
[mysqld]
Port               =       3306
# 指定 MySQL 的数据库目录，默认为/var/lib/mysql，可省略
datadir                  =       /var/lib/mysql
socket                   =       /var/lib/mysql/mysql.sock
# 推荐禁用符号链接以预防各类安全隐患
symbolic-links=0
# 设置最大并发连接数（默认值为 100）
max_connections=500
skip-external-locking
key_buffer_size = 384M
max_allowed_packet = 2M
table_open_cache = 512
sort_buffer_size = 2M
read_buffer_size = 2M
read_rnd_buffer_size = 8M
myisam_sort_buffer_size = 64M
thread_cache_size = 8
query_cache_size = 32M
# 指定并发线程的个数，通常设置为 CPU 内核数目的两倍
thread_concurrency = 8

character-set-server=utf8
collation-server=utf8_general_ci

# 为复制主服务器开启二进制日志
# 若无从服务器，也不需要使用二进制日志恢复数据，可以注释此行
log-bin=mysql-bin

# 保留 90 天的二进制日志
expire-logs-days =      90

# 在启用了二进制日志复制的多个服务器中指定服务器 ID
# 主服务器的 ID 必须为 1，其他从服务器的 ID 可以是 2~ 2^（32–1）的数字
# 若为开启二进制日志，可以注释此行
server-id          = 1
```

```
# 使用半同步复制（Semisynchronous Replication）插件
# http://dev.mysql.com/doc/refman/5.5/en/replication-semisync.html
# 在主服务器上开启如下行（取消注释）
;plugin-load=rpl_semi_sync_master=semisync_master.so
;rpl_semi_sync_master_enabled=1
;rpl_semi_sync_master_timeout=10
# 在从服务器上开启如下行（取消注释）
;plugin-load=rpl_semi_sync_slave=semisync_slave.so
;rpl_semi_sync_slave_enabled=1

## 配置慢查询日志（仅用于开发调试）
## 通过慢查询日志可以找到运行速度过慢的 SQL 语句，以便调优
# 开启慢查询日志
slow_query_log=on
# 指定日志文件存放位置，默认的文件为 $(host_name)-slow.log
slow_query_log_file=slowquery.log
# 指定记录超过查询时间的日志，默认为 10s
long_query_time=10
# 指定记录没有使用索引的查询
log_queries_not_using_indexes=on

[mysqldump]
quick
max_allowed_packet = 16M

[mysql]
no-auto-rehash
# 如果不熟悉 SQL，请删除下一个注释字符
#safe-updates

[myisamchk]
key_buffer_size = 256M
sort_buffer_size = 256M
read_buffer = 2M
write_buffer = 2M

[mysqlhotcopy]
interactive-timeout
[mysqld_safe]
log-error=/var/log/mysqld.log
pid-file=/var/run/mysqld/mysqld.pid
// 4. 重新启动 MySQL 服务
# service mysqld restart
// 5. 安装 MySQLTuner 并获取更多的配置建议
# yum install mysqltuner
# mysqltuner
// 也可以从 github 下载最新的 mysqltuner
# git clone https://github.com/major/MySQLTuner-perl.git
```

```
// 然后运行新版的文件
# MySQLTuner-perl/mysqltuner.pl
```

9.1.3 键值缓存系统

1．为什么使用键值缓存系统

为了加快 Web 站点的响应速度，通常可以使用基于内存的键值缓存系统，用于：

- 缓存经常被访问的静态 HTML 页面、CSS、Javascript、图片。
- 缓存用于生成动态页面的，渲染后的网页模板（Renderred Templates）。
- 缓存登录 Cookie/Session、购物车。
- 缓存动态热点数据（从数据库获得的查询结果）等。

在动态网站中，内存键值缓存系统通常与数据库（如 MySQL）相结合来使用，它通过在内存中缓存数据和对象来减少读取关系数据库的次数，从而提高了动态数据库驱动的网站速度。若被访问的对象已在缓存中，则直接读取缓存中的数据返还给浏览器；若未在缓存中，则访问后端数据库查询获取数据并返还给浏览器，同时将查询结果置于缓存系统中以便加快后续访问。

键值缓存系统通常占用固定大小的内存来运行，当内存中的缓存被占满后，会使用最近最少用（LRU）算法自动移除一些缓存对象。

内存键值缓存系统通常是基于 C/S 模型设计的，即包含服务器端和客户端。服务器端是以守护进程形式运行的，而为了方便 Web 程序员处理缓存对象，每种键值缓存系统都提供了基于不同语言（如 PHP、Python、Ruby、Java 等）的多种客户端。

Linux 系统管理员应该掌握键值缓存系统的服务器端的安装配置及基于各种语言的客户端的安装。如何具体操作键值缓存系统（如何读写缓存等）就是 Web 程序员的事了。

2．Linux 下常用的键值缓存系统

表 9-4 列出了 Linux 下常用的键值缓存系统（服务器端）。

表 9-4　Linux 下常用的键值缓存系统

缓存系统	主　页	YUM 仓库
Memcached	http://www.memcached.org/	CentOS 官方仓库提供了 1.4.4 版，Remi 仓库提供了 1.4.20 版
Redis	http://redis.io	EPEL 仓库提供 2.4.10 版，Remi 仓库提供了 2.8.9 版

表 9-5 列出了 Memcached 与 Redis 的对比。

表 9-5　Memcached 与 Redis 的比较

缓存系统	类　型	数据存储	操作方法	其他特性
Memcached	内存键值缓存	将键直接映射为值	创建、读取、更新、删除等	使用多线程为服务器提供额外的性能
Redis	内存非关系数据库	将键映射为字符串（String）、哈希（Map）、列表（list）、集合（sets）和有序集合（sorted sets）等类型的值	提供了对于每种数据类型的通用访问模式，为每种数据类型的处理提供大量命令（http://redis.io/commands），以及部分事务支持	发布/订阅、主/从复制、持久性（Diskbacked）、脚本（存储过程）

Memcached 的键值缓存仅存在于内存中，一旦重启服务或关机其缓存即被清空；Redis 在

一定程度上弥补了 Memcached 的这一缺陷，它具有持久性，即可以将内存的缓存写入磁盘。尽管 Redis 有许多优于 Memcached 的特性，它也可以完全取代 Memcached，但在许多现有项目中仍在使用 Memcached，因此系统管理员要掌握这两种系统的安装配置方法。

3．Memcached 的安装配置

操作步骤 9.3 安装配置 Memcached。

```
// 1. 安装 Memcached（使用 Remi 仓库中的新版）
# yum install memcached
// 2. 配置 Memcached
// 与其他服务不同，Memcached 守护进程运行时不读取自己的配置文件，它只接受命令行参数，
// 按照 RHEL/CentOS 的配置风格，修改守护进程的命令行参数应该编辑 /etc/sysconfig/
// 目录下的与守护进程同名的配置文件，对 memcached 来说是 /etc/sysconfig/memcached
# vi /etc/sysconfig/memcached
PORT="11211"              # 定义监听端口变量，作为 –p 参数的值使用
USER="memcached"          # 定义守护进程的执行用户变量，作为 –u 参数的值使用
MAXCONN="5000"            # 定义最大并行连接数变量，作为 –c 参数的值使用
CACHESIZE="1024"          # 定义缓存最大尺寸的变量，作为 –m 参数的值使用（单位为 MB）
OPTIONS=""                # 定义其他 memcached 命令行上可用的参数及其值
// 作为单机使用时，通常只需要修改 MAXCONN 和 CACHESIZE 的值即可
// 3. 启动 Memcached
# service memcached start
# chkconfig memcached on
// 4. 使用 Memcached 的管理工具
# man memcached-tool
// 显示服务器的当前状态信息
# memcached-tool 127.0.0.1:11211 status
```

4．Redis 的安装配置

操作步骤 9.4 安装配置 Redis。

```
// 1. 安装 Redis（使用 Remi 仓库中的新版）
# yum install redis
// 2. 配置 Redis
# cp /etc/redis.conf{,.orig}
// 编辑 Redis 的配置文件
# vi /etc/redis.conf
port 6379             # 指定监听端口
maxclients 5000       # 指定最大并行连接数
maxmemory 1gb         # 指定缓存最大尺寸
maxmemory-policy allkeys-lru          # 指定缓存满后的剔除策略
// 3. 启动 Redis
# service redis start
# chkconfig redis on
// 另外，redis 的 RPM 包还提供了 redis-sentinel 守护进程，它是 Redis 的集群管理工具
// 提供三大功能：监测、通知、自动故障恢复。在无 Redis 集群的单机环境下无须启动
// 4. 使用 Redis 工具
```

```
// 提示：访问本机的默认 6379 端口时，下面的参数"-h localhost -p 6379"可以省略
// 查看 redis 的当前状态信息
# redis-cli -h localhost -p 6379 info:
// 监视 redis 的读写操作（<Ctrl+C>退出）
# redis-cli -h localhost -p 6379 monitor
// 性能测试（100 个并发连接，10,000 个请求）
# redis-benchmark -h localhost -p 6379 -c 100 -n 10000
```

> **提示**
>
> 1）上面的例子只介绍了 CentOS 下 Memcached 和 Redis 的配置方法和基本配置参数，更多深入的配置参数请参考其官方网站文档或手册。
>
> 2）若 Web 应用服务器与键值缓存服务器是分离的主机，应该开启键值缓存服务器上的主机防火墙，允许 Web 应用服务器访问键值缓存服务器。默认地，对于 memcached 来说是 tcp:11211，对于 Redis 来说是 tcp:6379。

9.2 Apache 与 CGI

9.2.1 CGI 技术

1．CGI 简介

通用网关接口（Common Gateway Interface，CGI）是一个连接外部应用程序到 HTTP 服务器的标准（RFC3875）。CGI 定义了 Web 服务器与外部内容生成程序（通常称为 CGI 脚本或 CGI 程序）之间交互的方法，即一种基于浏览器的输入、在 Web 服务器上运行的程序方法，从而实现动态 Web 的功能。

2．CGI 的优缺点

CGI 是在网站上实现动态页面的一种技术。CGI 的优点如下。

- 简单：CGI 很容易理解。
- 语言独立性：CGI 程序可以使用任何语言编写。CGI 程序可以用任何一种语言编写，只要这种语言具有标准输入、输出和环境变量支持。例如，Perl、Python、Ruby、PHP、bash、C 等。
- 进程隔离性：CGI 程序运行在独立的进程中，CGI 程序的错误不能使 Web 服务器崩溃，CGI 程序也不能访问 Web 服务器的内部状态。
- 开放的标准：CGI 已经在几乎所有的 Web 服务器上实现（如 Apache、IIS 等）。
- 架构独立：CGI 不依赖于任何特定的服务器体系结构（类 UNIX/Windows、单线程/多线程等）。

虽然 CGI 技术简单，但它也有如下的一些缺点：

- 每个 CGI 请求均产生一个进程进行处理，完成后结束进程，一个 CGI 程序的 CGI 处理进程可能被反复加载，且不同的 CGI 请求无法共享内存或其他上下文信息。
- 每启动一个 CGI 进程都会消耗系统资源，服务器上大量的 CGI 并发进程的初始化所用的时间成为网站性能的瓶颈。特别是像和数据库这样的应用程序连接时，初始化所用的时间较长。

3．CGI 的处理过程

CGI 程序与 Web 服务器的通信过程，如图 9-1 所示。

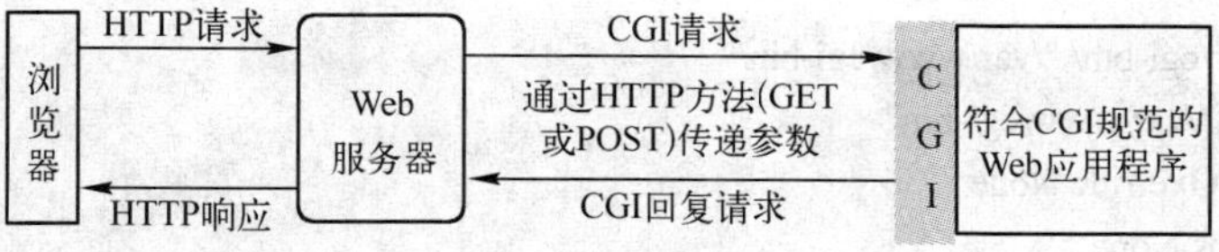

图 9-1　CGI 的处理过程

1）Web 客户端通过 Internet 把用户请求送到服务器。

2）Web 服务器接收用户的 CGI 请求后，执行如下处理：

- Web 服务器为 CGI 程序创建一个新的进程并对其初始化。
- Web 服务器通过环境变量向 CGI 程序传递请求信息（如远程主机、用户名、HTTP 标头等）。
- Web 服务器以标准输入向 CGI 程序发送客户端输入的信息（如用户从 HTML 表单中输入的字段值）。
- 执行 CGI 程序，输出信息以标准输出返回给 Web 服务器，错误信息写入标准错误（由 Web 服务器记入日志）。
- 当 CGI 程序运行结束，CGI 进程退出，系统收回 CGI 进程资源。

3）Web 服务器把 CGI 程序的执行结果送回到 Web 客户端。

9.2.2　Apache 的 CGI 配置

1. Apache 的 CGI 模块

Apache 默认提供了两个 CGI 模块来支持 CGI。

- mod_cgi：用于基于进程（prefork）MPM 模型运行的 Apache。
- mod_cgid：用于基于线程（worker）MPM 模型运行的 Apache。

因为 Apache 默认以 prefork MPM 模型运行，所以 mod_cgi 模块是默认加载的。通过查看 Apache 的主配置文件/etc/httpd/conf/httpd.conf 可以获知。

```
LoadModule cgi_module modules/mod_cgi.so
#LoadModule cgid_module modules/mod_cgid.so
```

若 Apache 以 worker MPM 模型运行，则应该禁用 mod_cgi 模块、开启 mod_cgid 模块，并关闭 mod_cgi 模块。

```
#LoadModule cgi_module modules/mod_cgi.so
LoadModule cgid_module modules/mod_cgid.so
```

2. Apache 中 CGI 的配置方法

配置 Apache 允许执行 CGI 程序有两种方法。

- 将所有的 CGI 程序放在指定的目录中，并使用 ScriptAlias 指令声明。
- ScriptAlias 目录之外的 CGI 程序，可以使用 AddHandler 指令声明。

3. 使用 ScriptAlias 配置 CGI

使用 ScriptAlias 指令使 Apache 允许执行一个特定目录中的 CGI 程序。当客户端请求此特定目录中的资源时，Apache 假定其中所有的文件都是 CGI 程序并试图运行它。例如在

CentOS 的 Apache 主配置文件 /etc/httpd/conf/httpd.conf 里有如下的配置段：

```
ScriptAlias /cgi-bin/ "/var/www/cgi-bin/"
<Directory "/var/www/cgi-bin">
    AllowOverride None
    Options None
    Order allow,deny
    Allow from all
</Directory>
```

在此配置中，任何以 /cgi-bin/ 开头的资源都将映射到 /var/www/cgi-bin/ 目录中，且视之为 CGI 程序。如果有 URL 为 http://olabs.lan/cgi-bin/test.pl 的请求，Apache 会试图执行 /var/www/cgi-bin/test.pl 文件并返回其输出。当然，这个文件必须存在而且可执行，并以特定的方法产生输出，否则 Apache 返回一个出错消息。另外，还在<Directory>容器中设置了对 CGI 目录 /var/www/cgi-bin 的访问控制。

假如 /var/www/cgi-bin/test.pl 文件的内容为：

```
#!/usr/bin/perl
print "Content-type: text/html\n\n";
print "Hello, World. Perl";
```

则当给此文件添加可执行权限之后，即可使用如下命令查看浏览结果。

```
# elinks http://olabs.lan/cgi-bin/test.pl
# elinks http://olabs.net/cgi-bin/test.pl
```

由于上面的 ScriptAlias 指令是全局配置，所以每个虚拟主机都继承了这个配置，均可获得浏览结果。若希望对某个虚拟主机配置 CGI 目录，仅需将 ScriptAlias 配置指令放在相应的<VirtualHost>容器中，使用虚拟主机自己的 CGI 目录覆盖主配置中的 ScriptAlias 指令的目录即可。

4．使用 AddHandler 配置 CGI

由于安全原因，CGI 程序通常被限制在 ScriptAlias 指定的目录中。这样，管理员就可以严格控制谁可以使用 CGI 程序。但是，如果采取了恰当的安全措施，也可以允许运行其他目录中的 CGI 程序，这种配置更加灵活。允许 CGI 在任意目录执行需要两个步骤：

- 必须用 AddHandler 或 SetHandler 指令激活 cgi-script 处理器。
- 必须在 Options 指令中启用 ExecCGI 选项。

AddHandler 指令用于在文件扩展名与特定的处理器之间建立映射，即告诉服务器哪些文件是 CGI 程序文件。例如，下面的 AddHandler 指令告诉服务器所有带有 cgi 或 pl 后缀的文件是 CGI 程序：

```
AddHandler cgi-script .cgi .pl
```

此外，还需要在主配置或相应的虚拟主机的配置文件中，使用 Options 指令显式地允许特定目录中 CGI 的执行，例如：

```
<Directory /var/www/vhosts/olabs.net/htdoc>
  Options +ExecCGI
```

```
</Directory>
```

上述指令使 Apache 允许在/var/www/vhosts/olabs.net/htdoc 目录下执行以 cgi 或 pl 为后缀的 CGI 程序。

5．Apache 的 CGI 配置举例

Gitweb 是 git 版本控制仓库的 Web 前端，它是由 Perl 语言编写的一个 CGI 程序。CentOS 6.5 的官方仓库提供了其 RPM 包。下面介绍其安装配置过程。

操作步骤 9.5 安装配置 Gitweb。

```
// 1. 安装 Gitweb
# yum –y install gitweb
// 2. 查看 Gitweb 的 Apache CGI 配置
# cat /etc/httpd/conf.d/git.conf
// 默认的 git.conf 置于 conf.d/目录，其配置是全局的，每个虚拟主机都能继承这个配置

Alias /git /var/www/git                  # 为 /git 设置别名访问

<Directory /var/www/git>                 # 为 /var/www/git 目录设置权限
  Options +ExecCGI                       # 添加可执行 CGI 的目录选项
  AddHandler cgi-script .cgi             # 将本目录的.cgi 文件视为 CGI 程序
  DirectoryIndex gitweb.cgi              # 设置目录的 Index 文件为 gitweb.cgi

  #SetEnv GITWEB_CONFIG /etc/gitweb.conf  # 编译 Gitweb 时设置的环境变量，可省略
</Directory>
// 3. 修改 Gitweb 的配置文件
# vi /etc/gitweb.conf
// 将如下行
#our $projectroot = "/var/lib/git";
// 取消注释并设置为所有 git 仓库的父目录
our $projectroot = "/home/git-repos";
// 保存后退出 vi
// 4. 准备可被 Web 浏览的仓库
# mkdir /home/git-repos
# cd /home/git-repos
# git clone --bare https://github.com/Umkus/nginx-boilerplate.git
# git clone --bare https://github.com/sinosmond/puppet-27-cookbook-CN.git
// puppet-27-cookbook-CN 的 HTML 版在 http://down.51cto.com/data/393507
// 5. 重新加载 Apache 的配置
# service httpd reload
// 6. 浏览测试
# elinks http://olabs.lan/git
# elinks http://olabs.net/git
```

9.2.3 访问日志分析统计

1．什么是 AWStats

AWStats（Advanced Web Statistics）是一个免费的、功能强大的服务器日志分析工具。

AWStats 通过对 Web 服务器访问日志的分析，可以提供如下 Web 统计数据：

- 提供访问量、访问次数、访问者 IP、访问者国家或地区、页面浏览量、点击数、高峰时段、访客持续时间、数据流量等。
- 提供精确到每月、每日、每小时的统计数据。
- 提供访客操作系统、浏览器版本的统计信息。
- 提供 Robots/Spiders 机械访问的统计、无效连接等。
- 搜索引擎、关键字，以及对不同文件类型的统计信息。

2．AWStats 的特点

AWStats 具有如下特点。

- 具有友好的用户界面：多语言支持，如简体中文。
- 良好的跨平台支持：AWStats 基于 Perl，可运行在 GNU/Linux 或 Windows 上。对大型站点，具有多台 Web 服务器甚至混合 GNU/Linux/Apache 和 Windows/IIS 的情况也可实现由一套系统统一分析。
- 功能扩展性：AWStats 支持插件，并可以在其配置文件中指定是否启用这些插件功能。其中最有用的是地理信息插件（GeoIP GeoIP 和 City_Maxmind 等）。
- 配置简单灵活：对熟练用户来说，系统提供了非常灵活的配置手段；而对入门用户而言，其默认配置相当合理，安装完成后只需改动 3、4 项即可，易于上手。
- 统计分析更为准确：AWStats 面向精确的“Human visits”，也即只统计真正的访问用户，其过滤机制可以保证将搜索引擎的 spider 访问与用户访问区别开来，其他如自身的访问也可过滤，这就能够提供更准确的分析结果。
- 提供了很多扩展的参数统计功能：在配置文件中使用 ExtraSection*系列配置指令可以生成针对具体应用的参数分析，这对产品分析非常有用。
- AWStats 还支持对 FTP 和 Mail 服务的日志分析。

3．AWStats 的运行模式

运行 awstats.pl 将日志统计结果归档到一个 AWStats 的数据库（纯文本）中。输出日志分析结果，分两种形式：

- 一种是通过 CGI 程序读取统计结果数据库生成 HTML 输出。
- 一种是运行后台 cron 脚本将读取统计结果数据库导出成静态 HTML 文件。

4．在 CentOS 上安装 AWStats

可以使用如下命令安装 AWStats 及其所需的 Perl 库（请配置好 EPEL 仓库）。

```
# yum install awstats
# rpm -q awstats
awstats-7.0-3.el6.noarch
```

AWStats 安装的重要文件说明：

```
/etc/awstats/awstats.model.conf          # 配置文件模板
/etc/awstats/awstats.*.conf              # 每个虚拟主机的配置文件（*为虚拟主机名）
/etc/cron.hourly/awstats                 # 每 h 生成一次 AWStats 数据库的 cron 脚本
/etc/httpd/conf.d/awstats.conf           # 用于执行 awstats.pl 的 Apache 的 CGI 配置文件
/usr/share/awstats/lib/*.pm              # AWStats 引用的 Perl 库
```

```
/usr/share/awstats/plugins/*.pm                   # AWStats 插件的 Perl 库
/usr/share/awstats/tools/awstats_updateall.pl     # 对所有配置文件生成 AWStats 数据库
/usr/share/awstats/wwwroot/                       # AWStats 的 Web 根文档目录
/usr/share/awstats/wwwroot/cgi-bin/awstats.pl     # AWStats 的 CGI 执行脚本
/usr/share/doc/awstats-7.0/                       # AWStats 的文档目录
/var/lib/awstats                                  # 存放 AWStats 数据库的目录
```

5．AWStats 的配置文件

AWStats 在生成其统计数据库时需要其配置文件。AWStats 为不同的站点使用不同的配置文件。AWStats 配置文件的命名规则为：awstats.SITENAME.conf，若站点名为 mysite.net，则配置文件名为 awstats.mysite.net.conf。

使用 yum 安装了 AWStats 之后，在其配置文件目录/etc/awstats 下有三个配置文件：其中 awstats.model.conf 是配置文件模板，一个是 localhost.localdomain 站点配置文件，另一个是当前主机名的配置文件 awstats.$(hostname).conf。

AWStats 配置文件的可用配置可以查看配置文件模板中的说明。要生成一个新虚拟主机的配置文件，可以复制配置文件模板，通常只需要修改如下几个配置行即可。

```
SiteDomain=
HostAliases=
LogFile=
```

6．更新 AWStats 的统计数据库

要生成指定站点的日志统计数据库使用如下的命令：

```
# /usr/share/awstats/wwwroot/cgi-bin/awstats.pl -config=SITENAME
```

请用需要的站点名称替换 SITENAME。

另外，AWStats 还提供了脚本 /usr/share/awstats/tools/awstats_updateall.pl，用于对指定配置文件目录下的每个配置文件（除了配置模板文件 awstats.model.conf）生成 AWStats 的统计数据库。例如，AWStats 的 cron 脚本中就使用了 awstats_updateall.pl。

```
# cat /etc/cron.hourly/awstats
#!/bin/bash
exec /usr/share/awstats/tools/awstats_updateall.pl now -configdir="/etc/awstats" -awstatsprog="/usr/share/awstats/wwwroot/cgi-bin/awstats.pl" >/dev/null
exit 0
```

7．AWStats 的 Apache 配置文件

安装了 AWStats 之后，在/etc/httpd/conf.d/目录下生成了 awstats.conf 配置文件，此配置文件是被主配置文件包含的，是全局配置，所有的虚拟主机都将继承这个配置。

```
// 设置对 AWStats 的资产文件（包括类库、CSS、图片）访问的若干别名
Alias /awstatsclasses "/usr/share/awstats/wwwroot/classes/"
Alias /awstatscss "/usr/share/awstats/wwwroot/css/"
Alias /awstatsicons "/usr/share/awstats/wwwroot/icon/"
// 设置对 awstats 的访问都映射到/usr/share/awstats/wwwroot/cgi-bin/目录，
```

```
// 并且将此目录的所有文件均视为可执行的 CGI 程序
ScriptAlias /awstats/ "/usr/share/awstats/wwwroot/cgi-bin/"
// 设置对 AWStats 的 Web 根文档目录的访问控制（默认仅允许本地主机访问）
<Directory "/usr/share/awstats/wwwroot">
    Options None
    AllowOverride None
    Order allow,deny
    Allow from 127.0.0.1
</Directory>
# 为 CGI 程序的执行设置环境变量指定库文件路径
<IfModule mod_env.c>
    SetEnv PERL5LIB /usr/share/awstats/lib:/usr/share/awstats/plugins
</IfModule>
```

8．初始测试

```
// 执行 cron 脚本生成 AWStats 的统计数据库
# /etc/cron.hourly/awstats
// 通过使用"?config=localhost.localdomain"URL 参数访问 CGI 脚本获得统计输出
# elinks http://localhost/awstats/awstats.pl?config=localhost.localdomain
# cd /etc/awstats
# cp   awstats.localhost.localdomain.conf   awstats.localhost.conf
// 当未指定 URL 参数访问 CGI 脚本时，将默认查找 URL 中主机名的配置文件，
// 此例中将查找 awstats.localhost.conf 配置文件
# elinks http://localhost/awstats/awstats.pl
```

9．为虚拟主机配置 AWStats 举例

下面给出一个为 www.olabs.net 虚拟主机配置 AWStats 的例子。如下操作基于第 7 章的操作步骤 7.5。

操作步骤 9.6　为www.olabs.net 虚拟主机配置 AWStats。

```
// 1. 修改 Apache 配置虚拟主机的配置文件
# vi /etc/httpd/vhosts.d/olabs.net.conf
<VirtualHost *:80>
    ServerName www.olabs.net
    DocumentRoot "/var/www/vhosts/olabs.net/htdocs/"
    ErrorLog /var/www/vhosts/olabs.net/logs/error_log
    CustomLog /var/www/vhosts/olabs.net/logs/access_log combined
    <Directory /var/www/vhosts/olabs.net/htdocs/>
        …………
    </Directory>
    // 由于日志分析包含了站点的敏感信息，通常要配置用户授权访问
    // 添加如下的主机访问控制和基于用户的摘要认证配置
    <Directory "/usr/share/awstats/wwwroot">
        Order deny,allow
        Allow from 192.168.0.0/24 127.0.0.1
```

```
            AuthType Digest
            AuthName "awstats"
            AuthDigestDomain /awstats/
            AuthUserFile /var/www/vhosts/www.olabs.net/conf/digest_passwd
            require valid-user

            Satisfy any
        </Directory>
        // 其他的配置（如 Alias 等）已无须配置，
        // 会继承 /etc/httpd/conf.d/awstats.conf 的配置，因为 conf.d/下的配置是全局的
</VirtualHost>
#
// 2. 创建认证口令文件并添加用户
# cd /var/www/vhosts/www.olabs.net/conf/
# htdigest -c digest_passwd awstats osmond
# chown apache digest_passwd
// 3. 检测 Apache 虚拟主机配置并重新启动 Apache
# httpd –S
# service httpd restart
// 4. 生成虚拟主机 www.olabs.net 的 AWStats 配置文件
# cd /etc/awstats
# vi awstats.www.olabs.net.conf
// 包含 AWStatas 的模板配置文件
Include "awstats.model.conf"
// 添加如下的配置行，覆盖模板文件的同名配置指令的值
SiteDomain="www.olabs.net"
// 若此虚拟主机设置了别名，可以在此指定
HostAliases="olabs.net"
// 若虚拟主机使用与主服务器分离的访问日志，需指定此虚拟主机使用的访问日志路径
LogFile="/var/www/vhosts/www.olabs.net/logs/access_log"
// 添加配置后，保存退出 vi
// 5. 更新指定配置文件的 AWStats 的统计数据库
# /usr/share/awstats/wwwroot/cgi-bin/awstats.pl -config=www.olabs.net
// 6. 访问 CGI 脚本获得 AWStats 的统计输出
// 在本地网络中使用 elinks 进行测试
# elinks http://www.olabs.net/awstats/awstats.pl
# elinks http://www.olabs.net/awstats/awstats.pl?config=www.olabs.net
// 在 192.168.0 之外的网段使用 Firefox 或 IE7 测试用户摘要认证访问
```

9.3 LAMP 配置及应用

9.3.1 Apache 与 LAMP 环境

1. LAMP 简介

LAMP 是开源世界的一盏明灯。LAMP 是首字母缩略语（Acronym），最初代表

Linux+Apache+MySQL+PHP 的组合。后来，随着各种脚本语言在 Web 动态网站上的应用，将“P”解释为“Programming Language”，如今，LAMP 代表 Linux+Apache+MySQL+PHP/Perl/Python/Ruby 的组合。

LAMP 所代表的不仅仅是开放源码，它更是开发和实施高性能 Web 应用的重要平台。LAMP 环境作为开源世界的基本解决方案，近几年来发展迅速，已经成为 Web 服务器的事实标准。LAMP 不仅可以在互联网上为企业提供对外窗口，也可以在企业内部网络建设中大有作为。作为网络平台，LAMP 以其开放灵活、开发迅速、部署方便、高可配置、安全可靠、成本低廉等特色而与 Java 平台和.NET 平台鼎足三分，尤其受中小企业的欢迎。

类似地，还有 LEMP，其中的 E 表示 Nginx（取其发音“engine x”的首字母），用于代表 Linux+Nginx+MySQL+PHP/ Perl/Python/Ruby 的组合。

2．Apache 的脚本语言模块

使 Web 具有动态功能的最初方法是使用 CGI 规范，但 CGI 的处理效率较低。正是为了解决 CGI 的低效率，又由于 PHP/Perl/Python/Ruby 的广泛应用，使得这几种语言的 Apache 模块应运而生。表 9-6 列出了用于 Apache 的脚本语言模块。这些模块或者出自脚本语言的官方发布（如 php）或者出自于既非 Apache 官方又非脚本语言官方的第三方（如 mod_passenger）。使用这些语言的 Apache 模块来解析动态内容，大大地提高了运行效率，因为这些模块当 Apache 运行后就常驻内存，不会像 CGI 那样每次请求都要花费时间去初始化 CGI 进程的处理工作。

表 9-6　Apache 的脚本语言模块

语　言	Apache 的模块	提 供 者	YUM 仓库
PHP	php	http://www.php.net/	由官方仓库的 php 包提供
Perl	mod_perl	http://perl.apache.org/	由官方仓库的 mod_perl 包提供
Python	mod_python	http://www.modpython.org/	由 EPEL 仓库的 mod_python 包提供
Ruby	mod_passenger	http://www.modrails.com/	由 EPEL 仓库的 mod_passenger 包提供

3．Apache 与其他动态网站技术

表 9-7 列出了用于在 Apache 下实现 FastCGI 和 WSGI 的模块。

表 9-7　Apache 的 FastCGI 和 WSGI 模块

Apache 的模块	提 供 者	YUM 仓库
mod_fcgid	http://httpd.apache.org/mod_fcgid/	由 EPEL 仓库的 mod_fcgid 包提供
mod_wsgi	http://modwsgi.org	由官方仓库的 mod_wsgi 包提供

配置 Apache 允许执行 FastCGI 程序与允许执行 CGI 程序类似，也有两种方法：

- 将所有的 CGI 程序放在指定的目录中，并使用 ScriptAlias 指令声明。
- ScriptAlias 目录之外的 CGI 程序，可以使用 AddHandler 指令声明。

尽管 Apache 也可以使用 FastCGI 支持各种动态脚本，但通常采用 Apache 的各种语言模块配置 LAMP 环境。而 FastCGI 通常与 Nginx 相结合配置 LEMP 环境。

模块 mod_wsgi 用于为 Python 的 WSGI（Web Server Gateway Interface）规范提供支持，WSGI 的文档在 http://www.python.org/dev/peps/pep-3333/。使用此模块可以运行 Python 的 Web

应用（如基于 Django 框架的 Web 应用），通常其效率高于 mod_python。

9.3.2 安装配置 LAMP 环境

1. 安装配置 PHP

本节着重介绍 LAMP（Apache 的 php 模块）环境的配置，这是 Linux 环境下最常见的一种 Web 应用配置。首先参照 9.1.2 节安装配置 MySQL 服务器，下面着重介绍 PHP 的安装和 Apache 支持 PHP（Apache 的 php 模块）的配置。

与 PHP 官方发布的源码包（tar.gz）不同，YUM 仓库中的 PHP 将其按功能拆分成了多个 RPM 包，使用 yum list php* 命令查看与 PHP 相关的 RPM 包。表 9-8 列出了 PHP 常用的 RPM 包（Remi 仓库）。

表 9-8 PHP 常用的 RPM 包

分　类	包　名	说　明
核心	php	提供 PHP 的 Apache 模块
	php-cli	提供 PHP 的命令行接口
	php-fpm	一个用于 PHP 的 FastCGI 进程管理器
	php-common	提供 php 包和 php-cli 包的公用文件
	php-pear	提供 PHP 的包发布工具 PEAR
	php-channel-*	为 PEAR 添加各种频道，以便使用 pear 更新不同频道内的 PHP 组件
常用模块	php-gd	提供使用 GD 图形库的 PHP 应用程序模块
	php-pecl-imagick	提供使用 ImageMagick 创建或修改图片的 PHP 扩展
	php-geshi	提供对各种语言提供语法加亮的模块
	php-mcrypt	提供对 mcrypt 库支持的标准 PHP 模块
	php-mbstring	为 PHP 应用程序提供处理多字节（如中文、日文）字符串处理的模块
	php-xml	使用 DOM 树处理 XML 文档、对 XML 文档执行 XSL 转换的模块
	php-pecl-yaml	使用 libyaml 库处理 YAML（YAML Ain't Markup Language） V1.1
	php-imap	提供 IMAP 协议支持的 PHP 模块
	php-ldap	提供 LDAP 协议支持的 PHP 模块
	php-snmp	提供 SNMP 协议支持的 PHP 模块
	php-xmlrpc	提供 XML-RPC 协议支持的 PHP 模块
安全	php-suhosin	PHP 的一个安全保护系统
数据库	php-pdo	PHP 应用程序的数据库抽象模块
	php-mysql	提供对 MySQL 数据库的支持
	php-pgsql	提供对 Postgre 数据库的支持
	php-oci8	提供对 Oracle 数据库的支持
加速器	php-pecl-apc	APC 缓存和优化 PHP 的 OPcache 缓存器
	php-eaccelerator	PHP 加速器，优化器，编码器和动态内容缓存器
	php-xcache	快速而稳定的 PHP OPcache 缓存器
键值缓存	php-pecl-redis	Redis 的 PHP 客户端模块
	php-pecl-memcache	Memcached 的 PHP 客户端模块
	php-pecl-memcached	另一个 Memcached 的 PHP 客户端模块

（续）

分　类	包　名	说　明
框架/组件	php-symfony2*	Web 框架 symfony2 的各种组件
	php-ZendFramework2*	Web 框架 ZendFramework2 的各种组件
	php-pluf	一个 PHP 的 Web 框架（Indefero 使用此框架）
	php-phpseclib-*	纯 PHP 实现的各种加密算法库
	php-phpunit-*	PHP 调试工具 phpunit
	php-doctrine-*	PHP 的一种对象关系映射组件，symfony2 默认使用此 ORM
	php-Smarty2	PHP 的模板/展示框架
应用程序	phpMyAdmin	用于管理 MySQL 的一个 Web 应用
	phpMemcachedAdmin	用于管理 Memcached 的一个 Web 应用
	php-horde-imp	Horde 的一个组件，实现 Web 邮件系统功能
	php-horde-kronolith	Horde 的一个组件，实现 Web 日历系统功能

提示　通常不同的 PHP 加速器是互斥的，请根据需要或测试结果选择其一。

操作步骤 9.7　安装配置 PHP。

```
// 1. 安装 PHP 及其相关的软件包
// 请根据需要选择安装更多的软件包，下面仅安装一些最常用的 PHP 相关包
# yum install php php-cli php-pear
# yum install php-pdo php-mysql
# yum install php-mcrypt php-mbstring php-xml php-pecl-yaml
# yum install php-gd php-pecl-imagick
# yum install php-pecl-apc php-pecl-memcached php-pecl-redis
// 2. 查看 PHP 的配置
// PHP 的配置文件包含：
//      主配置文件/etc/php.ini 和模块配置文件 /etc/php.d/*.ini
//      每个 PHP 模块在/etc/php.d 目录下都有一个模块配置文件，且包含如下形式的配置行
//      extension=<模块名>.so
//      大多数的模块配置文件无须修改，仅有少数的模块提供了更多的模块配置参数
// 提示：  默认的 Apache 是基于进程（prefork）MPM 模型运行的，
//        若 Apache 是基于线程（worker）MPM 模型运行的，
//        则 PHP 模块的配置文件位于/etc/php-zts.d/目录。而非/etc/php.d/目录
// 使用如下命令可以查看 PHP 已加载的模块
# php -m
// 使用如下命令可以在终端上显示 phpinfo()的信息输出
# php –i
// 3. 配置 PHP 的主配置文件
# cp /etc/php.ini{,.orig}
# vi /etc/php.ini
[PHP]
# 对于生产平台，应将 display_errors 设置为 Off
display_errors = Off
```

```
# 将 log_errors 设置为 On
log_errors = On
# 使用 zlib 库压缩输出并设置压缩级别
zlib.output_compression = On
zlib.output_compression_level = 1
# 不暴露 PHP 被安装在服务器上的事实
expose_php = Off
# 限制一个 PHP 脚本可能消耗的最大内存量，这有助于防止写得不好的脚本消耗服务器上的可用内存
memory_limit = 256M
# 为 POST 方法指定可接受的最大尺寸
post_max_size = 512M
# 设置可上传文件的最大尺寸
upload_max_filesize = 20M
# 不能使用 URL（如 http:// 或 ftp://) 直接打开文件
allow_url_fopen = Off
[Date]
# 为日期函数定义默认时区
date.timezone = Asia/Shanghai
[Session]
# 为 Cookie 添加 httponly 标志，用于禁止浏览器的脚本语言（如 JavaScript）访问 Cookie
session.cookie_httponly = 1
```

操作步骤 9.8 配置 PHP 的 APC 模块。

```
// 1. 修改配置文件
# cp /etc/php.d/apc.ini{,.orig}
# vi /etc/php.d/apc.ini
# 是否启用 APC opcode cache，若系统中无其他 OPcache 可以设置为 1
apc.enable_opcode_cache=0
# 启用 APC （这是默认配置，1 是启用）
apc.enabled = 1
# 每个共享内存块的大小（可以使用单位后缀 M/G）
apc.shm_size = 64M
# 缓存条目在缓冲区中允许逗留的秒数。0 表示永不超时。建议值为 7200～36000
apc.ttl =    7200
# 缓存条目在垃圾回收表中能够存在的秒数
apc.gc_ttl = 3600
# 是否启用脚本更新检查。改变这个指令值要非常小心。
# 默认值 On 表示 APC 在每次请求脚本时都检查脚本是否被更新，
# 若检查到更新则自动重新编译和缓存编译后的内容
apc.stat=1
// 更多配置参数请参见：http://cn2.php.net/apc
// 或 http://www.php.net/manual/en/apc.configuration.php
// 2. 重启 Apache
# service httpd restart
// 3. 查看 APC 状态
```

```
// 复制用于查看 APC 状态的 php 脚本到 Apache 的文档目录
# cp /usr/share/doc/php-pecl-apc-3.1.15/apc.php /var/www/html/
// 编辑 /var/www/html/apc.php，修改管理员的用户名和口令
# vi /var/www/html/apc.php
defaults('ADMIN_USERNAME','apc');
defaults('ADMIN_PASSWORD','password');
// 在图形界面浏览器的地址栏中输入 http://olabs.lan/apc.php 查看
```

2．安装配置 PHP 的 Zend Guard 支持

有些 PHP 应用程序需要 Zend 组件（Zend Optimizer/Zend Guard Loader）的支持。Zend Guard 为独立的软件供应商和 IT 管理者提供保护 PHP 应用程序源代码的能力。

Zend Guard Loader 是一个免费的应用程序，运行使用 Zend Guard 编码的文件并提高 PHP 应用程序的整体性能。对于 PHP5.4 版，只能安装 Zend Guard Loader。

操作步骤 9.9 安装配置 PHP 的 Zend Guard 支持。

```
// 1. 下载 Zend Guard Loader
// 查看当前安装的 PHP 版本
# php -v
PHP 5.4.29 (cli) (built: May 28 2014 15:02:43)
Copyright (c) 1997-2014 The PHP Group
Zend Engine v2.4.0, Copyright (c) 1998-2014 Zend Technologies
// 到 http://www.zend.com/en/products/guard/downloads
// 下载符合$(arch)的用于 Linux 的 PHP 5.4 的最新版本（需要注册用户下载）
// 下载 ZendGuardLoader-70429-PHP-5.4-linux-glibc23-x86_64.tar.gz
// 2. 解压并将 ZendGuardLoader.so 复制到 PHP 模块目录 /usr/lib64/php/modules/
// 可以复制到任何目录，比如/usr/local/lib64/php/modules/或/root/Zend 等，
// 只需修改配置文件/etc/php.d/ZendGuardLoader.ini 的模块路径即可
# tar zxf ZendGuardLoader-70429-PHP-5.4-linux-glibc23-x86_64.tar.gz
# cd ZendGuardLoader-70429-PHP-5.4-linux-glibc23-x86_64/
# cp php-5.4.x/ZendGuardLoader.so /usr/lib64/php/modules/
// 3. 编辑 ZendGuardLoader 的模块配置文件
# vi /etc/php.d/ZendGuardLoader.ini
// 添加如下配置行
zend_extension=/usr/lib64/php/modules/ZendGuardLoader.so
zend_loader.enable=1
// 4. 检测安装
# php -v
PHP 5.4.29 (cli) (built: May 28 2014 15:02:43)
Copyright (c) 1997-2014 The PHP Group
Zend Engine v2.4.0, Copyright (c) 1998-2014 Zend Technologies
    with Zend Guard Loader v3.3, Copyright (c) 1998-2013, by Zend Technologies
```

3．配置 Aapche 的 php 模块运行 PHP

名为 php 的 RPM 包已经安装了 Apache 所需的 php 模块。保持默认的配置即可正常工作。下面测试 Apache 对 PHP 的支持。

操作步骤 9.10 配置 Apache 使用 php 模块。

```
// 1. 查看被 Apache 包含的 PHP 配置文件
// 名为 php 的 RPM 包安装了 Apache 所需的 php 模块及其配置文件
# grep -v "#" /etc/httpd/conf.d/php.conf
// 若当前 Apache 以 Prefork MPM 模式运行，则加载 libphp5.so 模块文件
<IfModule prefork.c>
  LoadModule php5_module modules/libphp5.so
</IfModule>
// 若当前 Apache 以 Worker MPM 模式运行，则加载 libphp5-zts.so 模块文件
<IfModule worker.c>
  LoadModule php5_module modules/libphp5-zts.so
</IfModule>
// 添加 PHP 处理器并添加 php 类型，表示对所有后缀为.php 的文件使用 PHP 解析器处理
<FilesMatch \.php$>
    SetHandler application/x-httpd-php
</FilesMatch>
AddType text/html .php
// 添加目录的 index 文件
DirectoryIndex index.php
#
// 2. 重新启动 Aapche
# service httpd restart
// 3. 在/var/www/html 目录下编写一个测试脚本
# echo '<?php phpinfo()?>' > /var/www/html/info.php
// 4. 使用浏览器进行测试
# elinks http://olabs.lan/info.php
```

9.3.3 LAMP 的应用举例

1．LAMP 的应用简介

LAMP 是一个自由软件的组合应用平台。在自由软件世界中有许多产品是基于 GPL 发布的，可以直接下载、安装使用。表 9-9 列出了一些产品。这仅仅是一小部分，用户可以到 http://sf.net、http://github.com/、http://bitbucket.org/和 http://code.google.com/上搜索自己想要的开源应用软件。

表 9-9　常见的 LAMP 应用软件

类　别	名　称	网　址	名　称	网　址
Portal CMS	Drupal	http://drupal.org	Joomla	http://joomla.org/
Wiki	MediaWiki	http://mediawiki.org/	DokuWiki	http://dokuwiki.org
BLOG	Wordpress	http://wordpress.org	Dotclear	http://dotclear.org/
Forum	phpBB	http://phpbb.com	Discuz	http://www.discuz.net/
	PunBB	http://punbb.informer.com	FUDForum	http://fudforum.org/
Q&A	OSQA	http://www.osqa.net/	Anwsion	http://www.anwsion.com/
	LampCMS	http://www.lampcms.com	Tipask	http://www.tipask.com/
Groupware	eGroupWare	http://www.egroupware.org/	Tiki	http://info.tiki.org/

（续）

类　别	名　称	网　址	名　称	网　址
BugTracker	Mantisbt	http://www.mantisbt.org/	Redmine	http://www.redmine.org/
	Trac	http://trac.edgewall.org/	Indefero	http://www.indefero.net/
	Gforge	http://gforge.org/	Gitlab	https://www.gitlab.com/
DB admin	Chive	http://www.chive-project.com	phpMyAdmin	http://phpmyadmin.net/
LMS/LCMS	moodle	http://moodle.org/	Oppia	https://www.oppia.org/

安装一个 LAMP 的应用软件，首先必须在 Linux 操作系统下安装好 Apache、PHP 和 MySQL。然后下载应用软件，按照其说明文档安装即可，通常这些软件都提供基于 Web 的安装界面。另外，有许多知名的 LAMP 应用软件在 YUM 仓库中也有提供，可以使用 yum search 命令查找，找到相关的 RPM 包后即可使用 yum install 命令安装。

2．安装 phpMyAdmin

MySQL 有一个命令行配置工具 mysqladmin，使用起来不太方便。phpMyAdmin 是一个用 PHP 编写的基于 Web 的 MySQL 管理工具，界面友好，操作简单。

操作步骤 9.11　phpMyAdmin 的安装和配置。

```
// 1. 安装 REMI 仓库提供的 phpMyAdmin 的 RPM
# yum install phpMyAdmin
# rpm -q phpMyAdmin
phpMyAdmin-4.2.2-1.el6.remi.noarch
// 2. 修改 phpMyAdmin 的配置文件
# vi /etc/phpMyAdmin/config.inc.php
// 为 Cookies 认证设置加密口令
// 将 4395275342099225056 替换为任何字符串（注意不要太短）
$cfg['blowfish_secret'] = '4395275342099225056';

// 3. 修改由 Apache 主配置文件包含的配置文件 phpMyAdmin.conf
# vi /etc/httpd/conf.d/phpMyAdmin.conf
Alias /phpMyAdmin /usr/share/phpMyAdmin
Alias /phpmyadmin /usr/share/phpMyAdmin
<Directory /usr/share/phpMyAdmin/>
    <IfModule mod_authz_core.c>
      # Apache 2.4
      Require local
    </IfModule>
    <IfModule !mod_authz_core.c>
      # Apache 2.2
      Order Deny,Allow
      Deny from All
      Allow from 127.0.0.1
      Allow from ::1
// 默认只允许本地访问，可以添加自己的基于主机的访问控制规则
      Allow from 192.168.0
    </IfModule>
```

```
</Directory>
#
// 4. 测试 Apache 配置正确性并重新启动 Apache
# httpd –t
# service httpd reload
#
// 5. 测试 phpMyAdmin
// 在客户浏览器的地址栏里输入 http://服务器域名或 IP 地址/phpMyAdmin 进行测试
// 由于 phpMyAdmin.conf 是被 Apache 主配置文件包含的全局配置，所以对所有虚拟主机均有效
// 例如：  http://192.168.0.252/phpmyadmin/
//         http://www.olabs.net/phpmyadmin/
// 在用户认证过程中，输入 MySQL 的用户名及其口令即可进入 phpMyAdmin 的管理界面
```

3．安装 Moodle

Moodle 是使用 PHP 编写的面向对象的模块化动态教学环境，是由澳大利亚教师 Martin Dougiamas 基于建构主义教育理论而开发的免费、开源的课程管理系统（Course Management System，CMS）。它具有内容管理、学习管理和课程管理三大功能，包含论坛、测验、资源、投票、问卷、作业、聊天和博客等模块，并具有大量功能丰富的第三方插件，是目前全球范围内应用最广泛的在线教学平台之一。Moodle 为远程教育提供了一种优秀的开源解决方案。利用 Moodle 可迅速而廉价地构建起自主学习平台、远程教育平台、社区教育平台、教学资源库平台和个人知识管理平台等各类系统平台。

可以到 Moodle 的主站下载最新版本然后解压安装，下面给出在虚拟主机 moodle.olabs.net 上安装配置 Moodle 的过程。

操作步骤 9.12　安装和配置 Moodle。

```
// 1. 安装 Moodle 所需的 PHP 模块
# yum install aspell gnu-free-fonts-common gnu-free-sans-fonts libicu-last
# yum install php-Smarty php-adodb php-intl php-markdown php-pear-Auth-RADIUS
# yum install php-pear-CAS php-pear-Crypt-CHAP php-pear-HTML-Common
# yum install php-pear-HTML-QuickForm php-pear-OLE
# yum install php-pecl-radius php-soap php-xmlrpc mimetex
// 2. 创建虚拟主机目录结构
# mkdir -p /var/www/vhosts/moodle.olabs.net/{data,logs}
// 3. 下载最新版的 Moodle（笔者下载了 2.7 版）并解压
// http://download.moodle.org/download.php/stable27/moodle-latest-27.tgz
# tar zxf moodle-latest-27.tgz -C /var/www/vhosts/moodle.olabs.net/
// 4. 设置权限
# chown -R root.root /var/www/vhosts/moodle.olabs.net/moodle
# chmod -R 0755 /var/www/vhosts/moodle.olabs.net/moodle
# find /var/www/vhosts/moodle.olabs.net/moodle -type f -exec chmod 0644 {} \;
# setfacl -R -m u:apache:rwx /var/www/vhosts/moodle.olabs.net/{moodle,data}
# setfacl -R -m d:u:apache:rwx /var/www/vhosts/moodle.olabs.net/{moodle,data}
# ll /var/www/vhosts/moodle.olabs.net/
drwxrwxr-x+   2 root root 4096 5 月   30 19:00 data
drwxr-xr-x    2 root root 4096 5 月   30 19:00 logs
```

```
drwxrwxr-x+ 45 root root 4096 5 月   23 02:10 moodle
// 5. 创建由 Apache 主配置文件包含的虚拟主机配置文件并重新启动 Apache
# cd /etc/httpd/vhosts.d/
# vi moodle.olabs.net
// 添加如下配置
<VirtualHost *:80>
    ServerName moodle.olabs.net
    DocumentRoot "/var/www/vhosts/moodle.olabs.net/moodle"
    ErrorLog /var/www/vhosts/moodle.olabs.net/logs/error_log
    CustomLog /var/www/vhosts/moodle.olabs.net/logs/access_log combined
    # Moodle 的公共 Web 页面，必须设置为公共可访问
    <Directory /var/www/vhosts/moodle.olabs.net/moodle>
        Options Indexes FollowSymLinks
        AllowOverride None
        Order allow,deny
        Allow from all
    </Directory>
    # Moodle 的公共 Web 页面，必须设置为公共不可访问
    <Directory /var/www/vhosts/moodle.olabs.net/data>
        Order deny,allow
        Deny from all
    </Directory>
</VirtualHost>
// 保存后退出 vi
# ln –s moodle.olabs.net moodle.olabs.net.conf
# httpd –S
# service httpd restart
// 6. 创建 MySQL 用户并授权
// 基于安全的考虑，应该尽量避免直接使用 MySQL 的 root 用户直接操作数据库
// 通常应该创建单独的普通用户创建或操作为其授权的数据库
// 为了安装 Moodle，先创建一个用户 OlabsNET 然后授权其只能操作 OlabsNET_为前缀名的数据库
// 下面使用 mysql 命令行进行操作，也可以在已安装好的 phpMyAdmin 中操作
# mysql -u root -p
// 创建名为 OlabsNET@localhost 的 MySQL 用户并设置其口令（uBYn3J7xzZCw5t3X）
mysql> CREATE USER 'OlabsNET'@'localhost' IDENTIFIED BY 'uBYn3J7xzZCw5t3X';
// 为 OlabsNET@localhost 用户授予以 OlabsNET_ 为前缀的数据库权限
mysql> GRANT ALL PRIVILEGES ON `OlabsNET\_%`.* TO 'OlabsNET'@'localhost';
mysql> GRANT CREATE, INDEX ON *.* TO 'OlabsNET'@'localhost';
// 若还希望在其他主机上操作以 OlabsNET_ 为前缀的数据库，请执行如下行：
mysql> CREATE USER 'OlabsNET'@'%' IDENTIFIED BY 'uBYn3J7xzZCw5t3X';
mysql> GRANT ALL PRIVILEGES ON `OlabsNET\_%'.* TO 'OlabsNET'@'%';
mysql> GRANT CREATE, INDEX ON *.* TO 'OlabsNET'@'%';
mysql> quit
Bye
// 7. 运行 Moodle 的安装配置脚本
```

```
// 可以在浏览器的地址栏里直接访问 http://moodle.olabs.net 进行图形界面安装。
// 下面介绍命令行下的安装配置方式，当需要配置多个 Moodle 站点时这种方式很有用，
// 因为可以编写 Shell 脚本实现不同 Moodle 虚拟主机的批量安装和配置
# cd /var/www/vhosts/moodle.olabs.net/moodle/
// 查看安装脚本使用帮助
# php admin/cli/install.php --help
// 开始安装
# sudo -u apache /usr/bin/php admin/cli/install.php \
--lang=zh_cn \                    # 指定语言，安装脚本会连接公网自动下载语言文件
--dbtype=mysqli \                 # 指定数据库的类型
--dbname=OlabsNET_mdl \  # 指定 MySQL 数据库名，安装脚本可自动创建（如有权）此数据库
--dbuser=OlabsNET \               # 指定操作 OlabsNET_mdl 数据库的用户名
--dbpass=uBYn3J7xzZCw5t3X \    # 指定操作 OlabsNET_mdl 数据库的用户的口令
--wwwroot=http://moodle.olabs.net \                  # 指定站点 URL
--dataroot=/var/www/vhosts/moodle.olabs.net/data \  # 指定用户数据目录
--chmod=0750 \                                        # 指定用户数据目录的权限
--fullname=Moodle.Olabs.NET \                         # 指定站点全名
--shortname=Moodle \                                  # 指定站点名
--adminuser=admin \                                   # 指定 Moodle 的管理员用户名
--adminpass=admin-S-password \                        # 指定 Moodle 的管理员用户的初始口令
--non-interactive --agree-license                     # 指定使用非交互模式并同意许可证
#
// 8. 安排 Moodle 的 cron 任务
// 创建 Moodle 的 cron 任务脚本
# mkdir /var/www/vhosts/moodle.olabs.net/bin
# vi /var/www/vhosts/moodle.olabs.net/bin/moodle.olabs.net-cron
// 当 Apache 运行时（运行时会创建用以表示其运行的/var/lock/subsys/httpd 锁文件），
// 才执行 Moodle 的 cron.php
#!/bin/sh
[ -f /var/lock/subsys/httpd ] \
 && /usr/bin/php /var/www/vhosts/moodle.olabs.net/moodle/admin/cli/cron.php
// 退出 vi ，为其添加可执行权限
# chmod +x /var/www/vhosts/moodle.olabs.net/bin/moodle.olabs.net-cron
// 安排每 5min 执行一次的 cron 任务
# vi   /etc/cron.d/moodle
*/5 * * * * apache /var/www/vhosts/moodle.olabs.net/bin/moodle.olabs.net-cron
// 退出 vi
#
// 9. 运行 Moodle
// 若 DNS 客户端没有指向已经配置好的 Dnsmasq 服务器，请添加本地 DNS 解析 moodle.olabs.net
// 在浏览器的地址栏里输入 http://moodle.olabs.net 访问 Moodle 站点
```

提示 有关如何使用 Moodle，如添加新课程等，以及 Moodle 的管理，如备份等，请参考 http://moodle.org 的文档说明。

9.4 思考与实验

1．思考

1）Linux 环境下常用的脚本语言有哪些？各自有何特点？

2）常见的动态网站技术有哪些？与 CGI 相比 FastCGI 有哪些特点和优势？

3）什么是 LAMP？什么是 LEMP ？常见的 LAMP/LEMP 应用有哪些？

4）什么是 Wiki、BLOG、CMS、Forum、Groupware、BugTracker、LMS/LCMS？

2．实验

1）学会在 Apache 上安装和配置 AWStats 访问日志统计。

2）学会配置基于 Apache 动态语言模块的 LAMP 环境。

3）学会在 Apache 上安装和配置常见的 LAMP 应用软件。如 Drupal、Joomla、MediaWiki、Wordpress、phpBB 和 Moodle 等。

4）学会在 Apache 上安装和配置常见的国产 LAMP 应用软件。如康盛公司（http://www.comsenz.com/）的 SupeSite、Discuz!X 等产品。

3．进一步学习

1）学习配置基于 Python+WSGI+Apache 的 Django 应用（如 OSQA）。

2）学习基于 Ruby+Apache 的 Redmine 或 Gitlab 的安装、配置和使用。

3）学习基于 PHP 的 ISPConfig（http://www.ispconfig.org/）的安装、配置和使用。

4）学习基于 Java 的 Zimbra（http://www.zimbra.com/）的安装、配置和使用。

第 10 章 Nginx 进阶

本章介绍了 FastCGI、反向代理和负载均衡的相关概念，以及与之相关的 Nginx 配置指令。着重介绍了 Nginx（FastCGI 模块）+PHP-FPM 以及 Nginx（反向代理模块）+Tomcat 的配置方法。

10.1 Nginx 与 FastCGI

10.1.1 FastCGI 技术

1．FastCGI 简介

提高 CGI 运行效率的另一种解决方案是使用 FastCGI。FastCGI 是一种替代 CGI 的技术标准。FastCGI 是一个在单一步骤中管理多重 CGI 请求的程序，它是一个常驻（Long-Live）型的 CGI（类似于系统守护进程），它可以一直执行着，为来自服务器的请求提供服务。激活后，不会每次都要花费时间去 fork 一次（这是 CGI 最为人诟病的 fork-and-execute 模式），直到被明确地终止。FastCGI 在处理请求时没有启动新进程和对应用程序初始化的开销，从而大大提高了传统 CGI 的效率。

FastCGI 将动态逻辑的处理从 Web 服务器中分离出来，大负荷的静态页面的 I/O 处理还是留给 Web 服务器（如 Nginx）。对于一个普通的动态网站来说，需要 FastCGI 参与的逻辑处理可能只有一小部分，大量的图片等静态 I/O 处理完全不需要逻辑程序的参与。即使用 FsatCGI 技术，使得网站内容的“动静分离”变得更容易。FastCGI 还可以有效地利用缓存，从而大大提高其处理动态请求的能力。

FastCGI 打破了传统的页面处理技术。使用传统的页面处理技术，应用程序必须与 Web 服务器处于同一台服务器中。而使用 FastCGI 技术，FastCGI 应用程序不从进程环境中获取 CGI 变量，而是在 FastCGI 应用程序和 Web 服务器之间建立一个“全双工”的 Socket 连接，传递环境信息、STDIN、STDOUT 和 STDERR。这样 FastCGI 技术的应用程序可以被安装在服务器群中的任何一台服务器上，而通过 TCP/IP 协议与 Web 服务器通信，这样做既适合开发大型分布式 Web 群，也适合高效数据库的控制。

2．FastCGI 的特性

FastCGI 具有如下优点。

- 高性能：FastCGI 进程持续存在（它们用来同时处理多个请求）。这解决了为每个请求创建新进程的 CGI 的性能问题。
- 稳定性：FastCGI 以独立的进程池来运行 CGI，单独一个进程死掉，系统可以很轻易地丢弃，然后重新分配新的进程来运行之。
- 简单性：FastCGI 应用程序可以很容易地从现有 CGI 应用程序迁移。提供了对旧的 Web 服务器的向后兼容性。

- 安全性：FastCGI 应用程序与宿主服务器上的其他进程是完全隔离的，即使 FastCGI 僵死也不会导致服务器宕机。一个恶意的 FastCGI 应用程序也不能从宿主服务器获取任何秘密（如加密会话密钥等）。
- 语言独立性：FastCGI 是一个中立的技术标准。与 CGI 一样，不局限于用什么语言来写。完全支持任何语言编写的处理程序，如 PHP、Perl、Python、Ruby、Java、C/C++等。
- 非专有性：FastCGI 支持多种 Web 服务器，包括开源的 Apache、Nginx、Lighttpd 以及微软的 IIS 等。
- 架构独立性：FastCGI 接口不依赖于特定的服务器体系结构。任何 Web 服务器都可以执行符合 FastCGI 接口的应用程序（可以是单线程或多线程的）。
- 支持分布式计算：FastCGI 提供远程运行应用程序的能力，使负荷分配和管理外部网站成为可能。

3．FastCGI 的处理步骤

- FastCGI 的宿主服务器（可以与 Web 服务器同在一台主机，也可以在与 Web 服务器分离的另外的主机）在启动时载入 FastCGI 进程管理器。
- FastCGI 进程管理器自身初始化，启动多个 CGI 解释器进程并等待来自 Web 服务器的连接。
- 当客户端请求到达 Web 服务器时，Web 服务器通过 FastCGI 模块连接 FastCGI 的宿主服务器，运行在 FastCGI 的宿主服务器上的 FastCGI 进程管理器选择并连接到一个 CGI 解释器。Web 服务器将 CGI 环境变量和标准输入发送到一个 FastCGI 子进程。由这个 FastCGI 子进程处理业务逻辑。
- FastCGI 子进程完成处理后将标准输出和错误信息从同一连接返回 Web 服务器。当 FastCGI 子进程关闭连接时，请求便告处理完成。FastCGI 子进程接着等待并处理来自 Web 服务器的下一个连接。

10.1.2 PHP-FPM

1．PHP-FPM 简介

PHP-FPM 是一个用于 PHP 的 FastCGI 进程管理器（FastCGI Process Manager）。它是由 Andrei Nigmatulin 从 2009 年开始开发的（http://php-fpm.org/），最初作为 PHP 源代码的一个补丁出现，从 PHP 5.3.3 版之后被纳入了 PHP 官方的主分支之中，随同 PHP 一起发布。

在 PHP-FPM 出现以前，人们大多使用“spawn-fcgi+spawn-php.sh+daemontools”的组合来执行 PHP 的 FastCGI。相对于 Spawn-FCGI（http://redmine.lighttpd.net/projects/spawn-fcgi/），PHP-FPM 提供了更好的 PHP 进程管理方式，可以有效控制内存和进程、可以平滑重载 PHP 配置，而且前者很容易崩溃，必须用 cron 进行监控，而 PHP-FPM 则没有这种烦恼。

PHP-FPM 具有如下特性：

- 基于 php.ini 的配置文件，并使用与之格式一致的配置文件。
- 支持平滑启动/停止（不丢失任何请求）的高级进程管理功能。
- 支持两种子进程产生方式（动态 / 静态），动态方式可以负载的情况自适应地产生新的子进程。
- 可以限制请求来自哪个网络接口地址。

- 可以工作于不同的 uid/gid/chroot 环境下，并监听不同的端口和使用不同的 php.ini 配置文件（可取代 safe_mode 的设置）。
- 提供对 stdout 和 stderr 日志的记录功能。
- 当使用 PHP 加速器时，若共享内存的操作码缓存（opcache）遭到破坏，可以紧急重启所有子进程。
- 提供对文件上传的优化支持。
- 提供“慢日志”功能支持，记录脚本运行所导致的异常（不仅记录文件名，还记录 PHP backtrace 信息，可以使用 ptrace 或者类似工具读取和分析远程进程的运行数据）。
- 若 set_time_limit()失败，能强迫进程完成执行。
- 提供 fastcgi_finish_request()功能，用于在请求完成和刷新数据后，继续在后台执行耗时的工作（如视频转换、统计处理等）。
- 提供基本的 SAPI 运行状态信息（类似 Apache 的 mod_status 或 Nginx 的 stub_status）。

2．安装 PHP-FPM

从 PHP 5.3.3 版之后，PHP 已经集成了 PHP-FPM，YUM 仓库也提供了相应的 RPM 包。首先参照上一章的 9.3.2 节安装配置 PHP，然后执行如下 yum 命令安装 PHP-FPM。

```
# yum install php-fpm
```

RPM 包 php-fpm 主要提供了如下文件。

- /etc/rc.d/init.d/php-fpm：php-fpm 守护进程的 INIT 脚本。
- /usr/sbin/php-fpm：php-fpm 程序。
- /etc/php-fpm.conf：主配置文件。
- /etc/php-fpm.d/www.conf：默认的 FastCGI 进程池配置。
- /usr/share/doc/php-fpm-5.4.29/php-fpm.conf.default：配置文件模板。

3．PHP-FPM 的配置参数

PHP-FPM 的主配置文件是/etc/php-fpm.conf，被主配置文件包含的配置文件在/etc/php-fpm.d 目录下。PHP-FPM 的配置文件语法与 php.ini 一致，它是分段的，包括一个全局配置段以及 FastCGI 进程池的配置段，进程池的配置段可以有多个。通常，在主配置文件中配置全局参数，在/etc/php-fpm.d 目录下的配置文件中配置 FastCGI 的进程池，每个进程池的配置安排单独的配置文件。一个 FastCGI 的进程池可以服务于 Web 服务器的全部虚拟主机，也可以只服务于个别的虚拟主机，取决于 Web 服务器的配置。

表 10-1 列出了 PHP-FPM 配置文件的常用参数。

表 10-1　PHP-FPM 配置文件的常用参数

分类	参数	说明
全局参数	pid	用于指定 php-fpm 运行后的 PID 文件位置
	error_log	用于指定 php-fpm 的错误日志文件位置
	log_level	用于指定 php-fpm 的错误日志级别。可用级别为：alert（必须立即处理），error（错误情况），warning（警告情况），notice（一般重要信息），debug（调试信息）。默认为 notice
	emergency_restart_threshold	若子进程在 emergency_restart_interval 设定的时间间隔内收到本参数设定次数的退出信号（SIGSEGV 或者 SIGBUS），则 FPM 会重新启动。0 表示“关闭该功能”。默认值：0（关闭）

（续）

分类	参数	说明
全局参数	emergency_restart_interval	用于设定平滑重启的间隔时间。当 PHP 加速器的共享内存意外损坏时特别有用。默认单位：s（秒）。默认值：0（关闭）
	process_control_timeout	指定子进程等待从主进程响应进程信号的时间限制。默认单位：s（秒）。默认值：0（关闭）
	daemonize	用于设置 FPM 是否在后台运行。默认值：yes
进程池参数	listen	指定当前进程池接受 FastCGI 请求的地址。对于本地 UNIX Socket，其值需指定一个 UNIX Socket 文件；对于网络 TCP Socket，其值为一个 IP 地址和端口号的组合（IP:PORT），IP 地址省略时表示监听本机的所有 IP
	listen.allowed_clients	仅对 TCP Socket 监听起作用。设置允许连接到 FastCGI 的服务器 IPv4 地址。等同于 PHP FastCGI (5.2.2+) 中的 FCGI_WEB_SERVER_ADDRS 环境变量。每个地址使用逗号分隔，如果没有设置或者为空，则允许任何服务器请求连接。默认值：any
	listen.owner	仅对 UNIX Socket 监听起作用。指定创建套接字所使用的用户。默认值为执行 FPM 的用户
	listen.group	仅对 UNIX Socket 监听起作用。指定创建套接字所使用的组。默认值为执行 FPM 的组
	listen.mode	仅对 UNIX Socket 监听起作用。指定创建套接字所使用的权限。默认值为 0660
	user	指定 FPM 子进程以何种 Linux 用户身份运行。必须设置
	group	指定 FPM 子进程以何种 Linux 组身份运行。如果没有设置，则用户的默认组将被 使用
	pm	指定 PFM 进程管理器如何管理子进程，必须设置。可用值 static 表示使用固定子进程的数量（由 pm.max_children 指定）；可用值 dynamic 表示子进程的数量在一系列参数（pm.max_children，pm.start_servers，pm.min_spare_servers，pm.max_spare_servers）配置的基础上动态设置
	pm.max_children	pm 设置为 static 时表示创建的子进程的数量，pm 设置为 dynamic 时表示最大可创建的子进程的数量。必须设置。设置该选项可以同时提供服务的请求数限制。类似 Apache 的 mpm_prefork 中 MaxClients 的设置和普通 PHP FastCGI 中的 PHP_FCGI_CHILDREN 环境变量
	pm.start_servers	指定启动时创建的子进程数目。仅在 pm 设置为 dynamic 时使用。默认值：min_spare_servers+(max_spare_servers-min_spare_servers)/2
	pm.min_spare_servers	指定空闲服务期间进程的最低数目。仅在 pm 设置为 dynamic 时使用。必须设置
	pm.max_spare_servers	指定空闲服务期间进程的最大数目。仅在 pm 设置为 dynamic 时使用。必须设置
	pm.max_requests	设置每个子进程再生之前服务的请求数。对于可能存在内存泄漏的第三方模块来说是非常有用的。如果设置为‘0’则一直接受请求，等同于 PHP_FCGI_MAX_REQUESTS 环境变量。默认值：0
	pm.status_path	指定显示当前进程池的 FPM 状态页面的 URI 网址。如果没有设置，则无法访问状态页面，默认值：无
	ping.path	指定当前进程池的 FPM 监控页面的 ping 网址。如果没有设置，则无法访问 ping 页面。该页面用于外部检测 FPM 是否存活并且可以响应请求。请注意必须以斜线开头（/）
	ping.response	用于定义 ping 请求的返回响应。返回为 HTTP 200 的 text/plain 格式文本。默认值：pong
	request_terminate_timeout	指定单个请求脚本执行的最长时间。该选项对于 php.ini 中设置的'max_execution_time' 参数因为某些特殊原因没有中止运行脚本的情况很有用。设置为‘0’表示‘Off’。默认单位：s（秒）。默认值：0，表示 PHP 脚本会一直执行下去
	request_slowlog_timeout	当一个请求超过本参数指定的时间后，就会将对应的 PHP 调用堆栈信息完整写入到慢日志中。默认单位：s（秒）。默认值：0（关闭）
	slowlog	指定记录慢请求的日志文件路径
	chroot	指定启动时的 Chroot 绝对路径。若没有设置，则不使用 chroot

还可以在 php-fpm.conf 中为一个进程池传递附加的环境变量或者更新 PHP 的配置值。

传递系统环境变量的语法形式：

```
env[环境变量名] = 环境变量值
```

传递 PHP 变量的语法形式：

```
php_flag[PHP 标志变量名] =          PHP 标志变量值
php_value[PHP 变量名]=              PHP 变量值
php_admin_ flag [PHP 管理标志变量名] =       PHP 管理标志变量值
php_admin_value[PHP 管理配置变量名] =       PHP 管理配置变量值
```

例如，下面的配置片段用于给进程池传递环境变量并设置 PHP 的配置值。

```
env[HOSTNAME] = $HOSTNAME
env[PATH] = /usr/local/bin:/usr/bin:/bin
env[TMP] = /tmp
env[TMPDIR] = /tmp
env[TEMP] = /tmp

php_admin_value[sendmail_path] = /usr/sbin/sendmail -t -i -f www@my.domain.com
php_flag[display_errors] = off
php_admin_value[error_log] = /var/log/fpm-php.www.log
php_admin_flag[log_errors] = on
php_admin_value[memory_limit] = 32M
php_value[session.save_handler] = files
php_value[session.save_path] = /var/lib/php/session
```

注意

1）PHP 配置值通过 php_value 或者 php_flag 设置，并且会覆盖在 php.ini 中配置的值。

2）在 php.ini 中通过 disable_functions 或 disable_classes 定义的值不会被覆盖，但会将新的设置附加在原有值的后面。

3）使用 php_admin_value 或 php_admin_flag 定义的值，不能被 PHP 代码中的 ini_set()覆盖。

4）从 PHP 5.3.3 起，也可以通过 Web 服务器（如 Nginx 等）设置 PHP 的配置值。

4. CentOS 中 PHP-FPM 的默认配置

操作步骤 10.1 查看并调整 PHP-FPM 的配置参数。

```
// 1. 查看 PHP-FPM 的默认主配置文件
# egrep -v '^#|^;|^$' /etc/php-fpm.conf
include=/etc/php-fpm.d/*.conf
[global]
pid = /var/run/php-fpm/php-fpm.pid              // 指定运行时的 PID 文件
error_log = /var/log/php-fpm/error.log          // 指定错误日志文件
daemonize = yes                                 // 指定以守护进程方式运行
// 2. 查看 PHP-FPM 默认的名为 www 的进程池配置文件
# egrep -v '^#|^;|^$' /etc/php-fpm.d/www.conf
[www]                                           // 定义名为 www 的进程池配置段
listen = 127.0.0.1:9000                         // 指定监听的网络 Socket（IP 地址和端口号）
listen.allowed_clients = 127.0.0.1              // 仅允许来自本机的访问
```

```
user = apache                                   // 以 apache 用户身份运行进程池中的子进程
group = apache                                  // 以 apache 组身份运行进程池中的子进程

pm = dynamic                                    // 启用动态分配的子进程管理方式
pm.max_children = 50                            // 最多创建 50 个子进程
pm.start_servers = 5                            // 服务启动时运行 5 个子进程
pm.min_spare_servers = 5                        // 空闲服务期间最少启动 5 个子进程
pm.max_spare_servers = 35                       // 空闲服务期间最少启动 35 个子进程

;request_slowlog_timeout = 0                    // 禁止记入慢日志
slowlog = /var/log/php-fpm/www-slow.log         // 指定慢日志路径
// 设置 PHP 变量
php_admin_value[error_log] = /var/log/php-fpm/www-error.log
php_admin_flag[log_errors] = on
php_value[session.save_handler] = files
php_value[session.save_path] = /var/lib/php/session
// 3. 调整 PHP-FPM 默认的名为 www 的进程池配置文件
// 默认的配置基本能满足要求，无特殊需要则无须改动
//（1）禁止请求一直执行下去
// request_terminate_timeout 的默认值是 0，这允许一个请求一直执行下去
// 应该设置请求终止时间
request_terminate_timeout = 60
//（2）调整监听的 Socket 和允许访问的客户端地址
// 当 Web 服务器（如 Nginx）与 PHP-FPM 服务器不在同一台主机时需调整
listen = 192.168.0.100:9000                     // 指定 PHP-FPM 服务器的 IP 地址和端口号
listen.allowed_clients = 192.168.0.10           // 指定 Web 服务器的 IP 地址，多个用逗号间隔
// 4. 启动 PHP-FPM 服务并设置开机启动
# service php-fpm start
# chkconfig php-fpm on
// 5. 查看 PHP-FPM 服务的进程
# ps -HO user –p 'pgrep php-fpm'
  PID USER     S TTY          TIME COMMAND
17826 root     S ?        00:00:00 php-fpm: master process (/etc/php-fpm.conf)
17827 apache   S ?        00:00:00 php-fpm: pool www
17828 apache   S ?        00:00:00 php-fpm: pool www
17829 apache   S ?        00:00:00 php-fpm: pool www
17830 apache   S ?        00:00:00 php-fpm: pool www
17831 apache   S ?        00:00:00 php-fpm: pool www
```

5．TCP Socket 与 Unix domain Socket

PHP-FPM 与 Web 服务器（如 Nginx）是通过 FastCGI 接口进行通信的，这个接口就是 Socket，它是进程间的一种通信机制。Socket 在传输层之上实现，它介于应用层和传输层之间。Socket 分为两种：Unix domain Socket 和 TCP Socket。对于本地进程间通信只能使用 Unix domain Socket；而 TCP Socket 既适用于远程进程间通信，也可用于本地进程间通信。

默认的 PHP-FPM 的进程池配置文件使用的是 TCP Socket。若 Web 服务器与 PHP-FPM 服

务器在同一台主机上，也可以配置使用 Unix domain Socket 的 PHP-FPM 进程池。一般认为，Unix domain Socket 的效率优于 TCP Socket，因为前者只使用本地的 Socket 流文件进行通信，而后者要涉及 TCP/IP 层（大访问量时还有可能会出现 TCP 端口耗尽的情况）。

因此，当 Web 服务器与 PHP-FPM 服务器在同一台主机时，应尽量使用 Unix domain Socket 而不是 TCP Socket。下面给出一个使用 Unix domain Socket 配置 PHP-FPM 进程池的例子。为了同时展示 PHP-FPM 的 Unix domain Socket 和 TCP Socket 配置，没有删除原来的名为 www 的进程池配置，而是新建了一个名为 www_us 的进程池。

操作步骤 10.2 配置使用 Unix domain Socket 的 PHP-FPM 进程池。

```
// 1. 复制一个新的 PHP-FPM 进程池配置文件 www_us.conf
# cp /etc/php-fpm.d/www{,_us}.conf
// 2. 修改新的配置文件用于 PHP-FPM 监听 Unix Socket
# vi /etc/php-fpm.d/www_us.conf
// 修改如下配置
//（1）将[www]改为
[www_us]
//（2）将 listen = 127.0.0.1:9000 改为
listen = /var/run/php-fpm/www_us.sock     // 指定本地的 Unix Socket 文件
//（3）注释 listen.allowed_clients 行，它仅用于 TCP Socket
;listen.allowed_clients = 127.0.0.1
//（4）配置 Unix Socket 文件的本地属主、组、权限
// 当 Nginx 与 PHP-FPM 通信时，Nginx 要能读写本地的 Unix Socket 文件
listen.owner = nginx
listen.group = nginx
listen.mode = 0660
//（5）配置 PHP-FPM 子进程的本地用户和组
// 当 Nginx 与 PHP-FPM 通信时，PHP-FPM 也要能读写本地的 Unix Socket 文件
// PHP-FPM 子进程的用户和组通常配置为与本地 Unix Socket 文件相同
user = nginx
group = nginx
// 保存后退出 vi
// 3. 检查配置文件语法并重启 PHP-FPM 服务
# php-fpm --test                    // 或 service php-fpm configtest
NOTICE: configuration file /etc/php-fpm.conf test is successful
# service php-fpm restart
// 4. 查看 PHP-FPM 服务的进程
# ps -HO user -p 'pgrep php-fpm'
  PID USER      S TTY          TIME COMMAND
 6388 root      S ?        00:00:00 php-fpm: master process (/etc/php-fpm.conf)
 6389 nginx     S ?        00:00:00   php-fpm: pool www_us
 6390 nginx     S ?        00:00:00   php-fpm: pool www_us
 6391 nginx     S ?        00:00:00   php-fpm: pool www_us
 6392 nginx     S ?        00:00:00   php-fpm: pool www_us
 6393 nginx     S ?        00:00:00   php-fpm: pool www_us
 6394 apache    S ?        00:00:00   php-fpm: pool www
```

```
   6395 apache     S ?          00:00:00     php-fpm: pool www
   6396 apache     S ?          00:00:00     php-fpm: pool www
   6397 apache     S ?          00:00:00     php-fpm: pool www
   6399 apache     S ?          00:00:00     php-fpm: pool www
// 5. 查看 Unix Socket 文件
# ll /var/run/php-fpm
-rw-r--r-- 1 root     root       4 6 月     9 19:41 php-fpm.pid
srw-rw---- 1 nginx    nginx      0 6 月     9 19:41 www_us.sock
# file /var/run/php-fpm/www_us.sock
/var/run/php-fpm/www_us.sock: socket
// 6. 使 nginx 用户能写 /var/lib/php/session 目录
# ll /var/lib/php/session -d
drwxrwx--- 2 root apache 4096 6 月     5 22:12 /var/lib/php/session
# id nginx
uid=494(nginx) gid=489(nginx) groups=489(nginx)
// 将 nginx 用户加入 apache 组，使 nginx 用户能写 /var/lib/php/session 目录
# usermod –G apache nginx
# groups nginx
nginx : nginx apache
// 以 nginx 用户身份进行写入测试
# sudo -u nginx touch /var/lib/php/session/test
# ll /var/lib/php/session/test
-rw-r--r-- 1 nginx nginx 0 6 月    10 20:21 /var/lib/php/session/test
# rm -f /var/lib/php/session/test
```

10.1.3 Nginx 的 FastCGI 配置

1．Nginx 与 FastCGI

与 Apache 内置了脚本语言模块不同，Nginx 不支持对外部程序的直接调用或者解析，所有的外部程序（包括 PHP）必须通过 FastCGI 接口（Socket）来调用。

Nginx 提供了 ngx_http_fastcgi_module 模块，允许 Nginx 向 FastCGI 进程管理器传递请求协同工作。它可以控制被传递的参数，并且实现了缓存等功能。

2．Nginx 的 FastCGI 配置指令

表 10-2 列出了 Nginx 的 FastCGI 配置指令。

表 10-2　Nginx 的 FastCGI 配置指令

分　类	指　令	说　明
基本	fastcgi_pass	指定 FastCGI 服务器监听的地址与端口。对于本地 UNIX Socket，其值需指定一个 UNIX Socket 文件；对于网络 TCP Socket，其值为一个 IP 地址和端口号的组合（IP:PORT）
	fastcgi_index	设置一个文件名，将附加在以斜线结尾的 URI 之后，此值将存储在变量 $fastcgi_script_name 中
	fastcgi_keep_conn	指定是否让 FastCGI 服务器保持连接。默认情况下，一个 FastCGI 服务器在发送响应后将关闭连接。当此指令设置为 on 时，Nginx 会让 FastCGI 服务器保持连接为打开状态。这对于需要实时连接 FastCGI 服务器的情况尤其有用
	fastcgi_bind	从该指令指定的本地 IP 地址连接 FastCGI 服务器。用于 Nginx 主机虽然拥有多个网络接口或别名，但是只允许指定的网卡或者地址连接 FastCGI 服务器的情况。参数值可以使用变量，特殊的值“off”不能从上层配置级别继承 fastcgi_bind 指令的值，允许系统自动分配本地 IP 地址

（续）

分类	指令	说明
传递参数	fastcgi_param	指定传递到 FastCGI 服务器的环境变量参数，可使用多个配置语句指定一系列参数
	fastcgi_split_path_info	指定一个正则表达式用来捕获变量$fastcgi_path_info 的值。可以通过此指令对 URI 的匹配获取$fastcgi_script_name 和$fastcgi_path_info，通过这两个变量可以使用 fastcgi_param 指令设置对应的 CGI 变量（SCRIPT_FILENAME 和 PATH_INFO）
请求处理	fastcgi_pass_request_headers	指定是否将原始请求的请求头中的字段传递给 FastCGI 服务器。默认值为 on
	fastcgi_pass_request_body	指定是否将原始请求的请求体传递给 FastCGI 服务器。默认值为 on
响应处理	fastcgi_pass_header	允许从 FastCGI 服务器传递被视为隐藏的头字段（由 astcgi_hide_header 指定）到客户端
	fastcgi_hide_header	指定被隐藏的头字段，在此设置的头字段不会从 FastCGI 服务器传递到客户端。默认情况下 Nginx 不会将来自 FastCGI 服务器的“Status”和“X-Accel-…”头字段传送到客户端，这个参数用于指定其他需要隐藏的头字段
	fastcgi_ignore_headers	指定禁止处理来自 FastCGI 服务器的哪些响应头字段。可以忽略的响应头字段包括：“X-Accel-Redirect”“X-Accel-Expires”“X-Accel-Limit-Rate”“X-Accel-Buffering”“X-Accel-Charset”“Expires”“Cache-Control”和“Set-Cookie”
超时与错误	fastcgi_connect_timeout	指定与 FastCGI 服务器建立连接的超时时间。默认值为 60s，此值不能超过 75s
	fastcgi_read_timeout	指定从 FastCGI 服务器读取响应的超时。此超时仅设置在两个连续的读操作之间，而不是整个响应传输过程。如果在此指令指定的时间内 FastCGI 服务器不发送任何响应，则关闭连接。默认值为 60s
	fastcgi_send_timeout	指定发送请求到 FastCGI 服务器的超时。此超时仅设置在两个连续的写操作之间，而不是整个请求传输过程。如果在此指令指定的时间内 FastCGI 服务器不接收任何请求，则关闭连接。默认值为 60s
	fastcgi_ignore_client_abort	指定当客户不等待一个响应而关闭连接时，Nginx 与 FastCGI 服务器的连接是否应该关闭。默认值为 off
	fastcgi_intercept_errors	是否将 FastCGI 服务器的大于等于 300 响应状态码的错误信息传递给客户，或者重定向到 Nginx 的 error_page 指令处理。默认值为 off
	fastcgi_catch_stderr	在 Nginx 从 FastCGI 服务器收到的响应流中查找本指令指定的字符串，一旦找到该字符串则认为 FastCGI 服务器返回了一个无效的响应。这允许在 Nginx 中处理应用程序的错误
缓冲区与临时文件	fastcgi_buffering	指定是否缓冲来自 FastCGI 服务器的响应。默认值为 on。若启用缓冲，Nginx 能更快地从 FastCGI 服务器接收响应，并将其保存到缓冲区中（缓冲区尺寸为 fastcgi_buffer_size 和 fastcgi_buffers 指令设置之和），若内存缓冲区容纳不下整个响应，则剩余的部分将写入磁盘上的临时文件（由指令 fastcgi_ max_temp_ file_size 和 fastcgi_temp_file_write _size 控制）。若禁用缓冲，来自 FastCGI 服务器的响应会同步地传递给客户，Nginx 一次能从 FastCGI 服务器接收的数据尺寸由 fastcgi_buffer_size 指令决定。此时 Nginx 不会试图从 FastCGI 服务器读取并缓冲整个响应
	fastcgi_buffer_size	指定用于接收从 FastCGI 服务器读取响应的起始部分的缓冲区大小。默认情况下，其大小相当于 fastcgi_buffers 指令设置的每个缓冲区的大小。响应的起始部分通常包含一个小的响应头，若一个缓冲区容纳不下整个响应，则由 fastcgi_buffers 分配更大的缓冲区数量和大小
	fastcgi_buffers	指定缓冲区的数量和大小。用于缓冲从 FastCGI 服务器读取单一连接的响应数据。默认情况下，缓冲区的数量为 8；每个缓冲区大小为系统分页大小（用命令 getconf PAGESIZE 获得），根据不同的平台其值可能是 4k 或 8k。为了提高性能，应该适当修改缓冲区数量和每个缓冲区的大小（应为系统分页大小的整数倍），使之能在内存中缓冲绝大多数的来自 FastCGI 服务器的响应，从而避免使用磁盘上的临时文件
	fastcgi_busy_buffers_size	当一个响应尚未从 FastCGI 服务器读取完毕时，指定能忙于向客户端发送响应的缓冲区的大小限制。也就是说 Nginx 向客户发送响应和 Nginx 从 FastCGI 服务器读取响应可以同步进行。在此期间，其余的缓冲区可以继续用于从 FastCGI 服务器读取响应，如果需要，超过缓冲区总大小的响应部分将存入临时文件。默认值为 fastcgi_buffer_size 的大小加上 fastcgi_buffers 指定的单个缓冲区的大小之和
	fastcgi_temp_file_write_size	当 fastcgi_buffering 被启用时，限制每次能写入临时文件的数据尺寸。默认情况下，此限制由 fastcgi_buffer_size 和 fastcgi_buffers 指令的配置决定。默认值为 32k（32 位系统）/ 64k（64 位系统）
	fastcgi_max_temp_file_size	当 fastcgi_buffering 被启用时，指定一个临时文件的最大尺寸。默认值为 1024m，特殊值 0 表示禁止缓冲响应到临时文件
	fastcgi_temp_path	指定一个目录用于存储从 FastCGI 服务器接收到的临时文件。还可以指定 1～3 级子目录用于哈希存储。每个级别的子目录都用一个数值表示哈希值的位数，例如 1 表示一位数字的子目录，2 表示两位数字的子目录

> 提示
> 指令 fastcgi_pass 和 fastcgi_split_path_info 只能出现在 location 配置段中，其余指令可以出现在 http|server|location 配置段中，且若当前级别的配置段中没有设置指令，将继承上一级别的配置段中的配置。

3．为 FastCGI 服务器传递环境变量

可以使用一系列的 fastcgi_param 语句为 FastCGI 服务器传递环境变量，Nginx 默认提供了一个单独的文件/etc/nginx/fastcgi_params 用于实现此目的。此文件默认没有生效，可以在需要的时候使用 include 语句加载。该文件包含如下内容：

```
// 与客户端请求相关的变量（查询字符串、请求方法、内容类型、内容长度）
fastcgi_param   QUERY_STRING        $query_string;
fastcgi_param   REQUEST_METHOD      $request_method;
fastcgi_param   CONTENT_TYPE        $content_type;
fastcgi_param   CONTENT_LENGTH      $content_length;
// 与服务器端相关的变量（脚本名、请求的 URI、文档根目录、服务器协议等）
fastcgi_param   SCRIPT_NAME         $fastcgi_script_name;
fastcgi_param   REQUEST_URI             $request_uri;
fastcgi_param   DOCUMENT_URI        $document_uri;
fastcgi_param   DOCUMENT_ROOT           $document_root;
fastcgi_param   SERVER_PROTOCOL     $server_protocol;
fastcgi_param   HTTPS               $https if_not_empty;
// 与版本相关的变量（CGI 版本、Nginx 的版本）
fastcgi_param   GATEWAY_INTERFACE       CGI/1.1;
fastcgi_param   SERVER_SOFTWARE     nginx/$nginx_version;
// 与客户端和服务器地址相关的变量（客户端 IP 和端口、服务器 IP 和端口及主机名）
fastcgi_param   REMOTE_ADDR         $remote_addr;
fastcgi_param   REMOTE_PORT         $remote_port;
fastcgi_param   SERVER_ADDR         $server_addr;
fastcgi_param   SERVER_PORT         $server_port;
fastcgi_param   SERVER_NAME         $server_name;
// 仅针对 PHP 的可选变量 REDIRECT_STATUS 用于内部重定向
// 当 PHP 使用--enable-force-cgi-redirect 编译时需设置，从 PHP5.3.0 起此选项是默认的
fastcgi_param   REDIRECT_STATUS     200;
```

若要向 FastCGI 服务器传递该文件中没有定义的环境参数，需要使用 fastcgi_param 语句单独指定。

4．调整 Nginx 的 FastCGI 配置参数

虽然大多数的 FastCGI 配置指令均能出现在 http|server|location 配置段中，但通常不会在 http 配置段中做一个全局配置，因为并非所有的虚拟主机都需要 FastCGI 支持，所以通常将有关 FastCGI 的配置放入片段配置目录中，一旦某个虚拟主机需要 FastCGI 支持，在其适当位置使用 include 指令包含 FastCGI 配置即可。

操作步骤 10.3　调整 Nginx 的 FastCGI 配置参数。

```
// 1. 创建 FastCGI 片段配置文件
# vi /etc/nginx/snippets/fastcgi_performance.conf
// 添加如下配置
```

```
fastcgi_keep_conn                                    on;

fastcgi_connect_timeout                              75s;
fastcgi_send_timeout                                 300s;
fastcgi_read_timeout                                 300s;

fastcgi_intercept_errors                             on;
fastcgi_ignore_client_abort                          off;

fastcgi_buffer_size                                  128k;
fastcgi_buffers                                   8  128k;
fastcgi_busy_buffers_size                            256k;

fastcgi_temp_file_write_size                         256k;
fastcgi_temp_path /var/cache/nginx/fastcgi_temp      1 2;
// 保存并退出 vi
// 2. 创建 fastcgi.conf
// 使用单一文件/etc/nginx/fastcgi.conf 包含 FastCGI 所需的配置指令和参数
# vi /etc/nginx/fastcgi.conf
include snippets/fastcgi_performance.conf;
fastcgi_index index.php;
fastcgi_split_path_info ^(.+\.php)(/.+)$;
fastcgi_param SCRIPT_FILENAME $document_root$fastcgi_script_name;
include fastcgi_params;
// 编辑后保存退出 vi
```

5．配置 Nginx 通过 PHP-FPM 支持 PHP

在调整了 Nginx 的 FastCGI 的性能参数之后，每一个需要支持 PHP 的虚拟主机还需要配置 Nginx 与 PHP-FPM 的 FastCGI Soctets 连接。

操作步骤 10.4　配置 Nginx 与 PHP-FPM 的连接。

```
// 本例延续使用第 8 章的操作步骤 8.7
// 1. 编辑虚拟主机的配置文件
# vi /etc/nginx/vhosts.d/www.olabs.lan.conf
server {
    …………
    // 在 server 配置段中添加如下配置，对所有.php 结尾的文件连接 PHP-FPM 处理
    location ~ \.php$ {
        fastcgi_pass unix:/var/run/php-fpm/www_us.sock;    # 使用 UNIX Socket
        # fastcgi_pass 127.0.0.1:9000;                     # 使用 TCP Socket

        include fastcgi.conf;                              # 包含 FastCGI 相关的配置和参数
    }
}
// 2. 测试配置文件语法的正确性
# nginx -t
// 3. 重启 Nginx 或重新加载配置
```

```
# service nginx reload
// 4. 测试 Nginx 通过 PHP-FPM 对 PHP 的解析
# echo '<?php phpinfo();?>' /usr/share/nginx/html/info.php
# elinks http://olabs.lan/info.php
```

6．配置 Nginx 显示 PHP-FPM 的状态页面和心跳页面

PHP-FPM 提供了可通过 Web 服务器访问的状态页面和心跳页面。需要同时配置 PHP-FPM 和 Nginx 才能显示这些页面。下面给出配置过程。

操作步骤 10.5 配置 Nginx，显示 PHP-FPM 的状态页面和心跳页面。

```
// 本例延续使用 8.3.6 节的一些配置片段
// 1. 配置 Nginx 显示 PHP-FPM 的默认名为 www 的进程池状态页面和心跳页面
//（1）修改 PHP-FPM 的配置/etc/php-fpm.d/www.conf
# vi /etc/php-fpm.d/www.conf
// 修改如下配置
pm.status_path = /status-fpm-www        // 指定 Web 服务器访问本 FPM 进程池状态的 URI
ping.path = /ping-fpm-www               // 指定 Web 服务器访问本 FPM 进程池心跳的 URI
ping.response = pong                    // 指定 Web 服务器访问本 FPM 进程池心跳的响应
// 修改后保存退出 vi
//（2）编写 Nginx 的配置片段
# vi /etc/nginx/snippets/php_fpm_status_www.conf
// 添加如下配置
    location = /status-fpm-www {
        # 启用本地主机访问控制
        include snippets/access_allow_localnet_and_localhost.conf;
        include snippets/http_auth_basic.conf; # 启用用户基本认证
        satisfy any;    # 192.168.0.0/24 内的主机可直接访问，其他地址的访问需用户认证

        include fastcgi.conf;                   #包含 FastCGI 相关的配置和参数
        fastcgi_pass 127.0.0.1:9000;            # www 进程池使用 TCP Socket
    }

    location = /ping-fpm-www {
        # 启用本地主机访问控制
        include snippets/access_allow_localnet_and_localhost.conf;
        include snippets/http_auth_basic.conf; # 启用用户基本认证
        satisfy any;    # 192.168.0.0/24 内的主机可直接访问，其他地址的访问需用户认证

        include fastcgi.conf;                   #包含 FastCGI 相关的配置和参数
        fastcgi_pass 127.0.0.1:9000;            # www 进程池使用 TCP Socket
    }
//（3）在需要显示 FPM 状态的虚拟主机的配置中添加配置片段
# vi /etc/nginx/vhosts.d/www.olabs.lan.conf
server {
    …………
    // 在 server 配置段中包含配置
    include snippets/php_fpm_status_www.conf;
```

```
}
//（4）测试配置文件语法的正确性
# php-fpm –t
# nginx -t
//（5）重启或重新加载配置
# service php-fpm reload
# service nginx reload
//（6）测试
# elinks http://olabs.lan/ping-fpm-www
# elinks http://olabs.lan/status-fpm-www
// 2. 配置 Nginx 显示 PHP-FPM 的名为 www_us 的进程池状态页面和心跳页面
//（1）修改 PHP-FPM 的配置/etc/php-fpm.d/www_us.conf
# vi /etc/php-fpm.d/www_us.conf
// 修改如下配置
pm.status_path = /status-fpm-www-us        // 指定 Web 服务器访问本 FPM 进程池状态的 URI
ping.path = /ping-fpm-www-us               // 指定 Web 服务器访问本 FPM 进程池心跳的 URI
ping.response = pong                       // 指定 Web 服务器访问本 FPM 进程池心跳的响应
// 修改后保存退出 vi
//（2）编写 Nginx 的配置片段
# cp /etc/nginx/snippets/php_fpm_status_www{,_us}.conf
// 将 fpm-www 替换为 fpm-www-us；将 TCP Socket 替换为 UNIX Socket
# cd /etc/nginx/snippets/
# sed -i 's/fpm-www/fpm-www-us/' php_fpm_status_www_us.conf
# sed -i 's#127.0.0.1:9000#unix:/var/run/php-fpm/www_us.sock#'\
  php_fpm_status_www_us.conf
//（3）在需要显示 FPM 状态的虚拟主机的配置中添加配置片段
# vi /etc/nginx/vhosts.d/www.olabs.lan.conf
server {
    …………
    // 在 server 配置段中包含配置
    include snippets/php_fpm_status_www_us.conf;
}
//（4）测试配置文件语法的正确性
# php-fpm –t
# nginx -t
//（5）重启或重新加载配置
# service php-fpm reload
# service nginx reload
//（6）测试
# elinks --dump http://olabs.lan/ping-fpm-www-us
# elinks --dump http://olabs.lan/status-fpm-www-us?html
```

7．Nginx 的 FastCGI 配置举例

上一章表 9-9 所列出的 LAMP 应用几乎都可以在 LEMP 环境下运行。为了专注于 Nginx 的 FastCGI 配置，本节配置一个无需数据库支持的 PHP 应用——DokuWiki。

DokuWiki 是一款简洁轻便、代码整洁、功能强大而灵活，无须关系数据库支持的开源

Wiki 系统。DokuWiki 适用于协同制作 IT 产品的文档（如 https://www.zabbix.com/wiki/、http://docs.cubieboard.org/等），尤其适用于中小团队和个人网站知识库的管理，甚至作为公司的门户网站使用（如 http://www.robotcc.com/等）。

下面给出在虚拟主机 https://wiki.olabs.net 上配置 DokuWiki 的过程。

操作步骤 10.6　配置 DokuWiki（基于 Nginx 和 PHP-FPM）。

```
// 1. 将 DokuWiki 部署到 wiki.olabs.net 的站点根目录并设置权限
//（1）下载最新的 DokuWiki 并解压
# wget http://download.dokuwiki.org/src/dokuwiki/dokuwiki-stable.tgz
# tar zxf dokuwiki-stable.tgz
# ll
drwxrwxr-x      7 root root              4096 5 月      9 17:25 dokuwiki-2014-05-05
-rw-r--r--      1 root root           3178431 5 月      9 20:47 dokuwiki-stable.tgz
//（2）部署站点目录并将 DokuWiki 复制到 wiki.olabs.net 站点的根目录
// 本例延用 7.4.3 节操作步骤 7.5 中配置的 wiki.olabs.net 站点目录结构
# rsync –a --delete dokuwiki-2014-05-05/ /var/www/vhosts/wiki.olabs.net/htdocs/
//（3）修改目录权限
# cd /var/www/vhosts/wiki.olabs.net/htdocs/
# ll
drwxrwxr-x    2 root root    4096 5 月      6 04:53 bin
drwxrwxr-x    2 root root    4096 5 月      6 04:53 conf
-rw-rw-r--    1 root root 18092 5 月      6 04:53 COPYING
drwxrwxr-x 12 root root    4096 5 月      6 04:53 data
-rw-rw-r--    1 root root    2319 5 月      6 04:53 doku.php
-rw-rw-r--    1 root root 19091 5 月      6 04:53 feed.php
drwxrwxr-x    6 root root    4096 5 月      6 04:53 inc
-rw-rw-r--    1 root root     182 5 月      6 04:53 index.php
-rw-rw-r--    1 root root 20166 5 月      6 04:53 install.php
drwxrwxr-x    8 root root    4096 5 月      6 04:53 lib
-rw-rw-r--    1 root root     306 5 月      6 04:53 README
-rw-rw-r--    1 root root      29 5 月      6 04:53 VERSION
// 由 ls 列表可知，默认的权限是属主和组可读写，其他用户只读
// 使 PHP-FPM 子进程的用户或组能写 conf、data 和 lib/plugins 目录
# chgrp –R apache    conf data lib/plugins
// 这是最简单的权限配置方法，因为：
//     1）若 PHP-FPM 使用 TCP Socket 的名为 www 的进程池，apache 组可写
//     2）若 PHP-FPM 使用 Unix Socket 的名为 www-us 的进程池，
//          由于 nginx 已经在操作步骤 10.2 中加入了 apache 组，apache 组可写
// 2. 配置 Nginx
//（1）创建 DokuWiki 应用的配置片段文件
// 使用应用程序的片段配置文件，是为了在不同的虚拟主机之间共享配置
// 首先创建专门存放 DokuWiki 应用配置片段文件的目录
# mkdir –p /etc/nginx/apps/dokuwiki
// 类似地，还可以创建/etc/nginx/apps/wordpress 目录存放将来配置 Wordpress 的配置片段
# vi /etc/nginx/apps/dokuwiki/dokuwiki.conf
// 添加如下配置
```

```
    # 设置上传文件的大小限制（同时受 PHP 参数 upload_max_filesize 的限制）
    client_max_body_size 20M;


    location / {
        # 为搜索引擎爬虫限速，参见第 8 章的操作步骤 8.12
        include snippets/limit_rate_for_search_engine_bots.conf;
        # 若以$uri 为页面名和以$uri 为目录名的 index 页面都不存在时，
        # 转入名为@dokuwiki 的内部 location 处理
        try_files $uri $uri/ @dokuwiki;
    }
    # 为/lib 目录及其子目录下的所有图片文件设置浏览器的失效时间
    location ~ ^/lib.*\.(gif|png|ico|jpg)$ {
        expires 30d;
    }
    # 对/robots.txt 和/favicon.ico 的访问不记入访问日志，且若没找到时也不记入错误日志
    location = /robots.txt   { access_log off; log_not_found off; }
    location = /favicon.ico { access_log off; log_not_found off; }
    # 禁止访问根目录下的隐含文件（以/.开头）以及所有备份文件（以~结尾）
    # 对这些文件的访问不记入访问日志，且若没找到时也不记入错误日志
    location ~ /\.              { access_log off; log_not_found off; deny all; }
    location ~ ~$               { access_log off; log_not_found off; deny all; }

    # 内部 location 用于处理页面重写规则，使 URL 可以静态化便于搜索引擎抓取
    location @dokuwiki {
        rewrite ^/_media/(.*) /lib/exe/fetch.php?media=$1 last;
        rewrite ^/_detail/(.*) /lib/exe/detail.php?media=$1 last;
        rewrite ^/_export/([^/]+)/(.*) /doku.php?do=export_$1&id=$2 last;
        rewrite ^/(.*) /doku.php?id=$1 last;
    }
    # 对所有以.php 结尾的文件连接 PHP-FPM 处理
    location ~ \.php$ {
        fastcgi_pass unix:/var/run/php-fpm/www_us.sock;    # 使用 UNIX Socket
        # fastcgi_pass 127.0.0.1:9000;                     # 使用 TCP Socket

        include fastcgi.conf;                    # 包含 FastCGI 相关的配置和参数
    }
    # 禁止直接访问根下的 data、conf、bin 以及 inc 目录
    location ~ /(data|conf|bin|inc)/ {
        deny all;
    }
// 保存后退出 vi
//（2）在虚拟主机的配置文件中包含配置
// 本例延用 8.4.1 节操作步骤 8.13 和操作步骤 8.14 的配置并做适当修改
# vi /etc/nginx/vhosts.d/wiki.olabs.net.443.conf
server {
```

```
        listen 443 ssl;
        server_name wiki.olabs.net docs.olabs.net;
        root /var/www/vhosts/wiki.olabs.net/htdocs;

        index index.html index.htm index.php doku.php;

        access_log /var/www/vhosts/wiki.olabs.net/logs/access.ssl.log main;
        error_log    /var/www/vhosts/wiki.olabs.net/logs/error.ssl.log warn;

        ssl_certificate          /etc/pki/tls/certs/olabs.net.crt;
        ssl_certificate_key   /etc/pki/tls/private/olabs.net.key;

        include apps/dokuwiki/dokuwiki.conf;
}
//（3）测试配置文件语法并加载配置
# nginx –t
# service nginx reload
// 3. DokuWiki 的安装和使用
//  显示测试
# w3m https://wiki.olabs.lan/install.php
// Web  界面安装
//  在图形化浏览器的地址栏中输入 https://wiki olabs.lan/install.php  安装 DokuWiki
//  关于 DokuWiki 的使用请参考其网站 http://dokuwiki.org 或其他相关资料
```

10.1.4 Nginx 的 FastCGI 缓存

1. Nginx 的 FastCGI 缓存简介

Nginx 的 ngx_http_fastcgi_module 模块提供了 FastCGI 缓存功能。FastCGI 缓存的作用是缓存 FastCGI 服务器生成的内容，如由 PHP-FPM 生成的 PHP 动态内容。使用 FastCGI 缓存减少了 Nginx 与 PHP-FPM 的通信的次数，同时也减轻了 PHP 频繁调用数据库（如 MySQL）所造成的压力。

在未启用 FastCGI 缓存时，Nginx 默认会利用 FastCGI 缓冲区缓冲来自 FastCGI 服务器的响应（由 fastcgi_buffer_size、fastcgi_buffers 配置），当响应的尺寸超过缓冲区大小时，会将其存入临时文件目录（由 fastcgi_temp_path 配置）。启用 FastCGI 缓存后，上述过程仍旧存在，响应首先被写入临时文件并且随后被移动到 FastCGI 缓存目录，但是需要明白这种移动并不是简单的原子重命名系统调用，而是整个文件的拷贝。所以 fastcgi_temp_path 和 fastcgi_cache_path 的值最好使用相同的文件系统。

Nginx 中有两个用于管理缓存的进程。

- cache manager：当缓存对象失效或者磁盘空间不足时，cache manager 使用最近最少使用（LRU）算法删除缓存对象。Nginx 根据其内部定时器唤醒 cache manager 每隔一段时间检查一次。
- cache loader：当重启 Nginx 服务后，cache loader 会间歇性地重建缓存，它通过遍历缓存目录来创建内存缓存区中的控制信息。一旦完成了重建缓存的任务后，cache loader

进程便结束使命。

2. Nginx 的 FastCGI 缓存配置指令

表 10-3 列出了 Nginx 的 FastCGI 缓存配置指令。

表 10-3 Nginx 的 FastCGI 缓存配置指令

指　令	说　明
fastcgi_cache_path	命名一个缓存区指定内存使用大小，并设置缓存路径和其他参数
fastcgi_cache	指定一个用于缓存的共享内存区的名字（由 fastcgi_cache_path 定义）。同一个共享内存区可以用在不同的地方。取值 off 表示禁用缓存
fastcgi_cache_key	指定缓存的键（关键字），可以使用变量指定
fastcgi_cache_methods	指定客户请求的哪些方法的响应会被缓存。默认值为“GET HEAD”
fastcgi_cache_min_uses	指定几次请求之后才会缓存响应。默认值为 1
fastcgi_cache_use_stale	指定当与 FastCGI 服务器的通信发生哪些错误时，Nginx 使用陈旧的缓存响应客户请求。特殊的值“updating”表示当 Nginx 正在更新缓存时，允许使用陈旧的缓存响应客户请求。使用“updating”参数可以最大限度地减少对 FastCGI 服务器的访问。当 Nginx 正在更新缓存数据时，可以减少对 FastCGI 服务器的访问数（通过 fastcgi_cache_lock 指令指定）
fastcgi_no_cache	指定响应不被缓存的条件。通常用包含变量的字符串来指定，若该字符串参数至少有一个非空并且不等于 0，则响应不被缓存
fastcgi_cache_bypass	指定不从缓存获取响应的条件。通常用包含变量的字符串来指定，若该字符串至少有一个非空并且不等于 0，则不从缓存获取响应
fastcgi_cache_lock	默认值为 off。当设置为 on 时，每次传递给 FastCGI 服务器的请求只允许其中一个生成新的缓存单元（通过 fastcgi_cache_key 指令鉴别）。要使用相同缓存单元的其他请求，要么等待响应出现在缓存单元中，要么等待对该缓存单元的锁定被释放（通过指令 fastcgi_cache_lock_timeout 指定）
fastcgi_cache_lock_timeout	为 fastcgi_cache_lock 设置缓存锁定超时时间，默认值为 5s
fastcgi_cache_valid	为不同的 HTTP 状态返回代码指定缓存时间
fastcgi_cache_revalidate	是否使用带有“If-Modified-Since”头字段的条件请求验证缓存单元的过期。默认值为 off

3. fastcgi_cache_path 指令

在表 10-3 列出的 FastCGI 配置指令中，与 FastCGI 缓存相关的最重要的指令就是 fastcgi_cache_path。它定义一个 FastCGI 缓存区，指定其内存使用大小，并设置缓存路径和其他参数。与之对应的指令是 fastcgi_cache，它用于引用一个已经定义的 FastCGI 缓存区。指令 fastcgi_cache_path 只能出现在 http 配置段中。

指令 fastcgi_cache_path 的完整格式为：

```
fastcgi_cache_path path [levels=levels] keys_zone=name:size [inactive=time] [max_size=size]
        [loader_files=number] [loader_sleep=time] [loader_threshold=time];
```

表 10-4 列出了 fastcgi_cache_path 指令各个选项的说明。

表 10-4 fastcgi_cache_path 指令的选项说明

分　类	选　项	说　明
共享内存区	**keys_zone=<name:size>**	指定当前缓存区的名字，以及该缓存区使用的内存大小。Nginx 用一个命名的共享内存区存储所有活动的键（由 fastcgi_cache_key 指定）及其相关的数据信息，以便能从磁盘上快速地找到缓存文件。1MB 的内存区能存储大约 8k 个键的相关信息
文件系统缓存	**path**	指定当前缓存区的缓存文件的存储路径
	levels=<levels>	文件系统上缓存的所有键和文件名都是使用 MD5 函数哈希过的，levels 参数用于定义缓存的层次。例如“1:2”表示第一级子目录使用哈希值的最后一位字母作为子目录名；第二级子目录使用哈希值的倒数第三位和第二位作为子目录名

（续）

分　类	选　项	说　明
控制 cache manager	**inactive=<time>**	若缓存对象在此参数指定的时间内没有被访问，则名为“cache manager”的进程会将其从缓存中移除，不论其新鲜程度如何，默认为 10min
	max_size=<size>	指定文件系统缓存的最大尺寸。名为“cache manager”的进程监视缓存的最大尺寸，一旦超过此值就会使用 LRU 算法删除一些缓存数据
控制 cache loader	**loader_files=<number>**	指定每次重建缓存的最大条目数，默认值为 100
	loader_threshold=<time>	指定每次重建缓存的持续时间，默认值为 200ms
	loader_sleep=<time>	指定每两次重建缓存之间的休息时间，默认值为 50ms

4．配置 Nginx 的 FastCGI 缓存

配置 Nginx 的 FastCGI 缓存，首先要在 http 配置段中定义一个 FastCGI 缓存区，然后再在需要 FastCGI 缓存的虚拟主机中使用这个 FastCGI 缓存区。多个虚拟主机可以共享使用一个 FastCGI 缓存区，当然也可以为单独的虚拟主机配置其专用的 FastCGI 缓冲区。当多个虚拟主机共享使用一个 FastCGI 缓存区时，其键（由 fastcgi_cache_key 指令指定）中应该包含主机名以免混淆。

操作步骤 10.7　配置 Nginx 的 FastCGI 缓存区。

```
// 1. 创建被主配置文件包含的 FastCGI 缓存区配置文件
//   fastcgi_cache_path 指令只能出现在 http 配置段
# vi /etc/nginx/httpconf.d/fastcgi_cache_zones.conf
## Fastcgi microcache zone
fastcgi_cache_path /var/cache/nginx/fastcgi_microcache levels=1:2
      keys_zone=fastcgi_microcache:10M
      max_size=1G inactive=1h
      loader_threshold=2592000000 loader_sleep=1 loader_files=100000;
// 为了加快缓存重建，此处 loader_threshold 设置为 30 天，即使其失效，
// 仅由 loader_files 决定每两次重建缓存之间的休息时间
## Fastcgi other zone
// 保存后退出 vi
// 2. 检查配置文件并重启 Nginx 或重新加载配置
# nginx –t
# service nginx reload
// 3. 查看 Nginx 的进程
# ps -HO user -p `pgrep nginx`
  PID USER       S TTY          TIME COMMAND
19901 root       S ?        00:00:00 nginx: master process /usr/sbin/nginx -c /etc/nginx/nginx.conf
19902 nginx      S ?        00:00:00   nginx: worker process
19903 nginx      S ?        00:00:00   nginx: worker process
19904 nginx      S ?        00:00:00   nginx: cache manager process
19905 nginx      S ?        00:00:00   nginx: cache loader process
// 4. 查看已创建的缓存目录
# ll -d /var/cache/nginx/fastcgi_microcache/
drwx------ 2 nginx root 4096 6 月   11 02:25 /var/cache/nginx/fastcgi_microcache/
```

操作步骤 10.8　配置 Nginx 使用 FastCGI 缓存区。

```
// 1. 创建使用 FastCGI 缓存区的片段配置文件
# vi /etc/nginx/snippets/fastcgi_use_microcache.conf
// 添加如下内容
// 引用名为 fastcgi_microcache 的 FastCGI 缓存区
fastcgi_cache                    fastcgi_microcache;
// 设置缓存 key（可以根据不同的应用修改如下缓存 key 设置）
fastcgi_cache_key $scheme$request_method$host$request_uri;

// 当 FastCGI 服务器发生错误时，设置使用陈旧缓存的条件
fastcgi_cache_use_stale error timeout invalid_header updating http_500;
// Nginx 提供了$upstream_cache_status 这个变量来显示缓存的状态
// 可以在配置中添加一个 HTTP 头来显示这一状态，达到类似 squid 的效果。
// $upstream_cache_status 包含以下几种状态。
// - MISS：未命中，请求已被传送到后端
// - HIT：命中缓存
// - EXPIRED：缓存已过期，请求被传送到后端
// - UPDATING：缓存已过期而使用了旧的响应，因为 fastcgi_cache_use_stale 的设置
//                 正在更新缓存（updating）
// - STALE：缓存已过期而使用了旧的响应，因为 fastcgi_cache_use_stale 的其他设置
//                 （error timeout invalid_header http_500）等
add_header X-Micro-Cache $upstream_cache_status;

// 为保护 FastCGI 服务器涌入太多的并发请求，开启缓存锁定机制
fastcgi_cache_lock               on;
// 设置解除锁定的期限
fastcgi_cache_lock_timeout       3s;

// 为不同的 HTTP 状态返回代码指定缓存时间
fastcgi_cache_valid          200 301 302 304 1h;
fastcgi_cache_valid          any 1m;

// 指定 Nginx 禁止处理来自 FastCGI 服务器的响应头字段，将其直接传递给客户端
fastcgi_ignore_headers           "Cache-Control" "Expires";

// 请根据实际应用的需要设置不被缓存的内容
// 可以使用 if 语句或 map 语句为变量$no_cache 赋值
#fastcgi_cache_bypass $no_cache;
#fastcgi_no_cache $no_cache;

// 为从 FastCGI 服务器获取的动态响应的响应头添加 Expires 字段，使客户端缓存立即失效
//（epoch 为 UNIX 纪元元年的时间 "Thu, 01 Jan 1970 00:00:01 GMT"）
expires epoch;
// 保存并退出 vi
// 2. 在需要启用 FastCGI 缓存的虚拟主机中包含配置文件
# vi /etc/nginx/vhosts.d/www.olabs.lan.conf
server {
```

```
…………
location ~ \.php$ {
    fastcgi_pass unix:/var/run/php-fpm/www_us.sock;
    #fastcgi_pass 127.0.0.1:9000;

    include fastcgi.conf;
    include snippets/fastcgi_use_microcache.conf;
  }
}
// 保存后退出 vi
// 3. 检查配置文件并重启 Nginx 或重新加载配置
# nginx –t
# service nginx reload
// 4. 测试缓存
# curl -I http://olabs.lan/info.php
HTTP/1.1 200 OK
Server: nginx
Date: Fri, 13 Jun 2014 13:17:01 GMT
Content-Type: text/html; charset=utf-8
Connection: keep-alive
Vary: Accept-Encoding
X-Powered-By: PHP/5.4.29
Expires: Thu, 01 Jan 1970 00:00:01 GMT
Cache-Control: no-cache
X-Micro-Cache: MISS
# curl -I http://olabs.lan/info.php
…………
X-Micro-Cache: HIT
```

10.2 Nginx 与反向代理

10.2.1 反向代理技术

1. 反向代理简介

通常的代理（也称正向代理）服务器用于代理内部网络对 Internet 的连接请求，客户机必须指定代理服务器，并将本来要直接发送到 Web 服务器上的 HTTP 请求发送到代理服务器，然后由代理服务器请求 Internet 上的 Web 服务器，当 Web 服务器收到请求后将响应发送给客户端指定的代理服务器，再由代理服务器将响应发给客户机。例如，在本书的 5.4.2 节讲述的 Polipo 就是这种代理服务器，如图 10-1a 所示。

反向代理（Reverse Proxy）服务器是指用代理服务器来接受来自 Internet 上的连接请求，然后将请求转发给内部网络上的应用服务器（Web/Mail 服务器等）；并将从应用服务器上得到的响应结果返回给请求连接的客户端。当一个代理服务器能够代理外部网络上的请求，访问服务器内部网络时，这种代理服务的方式称为反向代理服务。此时代理服务器对客户来说就表现为一个应用服务器（Web/Mail 服务器等）。若使用反向代理服务，必须将原来指向应用服务器的 DNS 解析指向反向代理服务器，而客户端无须做任何配置，即反向代理对于客户端是透明的，如图 10-1b 所示。

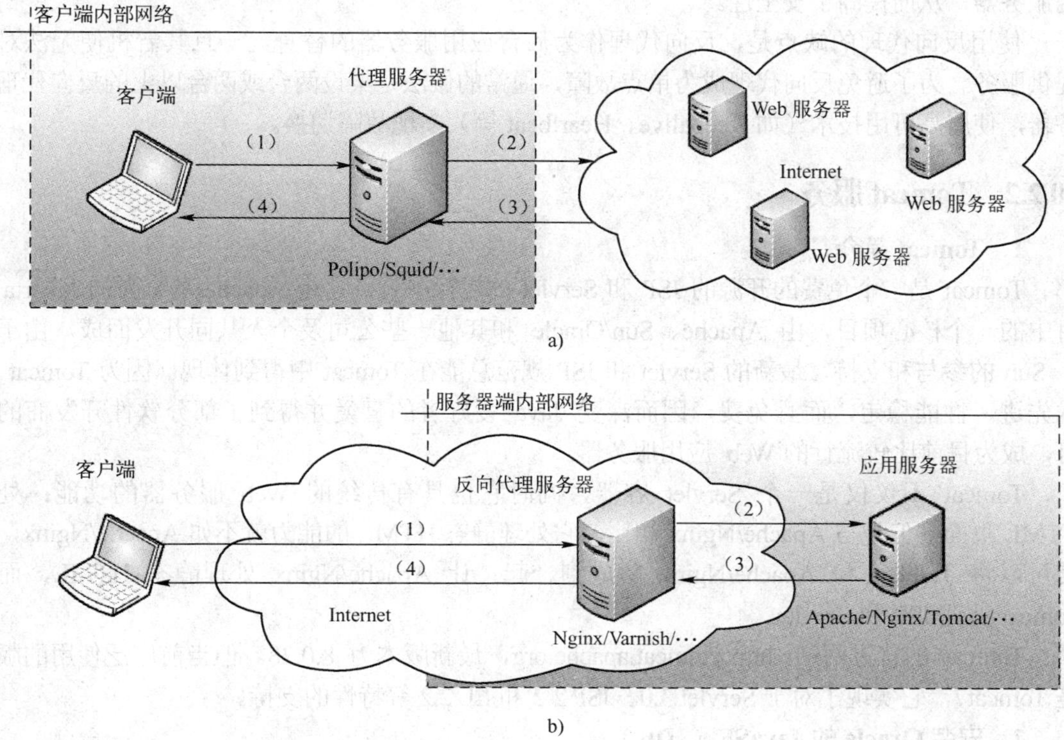

图 10-1　代理服务器与反向代理服务器

a) 代理服务器　b) 反向代理服务器

2．反向代理的处理步骤

- 步骤 1：客户端发送 Web 请求，由于 Web 服务器 DNS 解析到了反向代理服务器，所以 Web 客户端的 Web 请求发送给了反向代理服务器。
- 步骤 2：反向代理服务器接到客户端的请求后，将其转发给后端的 Web 应用服务器。大多数反向代理服务器具有缓存功能。若反向代理服务器启用了缓存功能，则反向代理服务器接到客户端的请求后首先在自己的缓存中查找是否缓存过与之对应的响应，若找到相应的缓存对象且未失效则直接将其返回给客户端；否则将请求转发给后端的 Web 应用服务器。
- 步骤 3：后端 Web 应用服务器接到反向代理服务器的 Web 请求，Web 服务器经过处理将响应发送给反向代理服务器。
- 步骤 4：反向代理服务器接到后端的 Web 应用服务器发来的响应后，将其发送给客户端。若反向代理服务器启用了缓存功能，同时还会在其自己的缓存中保留一份响应结果，以加快相同请求的后续访问。

3．反向代理的优缺点

使用反向代理的最大优点是，反向代理作为后台应用服务器的替身，大大地提高了安全性，保护了敏感信息不外泄。因为通常反向代理服务器拥有两个网络接口，其一为 Internet 公网地址（负责接收客户端请求），另一个为私网地址（负责连接后端的应用服务器）。由于后端应用服务器只有能连接反向代理的私网地址接口，因此客户端不能直接访问反向代理后端的应用服务器，从而提高了安全性。

使用反向代理的缺点是，反向代理作为后台应用服务器的替身，一旦其宕机便无法对外提供服务。为了避免反向代理成为单点故障，通常的做法是架设两台或两台以上的反向代理服务器，使用高可用技术（如 Keepalive、Heartbeat 等）实现故障切换。

10.2.2 Tomcat 服务

1. Tomcat 简介

Tomcat 是一个免费的开源的 JSP 和 Servlet 的运行平台，它是 Apache 基金会的 Jakarta 项目中的一个核心项目，由 Apache、Sun/Oracle 和其他一些公司及个人共同开发而成。由于有了 Sun 的参与和支持，最新的 Servlet 和 JSP 规范总能在 Tomcat 中得到体现。因为 Tomcat 技术先进、性能稳定，而且免费，因而深受 Java 爱好者的喜爱并得到了部分软件开发商的认可，成为目前比较流行的 Web 应用服务器。

Tomcat 不仅仅是一个 Servlet 容器，同时它也具有传统的 Web 服务器的功能：处理 HTML 页面，但是与 Apache/Nginx 相比，它处理静态 HTML 的能力就不如 Apache/Nginx，通常可以将 Tomcat 和 Apache/Nginx 集成到一起，让 Apache/Nginx 处理静态 HTML，而让 Tomcat 处理 JSP 和 Servlet。

Tomcat 的官方网站: http://tomcat.apache.org，最新版本为 8.0.28。但当前广泛使用的版本是 Tomcat7，它实现了对于 Servlet 3.0、JSP 2.2 和 EL 2.2 等特性的支持。

2. 安装 Oracle 的 JavaSE（JDK）

通常 CnetOS 官方仓库提供的开源的 openjdk 对于 Java 应用程序已经够用了，但是国内的开发者通常使用 Windows 平台上的 JavaSE 进行开发，为了保证生产服务器和开发者计算机上的环境相一致，也可以在 Linux 上安装 Oracle 的 JavaSE。为此，首先到 http://www.oracle.com/technetwork/java/javase/downloads/index.html 下载最新版的 JavaSE。

操作步骤 10.9 安装 Oracle 的 JavaSE（JDK）。

```
// 1. 安装 jdk （笔者下载了 jdk-7u55-linux-x64.rpm）
# rpm -ivh jdk-7u55-linux-x64.rpm
// 2. 显示当前 Java 版本
# java –version
// 若已经安装了 openjdk，将会显示如下信息
java version "1.7.0_55"
OpenJDK Runtime Environment (rhel-2.4.7.1.el6_5-x86_64 u55-b13)
OpenJDK 64-Bit Server VM (build 24.51-b03, mixed mode)
// 3. 配置使用 Oracle 的 JavaSE
// （1）使用 alternatives 命令管理 java、javac 和 jar 的符号链接
# alternatives --install /usr/bin/java java /usr/java/jdk1.7.0_55/bin/java 20000
# alternatives --install /usr/bin/javac javac /usr/java/jdk1.7.0_55/bin/javac 20000
# alternatives --install /usr/bin/jar jar /usr/java/jdk1.7.0_55/bin/jar 20000
// （2）配置被/etc/profile 文件包含的 Java 的环境变量设置文件/etc/profile.d/java.sh
// 用于开机生效的 Java 环境配置，对所有用户均有效
```

```
# echo '
export JAVA_HOME=/usr/java/default
export PATH=$JAVA_HOME/bin:$JAVA_HOME/jre/bin:$PATH
export CLASSPATH=.:$JAVA_HOME/lib:$JAVA_HOME/jre/lib:$CLASSPATH
' > /etc/profile.d/java.sh
# chmod +x /etc/profile.d/java.sh
// 4. 显示当前 Java 版本
// 在当前 bash 环境下执行/etc/profile.d/java.sh
# . /etc/profile.d/java.sh
# java -version
java version "1.7.0_55"
Java(TM) SE Runtime Environment (build 1.7.0_55-b13)
Java HotSpot(TM) 64-Bit Server VM (build 24.55-b03, mixed mode)
# javac -version
javac 1.7.0_55
```

3. 安装配置 Tomcat

与 Tomcat 官方发布的二进制包（tar.gz）不同，EPEL 仓库中的 Tomcat 将其按功能拆分成了多个 RPM 包，使用 yum list tomcat* 命令查看与 Tomcat 相关的 RPM 包。表 10-5 列出了与 Tomcat7 相关的 RPM 包（EPEL 仓库）。

表 10-5 与 Tomcat7 相关的 RPM 包

包 名	说 明
tomcat	Apache 的 Servlet/JSP 引擎，以及 Servlet 3.0/JSP 2.2 的 API
tomcat-lib	运行 Tomcat Web 容器所需的库文件
tomcat-el	Tomcat 的表达式语言（Expression Language v1.0 API）
tomcat-servlet-3.0-api	Apache Tomcat Servlet API 的类实现
tomcat-jsp-2.2-api	Apache Tomcat JSP API 的类实现
tomcat-jsvc.noarch	以 jsvc 方式运行 Apache Tomcat 的系统服务和包裹脚本
tomcat-native	为了提升 Tomcat 的性能实现的一套本地化 Socket, Thread, IO 组件库
tomcat-admin-webapps	Apache Tomcat 的 Web 应用（host-manager 和 manager）
tomcat-webapps	Apache Tomcat 的 Web 应用（ROOT 和 examples）
tomcat-docs-webapp	A pache Tomcat 的 Web 应用（docs）
tomcat-javadoc	Apache Tomcat 的文档生成工具 Javadoc

操作步骤 10.10 以 YUM 方式安装配置 Tomcat7。

```
// 1. 安装 Tomcat7（EPEL 仓库）
# yum install tomcat log4j tomcat-native \
tomcat-jsp-2.2-api tomcat-servlet-3.0-api
// 2. 查看 CentOS 下 Tomcat 默认的安装
# ll /usr/share/tomcat/
drwxr-xr-x 2 root root     4096 6 月    3 12:58 bin
lrwxrwxrwx 1 root tomcat     11 6 月    3 12:58 conf -> /etc/tomcat
lrwxrwxrwx 1 root tomcat     22 6 月    3 12:58 lib -> /usr/share/java/tomcat
```

```
lrwxrwxrwx 1 root tomcat     15 6 月     3 12:58 logs -> /var/log/tomcat
lrwxrwxrwx 1 root tomcat     22 6 月     3 12:58 temp -> /var/cache/tomcat/temp
lrwxrwxrwx 1 root tomcat     23 6 月     3 12:58 webapps -> /var/lib/tomcat/webapps
lrwxrwxrwx 1 root tomcat     22 6 月     3 12:58 work -> /var/cache/tomcat/work
// 从上面的输出可知除了 bin 目录之外，其他目录都按 Linux 的文件系统布局规范
// 以符号链接方式链接到了系统的相应目录，例如 conf 目录链接到了 /etc/tomcat
// 3. 配置 Tomcat 的工作环境
// YUM 方式安装的 Tomcat 使用配置文件/etc/tomcat/tomcat.conf 用于设置 Tomcat 运行时
// 使用的环境变量，以便在 Tomcat 的 INIT 启动脚本/etc/init.d/tomcat 中引用
# vi /etc/tomcat/tomcat.conf
// 修改环境变量 JAVA_HOME
JAVA_HOME="/usr/java/default"
// 修改环境变量 JAVA_OPTS
// JVM 的堆(Heap)和非堆(Non-heap)内存：
//       堆内存：JVM 具有一个堆，堆是运行时数据区域，所有类实例和数组的内存均从此处分配
//       非堆内存：JVM 为永久生成对象（Permanate Generation），
//                     如 class 对象、方法对象这些可反射（Reflective）对象分配的内存
// -Xms 用于设置 JVM 分配的堆内存的最小值，初始分配
// -Xmx 用于设置 JVM 分配的堆内存的最大值，按需分配
//   若-Xmx 不指定或者指定偏小，应用可能会导致“java.lang.OutOfMemory”错误
// -XX:PermSize 用于设置 JVM 分配的非堆内存的最小值，初始分配
// -XX:MaxPermSize 用于设置 JVM 分配的非堆内存的最大值，按需分配
//   使用-server 选项运行 Java，默认的 MaxPermSize 为 64m
//   使用-client 选项运行 Java，默认的 MaxPermSize 为 32m
//   若 MaxPermSize 过小会导致“java.lang.OutOfMemoryError: PermGen space”错误
// 请根据系统内存大小和 Java 应用程序的需要设置这 4 个 JAVA 参数
// 在生产环境上，一般将 Xms 和 Xmx 两个值，以及 PermSize 和 MaxPermSize 设为相同，
// 以减少运行期间系统在内存申请上所花的开销
JAVA_OPTS="-Xms2048m –Xmx2048m -XX:PermSize=512m -XX:MaxPermSize=512m"
// 修改后保存并退出 vi
// 4. 配置 Tomcat 的 server.xml
# vi /etc/tomcat/server.xml
// 调整 Tomcat 的线程数
// 将如下的配置行
    <Connector port="8080" protocol="HTTP/1.1"
               connectionTimeout="20000"
               redirectPort="8443" />
// 改为（请根据实际情况适当调整参数的值）
    <Connector port="8080" protocol="HTTP/1.1"
        connectionTimeout="30000"  // 指定网络连接超时，单位：毫秒
        redirectPort="8443"     // 指定 Tomcat 服务器的重定向端口号
        enableLookups="false"  // 为了提高处理能力，禁止域名反向查询
        acceptCount="200"  // 指定当所有可以使用的处理请求的线程数都被使用时，
                            // 可以放到处理队列中的请求数，超过这个数的请求将不予处理
        maxThreads="400"             // 指定 Tomcat 可创建的最大的线程数
        keepAliveTimeout="600000" // 指定 keepAlive 的时效时间，单位：毫秒
```

```
        URIEncoding="UTF-8"/>          // 指定对 URI 使用 UTF-8 编码
// 修改后保存并退出 vi
// 5. 启动 Tomcat 服务
// 启动 Tomcat 服务，并设置开机启动服务
# service tomcat start
# chkconfig tomcat on
// 6. 配置防火墙
// 修改 iptabls 防火墙开启 8080 端口以便在其他主机上进行网络测试
# lokkit -p 8080:tcp
// 7. 测试 Tomcat
// 安装 Tomcat 的 Web 应用案例和文档
# yum install tomcat-webapps tomcat-docs-webapp
# ll /var/lib/tomcat/webapps/
drwxr-xr-x 13 root   root   4096 6 月  3 22:50 docs
drwxr-xr-x  7 tomcat tomcat 4096 6 月  3 22:47 examples
drwxr-xr-x  3 tomcat tomcat 4096 6 月  3 22:47 ROOT
drwxr-xr-x  5 tomcat tomcat 4096 6 月  3 22:47 sample
// 测试 Tomcat 默认站点
# elinks http://localhost:8080
# elinks http://olabs.lan:8080
// 8. 部署 Tomcat 应用
// 测试结束后即可删除 Tomcat 的 Web 应用案例和文档
# yum remove tomcat-webapps tomcat-docs-webapp
// 然后将自己的 Web 应用的 war 文件或已解压的文件部署在/var/lib/tomcat/webapps 目录即可
// 当然也可以部署到其他目录，但需要适当修改/etc/tomcat/server.xml 配置文件
```

操作步骤 10.11 安装配置 Tomcat7 用于在线管理的 Web 应用。

```
// Tomcat 提供了一个在线管理的 Web 应用，需要用户名和口令访问
// 1. 安装 Tomcat7 用于在线管理的 Web 应用（EPEL 仓库）
# yum install tomcat-admin-webapps
# ll –d /var/lib/tomcat/webapps/*manager*
drwxr-xr-x  5 root  tomcat 4096 6 月  3 23:12 host-manager
drwxr-xr-x  5 root  tomcat 4096 6 月  3 23:12 manager
// 2. 配置允许访问 manager-gui 角色的用户和口令
# vi /etc/tomcat/tomcat-users.xml
// 允许名为 osmond 用户以口令 O8monDPa55W0rd 访问图形管理界面
<tomcat-users>
    <role rolename="manager-gui"/>
    <user username="osmond" password="O8monDsPa55W0rd" roles="manager-gui"/>
</tomcat-users>
// 编辑后保存退出 vi
// 3. 重启 Tomcat 服务
# service tomcat restart
// 4. 管理界面访问测试
# elinks http://olabs.lan:8080/manager/html
# elinks http://olabs.lan:8080/manager/status
```

```
// 在验证窗口中输入用户名和口令即可访问
// 在状态页面里，可以随时查看内存的使用情况，以便调整 JAVA_OPTS 的参数
```

10.2.3 Nginx 的反向代理配置

1．Nginx 与反向代理

Nginx 的广泛应用与其提供了高效的反向代理功能分不开，Nginx 既能反向代理 Web 服务，也能反向代理邮件服务。本章只讲解反向代理 Web 服务的相关内容。

Nginx 提供了 ngx_http_proxy_module 模块，允许 Nginx 向后台 Web 应用服务器传递请求协同工作，并且实现了缓存等功能。

2．Nginx 的反向代理相关指令

对于 Nginx 来说，连接后端应用服务器处理请求与连接后端 FastCGI 服务器处理请求在功能上是类似的。因此，反向代理的配置指令与 FastCGI 的配置指令也是类似的。只要将表 10-2 和表 10-3 中的所有指令的“fastcgi_”前缀替换成“proxy_”前缀即可用于反向代理的配置，而且对应的指令功能也是相同的，只不过以“fastcgi_”为前缀的指令用于配置后端的 FastCGI 服务器，而以“proxy_”为前缀的指令用于配置后端的应用服务器。

为了节省篇幅，本书不再列表解释这些指令的说明。例外是：

- 反向代理配置中没有与 fastcgi_param 对应的 proxy_param 指令，也没有与 fastcgi_split_path_info 对应的 proxy_split_path_info 指令，因为无须为后端应用服务器传递 CGI 变量。
- 反向代理配置中也没有与 fastcgi_keep_conn 对应的 proxy_keep_conn 指令，因为是否保持连接由 upstream{}配置段的 keepalive 指令决定。

下面仅列出反向代理配置中特殊的指令，这些指令目前没有与之对应的“fastcgi_”为前缀的指令。表 10-6 列出了 Nginx 反向代理特有的指令。

表 10-6 Nginx 反向代理特有的指令

分 类	指 令	说 明
基本	proxy_http_version	指定代理使用的 HTTP 协议的版本，默认值为 1.0。当以保持连接方式连接后端 Web 服务器时建议使用 1.1
请求处理	proxy_set_header	允许重置或附加发送到后端应用服务器的请求头，其值可以包含文本、变量，以及它们的组合
	proxy_set_body	允许重置发送到后端应用服务器的请求体，其值可以包含文本、变量，以及它们的组合
响应处理	proxy_redirect	设置被代理的后端 Web 服务器响应头的“Location”和“Refresh”字段。默认值“default”使用 location 和 proxy_pass 指令指定的参数
	proxy_cookie_path	设置被代理的后端 Web 服务器响应头中“Set-Cookie”字段的“path”属性值。默认值为 off
	proxy_cookie_domain	设置被代理的后端 Web 服务器响应头中“Set-Cookie”字段的“domain”属性值。默认值为 off
内存 Hash	proxy_headers_hash_max_size	指定为 proxy_hide_header 和 proxy_set_header 指令使用的哈希表的最大值，默认值为 512
	proxy_headers_hash_bucket_size	指定为 proxy_hide_header 和 proxy_set_header 指令使用的哈希桶大小，默认值为 64

3．调整 Nginx 的反向代理配置参数

大多数的反向代理配置指令均能出现在 http|server|location 配置段中，通常会在 http 配置段中做一个全局配置。一旦某个虚拟主机需要特殊的配置，在其 server 配置段的适当位置重新

配置某个或某些指令即可。

操作步骤 10.12 调整 Nginx 的反向代理配置参数。

```
// 1. 创建被主配置文件包含的 proxy_performance.conf 配置文件
# vi /etc/nginx/httpconf.d/proxy_performance.conf
// 添加如下配置
proxy_connect_timeout           75s;
proxy_send_timeout              300s;
proxy_read_timeout              300s;

proxy_intercept_errors          on;
proxy_ignore_client_abort       off;

proxy_buffer_size               128k;
proxy_buffers                   8     128k;
proxy_busy_buffers_size         256k;

proxy_temp_file_write_size      256k;
proxy_temp_path /var/cache/nginx/proxy_temp         1 2;

proxy_http_version              1.1;

proxy_redirect                  off;

proxy_set_header        X-Real-IP $remote_addr;
proxy_set_header        X-Forwarded-For $proxy_add_x_forwarded_for;
proxy_set_header        Host $http_host;
// 保存并退出 vi
// 2. 检查配置文件并重启 Nginx 或重新加载配置
# nginx –t
# service nginx reload
```

操作步骤 10.13 配置 Nginx 的反向代理缓存区。

```
// 1. 创建被主配置文件包含的反向代理缓存区配置文件
//   proxy_cache_path  指令只能出现在 http 配置段
# vi /etc/nginx/httpconf.d/proxy_cache_zones.conf
## Proxy microcache zone
proxy_cache_path /var/cache/nginx/proxy_microcache levels=1:2
      keys_zone=proxy_microcache:10M
      max_size=1G inactive=1h
      loader_threshold=2592000000 loader_sleep=1 loader_files=100000;
// 为了加快缓存重建，此处 loader_threshold 设置为 30 天，即使其失效，
// 仅由 loader_files 决定每两次重建缓存之间的休息时间
## Proxy other zone
// 保存后退出  vi
// 2. 检查配置文件并重启 Nginx 或重新加载配置
```

```
# nginx –t
# service nginx reload
```

操作步骤 10.14 配置 Nginx 使用反向代理缓存区。

```
// 1. 创建使用反向代理缓存区的片段配置文件
# vi /etc/nginx/snippets/proxy_use_microcache.conf
// 添加如下内容
// 引用名为 proxy_microcache 的反向代理缓存区
proxy_cache                     proxy_microcache;
// 设置缓存 key（可以根据不同的应用修改如下缓存 key 设置）
proxy_cache_key $scheme$request_method$host$request_uri;

// 当被代理的服务器发生错误时，设置使用陈旧缓存的条件
proxy_cache_use_stale error timeout invalid_header updating http_500;
// Nginx 提供了$upstream_cache_status 这个变量来显示缓存的状态
// 可以在配置中添加一个 HTTP 头来显示这一状态，达到类似 squid 的效果
add_header X-Micro-Cache $upstream_cache_status;

// 为保护被代理的后端服务器涌入太多的并发请求，开启缓存锁定机制
proxy_cache_lock                on;
// 设置解除锁定的期限
proxy_cache_lock_timeout        3s;

// 为不同的 HTTP 状态返回代码指定缓存时间
proxy_cache_valid          200 301 302 304 1h;
proxy_cache_valid          any 1m;

// 指定 Nginx 禁止处理来自被代理的后端服务器的响应头字段，将其直接传递给客户端
proxy_ignore_headers            "Cache-Control" "Expires";

// 请根据实际应用的需要设置不被缓存的内容
// 可以使用 if 语句或 map 语句为变量$no_cache 赋值
#proxy_cache_bypass $no_cache;
#proxy_no_cache $no_cache;

// 为从被代理的后端服务器获取的响应头添加 Expires 字段，使客户端缓存立即失效
//（epoch 为 UNIX 纪元元年的时间 "Thu, 01 Jan 1970 00:00:01 GMT"）
expires epoch;
// 保存并退出 vi
// 2. 在需要启用反向代理缓存的虚拟主机中包含配置文件（见操作步骤 10.15）
```

4．配置 Nginx 反向代理 Tomcat

操作步骤 10.15 配置 Nginx 反向代理 Tomcat。

```
// 1. 配置需要实施反向代理的虚拟主机
// 本例基于第 8 章的虚拟主机配置（配置步骤 8.7），同时基于配置步骤 8.11 和配置步骤 8.12。
# vi /etc/nginx/vhosts.d/www.olabs.net.conf
```

```
server {
    listen 80;
    server_name www.olabs.net olabs.net;
    index index.html index.htm index.jsp;
    root /var/lib/tomcat/webapps/ROOT/;
    access_log /var/www/vhosts/www.olabs.net/logs/access.log main;
    error_log    /var/www/vhosts/www.olabs.net/logs/error.log warn;

    include snippets/favicon_and_empty.conf;
    location / {
        include snippets/limit_rate_for_search_engine_bots.conf;
        try_files $uri @backend;
    }

    location @backend {
        proxy_pass http://127.0.0.1:8080;    # 转发给后端的 Tomcat 服务器
        include snippets/proxy_use_microcache.conf;         # 启用代理缓存
    }

    location /static {
        alias /var/www/vhosts/www.olabs.net/htdocs;       # 设置静态内容别名
        # proxy_pass http://192.168.0.250:80;          # 转发给后端的另一台 Web 服务器
        expires max;
    }

    #include snippets/nginx_status.conf;
}
// 2. 检查配置文件并重启 Nginx 或重新加载配置
# nginx –t
# service nginx reload
// 3. 确保在 Tomcat 已启动的情况下测试
# elinks http://www.labs.net
```

10.3 Nginx 与负载均衡

10.3.1 负载均衡技术

1. 负载均衡简介

随着业务量的提高，访问量和数据流量的快速增长，网络服务器处理能力和计算强度也相应地增大，使得现有的单一服务器设备根本无法承担。

一种做法是升级硬件设备。但是，如果扔掉现有设备去做大量的硬件升级，这样将造成现有资源的浪费，而且如果再面临下一次业务量的提升时，这又将导致再一次硬件升级的高额成本投入，甚至性能再卓越的设备也不能满足当前业务量增长的需求。

另一种更科学的做法是使用一组服务器设备同时承担一项业务，且在这一组设备前端添加一个或多个设备负责分发客户请求，每次请求根据特定的负载均衡算法分发到一组服务器设备之一，这种设备称为负载均衡设备或负载均衡器。

负载均衡设备不是基础网络设备，而是一种性能优化设备。对于网络应用而言，并不是一开始就需要负载均衡，当网络应用的访问量不断增长，单个处理单元无法满足负载需求，网络应用流量将要出现瓶颈时，负载均衡才会起到作用。

负载均衡（Load Balancing）建立在现有网络结构之上，它提供了一种廉价、有效、透明的方法扩展网络设备和服务器的带宽、增加吞吐量、加强网络数据处理能力、提高网络的灵活性和可用性。

2．负载均衡的分类

按照使用的基本技术不同，负载均衡可以分为如下类型。

- DNS 负载均衡：在 DNS 中为多个地址配置同一个名字，因而查询这个名字的客户机将得到其中一个地址，从而使得不同的客户访问不同的服务器，达到负载均衡的目的。DNS 负载均衡是最早使用的负载均衡技术，它是一种简单而有效的方法，但是它不能区分服务器的差异，也不能反映服务器的当前运行状态。
- NAT 负载均衡：将一个外部 IP 地址通过网络地址转换映射为多个内部 IP 地址，对每次连接请求动态使用其中一个内部地址，达到负载均衡的目的。
- 反向代理负载均衡：将来自 Internet 上的连接请求以反向代理的方式动态地转发给内部网络上的多台服务器进行处理，从而达到负载均衡的目的。

在实际环境中，根据不同的网络情况可能会综合使用各种负载均衡技术。

按照 ISO 网络模型的不同层次，负载均衡可以分为以下类型。

- 第二层负载均衡：将多条物理链路当作一条单一的聚合逻辑链路使用，这就是链路聚合（Trunking）技术，它不是一种独立的设备，而是交换机等网络设备的常用技术。
- 第四层负载均衡：将一个 Internet 上合法注册的 IP 地址映射为多个内部服务器的 IP 地址，对每次 TCP 连接请求，根据指定的均衡算法动态使用其中一个内部 IP 地址，达到负载均衡的目的。
- 第七层负载均衡：也称应用层负载均衡。提供了一种对访问流量的高层控制方式，如根据报头内的信息来执行负载均衡任务等。

按照软/硬件的不同，负载均衡可以分为以下类型。

- 软件负载均衡：在一台或多台服务器相应的操作系统上安装一个或多个附加软件来实现负载均衡，它的优点是基于特定环境、配置简单、使用灵活、成本低廉、可以满足一般的负载均衡需求。在 Linux 世界里，常用的开源负载均衡软件包括：LVS（4 层实现）、Nginx（7 层实现）。
- 硬件负载均衡：使用专门的负载均衡设备，这种设备通常称之为负载均衡器，由于专门的设备完成专门的任务，独立于操作系统，整体性能得到大量提升，加上多样化的负载均衡策略，智能化的流量管理，可达到最佳的负载均衡需求。硬件负载均衡在功能、性能上优于软件方式，不过成本昂贵。知名的负载均衡设备，如 F5 BIG-IP 负载均衡器、Radware 的 AppDirector 系列产品等。

3．基于 Nginx 的负载均衡

Nginx 实现了基于应用层的反向代理负载均衡。Nginx 本身具有反向代理功能，基于此实现负载均衡也就顺理成章了。Nginx 提供了 ngx_http_upstream_module 模块用于配置反向代理的上游服务器组。图 10-2 展示了 Nginx 负载均衡的基本结构。

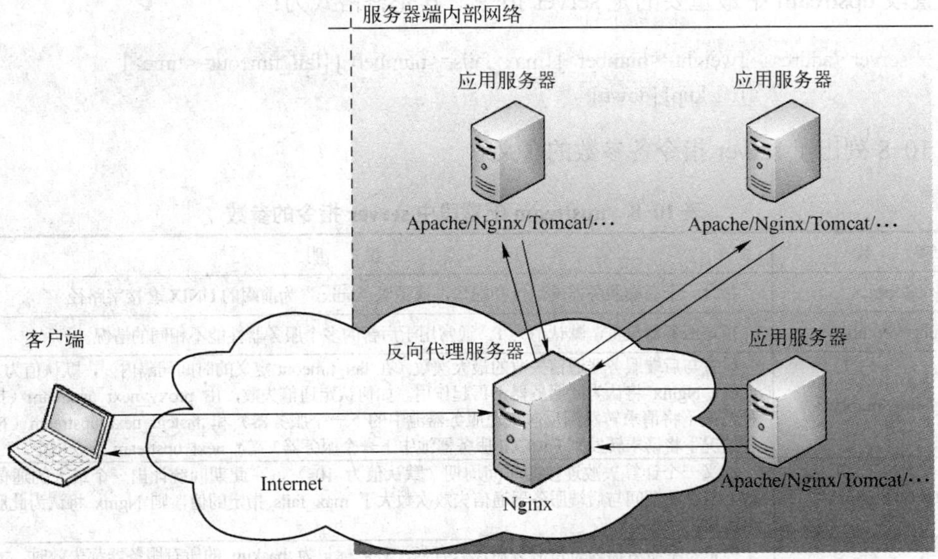

图 10-2　使用 Nginx 做反向代理负载均衡器

在 Nginx 中，根据不同的应用场合上游服务器可以是一组 Web 应用服务器，也可以是一组 FastCGI/WSGI/SCGI 服务器，甚至是一组 memcached 服务器。

当 Nginx 接收客户端请求后，默认使用加权轮询（Weighted Round-Robin）负载均衡算法将请求分发给后端的一台服务器。

近年来，以 Nginx 作为负载均衡的应用相当普遍，这基于 Nginx 本身的诸多优秀特性：如高并发性、高稳定性以及低内存消耗等。

10.3.2　配置 Nginx 的负载均衡

1．upstream 配置段

配置段 upstream 用于命名一个上游服务器池，以便 proxy_pass 或 fastcgi_pass 等指令引用。在 upstream 配置段中可以定义池中的每个服务器，且可以赋予不同的权重。

每个 upstream 配置段都是独立的，既不会继承其他配置段也不会被其他配置段继承。upstream 配置段可以出现在 http 配置段，但不能出现在 server 配置段和 location 配置段。

表 10-7 列出了 upstream 配置段中使用的指令。

表 10-7　upstream 配置段中使用的指令

分　类	指　令	说　明
基本	server	指定一个后端服务器的地址和端口，以及其他参数
	keepalive	激活上游服务器的连接缓存。设置空闲期间与上游服务器保持连接的最大连接数，它保存在每个工作进程的缓存中。超过此值后，最近最少使用的连接将被关闭。本指令不能限制 Nginx 的工作进程打开的到上游服务器的连接总数。本指令的值不宜过大，因为保持连接数过多将导致上游服务器不能处理新进入的连接请求
负载均衡算法	least_conn	将客户请求传递给后端活动连接数最少的服务器
	ip_hash	将客户请求基于客户端 IP 地址哈希值分配到后端服务器。该方法保证了来自同一个客户端的请求将总是被传递到同一后端服务器，除非该服务器不可用。当整个 Web 应用系统无其他的会话共享机制时，使用此种算法最为合适

2．server 指令

配置段 upstream 中最重要的是 server 指令，其完整格式为：

```
server <address> [weight=<number>] [max_fails=<number>] [fail_timeout=<time>]
              [backup] [down];
```

表 10-8 列出了 server 指令各参数的含义。

表 10-8　upstream 配置段中 server 指令的参数

参　数	说　明
<address>	指定一个后端服务器的地址和端口，或是以“unix:”为前缀的 UNIX 套接字路径
weight=<number>	指定服务器权重，默认值为 1。通常用于后台的多个服务器性能不相同的情况
max_fails=<number>	设置与后端服务器通信失败的最大次数（在 fail_timeout 定义的时间间隔内），默认值为 1。超过此值，Nginx 将认为此服务器不再起作用。如何认定通信失败，由 proxy_next_upstream（指定在何种情况下将请求转发到反向代理服务器池中的下一个服务器）和 fastcgi_next_upstream（指定在何种情况下将请求转发到 FastCGI 服务器池中下一个服务器）等*_next_upstream 指令指定
fail_timeout=<time>	定义一个计算失败连接的时间周期（默认值为 10s），在此期间统计出一个最大的通信失败次数。若在此期间与后端服务器通信失败次数大于 max_fails 指定的值，则 Nginx 将认为此服务器不再起作用
backup	标记一个服务器为备份服务器，只有当没有被标记为 backup 的所有服务器都失效时，才启用此服务器
down	仅用于 ip_hash，将一个后台服务器标记为“离线”

3．Nginx 负载均衡配置举例

例如，下面的配置片段，首先定义一个后台服务器池，然后使用 proxy_pass 引用之。

```
upstream appservers {
    server backend1.example.com weight=2;
    server backend2.example.com:8080;
    server 192.168.0.222;
    server 127.0.0.1:8080           max_fails=3 fail_timeout=20s;

    server backup1.example.com    backup;
    server backup2.example.com:8080      backup;

    keepalive     32;
}

server {
    …………
    location / {
        proxy_next_upstream error timeout invalid_header http_500 http_503 http_404;
        proxy_http_version 1.1;
        proxy_set_header Connection "";
        proxy_pass http://appservers;
    }
}
```

10.4 思考与实验

1．思考

1）简述 FastCGI 的特点。

2）什么是 PHP-FPM？它提供了哪两种与 Web 服务器的连接接口？

3）Nginx 为处理缓存提供了哪两个守护进程，其各自功能如何？

4）什么是反向代理？Nginx 的反向代理能代理哪些后端服务？

5）什么是负载均衡？如何分类？Nginx 使用哪种负载均衡技术和算法？

2．实验

1）学会配置基于 Nginx+FastCGI 的 LEMP 环境。

2）学会在 Nginx 上安装和配置常见的 LAMP 应用软件，如 WordPress 等。

3）学会配置 Nginx 反向代理代理后端的 Tomcat 上的 Web 应用。

4）将本机上 Apache 的所有虚拟主机（包括主服务器）均配置在非 80 端口，开启 Nginx 的 80 端口，反向代理已经安装在 Apache 上的 Web 应用。

5）学会配置基于 Nginx 的负载均衡。

3．进一步学习

1）学会配置基于 Nginx 的 phpMyAdmin。

2）学习配置 Apache+Tomcat 的 Java 环境。

3）学习配置基于 Python+WSGI+ Nginx 的 Django 应用（如 OSQA）。

4）学习基于 Ruby+ Nginx 的 Redmine 或 Gitlab 的安装、配置和使用。

5）学习基于 Java 的 Zimbra（http://www.zimbra.com/）的安装、配置和使用。

6）学习从源代码编译安装 Nginx，并添加必要的第三方扩展模块。

第 11 章　性能监控与优化

本章首先介绍了 Linux 环境下常用的系统性能监视工具，然后分别介绍了 top、mpstat、vmstat、iostat 等工具的使用方法，以及性能分析的经验准则。接着介绍了 Linux 内核参数的修改方法以及基于 Web 服务器的调优。

11.1　监视系统性能

11.1.1　系统监视概述

为了更好地维护系统，管理员经常要收集一些系统信息，诸如进程、内存、文件系统、硬件等使用信息。然后通过这些信息判断系统是否正常，并通过这些信息对系统故障做出正确判断。

本书在 2.2.4 节中介绍了一些常用的信息显示命令及其使用方法，下面再列出一些与系统性能相关的常用工具，如表 11-1 所示，这些工具涉及的软件包也一并列出，若系统中没有这些工具可以使用 yum install 命令进行安装。

表 11-1　系统性能监视的常用工具

分　类	工　具	软件包	说　明
实时	/usr/bin/htop	htop	动态显示系统进程任务
	/usr/bin/top	procps	动态显示系统进程任务
	/usr/bin/uptime		显示系统的运行时间和平均负载
	/usr/bin/free		显示系统内存的使用
	/usr/bin/vmstat		显示进程队列、内存、交换空间、块 I/O 和 CPU 活动信息
	/usr/bin/nload	nload	显示当前的网络流量
	/usr/sbin/iotop	iotop	显示进程的磁盘 I/O 信息（iostat 和 top 的结合体）
	/usr/bin/iostat	sysstat	输出 CPU、I/O 系统和磁盘分区的统计信息。可以用来分析磁盘 I/O、带宽等信息
	/usr/bin/mpstat		输出 CPU 的各种统计信息。可以用来分析程序运行时在内核态和用户态的工作情况
统计	/usr/bin/sar		定时搜集系统的各种状态信息，然后对系统各个时间点的状态进行监控

11.1.2　top 命令

1．top 的功能

top 命令显示了当前正运行的进程以及它们的重要信息，包括它们的内存和 CPU 用量。该列表既是实时的（默认每 5s 刷新一次），也是互动的。以下是一个 top 的输出示例：

```
$ top
```

```
top - 21:16:50 up 2 days,    6:28,    1 user,    load average: 0.00, 0.02, 0.00
Tasks:    74 total,      1 running,    73 sleeping,     0 stopped,      0 zombie
Cpu(s):    2.0%us,    0.2%sy,    0.0%ni, 97.7%id,    0.0%wa,    0.2%hi,    0.0%si,    0.0%st
Mem:      1026644k total,   1012640k used,        14004k free,       15860k buffers
Swap:    2031608k total,            112k used,   2031496k free,      910352k cached

PID USER       PR    NI    VIRT    RES    SHR S %CPU %MEM    TIME+    COMMAND
11360 mldonkey    15      0 44688    27m 5676 S    4.3    2.8      6:06.50 mlnet
      1 root             15     0   2068    620     532 S   0.0    0.1      0:00.81 init
      2 root             RT   -5        0       0        0 S   0.0    0.0      0:00.00 migration/0
      3 root             34   19        0       0        0 S   0.0    0.0      0:00.27 ksoftirqd/0
      4 root             RT   -5        0       0        0 S   0.0    0.0      0:00.00 watchdog/0
      5 root             RT   -5        0       0        0 S   0.0    0.0      0:00.00 migration/1
      6 root             34   19        0       0        0 S   0.0    0.0      0:00.26 ksoftirqd/1
      7 root             RT   -5        0       0        0 S   0.0    0.0      0:00.00 watchdog/1
```

2．top 的交互命令

表 11-2 列出了 top 可使用的交互命令。

表 11-2　top 的交互命令

分　类	交 互 命 令	说　明
全局命令	<Space>或<Enter>	立即刷新显示
	?或 h	显示帮助信息屏幕
	G[1234]	top 命令默认提供了四种字段方案的显示窗口，分别为：1:Def、2:Job、3:Mem、4:Usr。可以使用 G1~G4 切换
	A	是否在一个界面中同时显示四种字段方案，显示窗口的乒乓切换开关
	a 和 w	在四种字段方案的显示窗口中移动以确认当前窗口，a 表示下一个窗口；w 表示上一个窗口
	Z	设置不同窗口的颜色配置方案
	B	加粗加亮显示的乒乓切换开关
	u	显示指定用户的进程（仅匹配 EUID）
	U	显示指定用户的进程（匹配 RUID、EUID、SUID 和 UID）
	k	杀死指定的进程
	r	重新设置一个进程的优先级别
	d 或 s	改变两次刷新显示之间的时间间隔，单位为秒
	W	将当前的 top 设置写入~/.toprc 文件中
	q	退出 top
统计信息区命令	l（小写字母）	是否显示系统平均负载信息的乒乓切换开关
	m	是否显示系统内存和交换空间信息的乒乓切换开关
	t	是否显示进程的 CPU 使用信息的乒乓切换开关
	1（数字）	显示所有 CPU 的平均状态还是每个 CPU 状态的乒乓切换开关
进程信息区命令	x	是否对当前排序字段进行加亮显示的乒乓切换开关
	y	是否对当前正在运行进程进行加亮显示的乒乓切换开关
	c	是否显示完整命令行的乒乓切换开关

（续）

分　类	交互命令	说　明
进程信息区命令	f	在当前显示窗口中添加或者删除字段
	o	调整当前显示窗口中字段显示的先后顺序
	F 或 O	在当前显示窗口中指定排序字段
	R	是否进行逆向排序的乒乓切换开关
	< 或 >	移动排序字段。<为向左移动，>为向右移动
	M	按 %MEM 字段排序
	N	按 PID 字段排序
	P	按 %CPU 字段排序
	T	按 TIME+ 字段排序
	H	是否显示所有线程的乒乓切换开关
	i	是否显示闲置（Idled）进程和僵死（Zombied）进程的乒乓切换开关

3．top 命令的输出

top 命令的输出分为两个区域：上部分为统计信息区，下部分为进程信息区。

（1）统计信息

第 1 行：在“top –”之后显示的是 uptime 命令的输出，它从 /proc/loadavg 中获得平均负载信息。依次显示的信息为：当前时间，系统已经运行了的时间，当前有多少登录用户，1 分钟系统平均负载，5 分钟系统平均负载，15 分钟系统平均负载。

第 2～3 行：显示的是进程和 CPU 的汇总信息。

- 第 2 行显示当前的任务统计信息。依次分别为：进程总数（total）、正在运行的进程数（running）、睡眠的进程数（sleeping）、停止的进程数（stopped）和僵尸进程数（zombie）。
- 第 3 行显示当前 CPU 的统计信息（与 vmstat 命令的输出类似）。依次分别为：用户态进程占用 CPU 百分比（%us）、核心态进程占用 CPU 百分比（%sy）、调整过优先级的用户态进程占用 CPU 时间的百分比（%ni）、空闲 CPU 百分比（%id）、等待系统 I/O 的 CPU 时间百分比（%wa）、CPU 用于处理硬件中断的时间百分比（%hi）、CPU 用于处理软中断的时间百分比（%si）和被虚拟机偷掉的 CPU 时间百分比，仅用于运行虚拟机的情况（%st）。

第 4～5 行：显示的是物理内存和交换空间的汇总信息（与 free 命令的输出类似）。其中，buffers 指的是块设备的读写缓冲区，cached 指的是文件系统本身的页面缓存。它们都是 Linux 操作系统底层的机制，目的就是为了加速对磁盘的访问。

（2）进程信息

表 11-3 列出了 top 命令显示的输出项，使用 top 的“f”交互命令可以查看所有输出项的信息。

表 11-3　top 命令显示的输出项

输出项	含　义
PID	进程 ID
USER	进程所有者的用户 id
PR	进程优先执行顺序，值越小越早执行
NI	进程 nice 值。负值表示高优先级，正值表示低优先级

（续）

输 出 项	含 义
VIRT	进程使用的虚拟内存总量，单位 KB（VIRT=SWAP+RES）
RES	进程使用的、未被换出的物理内存大小，单位 KB（RES=CODE+DATA）
SHR	SHR 共享内存大小，单位 KB
S	进程状态。D=不可中断的睡眠状态；R=运行；S=睡眠；T=跟踪/停止；Z=僵尸进程
%CPU	进程自上次更新到现在的 CPU 时间占用百分比
%MEM	进程使用的物理内存百分比
TIME+	进程使用的 CPU 时间总计，单位 1/100s
COMMAND	执行的命令
PPID	父进程的 PID
RUSER	实际用户名（Real User Name）
UID	用户 ID
GROUP	组名（Group Name）
TTY	控制终端
P	在 SMP 环境中，最近使用的 CPU
SWAP	交换的大小 (KB)
TIME	进程自启动以来使用的 CPU 时间
CODE	执行代码使用的物理内存大小 (KB)，也称 TRS
DATA	数据（Data）和栈（Stack）使用的物理内存大小 (KB)，也称 DRS
nFLT	一个任务发生的主页面错误的数量。当一个进程试图读写当前未在其地址空间中的虚拟页面时将发生一个页面故障。主页面故障发生时，为了获取可用的页面将导致一次磁盘访问
nDRT	自上次写入磁盘后已被修改的页面数。必须将这些页面写入磁盘后，与其对应的物理内存位置才能被其他的虚拟页面使用
WCHAN	根据内核链接的地图（System.map）显示当前睡眠任务的内核函数的名称或地址
Flags	进程任务调度标志，这些标志记录在<linux/sched.h>

11.1.3 mpstat 命令

1．mpstat 的功能

mpstat 通过分析 /proc/stat 文件报告与 CPU 相关的统计信息。在多 CPU 系统里，不但能查看所有 CPU 的平均状况信息，而且能够查看指定 CPU 的信息。

2．mpstat 的命令格式

```
mpstat [ -P { cpu | ALL } ] [ interval [ count ] ]
```

其中：

- -P{cpu|ALL}：用 CPU-ID 指定 CPU，CPU-ID 是从 0 开始的，即第一个 CPU 为 0。ALL 表示所有 CPU。
- interval：为取样时间间隔。指定 0 则输出系统自启动以来到当前时间的所有信息的平均值。
- count：为输出次数。若指定了取样时间间隔且省略此项，将不断产生统计信息。

3．mpstat 使用示例

下面给出几个使用 mpstat 命令的例子。

```
// 输出所有 CPU 使用情况的统计信息
# mpstat
```

```
10:39:06 AM  CPU   %user   %nice   %sys %iowait   %irq   %soft  %steal   %idle    intr/s
10:39:06 AM  all    0.10    0.04    0.31    0.06    0.04    0.01    0.00   99.45   1012.99
// 输出第一个 CPU 使用情况的统计信息
# mpstat -P 0
10:41:03 AM  CPU   %user   %nice   %sys %iowait   %irq   %soft  %steal   %idle    intr/s
10:41:03 AM    0    0.09    0.02    0.40    0.09    0.08    0.01    0.00   99.32   1012.79
// 每隔 2s 输出所有 CPU 的统计信息，共输出 5 次
# mpstat 2 5

// 每隔 2s 输出一次所有 CPU 的统计信息，共输出 5 次
# mpstat -P ALL 2 5
// 每隔 2s 输出一次第二个 CPU 的统计信息，共输出 5 次
# mpstat -P 1 2 5
```

4．mpstat 输出项说明

mpstat 的输出项如表 11-4 所示。

表 11-4　mpstat 命令的输出项

输　出　项	说　明
CPU	在多 CPU 系统里，每个 CPU 有一个 ID 号，第一个 CPU 为 0。all 表示统计信息为所有 CPU 的平均值
%user	显示在用户级别运行所占用 CPU 总时间的百分比
%nice	显示在用户级别，nice 值为负数的进程的 CPU 时间所占用 CPU 总时间的百分比
%sys	显示在 kernel 级别运行所占用 CPU 总时间的百分比。注意：这个值并不包括服务中断和 softirq
%iowait	显示用于等待 I/O 操作时，占用 CPU 总时间的百分比
%irq	显示用于中断操作占用 CPU 总时间的百分比
%soft	显示用于 softirq 操作占用 CPU 总时间的百分比
%steal	管理程序（hypervisor）为另一个虚拟进程提供服务而等待虚拟 CPU 的百分比
%idle	显示 CPU 在空闲状态占用 CPU 总时间的百分比
intr/s	显示 CPU 每秒接收到的中断总数

11.1.4　vmstat 命令

1．vmstat 的功能

显示进程队列、内存、交换空间、块 I/O 和 CPU 活动信息。

2．vmstat 的命令格式

```
vmstat [-s] [-n] [-S k|K|m|M]
vmstat [-a] [-n] [-S k|K|m|M] [Interval [ Count ]]
vmstat [-m] [-n] [Interval [ Count ]]
```

其中，interval 和 count 的含义与 mpstat 一致。常用选项如表 11-5 所示。

表 11-5　vmstat 命令的常用选项

选　项	说　明
-n	只在开始时显示一次各字段名称
-a	显示活跃和非活跃内存
-m	显示/proc/slabinfo
-s	显示内存相关统计信息
-S	使用指定单位显示。k(1000)、K(1024)、m(1000000)、M(1048576) 字节，默认单位为 K

3. vmstat 的使用示例

```
//每隔 5s 显示一次进程、内存、交换空间、块 I/O 和 CPU 活动信息，显示 3 次
# vmstat 5 3
procs ---------------memory------------- ----swap--- --------io------ --system--- ----------cpu---------
 r  b  swpd   free   buff  cache   si   so   bi    bo   in  cs  us  sy  id  wa st
0  0   112 14360   93056 765920   0    0   27    38   91  67  1   0  98  1  0
0  0   112 14208   93072 766140   0    0   8    322 1444  247  3   1  96  0  0
0  0   112 14148   93080 766480   0    0   10   325 1459  249  6   1  93  0  0
//显示活跃和非活跃内存
# vmstat -a
procs ---------------memory------------- ----swap--- --------io------ --system--- ----------cpu---------
 r  b  swpd  free   inact  active   si   so   bi    bo  in  cs  us  sy  id  wa st
 0  0   112 14684 426720 504168   0    0   27    38  92  67  1   0  98  1  0
//以 M 为单位显示活跃和非活跃内存
# vmstat -a -S M
procs ---------------memory------------- ----swap--- --------io------ --system--- ----------cpu---------
r  b   swpd  free  inact    active  si   so   bi  bo   in   cs   us sy  id  wa  st
0  0    0    14   415      494    0    0  27  38   92   67   1  0  98  1  0
//以 M 为单位显示内存相关统计信息
# vmstat -s -S M
```

4. vmstat 的输出项说明

vmstat 的输出项如表 11-6 所示。

表 11-6 vmstat 的输出项说明

分　类	输出项	说　明
procs	r	在运行队列中等待运行的进程数
	b	等待 IO 的进程数
memory（默认单位为 KB）	swpd	当前使用的交换空间
	free	当前空闲的物理内存
	buff	用作缓冲的内存大小
	cache	用作缓存的内存大小
	inact	非活跃的内存大小（当使用-a 选项时显示）
	active	活跃的内存大小（当使用-a 选项时显示）
swap	si	每秒从交换区写到内存的大小
	so	每秒写入交换区的内存大小
io	bi	每秒读取块设备的块数
	bo	每秒写入块设备的块数
system	in	每秒的中断数，包括时钟中断
	cs	每秒的环境（上下文）切换次数
cpu	us	用户进程执行时间的百分比
	sy	系统进程执行时间的百分比
	id	空闲时间（包括等待 IO 时间）的百分比
	wa	等待 IO 时间的百分比
	st	管理程序（hypervisor）为另一个虚拟进程提供服务而等待虚拟 CPU 的百分比

11.1.5 iostat 命令

1．iostat 的功能

用于输出 CPU 和磁盘 I/O 相关的统计信息。

2．iostat 命令的格式

```
iostat [ -c | -d ] [ -k | -m ] [ -t ] [ -x ] [ device [ ... ] | ALL ]
       [ -p [ device | ALL ] ] [ interval [ count ] ]
```

其中，interval 和 count 的含义与 mpstat 一致。常用选项如表 11-7 所示。

表 11-7 iostat 命令的常用选项

选 项	说 明
-c	仅显示 CPU 统计信息。与-d 选项互斥
-d	仅显示磁盘统计信息。与-c 选项互斥
-k	以 KB 为单位显示每秒的磁盘请求数。默认单位为块
-m	以 MB 为单位显示每秒的磁盘请求数。默认单位为块
-p {device|ALL}	用于显示块设备及系统分区的统计信息。与-x 选项互斥
-t	在输出数据时，打印搜集数据的时间
-x	输出扩展信息

3．iostat 使用示例

下面给出几个使用 iostat 命令的例子。

```
// 显示一条包括所有的 CPU 和设备吞吐率的统计信息
# iostat
avg-cpu:  %user   %nice %system %iowait  %steal   %idle
           0.10    0.04    0.37    0.07    0.00   99.42

Device:            tps   Blk_read/s   Blk_wrtn/s   Blk_read   Blk_wrtn
sda               1.44        16.79        10.58     800430     504340
sdb               0.01         0.07         0.00       3314          8
sdc               0.86         8.56         0.00     407892         24
// 每隔 5s 显示一次设备吞吐率的统计信息（单位为：块/s）
# iostat -d 5
// 每隔 5s 显示一次设备吞吐率的统计信息（单位为：KB/s），共输出 3 次
# iostat -dk 5 3
// 每隔 2s 显示一次 sda 及上面所有分区的统计信息，共输出 5 次
# iostat -p sda 2 5
// 每隔 2s 显示一次“sda”、“sdb”两个设备的扩展统计信息，共输出 6 次
# iostat -x sda sdb 2 6
avg-cpu:  %user   %nice %system %iowait  %steal   %idle
           0.10    0.04    0.37    0.07    0.00   99.42

Device: rrqm/s wrqm/s  r/s  w/s  rsec/s  wsec/s avgrq-sz avgqu-sz await svctm  %util
sda      0.17   0.84  0.96 0.47  16.67   10.56   19.01    0.01   7.11   1.25   0.18
sdb      0.00   0.00  0.01 0.00   0.07    0.00    5.16    0.00   0.22   0.19   0.00
…………
```

4. iostat 的输出项说明

iostat 的输出项如表 11-8、表 11-9 和表 11-10 所示。

表 11-8 avg-cpu 部分输出项说明

输出项	含义
%user	在用户级别运行所使用的 CPU 的百分比
%nice	高优先级进程（nice<0）使用的 CPU 的百分比
%system	在核心级别（kernel）运行所使用的 CPU 的百分比
%iowait	CPU 等待硬件 I/O 所占用 CPU 的百分比
%steal	当管理程序（hypervisor）为另一个虚拟进程提供服务而等待虚拟 CPU 的百分比
%idle	CPU 空闲时间的百分比

表 11-9 Device 部分基本输出项说明

输出项	含义	输出项	含义
Blk_read	读入的数据总量，单位为块	Blk_read/s	每秒从驱动器读入的数据量，单位为块/s
Blk_wrtn	写入的数据总量，单位为块	Blk_wrtn/s	每秒向驱动器写入的数据量，单位为块/s
kB_read	读入的数据总量，单位为 KB	kB_read/s	每秒从驱动器读入的数据量，单位为 KB/s
kB_wrtn	写入的数据总量，单位为 KB	kB_wrtn/s	每秒向驱动器写入的数据量，单位为 KB/s
MB_read	读入的数据总量，单位为 MB	MB_read/s	每秒从驱动器读入的数据量，单位为 MB/s
MB_wrtn	写入的数据总量，单位为 MB	MB_wrtn/s	每秒向驱动器写入的数据量，单位为 MB/s
		tps	每秒物理设备的 I/O 传输总量

表 11-10 Device 部分扩展输出项说明

输出项	含义
rrqm/s	将读入请求合并后，每秒发送到设备的读入请求数
wrqm/s	将写入请求合并后，每秒发送到设备的写入请求数
r/s	每秒发送到设备的读入请求数
w/s	每秒发送到设备的写入请求数
rsec/s	每秒从设备读入的扇区数
wsec/s	每秒向设备写入的扇区数
rkB/s	每秒从设备读入的数据量，单位为 KB/s
wkB/s	每秒向设备写入的数据量，单位为 KB/s
rMB/s	每秒从设备读入的数据量，单位为 MB/s
wMB/s	每秒向设备写入的数据量，单位为 MB/s
avgrq-sz	发送到设备的请求的平均大小，单位为扇区
avgqu-sz	发送到设备的请求的平均队列长度
await	I/O 请求平均执行时间。包括发送请求和执行的时间，单位为毫秒
svctm	发送到设备的 I/O 请求的平均执行时间，单位为毫秒
%util	在 I/O 请求发送到设备期间，占用 CPU 时间的百分比。用于显示设备的带宽利用率。当这个值接近 100%时，表示设备带宽已经占满

提示

在 mpstat、vmstat 和 iostat 命令中，若不指定[interval [count]]参数，则显示系统自启动以来到当前时间的所有信息的平均值。

11.1.6 性能分析标准的经验准则

1．CPU 性能

1）平均负载：通过 top 或 uptime 命令可以显示系统平均负载。

在一段时间之内，若系统有 n 个 CPU 且平均负载小于 n，则说明某些 CPU 还有空闲的时间片处理任务；反之则说明 CPU 工作繁忙。

2）核心态和用户态进程：通过 top 或 vmstat 命令可以显示核心态和用户态进程。

在一段时间之内，若 sy%+us%<70% 表示系统良好；若 sy%+us%>90% 表示系统负荷很重，CPU 资源短缺。

在一段时间之内，若持续地 id%<10%，则系统的 CPU 处理能力相对较低，表明系统中最需要改善的资源是 CPU。

在一段时间之内，若 id%=0%且 sy%>2 us%，表示 CPU 资源短缺。

3）进程等待队列：通过 vmstat 命令可以显示进程等待队列。

在一段时间之内，若进程执行等待队列（procs r）持续地大于系统中 CPU 的个数，表示系统运行比较慢，有多数的进程正在等待 CPU。

在一段时间之内，若进程执行等待队列（procs r）持续地大于系统中可用 CPU 个数的 4 倍，且持续地 id%<30%，则系统面临着 CPU 短缺或者是 CPU 的速率过低的问题。

在一段时间之内，若进程等待设备队列（procs b）持续地大于 3，表示磁盘 I/O 性能不好。

2．内存性能

在一段时间之内，若交换空间的 si 和 so 持续地大于 0，可能存在内存的瓶颈，这表示有大量数据在物理内存和磁盘交换空间进行换入换出，此时应加大物理内存容量。

在一段时间之内，若 id%的值高但系统响应慢时，有可能是 CPU 等待分配内存，此时应加大物理内存容量。

在一段时间之内，若内存的占用率比较高，但 CPU 的占用很低时，可以考虑是有很多的应用程序占用了内存而没有释放。

3．I/O 性能

在一段时间之内，当 avgqu-sz 的值较低时，设备的利用率较高。

在一段时间之内，当%iowait 的值大于 40%时，表示硬盘存在严重的 I/O 瓶颈。

在一段时间之内，当%util 的值接近 100%时，表示设备带宽已经占满。

11.2 性能优化

11.2.1 管理 Linux 内核

1．Linux 内核的功能

1）进程调度：负责控制进程对 CPU 的使用，决定进程的启动和运行时间。

2）内存管理：负责管理多个进程对内存的使用。必要时使用虚拟内存技术在磁盘和内存间交换数据。

3）文件系统：使用虚拟文件系统中间层支持多种不同类型的文件系统。虚拟文件系统隐藏了各种硬件的具体细节，为所有的设备提供了统一的接口。

4）设备管理：为设备提供缓冲和缓存以提高硬件的访问速度。

5）网络接口：提供了对各种网络标准的存取和各种网络硬件的支持。

6）进程通信：提供了进程之间的各种通信机制。

7）启动管理：负责在系统初始化过程中检测硬件资源、加载驱动并引导系统。

8）安全管理：经常校验文件系统权限、SELinux 环境和防火墙规则。

2．Linux 内核子系统

以功能划分，Linux 内核包含如下几个子系统：

- 处理器子系统（Processor）。
- 内存子系统（Memory）。
- 输入输出子系统（I/O）。
- 文件系统子系统（File System）。
- 网络子系统（Network）。

通过性能分析，可以针对内核的相应子系统进行优化。

3．虚拟文件系统/proc

虚拟文件系统 /proc 是在 Linux 启动时挂载到根文件系统上的，它是内存的一部分而并非真正存储在硬盘上。使用/proc 的目的就是将 Linux 的内核数据以目录或文件的形式呈现给用户或应用程序，以便查看内核信息或临时修改内核功能。

虚拟文件系统 /proc 上的信息分为两类。

1）绝大部分文件是只读的，用户可以使用 cat 命令查看这些文件，大多数系统信息显示命令都是从这个文件系统上读取相关文件内容经过格式化后显示给用户的。例如，uptime 命令就是从/proc/uptime 和 /proc/loadavg 中获得信息并呈现给用户的；hostname 命令是从/proc/sys/kernel/hostname 中获得主机名的。

下面说明/proc 的一些重要的文件和目录，如表 11-11 所示。

表 11-11　/proc 中重要的文件和目录

文　件	说　明
/proc/n	n 为 PID，每个进程在/proc 下有一个名为其进程号的目录
/proc/cpuinfo	处理器信息，如类型、制造商、型号和性能
/proc/meminfo	当前内存使用信息，包括物理内存和虚拟内存
/proc/devices	当前运行的核心配置的设备驱动列表
/proc/dma	当前使用的 DMA 通道
/proc/filesystems	当前配置的文件系统
/proc/interrupts	当前使用的中断
/proc/ioports	当前使用的 I/O 端口
/proc/kcore	系统物理内存映象。与物理内存大小完全一样，但不实际占用内存
/proc/loadavg	系统“平均负载”；3 个指示器指出系统当前的工作量
/proc/modules	当前加载了哪些核心模块
/proc/net/	网络协议状态信息的目录
/proc/stat	系统状态
/proc/uptime	系统启动的时间长度
/proc/version	内核版本信息

2）只有/proc/sys 目录中的文件是可写的，通过改写这些文件的内容可以临时改变内核

功能。例如，使用如下命令，管理员可以重写/proc/sys/kernel/hostname 文件的内容临时修改主机名。

```
# echo  "www.ls-al.cn" > /proc/sys/kernel/hostname
```

> 提示　/proc/sys 目录及其子目录中的每个文件都对应着一个内核参数。可以使用命令“rpm -ql kernel-doc|grep sysctl”查看相关的说明文件。

下面说明/proc/sys 的一些目录，如表 11-12 所示。

表 11-12　/proc/sys 中的目录

目　录	说　明	目　录	说　明
/proc/sys/debug	内核的 Debug 信息	/proc/sys/kernel	内核本身的相关信息
/proc/sys/dev	设备相关的信息	/proc/sys/net	网络相关的信息
/proc/sys/fs	文件系统相关的信息	/proc/sys/vm	虚拟内存的相关信息

4．sysctl

因为/proc 只是内存的一部分，对/proc/sys 中文件的修改在下次启动计算机后即会丢失。sysctl 使用配置文件/etc/sysctl.conf 提供了一种对/proc/sys 的持久性配置方法。配置文件/etc/sysctl.conf 在启动引导时读取并根据其中的配置设置/proc/sys。

配置文件/etc/sysctl.conf 每一行设置一个内核参数及其值。每个参数均与/proc/sys 有关。例如，/proc/sys/net/ipv4/ip_forward 文件对应配置文件/etc/sysctl.conf 中的参数 net.ipv4.ip_forward（即去掉/proc/sys/，并将目录间隔符“/”改为“.”）。

管理员可以直接修改配置文件，之后使用如下命令使配置在当前生效。

```
# sysctl -p
```

使用 sysctl 命令还可以显示当前的内核参数。例如：

```
// 显示所有的内核参数值
# sysctl -a
// 显示指定的参数值
# sysctl net.ipv4.ip_forward
```

11.2.2　性能调优

1．Web 服务器的优化

系统调优是一项非常复杂的任务，而且针对不同的应用服务器的调优也不尽相同。本节主要讨论 Web 服务器的调优。

首先是硬件选择问题，应该选择当前主流的服务器。为了支撑高访问量，至少应该选择 8 核（2.4G）以上的 CPU、8G 以上的内存以及基于 SAS 或固态硬盘的 RAID1 或 RAID10 的服务器。

其次是基本的内核调优，主要是 TCP/IP 网络性能与安全的调优工作。

另外，对于 Web 服务器的特殊性，应该合理设置文件打开数目，因为 Web 应用通常会涉及大量的小尺寸文件（如 CSS、图片等），默认的打开文件数目一般不能满足要求。

再有，对于配置了缓存的 Web 服务器，可以使用内存文件系统（tmpfs）来加速。

2．设置打开文件数

在 CentOS 中，与打开文件数目相关的配置包括两方面：

- 通过 /proc/sys/fs/file-max 设置 Linux 内核分配的文件句柄的最大数量。
- 通过 /etc/security/limits.conf 为用户设置打开文件数。

（1）设置 Linux 内核分配的文件句柄的最大数量

一般合理的设置是每 4MB 内存设置 256。例如，8GB 内存的机器，可以设置成 524288 (8*1024/4=2048, 2048*256=524288)。

若当前/proc/sys/fs/file-max 的值小于上面所述的一般合理值，请修改/etc/sysctl.conf，添加如下的配置行：

```
fs.file-max = 524288
```

（2）为用户设置打开文件数

在 Linux 的 POSIX 规范中，使用名为 pam_limits.so 的 PAM 为用户或组设置资源的使用限制，其中包含打开文件数目的限制。pam_limits.so 的配置文件是/etc/security/limits.conf。

对于 CentOS 下的 Web 服务器来说，可以为 nginx 或 apache 用户单独设置打开文件数目的限制，但更简单的方法是使用通配符（*）为所有用户指定相同的打开文件数目的限制。为此，可以编辑配置文件/etc/security/limits.conf，添加如下的配置行：

```
*        soft        nofile        65535
*        hard        nofile        65535
```

3．TCP/IP 网络性能调优

为了对 Linux 内核的 TCP/IP 网络性能进行调优，可以编辑/etc/sysctl.conf，添加如下的配置行：

```
# 启用有选择的应答（Selective Acknowledgment），
# 这样可以让发送者只发送丢失的报文段来提高性能
net.ipv4.tcp_sack = 1
# 启用 RFC 1323 定义的 window scaling
# 要支持超过 64KB 的 TCP 窗口，必须启用
net.ipv4.tcp_window_scaling = 1
# 禁用 RFC 1323 定义的方法对 RTT 的计算
net.ipv4.tcp_timestamps = 0

# 提升内核分配给 TCP 连接的总内存，单位是 Page，1 Page = 4096 Bytes
net.ipv4.tcp_mem = 78643200 104857600 157286400
# 为每个 TCP 连接分配的读、写缓冲区内存大小，单位是 Byte
net.ipv4.tcp_rmem = 4096        87380     4194304
net.ipv4.tcp_wmem = 4096        16384     4194304

# 提升默认的和最大的网络套接字接收窗口大小
net.core.rmem_default = 8388608
```

```
net.core.rmem_max = 16777216
# 提升默认的和最大的网络套接字发送窗口大小
net.core.wmem_default = 8388608
net.core.wmem_max = 16777216

# 启用 TIME-WAIT sockets 快速回收
net.ipv4.tcp_tw_recycle = 1
# 允许将 TIME-WAIT sockets 重新用于新的 TCP 连接
net.ipv4.tcp_tw_reuse = 1

# 当每个网络接口接收数据包的速率比内核处理这些包的速率快时，
# 指定允许发送到 Backlog 队列的数据包的最大数目
net.core.netdev_max_backlog = 262144
# 指定监听的 backlog 上限（同时发起的 TCP 连接数）
net.core.somaxconn = 262144

# 当 keepalive 启用的时候，TCP 发送 keepalive 消息的频度
net.ipv4.tcp_keepalive_time = 30
# 当探测没有确认时，重新发送探测的频度。默认值是 75s
net.ipv4.tcp_keepalive_intvl = 3
# 调整套接字保持在 FIN-WAIT-2 状态的时间。默认值是 60s
net.ipv4.tcp_fin_timeout = 3
# 活动 TCP 连接重传次数，超过次数视为掉线，放弃连接。默认值是 15
net.ipv4.tcp_retries2 = 3
```

4．TCP/IP 网络安全调优

为了对 Linux 内核的 TCP/IP 网络安全进行调优，可以编辑/etc/sysctl.conf，添加如下的配置行：

```
## 1. 防止简单的 DoS 攻击
# 系统同时保持 timewait 套接字的最大数量
net.ipv4.tcp_max_tw_buckets = 6000
# 系统中最多有多少个 TCP 套接字不被关联到任何一个用户文件句柄上
net.ipv4.tcp_max_orphans = 3276800

## 2. 启用 TCP SYN Cookie 保护（防止常见的 SYN 泛洪攻击）
net.ipv4.tcp_syncookies = 1
# 在内核放弃建立连接之前发送 SYN 包的数量
net.ipv4.tcp_syn_retries = 1
# TCP 三次握手的 syn/ack 阶段的重试次数
net.ipv4.tcp_synack_retries = 1
# 指定那些尚未收到客户端确认信息的连接请求的最大值
net.ipv4.tcp_max_syn_backlog = 262144

## 3. 对于服务器禁用地址重定向
net.ipv4.conf.all.send_redirects = 0
net.ipv4.conf.default.send_redirects = 0
```

```
net.ipv4.conf.all.accept_redirects = 0
net.ipv4.conf.default.accept_redirects = 0
net.ipv4.conf.all.secure_redirects = 0

## 4. 禁用 IP 源路由
net.ipv4.conf.all.accept_source_route = 0
net.ipv4.conf.default.accept_source_route = 0

## 5. 开启反相路径源验证，IP 欺骗保护（RFC1812）
net.ipv4.conf.all.rp_filter = 1
net.ipv4.conf.default.rp_filter = 1

## 6. 对服务器禁用包转发
net.ipv4.ip_forward = 0
net.ipv4.conf.all.forwarding = 0
net.ipv4.conf.default.forwarding = 0

## 7. 接受直接 ping 请求响应，拒绝响应 ping 的广播请求
net.ipv4.icmp_echo_ignore_all = 0
net.ipv4.icmp_echo_ignore_broadcasts = 1

## 8. 将无效的数据包（伪造包, 源路由包, 重定向包）记录到内核日志
net.ipv4.conf.all.log_martians = 1
net.ipv4.conf.default.log_martians = 1
## 9. 设置本地客户端端口范围
net.ipv4.ip_local_port_range = 1024 65000
```

11.2.3 使用 tmpfs 文件系统

1. tmpfs 简介

不同于大多数“标准的”文件系统（如 ext4、XFS 等），tmpfs 并不是存在于一个底层块设备上的，而是驻留在虚拟内存（Virtual memory，VM）里的一种特殊文件系统。

tmpfs 是在内存高速缓冲页面的空间里创建一个虚拟文件系统，由内核的虚拟内存子系统的页面来存储文件。一旦系统上执行的应用程序填满所有不属于高速缓冲的内存，高速缓冲空间便会开始缩小，直至用尽为止。当高速缓冲页不能再容纳 tmpfs 时，便会使用交换分区交换页面。这样便抵销了 tmpfs 在速度上的优势，因为 tmpfs 到时会存在于慢速的硬盘上，而不再存在于高速的内存里。tmpfs 自己并不知道这些页面是在交换分区还是在物理内存中；做这种决定是 VM 子系统的工作。tmpfs 文件系统所知道的就是它正在使用某种形式的虚拟内存。

tmpfs 具有如下特点：

- tmpfs 使用动态的文件系统大小。若 tmpfs 里没有任何文件，它占用的内存实际上就是 0 字节；若其最大为 1GB，而其中存放了 100MB 文件，则剩余的 900MB 仍然可为其他应用程序所使用，但它所占用的 100MB 内存是绝不会被系统回收并重新分配的。
- tmpfs 另一个主要的好处是它闪电般的速度。因为典型的 tmpfs 文件系统会完全驻留在物理内存中，读写几乎是瞬间的。

● tmpfs 数据在重新启动之后不会保留，因为虚拟内存本质上就是易失的。所以有必要做一些脚本做诸如加载、绑定的操作。

2．在 CentOS 下使用 tmpfs

Linux 发行版中的内核配置都会开启 tmpfs，默认安装的 CentOS 也已经开启了 tmpfs，并映射到了/dev/shm（POSIX shared memory）目录，其默认大小大致为物理内存的一半。

```
# grep tmpfs /etc/fstab
tmpfs                    /dev/shm                 tmpfs    defaults        0 0
# df -h /dev/shm
Filesystem          Size   Used Avail Use% Mounted on
tmpfs               803M      0  803M   0% /dev/shm
```

3．调整 tmpfs 的大小

虽然 tmpfs 大小的理论值是本机虚拟内存的大小（物理内存加上交换空间），但是使用 tmpfs 的一般目的是使用物理内存来加速，所以 tmpfs 的大小一般设置为小于物理内存的大小。要调整 tmpfs 的大小，就需要使用 size 挂装选项。例如将 tmpfs 的大小设置为 1024M，可以编辑/etc/fstab，做如下修改：

```
tmpfs          /dev/shm                 tmpfs    defaults,size=1024M       0 0
```

重新启动系统后便会生效，若希望在当前生效，需执行如下命令：

```
# mount -o remount /dev/shm
```

4．使用 tmpfs 对 Nginx 缓存加速

随着物理内存价格的不断下降，可以考虑添加物理内存，使用 tmpfs 对 Nginx 的临时文件和缓存进行加速。

值得注意的是，由 fastcgi_cache_path、proxy_cache_path 等指令配置的文件系统缓存大小或其总和不能大于 tmpfs 的大小，否则 tmpfs 将会使用磁盘交换分区，从而影响其性能。

例如，在操作步骤 10.6 中定义的名为 fastcgi_microcache 的 FastCGI 缓存区（目录为/var/cache/nginx/fastcgi_microcache/）的文件系统缓存大小为 1G；在操作步骤 10.12 中定义的名为 proxy_microcache 的反向代理缓存区（目录为/var/cache/nginx/proxy_microcache/）的文件系统缓存大小为 1G。若希望将这两个缓冲区使用 tmpfs 加速，则 tmpfs 的大小必须大于 2G。为此，将 tmpfs 的大小设置为 2G 以上（加上所有 temp 目录，本例设置为 3G），可以编辑/etc/fstab，做如下修改：

```
tmpfs          /dev/shm                 tmpfs    defaults,size=3G       0 0
```

直接使用/dev/shm/目录存储文件就可以达到很好的优化效果。为此可以修改 Nginx 的主配置文件或其包含的自配置文件，将与临时文件和缓存路径相关的配置指令设置为/dev/shm/的子目录。

```
proxy_temp_path            /dev/shm/nginx_proxy_temp;
fastcgi_temp_path          /dev/shm/nginx_fastcgi_temp;
client_body_temp_path      /dev/shm/nginx_client_body_temp;
```

```
fastcgi_cache_path        /dev/shm/nginx_fastcgi_microcache ……;
proxy_cache_path          /dev/shm/nginx_proxy_microcache ……;
```

若不希望修改 Nginx 的配置文件中的指令路径，在物理内存足够大的前提下，也可以编辑/etc/fstab，做如下修改：

```
tmpfs        /var/cache/nginx        tmpfs    defaults,size=3G        0 0
```

11.3 思考与实验

1．思考

1）常用的系统监视工具有哪些？

2）使用系统监视工具如何判断 CPU、内存和磁盘 I/O 的瓶颈？

3）内核的功能有哪些？内核由哪些子系统组成？

4）如何修改内核参数？sysctl 的功能有哪些？

5）如何对 Web 服务器进行调优？

6）什么是 tmpfs？如何调整 tmpfs 的大小？tmpfs 有哪些用途？

2．实验

1）学会使用 top、mpstat、vmstst、iostat 工具分析系统性能。

2）学会设置内核的文件句柄数和基于用户的文件打开数。

3）学会对 Linux 内核的 TCP/IP 网络进行性能调优。

4）学会对 Linux 内核的 TCP/IP 网络进行安全调优。

5）学会使用 tmpfs 对 Nginx 的文件系统缓存和临时文件目录进行加速。

3．进一步学习

1）学习类 top 在线监控命令（htop、ftop、iftop、iotop、nettop 等）的使用。

2）学习 sar 的运行机理及其命令的使用。

3）学习单机监视工具 Monitorix 和 Monit 的配置和使用（EPEL 仓库有提供）。

4）学习监视工具 Cacti、Nagios 和 Zabbix 的配置和使用（EPEL 仓库有提供）。

5）学习配置基于 rsyslog+loganalyzer 的集中日志服务器并监视服务器日志。

第 12 章　服务器日常维护

本章首先介绍了磁盘分区、逻辑卷管理和文件系统管理等本地存储管理。然后介绍了备份和同步的相关概念及其工具的使用方法。最后介绍了系统故障排查的一般方法，以及单用户模式和系统援救环境的使用。

12.1　本地存储管理

12.1.1　本地存储管理简介

1．本地存储管理的任务与工具

本地存储管理的任务主要包括：磁盘分区、逻辑卷管理和文件系统管理。

表 12-1 列出了本地存储管理的常用工具。

表 12-1　本地存储管理的常用工具

任　务	工　具	软 件 包	说　明
硬盘分区	/sbin/fdisk	util-linux-ng	磁盘分区工具，仅支持 Master boot record（MBR），最大分区大小为 2TB
	/sbin/parted	parted	磁盘分区工具，同时支持 GUID Partition Table（GPT）
逻辑卷	/sbin/lvm	lvm2	逻辑卷管理工具
文件系统	/bin/mount	util-linux-ng	挂装文件系统
	/bin/umount	util-linux-ng	卸装文件系统
	/sbin/mkfs.ext{2,3,4}	e2fsprogs	创建 ext2/ext3/ext4 类型的文件系统
	/sbin/fsck.ext{2,3,4}	e2fsprogs	检查 ext2/ext3/ext4 类型的文件系统
	/sbin/tune2fs	e2fsprogs	调整 ext2/ext3/ext4 类型的文件系统的属性
	/sbin/resize2fs	e2fsprogs	调整 ext2/ext3/ext4 类型的文件系统的尺寸
	/sbin/fsadm	lvm2	检查 ext2/ext3/ext4/xfs 等类型的文件系统，调整 ext2/ext3/ext4/xfs 等类型的文件系统的尺寸
交换文件系统	/sbin/mkswap	util-linux-ng	创建交换文件系统
	/sbin/swapon	util-linux-ng	启用交换文件系统
	/sbin/swapoff	util-linux-ng	禁用交换文件系统

2．使用文件系统的一般方法

在 Linux 中使用的文件系统通常是在安装 Linux 时建立的。对于实际运行的系统，经常还会需要对现有的分区进行调整或建立新的分区和 LVM 的情况。

要使用文件系统，一般要遵循如下的步骤：

1）在硬盘上创建分区或逻辑卷。

2）在分区或逻辑卷上创建文件系统。类似于在 Windows 下进行格式化操作。

3）挂装文件系统到系统中。在分区或逻辑卷上创建好文件系统后，就可以将该分区或逻辑卷上的文件系统挂装到系统中的相应目录以便使用。

- 手工挂装文件系统可以使用 mount 命令。
- 若需要系统每次启动时都自动挂装该文件系统，则需要在文件“/etc/fstab”中添加相应的设置行。

4）卸载文件系统。对于可移动介质上的文件系统，当使用完毕时，需要使用 umount 命令实施卸载操作。

3．磁盘分区工具

GNU Parted 具有丰富的功能，它除了能够进行分区的添加、删除等常见操作外，同时还支持 fdisk 所不支持的 GUID 分区表（GUID Partition Table），这在创建大于 2TB 的分区时非常有用。

parted 有两种运行模式：命令行模式和交互模式。

与 fdisk 的交互模式不同，在 parted 的交互模式下执行命令，一旦按〈Enter〉键确认，命令就马上执行，对磁盘的更改就立刻生效。

parted 命令的常用格式是：

```
格式 1 # parted [选项] <硬盘设备名>
格式 2 # parted [选项] <硬盘设备名> <子命令> [<子命令参数>]
```

- 格式 1 用于进入 parted 的交互模式，在该模式下输入 parted 的子命令对指定的硬盘进行分区等操作。quit 命令用于退出交互模式。
- 格式 2 直接在命令行方式下对指定的硬盘进行分区等操作。

其中常用的选项如下。

- -h，--help：显示求助信息。
- -i，--interactive：在必要时提示用户。
- -l，--list：显示所有磁盘设备的分区表。
- -s，--script：从不提示用户。
- -v，--version：显示版本。

无论哪种模式，在 parted 中都可以使用若干子命令，如表 12-2 所示。

表 12-2　parted 中的子命令

命　令	说　明
help [COMMAND]	打印命令的帮助信息或指定命令的帮助信息
print [free|NUMBER|all]	显示分区表，指定编号的分区或所有设备的分区表
mkpart PART-TYPE [FS- TYPE] START END	创建新分区。PART-TYPE 是以下类型之一：primary（主分区）、extended（扩展分区）、logical（逻辑分区）。START 和 END 是新分区开始和结束的具体位置
rm NUMBER	删除指定编号 NUMBER 的分区
set NUMBER FLAG STATE	对指定编号 NUMBER 的分区设置分区标记 FLAG。对于 PC 常用的 msdos 分区表来说，分区标记 FLAG 可有如下取值：“boot”（引导），“hidden”（隐藏），“raid”（软 RAID 磁盘阵），“lvm”（逻辑卷），“lba”（LBA，Logic Block Addressing 模式）。状态 STATE 的取值是：on 或 off
unit UNIT	设置默认输出时用 UNIT 表示磁盘大小，UNIT 的常用取值可以为：“MB”、“GB”、“%”（占整个磁盘设备的百分之多少）、“compact”（人类易读方式，类似于 df 命令中-h 参数的作用）、“s”（扇区）、“cyl”（柱面）、“chs”（柱面 cylinders：磁头，heads：扇区，sectors 的地址）

（续）

命　令	说　明
mkfs NUMBER FS-TYPE	对指定编号 NUMBER 的分区创建指定类型 FS-TYPE 的文件系统
mkpartfs PART-TYPE FS- TYPE START END	创建新分区的同时创建文件系统。FS-TYPE 是以下类型之一：ext2、fat16、fat32、linux-swap、NTFS、reiserfs、ufs 等
cp [FROM-DEVICE] FROM-NUMBER TO-NUMBER	将分区 FROM-NUMBER 上的文件系统完整地复制到分区 TO-NUMBER 中，作为可选项，还可以指定一个来源硬盘的设备名称 FROM-DEVICE，若省略可选项则在当前设备上进行复制
move NUMBER START END	将指定编号 NUMBER 的分区移动到从 START 开始到 END 结束的位置上。注意：（1）只能将分区移动到空闲空间中；（2）虽然分区被移动了，但它的分区编号是不会改变的
resize NUMBER START END	对指定编号 NUMBER 的分区调整大小。分区的开始位置和结束位置由 START 和 END 决定
check NUMBER	检查指定编号 NUMBER 分区中的文件系统是否有什么错误
rescue START END	恢复靠近位置 START 和 END 之间的分区
mklabel,mktable LABEL-TYPE	创建一个新的 LABEL-TYPE 类型的空磁盘分区表，对于 PC 而言 msdos 是常用的 LABEL-TYPE。若是用 GUID 分区表，LABEL-TYPE 应该为 gpt
name NUMBER NAME	将指定编号 NUMBER 的分区命名为 NAME

操作步骤 12.1　使用 parted 分区工具。

```
#   parted /dev/sdb              # 对系统中的第二块 SCSI/SAS/SATA 接口硬盘进行分区操作
GNU Parted 2.1
 使用 /dev/sdb
 Welcome to GNU Parted! Type 'help' to view a list of commands
 (parted) mkpart               #  创建分区，由于是新硬盘所以给出错误提示
 错误: 无法打开 /dev/sdb - 无法识别的磁盘标签
 (parted) mktable msdos        #  对新硬盘创建一个新的 msdos 类型的空磁盘分区表
 (parted) mkpart               #  创建新分区
 分区类型？  primary/主分区/extended/扩展分区? p  #  输入 p 表示创建主分区
 文件系统类型  [ext2]?         #  文件系统类型选择默认的 ext2，直接按〈Enter〉键
 起始点？ 0                    #  输入 0 表示从磁盘开始处创建
 结束点？ -1s                  #  表示硬盘最后一个扇区，就是硬盘的最末尾处
                               #  数字为负数表示从磁盘末尾开始计算
 (parted) print                #  显示当前分区表
 Model: VMware, VMware Virtual S (scsi)
 Disk /dev/sdb: 8590MB
 Sector size (logical/physical): 512B/512B
 Partition Table: msdos
 Number  Start   End     Size    Type    File system  标志
  1      0.51kB  8590MB  8590MB  主分区
 (parted) rm                   #  删除已经存在的分区
 分区编号？ 1                  #  指定要删除的分区编号
 (parted) p                    #  显示当前分区表，分区已经被删除
 Model: VMware, VMware Virtual S (scsi)
 Disk /dev/sdb: 8590MB
 Sector size (logical/physical): 512B/512B
 Partition Table: msdos
 Number  Start  End  Size  Type  File system  标志
```

```
(parted) mkpart                          #  创建新分区
分区类型?   primary/主分区/extended/扩展分区? p      #  输入 p 表示创建主分区
文件系统类型?   [ext2]?                  #  文件系统类型选择默认的 ext2，直接按〈Enter〉键
起始点?  0                               #  输入 0 表示从磁盘开始处创建
结束点?  500                             #  输入 500，表示次分区大小为 500MB
(parted) mkpart                          #  对所有磁盘剩余空间创建扩展分区
分区类型?   primary/主分区/extended/扩展分区? e
起始点?  500
结束点?  -1s
(parted) p                               #  显示当前分区表
Model: VMware, VMware Virtual S (scsi)
Disk /dev/sdb: 8590MB
Sector size (logical/physical): 512B/512B
Partition Table: msdos
Number   Start    End      Size     Type       File system   标志
 1       0.00MB   500MB    500MB    主分区
 2       500MB    8590MB   8090MB   扩展分区                  lba
(parted) unit s print                    #  设置单位为扇区，重新显示当前分区表
Model: VMware, VMware Virtual S (scsi)
Disk /dev/sdb: 16777215s
Sector size (logical/physical): 512B/512B
Partition Table: msdos
Number   Start     End         Size        Type       File system   标志
 1       1s        976562s     976562s     主分区
 2       976563s   16777215s   15800653s   扩展分区                  lba
(parted) mkpart                          #  创建 500MB 的新分区
分区类型?   primary/主分区/logical/逻辑分区? l      #  输入 l 表示创建逻辑分区
文件系统类型?   [ext2]?
起始点?  500m                            #  由于此时已经设置了单位为扇区（s）
                                         #  所以此时使用后缀 m 表示 MB，否则表示第 500 个扇区
结束点?  1000m
(parted) mkpart                          #  创建 500M 的新分区
分区类型?   primary/主分区/logical/逻辑分区? l
文件系统类型?   [ext2]?
起始点?  1000m
结束点?  1500m
(parted) p                               #  显示当前分区表
Model: VMware, VMware Virtual S (scsi)
Disk /dev/sdb: 16777215s
Sector size (logical/physical): 512B/512B
Partition Table: msdos
Number   Start     End         Size        Type       File system   标志
 1       1s        976562s     976562s     主分区
 2       976563s   16777215s   15800653s   扩展分区                  lba
```

```
 5        976564s    1953125s    976562s      逻辑分区
 6        1953127s   2929687s    976561s      逻辑分区
(parted) unit mb                      #  重新将单位设置为 MB
(parted) p                            #  显示当前分区表
Model: VMware, VMware Virtual S (scsi)
Disk /dev/sdb: 8590MB
Sector size (logical/physical): 512B/512B
Partition Table: msdos
Number   Start    End      Size     Type      File system   标志
 1       0.00MB   500MB    500MB    主分区
 2       500MB    8590MB   8090MB   扩展分区                     lba
 5       500MB    1000MB   500MB    逻辑分区
 6       1000MB   1500MB   500MB    逻辑分区
(parted) mkpart                       #  创建一个 400MB 的类型为 FAT32 的逻辑分区
分区类型？  primary/主分区/logical/逻辑分区? l
文件系统类型？  [ext2]? fat32
起始点？ 1500
结束点？ 1900
(parted) mkpart                       #  创建一个 256MB 的类型为 SWAP 的逻辑分区
分区类型？  primary/主分区/logical/逻辑分区? l
文件系统类型？  [ext2]? linux-swap
起始点？ 1900
结束点？ 2156
(parted) p
Model: VMware, VMware Virtual S (scsi)
Disk /dev/sdb: 8590MB
Sector size (logical/physical): 512B/512B
Partition Table: msdos
Number   Start    End      Size     Type      File system   标志
 1       0.00MB   500MB    500MB    主分区
 2       500MB    8590MB   8090MB   扩展分区                     lba
 5       500MB    1000MB   500MB    逻辑分区
 6       1000MB   1500MB   500MB    逻辑分区
 7       1500MB   1900MB   400MB    逻辑分区                     lba
 8       1900MB   2155MB   255MB    逻辑分区
(parted) set                          #  将 6 号分区的 lvm 标志设置为 on
分区编号？ 6
Flag to Invert? lvm
新状态？  [开]/on/关/off? on
(parted) p                            #  显示当前分区表
Model: VMware, VMware Virtual S (scsi)
Disk /dev/sdb: 8590MB
Sector size (logical/physical): 512B/512B
Partition Table: msdos
```

```
Number  Start    End      Size     Type      File system  标志
 1      0.00MB   500MB    500MB    主分区
 2      500MB    8590MB   8090MB   扩展分区                lba
 5      500MB    1000MB   500MB    逻辑分区
 6      1000MB   1500MB   500MB    逻辑分区                lvm
 7      1500MB   1900MB   400MB    逻辑分区                lba
 8      1900MB   2155MB   255MB    逻辑分区
(parted) quit                        #  退出 parted 的交互模式
#  parted  /dev/sdb print            #  直接在命令模式下显示 /dev/sdb 的分区表
Model: VMware, VMware Virtual S (scsi)
Disk /dev/sdb: 8590MB
Sector size (logical/physical): 512B/512B
Partition Table: msdos
Number  Start    End      Size     Type      File system  标志
 1      0.51kB   500MB    500MB    主分区
 2      500MB    8590MB   8090MB   扩展分区                lba
 5      500MB    1000MB   500MB    逻辑分区
 6      1000MB   1500MB   500MB    逻辑分区                lvm
 7      1500MB   1900MB   400MB    逻辑分区                lba
 8      1900MB   2155MB   255MB    逻辑分区
信息：如果必要，不要忘记更新 /etc/fstab
#  parted -l                         # 直接在命令模式下显示所有设备的分区表
Model: VMware, VMware Virtual S (scsi)
Disk /dev/sda: 8590MB
Sector size (logical/physical): 512B/512B
Partition Table: msdos
Number  Start    End      Size     Type    File system  标志
 1      32.3kB   107MB    107MB    主分区  ext3         启动
 2      107MB    8587MB   8480MB   主分区               lvm
Model: VMware, VMware Virtual S (scsi)
Disk /dev/sdb: 8590MB
Sector size (logical/physical): 512B/512B
Partition Table: msdos
Number  Start    End      Size     Type      File system  标志
 1      0.51kB   500MB    500MB    主分区
 2      500MB    8590MB   8090MB   扩展分区                lba
 5      500MB    1000MB   500MB    逻辑分区
 6      1000MB   1500MB   500MB    逻辑分区                lvm
 7      1500MB   1900MB   400MB    逻辑分区                lba
 8      1900MB   2155MB   255MB    逻辑分区
```

4．创建文件系统

在 Linux 下可以用命令 mkfs 来完成文件系统的创建工作。实际上，对于不同种类的文件系统，都有特定的程序，mkfs 只是一个前端程序。比如用 mkfs 建立 ext4 文件系统，mkfs 将调用 mkfs.ext4 命令来完成操作。mkfs.ext2、mkfs.ext3 和 mkfs.ext4 命令都是 mke2fs 的硬链接。mkfs.ext4 命令的格式是：

```
# mkfs.ext4 <选项> <设备名>
```

mkfs.ext4 命令的常用选项如表 12-3 所示。

表 12-3　mkfs.ext4 命令的常用选项

选　项	说　明
-c	在创建文件系统之前检查是否有损坏的区块。若用一个 c 则表示做只读检查；两个 c 则表示做读写检查
-L <volume-label>	设置文件系统的卷标（最长 11 个字符）
-m <reserved-blocks-percentage>	指定给管理员保留区块的比例，预设为 5%
-J <journal-options>	指定 ext3/4 日志文件系统的参数
-q	执行时不显示任何信息

例如，在系统第二块 SCSI 接口的硬盘的第 6 个分区上创建 ext4 类型的文件系统，检查磁盘坏块，卷标设置为“data”。

```
# mkfs.ext4 -c -L data /dev/sdb6
```

又如，在系统第三块 SCSI 接口的硬盘的第 1 个分区上创建 ext4 类型的文件系统，检查磁盘坏块，保留 3%的空间。

```
# mkfs.ext4 -c -m 3 /dev/sdc1
```

也可以使用带-t <fstype>选项的 mkfs 命令创建各种类型的文件系统，例如：

```
// 在系统第二块 SCSI 接口的硬盘的第 1 个分区上创建 ext3 类型的文件系统
# mkfs -t ext3 /dev/sdb1
//在系统第二块 SCSI 接口的硬盘的第 5 个分区上创建 FAT32 类型的文件系统
# mkfs -t vfat -c /dev/sdb5
// 对软盘创建 vfat 类型的文件系统，同时检查磁盘坏块
# mkfs -t vfat -c /dev/fd0
```

5．在系统启动时自动挂装文件系统

使用 mount 命令手动挂装的文件系统在关机时会被自动卸装，但系统再次启动后不会被自动挂装。要在启动时自动挂装文件系统，必须修改系统挂装表——配置文件/etc/fstab。系统启动所要挂装的文件系统、挂装点、文件系统类型等都记录在/etc/fstab 文件里，例如：

```
#<file system>       <mount point>  <type>   <options>        <dump> <pass>
/dev/VG0/LVRoot       /              ext3     defaults          1      1
/dev/VG0/LVHome       /home          ext3     defaults          1      2
LABEL=/boot           /boot          ext3     defaults          1      2
tmpfs                 /dev/shm       tmpfs    defaults          0      0
devpts                /dev/pts       devpts   gid=5,mode=620    0      0
sysfs                 /sys           sysfs    defaults          0      0
proc                  /proc          proc     defaults          0      0
```

```
/dev/VG0/LVSwap         swap          swap       defaults          0       0
```

/etc/fstab 文件每一行书写一个文件系统的挂装情况，以#开头的行为注释行。文件中每一列的栏位说明如表 12-4 所示。

表 12-4　fstab 文件栏位说明

栏　位	说　明
file system	要挂装的设备
mount point	挂装点
type	挂装的文件系统类型
options	挂装选项。挂装设备时可以设置多个选项，不同选项间用逗号隔开
dump	使用 dump 命令备份文件系统的频率，空白或者值为零时，系统认为无需备份
pass	开机时 fsck 命令会自动检查文件系统，pass 规定了检查的顺序。挂装到/分区的文件系统，此栏位应是 1，其余是 2，0 表示不需检查

例如，要在系统启动过程中将 ext4 格式的/dev/sdb6 挂装到/www 目录，可以在/etc/fstab 文件中添加：

```
/dev/sdb6    /www              ext4      defaults          0        0
```

修改/etc/fstab 文件后执行命令：

```
# mount -a
```

就可以在当前生效。

6．静态分区的缺点

在安装 Linux 的过程中，如何正确地评估各分区大小是一个难题，因为系统管理员不但要考虑到当前某个分区需要的容量，还要预见该分区以后可能需要的容量的最大值。因为如果估计不准确，当遇到某个分区不够用时系统管理员甚至可能要备份整个系统、清除硬盘、重新对硬盘分区，然后恢复数据到新分区。

某个分区空间耗尽时，通常的解决方法如下。

- 使用符号链接：将破坏 Linux 文件系统的标准结构。
- 使用调整分区大小的工具（如 Patition Magic 等）：必须停机一段时间进行调整。
- 备份整个系统、清除硬盘、重新对硬盘分区，然后恢复数据到新分区：必须停机一段时间进行恢复操作。

> 提示　使用静态分区，当某个分区空间耗尽时只能暂时解决问题，而没有从根本上解决问题。使用 Linux 的逻辑盘卷管理可以从根本上解决这个问题，使得用户在无须停机的情况下就可以方便地调整各个逻辑卷的大小。

12.1.2　LVM 相关概念

1．什么是 LVM

LVM 是逻辑盘卷管理（Logical Volume Manager）的简称，它是 Linux 环境下对磁盘分区进行管理的一种机制，LVM 是建立在硬盘和分区之上的一个逻辑层，为文件系统屏蔽下层磁盘分区布局，从而提高磁盘分区管理的灵活性。通过 LVM 系统，管理员可以轻松管理磁盘分区，如将若干个磁盘分区连接为一个整块的卷组（Volume Group），形成一个存储池。管理员可以在卷组上随意创建逻辑卷（Logical Volume），并进一步在逻辑卷上创建文件系统。管理员通过 LVM 可以方便地调整存储卷组的大小，并且可以对磁盘存储按照组的方式进行命名、管理和分配，例如按照使用用途进行定义“development”和“sales”，而不是使用物理磁盘名“sda”和“sdb”。而且当系统添加了新的磁盘，管理员就不必将磁盘的文件移动到新的磁盘上以充分利用新的存储空间，而是通过 LVM 直接扩展文件系统跨越磁盘即可。

2．LVM 基本术语

（1）物理卷（Physical Volume，PV）

- 物理卷在 LVM 系统中处于最底层。
- 物理卷可以是整个硬盘、硬盘上的分区，或从逻辑上与磁盘分区具有同样功能的设备（如 RAID）。
- 物理卷是 LVM 的基本存储逻辑块，但和基本的物理存储介质（如分区、磁盘等）相比，却包含有与 LVM 相关的管理参数。

（2）卷组（Volume Group，VG）

- 卷组建立在物理卷之上，它由一个或多个物理卷组成。
- 卷组创建之后，可以动态地添加物理卷到卷组中，在卷组上可以创建一个或多个“LVM 分区”（逻辑卷）。
- 一个 LVM 系统中可以只有一个卷组，也可以包含多个卷组。
- LVM 的卷组类似于非 LVM 系统中的物理硬盘。

（3）逻辑卷（Logical Volume，LV）

- 逻辑卷建立在卷组之上，它是从卷组中“切出”的一块空间。
- 逻辑卷创建之后，其大小可以伸缩。
- LVM 的逻辑卷类似于非 LVM 系统中的硬盘分区，在逻辑卷之上可以建立文件系统（比如，/home 或者/usr 等）。

（4）物理区域（Physical Extent，PE）

- 每一个物理卷被划分为基本单元（称为 PE），具有唯一编号的 PE 是可以被 LVM 寻址的最小存储单元。
- PE 的大小可根据实际情况在创建物理卷时指定，默认为 4 MB。
- PE 的大小一旦确定将不能改变，同一个卷组中的所有物理卷的 PE 的大小需要一致。

（5）逻辑区域（Logical Extent，LE）

- 逻辑区域也被划分为可被寻址的基本单位（称为 LE）。
- 在同一个卷组中，LE 的大小和 PE 是相同的，并且一一对应。
- 与非 LVM 系统将包含分区信息的元数据保存在位于分区的起始位置的分区表中一样，逻辑卷以及卷组相关的元数据也是保存在位于物理卷起始处的卷组描述符区域（Volume Group Descriptor Area，VGDA）中。VGDA 包括以下内容：PV 描述符、VG 描述符、LV 描述符和一些 PE 描述符。图 12-1 描述了它们之间的关系。

3．LVM 与文件系统之间的关系

图 12-2 描述了 LVM 与文件系统之间的关系。

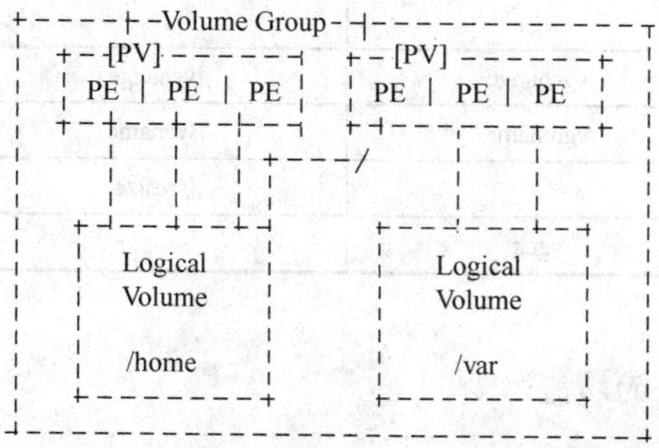

图 12-1　PV-VG-LV-PE 关系图

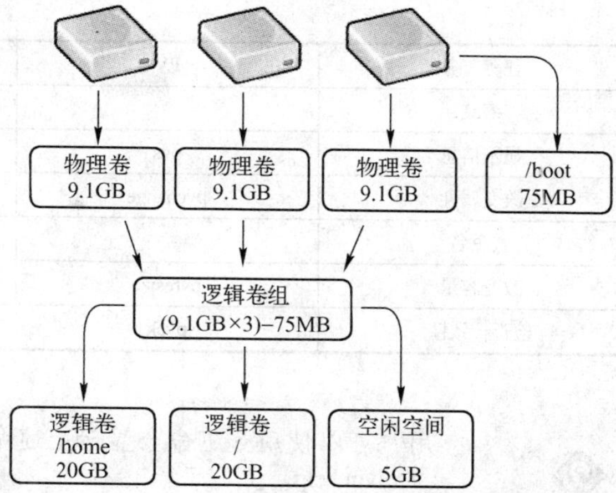

图 12-2　LVM 与文件系统之间的关系图

注意　/boot 分区不能位于卷组中，因为引导装载程序无法从逻辑卷中读取。如果想把/分区放在逻辑卷上，必须创建一个与卷组分离的/boot 分区。

4．PV-VG-LV 的设备名

PV-VG-LV 的含义及设备名如表 12-5 所示。

表 12-5　PV-VG-LV 的含义及设备名

	含　义	设　备　名
PV	物理卷：磁盘或分区	/dev/sda?
VG	卷组：一组磁盘和/或分区	/dev/<VG name>/（目录）
LV	逻辑卷：LVM 分区	/dev/<VG name>/<LV name>

5．CentOS 6 下的 LVM

CentOS 从版本 4 开始使用新一代的 LVM2。LVM2 比 LVM1 提供了更多的功能：

- 在线调整卷的大小。
- 允许以可读和可写的模式建立卷快照（Volume Snapshot）。

CentOS 实现 LVM 的软件包名为 lvm2，且一般是被默认安装的。可以使用如下命令安装或进行更新：

```
# yum -y install lvm2
```

软件包 lvm2 中提供了一系列的 LVM 工具。表 12-6 列出了 LVM 常用的命令。

表 12-6　LVM 常用的命令

任　务	PV	VG	LV
创建	pvcreate	vgcreate	lvcreate
删除	pvremove	vgremove	lvremove
扫描列表	pvscan	vgscan	lvscan
显示属性	pvdisplay	vgdisplay	lvdisplay
扩展		vgextend	lvextend

（续）

任　务	PV	VG	LV
缩减		vgreduce	lvreduce
显示信息	pvs	vgs	lvs
改变属性	pvchange	vgchange	lvchange
重命名		vgrename	lvrename
改变容量	pvresize		lvresize
检查一致性	pvck	vgck	

提示

用户可以使用如下命令显示上述命令的功能：

```
# lvm help
```

并可以使用命令参数-h 查看每个命令的使用方法，例如：

```
# pvcreate -h
```

12.1.3 管理 LVM

1．创建卷

表 12-7 列出了创建卷（物理卷、卷组、逻辑卷）的 LVM 命令。

表 12-7　创建卷的 LVM 命令

功　能	命　令	说　明
创建物理卷	pvcreate <磁盘或分区设备名>	创建物理卷的分区类型为 8e
创建卷组	vgcreate <卷组名> <物理卷设备名> [...]	将若干物理卷添加到卷组中
创建逻辑卷	lvcreate <-L 逻辑卷大小> <-n 逻辑卷名> <卷组名> lvcreate <-l PE 值> <-n 逻辑卷名> <卷组名>	指定逻辑卷大小时可以使用的单位有：kK、mM、gG、tT。默认为 M

提示

在创建逻辑卷时，可以使用选项<-l PE 值>指定逻辑卷的大小。PE 值可以通过使用命令 vgdisplay|grep "Free PE" 获得。

例如，下面的命令将创建两个物理卷。

```
# pvcreate /dev/sdb1
  Physical volume "/dev/sdb1" successfully created
# pvcreate /dev/sdb5
  Physical volume "/dev/sdb5" successfully created
```

下面的命令使用已创建的两个物理卷创建名为 wwwVG 的卷组。

```
# vgcreate wwwVG /dev/sdb1 /dev/sdb5
  Volume group "wwwVG" successfully created
```

下面的命令可以在 wwwVG 卷组中创建大小为 2GB、名字为 www 的逻辑卷。

```
# lvcreate -L 2G -n www wwwVG
  Logical volume "www" created
```

2. 查看卷

表 12-8 列出了查看卷（物理卷、卷组、逻辑卷）信息的 LVM 命令。

表 12-8　查看卷信息的 LVM 命令

功　能	命　令	说　明
查看物理卷	pvdisplay [<物理卷设备名>]	省略设备名将显示所有物理卷
查看卷组	vgdisplay [<卷组名>]	省略设备名将显示所有卷组
查看逻辑卷	lvdisplay [<逻辑卷卷设备名>]	省略设备名将显示所有逻辑卷

3. 调整卷

表 12-9 列出了调整（扩展、缩减）卷（卷组、逻辑卷）的 LVM 命令。

表 12-9　调整卷的 LVM 命令

功　能	命　令	说　明
扩展卷组	vgextend <卷组名> <物理卷设备名> [...]	将指定的物理卷添加到卷组中
缩减卷组	vgreduce <卷组名> <物理卷设备名> [...]	将指定的物理卷从卷组中删除
扩展逻辑卷	lvextend <-L +逻辑卷增量> <逻辑卷设备名称> lvextend <-l　+PE 值>　<逻辑卷设备名称>	扩展逻辑卷之后，才能扩展逻辑卷上的文件系统的大小
缩减逻辑卷	lvreduce <-L -逻辑卷增量> <逻辑卷设备名称> lvreduce <-l　-PE 值>　<逻辑卷设备名称>	缩减逻辑卷之前，一定要先缩减逻辑卷上的文件系统的大小

例如，下面的命令将两个物理卷扩展到已存在的 VolGroup00 卷组中。

```
# vgextend VolGroup00 /dev/sdb1 /dev/sdb2
  Volume group "VolGroup00" successfully extended
```

下面的命令用于在 VolGroup00 卷组中扩展 LogVolHome 逻辑卷，扩展大小为 6GB。

```
# lvextend -L +6G /dev/VolGroup00/LogVolHome
  Extending logical volume LogVolHome to 8.91GB
  Logical volume LogVolHome successfully resized
```

4. 扩展逻辑卷举例

下面给出一个 LVM 的应用实例。安装一块新硬盘扩展系统中已经存在的 VolGroup00 卷组中的 LogVolHome 逻辑卷，操作过程为：

- 在系统中添加一块新硬盘，并创建分区类型为 lvm 的分区。
- 新硬盘上创建物理卷。
- 将新创建的物理卷扩展到 VolGroup00 卷组。
- 扩展 VolGroup00 卷组中的 LogVolHome 逻辑卷。
- 对 LogVolHome 逻辑卷上的文件系统进行容量扩展。

操作步骤 12.2　使用新硬盘扩展已经存在的 VolGroup00 卷组中的 LogVolHome 逻辑卷。

```
// 1. 添加第二块硬盘并分区
// 对系统中第二块硬盘进行分区，假设硬盘大于 2TB，使用 GPT 分区表
# parted /dev/sdb mklabel gpt
# parted /dev/sdb mkpart primary 1 -1
# parted /dev/sdb set 1 lvm on
```

```
//2. 创建物理卷
#   pvcreate /dev/sdb1
    Physical volume "/dev/sdb1" successfully created
//3. 扩展已经存在的 VolGroup00 卷组
// 查看系统中的卷组
#   vgscan
    Reading all physical volumes.   This may take a while...
    Found volume group "wwwVG" using metadata type lvm2
    Found volume group "VolGroup00" using metadata type lvm2
// 将新创建的物理卷扩展到已存在的 VolGroup00 卷组中
#   vgextend VolGroup00 /dev/sdb1
    Volume group "VolGroup00" successfully extended
// 查看卷组 VolGroup00 的状态
#   vgdisplay
    --- Volume group ---
    VG Name                     VolGroup00
    System ID
    Format                      lvm2
    Metadata Areas              3
    Metadata Sequence No        5
    VG Access                   read/write
    VG Status                   resizable
    MAX LV                      0
    Cur LV                      3
    Open LV                     3
    Max PV                      0
    Cur PV                      3
    Act PV                      3
    VG Size                     15.31GB
    PE Size                     32.00MB
    Total PE                    490
    Alloc PE / Size             252 / 7.88GB
    Free   PE / Size            238 / 7.44GB
    VG UUID                     p3q80x-Gxrf-qGH1-GOkq-91Gu-ZefK-F8rOtb
//4. 扩展 LogVolHome 逻辑卷
// 显示已存在的 LogVolHome 逻辑卷的状态
#   lvdisplay /dev/VolGroup00/LogVolHome
    --- Logical volume ---
    LV Name                     /dev/VolGroup00/LogVolHome
    VG Name                     VolGroup00
    LV UUID                     q6j2U1-g5u9-inAj-zWNy-hrK7-T71j-N59hMZ
    LV Write Access             read/write
    LV Status                   available
    #   open                    1
    LV Size                     2.91GB
    Current LE                  93
```

```
    Segments                    1
    Allocation                  inherit
    Read ahead sectors          0
    Block device                253:1
// 在 VolGroup00 卷组中扩展 LogVolHome 逻辑卷，扩展大小为 6GB
#   lvextend -L +6G /dev/VolGroup00/LogVolHome
    Extending logical volume LogVolHome to 8.91GB
    Logical volume LogVolHome successfully resized
// 重新显示 LogVolHome 逻辑卷的状态
#   lvdisplay /dev/VolGroup00/LogVolHome
    --- Logical volume ---
    LV Name                     /dev/VolGroup00/LogVolHome
    VG Name                     VolGroup00
    LV UUID                     q6j2U1-g5u9-inAj-zWNy-hrK7-T71j-N59hMZ
    LV Write Access             read/write
    LV Status                   available
    #   open                    1
    LV Size                     8.91GB
    Current LE                  285
    Segments                    3
    Allocation                  inherit
    Read ahead sectors          0
    Block device                253:1
// 5. 为 home 文件系统（ext4）扩充容量
#   df /home
  Filesystem             1K-blocks        Used Available Use% Mounted on
  /dev/mapper/VolGroup00-LogVolHome
                           2951952      107668   2691916    4% /home
// 使用 resize2fs 命令扩展逻辑卷的大小
#   resize2fs -f /dev/VolGroup00/LogVolHome
  resize2fs 1.41.12 (17-May-2010)
  Resizing the filesystem on /dev/VolGroup00/LogVolHome to 2334720 (4k) blocks.
  The filesystem on /dev/VolGroup00/LogVolHome is now 2334720 blocks long.
#
#   df /home
  Filesystem             1K-blocks        Used Available Use% Mounted on
  /dev/mapper/VolGroup00-LogVolHome
                           9052536      109888   8569096    2% /home
```

注意　对文件系统调整大小是非常危险的操作，虽然从技术上这样是可行的，但是仍然有很大风险。用户在使用 resize2fs 命令调整文件系统容量之前，必须进行完整备份（尤其是缩减文件系统时）。

12.2 备份与同步

12.2.1 备份

1．什么是备份

硬件故障、软件损坏、病毒侵袭、黑客骚扰、错误操作以及其他意想不到的原因时时都在威胁着服务器安全，随时可能使系统崩溃而无法工作。避免损失行之有效、有时甚至是唯一的办法就是备份。备份是系统管理工作中十分重要的一个环节。

备份就是把一个文件系统或其部分文件存储到另外的介质中，使得通过这些介质中的记录信息可以恢复原有的文件系统或其中的某些文件。

备份数据的过程就是复制重要的数据到其他的介质之上，以保证在原始数据丢失的情况下可以恢复数据。一次备份可能是简单的 cp 命令，将一个文件复制到其他目录下，也可能是使用特定的程序将数据流写进一个特定的设备中的复杂过程。

在 Linux 环境下可以通过各种各样的方法来执行备份。所涉及的技术从非常简单的脚本驱动的方法到精心设计的商业化软件。备份可以保存到远程网络设备、磁带驱动器和其他可移动存储介质上。备份可以是基于文件的或基于映像的。可用的选项很多，可以混合搭配这些技术，为环境设计理想的备份计划。

要实施备份，系统管理员要考虑如下几个因素：

- 选择备份介质。
- 选择备份策略。
- 选择要备份的数据。
- 选择合适的备份工具。
- 选择是否进行远程备份或网络备份。
- 备份的自动化（备份周期和备份文件的存放周期）。

2．备份介质的选择

备份离不开存储设备和介质。当前可用来备份的设备很多，除软盘、本地硬盘外，CD-R、CD-RW 光盘、Zip 磁盘、活动硬盘、移动存储设备以及磁带机等都可以很方便地买到。

随着 SATA 接口硬盘价格不断下跌，使用硬盘备份逐渐成为中小型企业、个人的最佳选择。对于硬盘备份来说，如下方式的安全性逐渐降低，应该尽量选择序号靠前的方式：

1）不同建筑中另一台计算机中的硬盘。

2）同一建筑中另一台计算机中的硬盘。

3）同一房间中另一台计算机中的硬盘。

4）本计算机中的另一块专用于备份的硬盘。

5）本计算机中与系统同在一块硬盘中的另一个用于备份的分区。

3．备份策略

一般可以采取三种可用的备份策略。

（1）完全（Full）备份

每隔一段时间对系统进行一次完全的备份，这样在备份时间间隔内，一旦系统发生故障数据丢失时，就可以用上一次的备份数据恢复到上一次备份时的情况。

（2）增量（Incremental）备份

首先进行一次完全备份，然后每隔一个较短时间进行一次备份，但仅备份在这个期间更改的内容。这样一旦发生数据丢失，首先恢复到前一个完全备份，然后按日期逐个恢复每天的备份，就能恢复到前一天的情况。这种备份方法比较经济。

（3）差分（Differential）备份

差分备份也称累计备份。这种备份方法与增量备份相似，首先每月进行一次完全备份，然后备份从上次进行完全备份后更改的全部数据文件。一旦发生数据丢失，使用一个完全备份和一个差分备份就可以恢复到故障以前的状态。差分备份只需两次恢复，因此它的恢复工作相对简单。

增量备份和差分备份都能以比较经济的方式对系统进行备份。如果系统数据更新不是太频繁的话，可以选用差分备份。如果系统数据更新太快，使每个备份周期后的几次差分备份的数据量相当大，这时候可以考虑增量备份或混用差分备份和增量备份的方式，或者缩短备份周期。

表 12-10 对这三种备份策略做了比较。

表 12-10　三种备份策略的比较

备 份 方 式	备 份 内 容	工　作　量	恢复步骤	备份速度	恢复速度	优　缺　点
完全备份	全部内容	大	一次操作	慢	很快	占用空间大，恢复快
增量备份	每次修改后的单个内容	小	多次操作	很快	中	占用空间小，恢复麻烦
差分备份	每次修改后的所有内容	中	二次操作	快	快	占用空间较小，恢复快

4. 确定要备份的数据

Linux 区别于其他大多数操作系统的一个方面是操作系统和大多数应用程序一次同时被安装，而 Windows 或者其他 UNIX 系统则是应用程序与操作系统分开安装的，首先安装操作系统，然后才逐渐安装各个应用程序，对于这样的系统，备份整个系统才是必要的，这些操作系统在初次安装时需要花费大量的时间和精力。而对于 Linux 来说，初次或再次安装一个基本系统（包括绝大多数应用程序）是非常简单和快速的。

系统中的大部分内容都是非常稳定的，而不稳定部分主要如下。

- /etc：包含所有配置文件。
- /var：包含系统守护进程（服务）所使用的信息，包括 DNS 配置、DHCP 租期、邮件缓冲文件、默认 HTTP 服务器文件等。
- /srv：包含本地服务文件。
- /usr/local：包含那些相对系统来说“本地化”的内容。
- /root：根用户的主目录。
- /opt：是安装许多非系统文件的地方。
- /home：包含所有普通用户的用户主目录。

一般只要备份这几部分就可以了，其余的系统内容可以通过安装盘获得。由于系统数据并不经常发生改变，所以一般只有当系统内容发生变化时才进行备份。

以上只是粗略地列出了要备份的目录，当然可以进行更详细的筛选，如 Apache 的配置、postfix 的配置、vsftpd 的配置、MySQL 的配置；网站数据、邮件数据、FTP 站点数据等。

管理员应该针对所选定的要备份的数据实施备份策略、安排备份计划。例如，每月进行一次完全备份，每周进行一次差分备份，每天做一次增量备份。

5．常用的备份工具

表 12-11 列出了 Linux 环境下常用的备份工具。

表 12-11　Linux 环境下常用的备份工具

分类	工具	RPM 软件包	Yum 仓库	主页
GNU 传统工具	tar	tar	官方	http://www.gnu.org/software/tar/
	cpio	cpio	官方	http://www.gnu.org/software/cpio/
	cp 和 dd	coreutils	官方	http://www.gnu.org/software/coreutils/
文件系统工具	dump/restore	dump	官方	http://dump.sourceforge.net/
	xfsdump/xfsrestore	xfsdump	官方	http://oss.sgi.com/projects/xfs/
分区镜像工具	clonezilla	-	-	http://clonezilla.org/
	Partimage	partimage partimage-server	EPEL	http://www.partimage.org/
同步/镜像/快照工具	rsync	rsync	官方	http://rsync.samba.org/
	unison	unison240	EPEL	http://www.cis.upenn.edu/~bcpierce/unison/
	rdiff-backup	rdiff-backup	EPEL	http://www.nongnu.org/rdiff-backup/
	duplicity	duplicity	EPEL	http://www.nongnu.org/duplicity/
	rsnapshot	rsnapshot	EPEL	http://www.rsnapshot.org/
网络备份工具	Amanda	amanda amanda-server	官方	http://www.amanda.org
	BackupPC	BackupPC	EPEL	http://backuppc.sourceforge.net/
	Bacula	bacula-*	官方	http://www.bacula.org

6．备份、同步与快照

备份是为了在系统出现故障后能恢复到从前正确的状态。可以使用三种备份策略通过保留备份历史归档文件来完成。可以使用 tar 命令保存归档文件。为了提高备份效率，也可以使用 rsync 结合 tar 来完成。

另一种是无须保留备份历史归档的情况。若无须从历史备份恢复到正确状态，而只备份系统最“新鲜”的状态，此时通常称为同步或镜像。这可以简单地使用 rsync 命令或基于 librsync 库的同步工具来完成。这里的同步/镜像是软件级别的，还有其他的基于设备级别的同步/镜像技术，例如：RAID1 设备、DRBD 设备等。

使用 rsync 命令还可以做快照（Snapshot）型增量备份。其核心思想是：对有变化的文件进行复制；对无变化的文件创建硬链接以减少磁盘占用。因为每一个快照都相当于一个完全备份，因此只需要一次操作即可恢复一个快照（使用一个 rsync 命令即可恢复）。快照型增量备份创建硬链接来减少磁盘占用，而不像 tar 归档那样使用压缩技术来减少磁盘占用，因此要恢复快照型增量备份比经过压缩的 tar 归档文件要快。虽然可以编写使用 rsync 命令的 Shell 脚本实现快照，但通常会使用更方便的 rsnapshot 工具来实现。

7．备份注意事项

（1）记录系统的更改

记录对系统的修改的最好工具是一杆笔和一个记录本。记录下对系统进行了哪些修改的详细描述，以及为什么要进行修改是非常必要的。即使在一个单独的目录下安装了一个新的软件（比较容易查找修改），也应详细地记录如何安装的程序，什么时候安装的以及是否有任何还不是非常清楚的事情。总之，记录系统的更改将对系统的备份和恢复起到重要的作用。

(2) 建立备份日志

在系统管理员对用户数据进行增量备份或差分备份的恢复时，常常会出现如下的情况：当需要恢复几天前的数据时，却不知道哪些文件保存在哪一个备份介质上。因此，建立备份日志是相当重要的。系统管理员可以制作并印制一些备份日志表格用于记录。表格中应该填写如下的内容：

- 机器名称、IP 地址、存放位置。
- 备份时间。
- 备份介质及其编号。
- 备份的文件系统。
- 备份的目录或文件。
- 使用的备份命令。
- 备份人员及其他。

注意

1）备份是在发生了问题时才会被使用的，此时会依赖于备份，因此管理员必须经常验证所做的备份。一个没有验证的备份甚至比没有备份更糟。

2）保持至少一个备份远离源机器，最好完全放在另外一栋大楼里。这是为了防止源机器所在地发生灾难，如火灾等。

8．使用 rsnapshot 工具实施备份

操作步骤 12.3 使用 rsnapshot 工具实施备份。

```
// 1. 安装 rsnapshot（EPEL 仓库）
# yum install rsnapshot
// 2. 编辑 rsnapshot 的配置文件
# cp /etc/rsnapshot.conf{,.orig}
# vi /etc/rsnapshot.conf
// 确定备份目录
snapshot_root     /.snapshots/
// 确定备份间隔
interval    hourly  6 // 保留 6 个基于小时的备份快照（配合 cron 任务，每隔 4 小时 1 次）
interval    daily   7 // 保留 7 个基于天的备份快照（配合 cron 任务，每天 1 次）
interval    weekly  4 // 保留 4 个基于周的备份快照（配合 cron 任务，每周 1 次）
interval    monthly 3 // 保留 3 个基于月的备份快照（配合 cron 任务，每月 1 次）
// 确定备份内容
backup  /etc/           localhost/
backup  /home/          localhost/
backup  /var/www/       localhost/
backup  /usr/local/     localhost/
backup  /root/          localhost/
// 保存并退出 vi
// 3. 安排 cron 任务
# vi /etc/cron.d/rsnapshot
0 */4       * * *       root    /usr/bin/rsnapshot hourly
```

```
30 3        * * *       root    /usr/bin/rsnapshot daily
0   3        * * 1       root    /usr/bin/rsnapshot weekly
30 2        1 * *       root    /usr/bin/rsnapshot monthly
// 保存并退出 vi
// 4. 手工执行测试
# /usr/bin/rsnapshot hourly
# cat /var/log/rsnapshot
[26/Jun/2014:07:16:56] /usr/bin/rsnapshot hourly: started
[26/Jun/2014:07:16:56] echo 21778 > /var/run/rsnapshot.pid
[26/Jun/2014:07:16:56] mkdir -m 0700 -p /.snapshots/
[26/Jun/2014:07:16:56] mkdir -m 0755 -p /.snapshots/hourly.0/
[26/Jun/2014:07:16:56] /usr/bin/rsync -a --delete --numeric-ids --relative --delete-excluded /etc /.snapshots/hourly.0/localhost/
………………
[26/Jun/2014:07:16:58] touch /.snapshots/hourly.0/
[26/Jun/2014:07:16:58] rm -f /var/run/rsnapshot.pid
[26/Jun/2014:07:16:58] /usr/bin/rsnapshot hourly: completed successfully
```

12.2.2　实时同步

1．周期性同步与实时同步

对于备份而言，安排 cron 任务实施周期性同步便足够了，如操作步骤 12.3 所示。而有些情况则需要实时同步，即一旦发现文件有变化就立即同步。这通常用于小型负载均衡系统中的 Web 应用服务器的数据同步。

2．监控文件系统变化

Inotify 是一种基于内核的文件变化通知机制，Linux 内核从 2.6.13 开始引入了 inotify API 编程接口，用于监控文件系统事件，如文件存取、删除、移动、修改等。自 CentOS 5 开始，默认的内核已经编入了 inotify 机制，执行如下命令可以检测当前的内核是否支持 inotify 机制。

```
# grep INOTIFY_USER /boot/config-$(uname -r)
CONFIG_INOTIFY_USER=y
```

inotify-tools（EPEL 仓库提供）是在 shell 环境中使用 inotify 功能的一套辅助工具。使用 inotify-tools 提供的 inotifywait、inotifywatch 工具，编写合适的 shell 脚本程序，可以完成许多触发式的系统管理任务。通过监控本地源目录中的文件修改、删除、新建等变化，可以实时触发 rsync 命令，与远程的目标主机保持同步。

使用 inotify 功能的更方便的工具是 incron 和 lsyncd（EPEL 仓库提供了它们）。

- incron（inotify cron）是基于 inotify 的 cron 系统，与 Linux 的 cron 一样，它包含一个后台守护进程（incrond）和一个事件编辑器（incrontab）。Linux 的 cron 基于指定的时间执行，而 incrond 仅当被监控的某个文件或目录的 inotify 事件发生时才触发执行。
- lsyncd（Live Syncing (Mirror) Daemon）是一个使用 lua 语言编写的轻量级的在线镜像解决方案。它安装方便，不需要用于同步的新的文件系统和设备，也不妨碍本地文件系统的性能。守护进程 lsyncd 收集几秒钟内的 inotify 事件，然后创建一个或多个进程将本地文件系统上的变化同步到远程（或本地的其他目录）。默认是以 rsync 方式同步，同时支持 rsync+ssh 方式。

3．使用 lsyncd 实现实时同步

操作步骤 12.4 使用 lsyncd 实现实时同步。

```
// 1. 安装 lsyncd（EPEL 仓库）
# yum install lsyncd
// 2. 配置基于 SSH 用户密钥访问的 rsync
// 为了避免在目标服务器上配置 rsyncd 服务器，可以采用 rsync+ssh 的方式
// 请参考操作步骤 6.6 配置无私钥保护短语的 ssh 密钥登录目标服务器（192.168.0.252）
// 确保可以无须口令能直接登录远程主机 192.168.0.252
# ssh 192.168.0.252
Last login: Thu Jun 26 17:34:21 2014 from 192.168.0.192
// 并确保 192.168.0.252 上安装了 rsync
# rsync --version
# logout
// 3. 修改 lsyncd 配置文件
# vi /etc/lsyncd.conf
// 添加如下的配置行
// 使用 rsync+ssh 的方式将本地目录/var/www 的变化同步到主机 192.168.0.252 的/var/www/
sync{default.rsyncssh, source="/var/www", host="192.168.0.252", targetdir="/var/www/"}
// 使用 rsync+ssh 的方式将本地目录/var/lib/tomcat/webapps 的变化同步到主机
// 192.168.0.252 的/var/lib/tomcat/webapps/
sync{default.rsyncssh, source="/var/lib/tomcat/webapps", host="192.168.0.252", targetdir="/var/lib/tomcat/webapps/"}
// 修改后，保存退出 vi
// 4. 启动 lsyncd 服务并保证开机启动
# service lsyncd start
# chkconfig lsyncd on
```

12.3 故障排查

12.3.1 故障排查概述

1．主机故障排查

（1）系统启动故障

熟悉系统的启动过程，当故障出现时首先要判断故障发生时的启动阶段，然后再根据具体情况进行修复。通常情况下，要修复系统启动故障，需要使用单用户运行级别或引导援救环境进行修复。

（2）文件系统故障

- 检查/etc/fstab 配置文件的正确性。
- 使用 fsck 命令检查文件系统。

（3）用户登录故障

- 若普通用户口令丢失，超级用户可以使用 passwd 命令为用户重新设置；若超级用户口令丢失，可以启动单用户模式重新设置超级用户口令。
- 若用户账号过期，超级用户可以使用 chage 命令为用户重新设置期限。
- 进一步检查 PAM 的登录配置（/etc/pam.d/{login,system-auth}）。

2．网络故障排查

（1）排除非自身因素

首先需要排除的是非自身因素，即是否由于所登录的站点停机或互联网中的网络故障造成的不能正常访问某站点。可以检测互联网中的其他知名站点是否可以访问（所有的商业站点不可能都同时停机）。

（2）查看本机 IP 地址

如确定不是互联网出现了问题，就可以从自身找原因了。

- 使用 ifconfig 命令查询本机的 IP 地址是否设置正确。
- 使用 route 命令查询系统路由表是否正确，尤其是默认网关地址是否正确。
- 检测本机 IP 地址是否与所设定的网关在同一网段。

（3）检测与网关的连接

上面的步骤如果都正确，进行下面的测试：

- 使用 ping 命令测试与网关的网络连接是否正确，如果不正确，可能是与网关主机的连接出现了问题。
- 使用 ping 命令测试与局域网中的其他主机的网络连接是否正确，如果也不正确，说明当前主机与局域网连接有问题。

（4）检测与互联网的连接

如果主机与网关的连接正确，可进行测试：使用 ping 命令测试与互联网中主机的网络连接，如果不正确，可能是网关接入互联网出现了问题。

通常情况下可以 ping 互联网中 DNS 服务器的 IP 地址，因为在不能正常进行域名解析时，DNS 服务器的 IP 地址是最容易获得的，并且测试与 DNS 服务器的网络连接也很必要。只有确定与 DNS 服务器的网络连接正确，才有可能正常地解析域名。

（5）测试域名解析

如果本机与互联网中的主机连接正常，并且能够与 DNS 服务器正常连接，下一步需要使用 nslookup/dig/host 命令测试当前主机使用的 DNS 服务器是否能够正确进行域名解析。

如果该 DNS 服务器不能正常解析域名，可以更换其他的 DNS 服务器并进行测试。

（6）测试与特定站点的连接

确认 DNS 服务器的域名解析没有问题后，可以使用 ping 命令测试与指定域名主机的连接。

（7）若本机的服务无法被访问

首先确定服务是否已经启动。若已经启动可以依次检查与此服务相关的访问控制机制：

- 服务的主配置文件中的访问控制配置。
- xinetd 的访问控制配置（若此服务以 xinetd 启动）。
- TCP Wappers（若此服务支持 TCP Wappers 访问控制）。
- IPTABLES 防火墙规则。
- PAM 配置（与系统账户相关的服务，如 SSH 服务、基于本地用户的 FTP 服务等）。
- SELINUX 配置（若系统启用了 SELINUX）。

当然网络中出现的故障大都是不可预见的，还需要根据实际的情况分析并加以解决，上面的描述只是最一般的步骤。

（8）网络监视与故障排查常用工具，如表 12-12 所示。

表 12-12　网络监视与故障排查常用工具

软件包	工具	说明
net-tools	/bin/netstat	显示网络状态
lsof	/usr/sbin/lsof	查看正在运行中的进程打开了哪些文件、目录和套接字
nc	/usr/bin/nc	使用 TCP 或 UDP 在网络连接中读取并写入数据
mtr	/usr/sbin/mtr	是一个将 ping 和 traceroute 并入一个程序的网络诊断工具
tcpdump	/usr/sbin/tcpdump	监视分析网络流量（http://www.tcpdump.org）
iptraf	/usr/bin/iptraf	基于控制台的实时网络状态监视工具（http://iptraf.seul.org/）
nmap	/usr/bin/nmap	网络探索或安全评测的工具，经常用于扫描服务器开启的端口

12.3.2　系统修复运行级别

1．用于修复的运行级别

在 CentOS 中提供了三种用于系统修复的运行级别：运行级别 1、运行级别 S、运行级别 emergency。有如下两种方式进入系统修复运行级别，进而修复系统故障：

- 当系统的启动引导器（GRUB）能正常运行时，可以在 GRUB 的菜单中为内核传递参数进入。
- 当系统正在运行时，可以使用 init [1/s/-b] 命令进入。

图 12-3 显示了这三种用于修复的运行级别的启动流程。

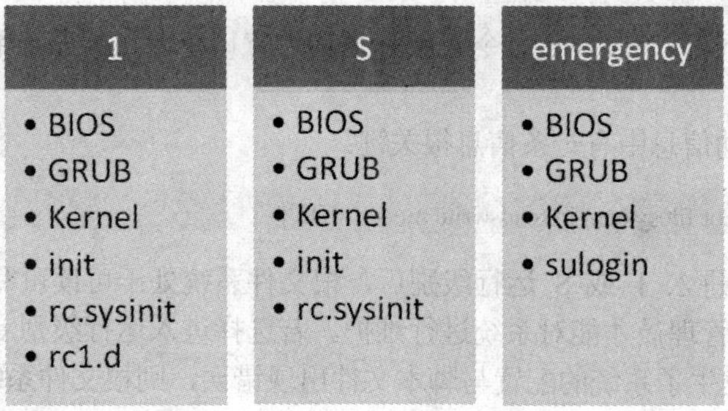

图 12-3　三种用于系统修复的运行级别的启动流程

（1）运行级别 1 用于修复如下故障

- 修复运行级别 2～5 中发生的错误。
- 重新设置超级用户口令。
- 修复系统的分区、LVM 和文件系统故障。
- 进行系统的备份和恢复。
- 修复 PAM 故障等。

（2）运行级别 S 用于修复如下故障

● 修复运行级别 1 可以修复的故障。
● 修复运行级别 1 中发生的故障。

（3）运行级别 emergency 用于修复如下故障

● 修复运行级别 S 可以修复的故障。
● 修复运行级别 S 中发生的故障。

2．丢失 root 口令的解决方法

下面以重新设置 root 口令为例，讲述用于系统修复的运行级别的使用方法。

当用户不慎忘记 root 用户的口令时，可以进入单用户模式重新设置 root 用户口令。

首先在如图 1-17 所示的界面中，将光标移动到启动项上，按〈a〉键进入 append 模式，如图 12-4 所示。

图 12-4　使用“a”操作按键编辑 kernel 参数

在光标处添加一个空格然后输入 single（表示启动 Linux 后进入单用户模式）并按〈Enter〉键。启动后进入如图 12-5 所示的界面。

图 12-5　Linux 的单用户模式

在“#”提示符下输入 passwd 命令为 root 重新设置口令，设置完毕输入 init 3 命令切换为多用户模式即可。

在图 12-5 的启动信息中有一条信息很关键：

```
Remounting root filesystem in read-write mode：[OK]
```

正常情况下，当进入 1 或 S 运行级别后，根文件系统处于可读可写状态。只有根文件系统是可读写的，系统管理员才能对系统进行维护。若选择进入运行级别 emergency 或者在进入 1 或 S 运行级别时发生了系统的配置与脚本文件出现错误，则根文件系统进入“read-only file system”只读状态。此时，可以使用如下命令以读写方式重新挂装根文件系统：

```
sh-3.1 # mount -o remount rw -t ext4 /
```

12.3.3　系统援救环境

1．援救环境简介

使用三种用于修复的运行级别可以修复大多数系统故障。若是在执行 init 守护进程之前发生故障，则三种用于修复的运行级别就无能为力了。

为此，在 RHEL/CentOS 的安装程序 Anaconda 中提供了一种援救环境（Rescue

Environment)，启用援救环境可以使用安装介质中的内核引导系统，从而绕过硬盘上的执行 init 服务之前的错误。进入援救环境之后，便可以使用其提供的各种工具对系统进行修复。

2．进入援救环境的一般步骤

1）在 BIOS 中，设置首个启动驱动器为 CDROM。

2）使用 CentOS 安装光盘启动。进入援救环境需要使用 CentOS 的第一张安装 CD 或 DVD 安装盘从主机的光盘驱动器引导系统，方法类似 CentOS 的光盘安装过程。

3）选择进入援救环境。使用 CentOS 安装光盘启动，在菜单中选择“Rescue installed system”并按〈Enter〉键确认，如图 12-6 所示。

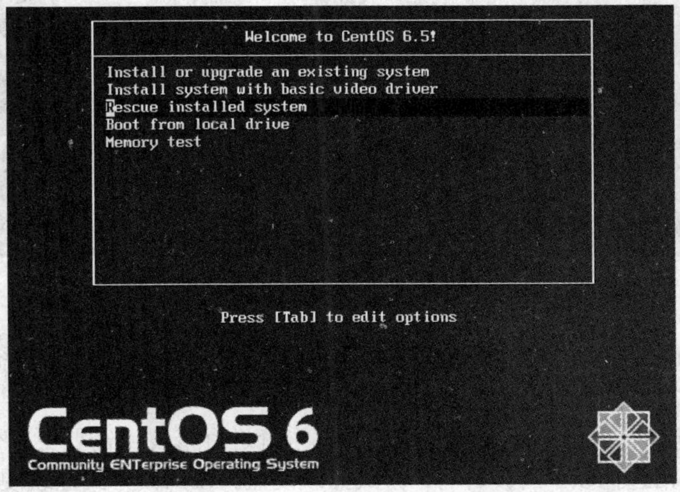

图 12-6　选择进入援救环境

4）选择语言和键盘类型。在援救环境的引导过程中，需要像安装过程一样选择使用的语言和键盘类型。

5）配置网络连接。在援救环境的引导过程中会提示用户选择是否进行网络配置，如图 12-7 所示。

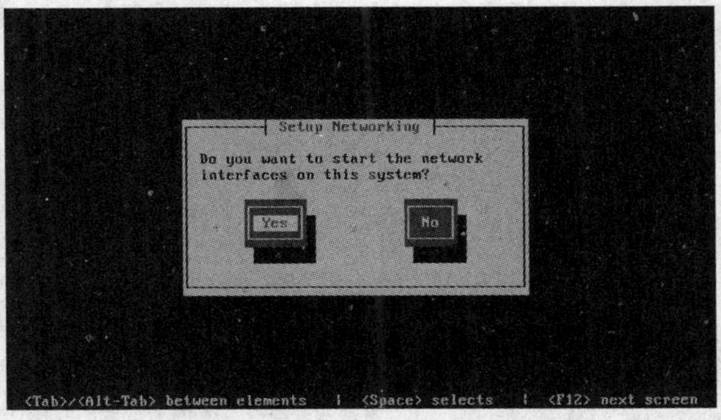

图 12-7　援救环境的网络配置

在援救环境下是否配置网络需要根据系统管理的需求进行选择，如果选择“Yes”将配置网络属性，后续的操作步骤与系统安装过程中的相应步骤类似，在此不进行重复讲解；选择“No”可以不进行网络属性配置，而进入后续的引导步骤。

当需要从网络获取软件包或文件进行系统的修复操作时，就一定需要在此步骤中配置网络属性了。

6）挂载硬盘上的文件系统。进入援救环境最关键的配置步骤是选择挂载硬盘中原有文件系统的方式，如图 12-8 所示。

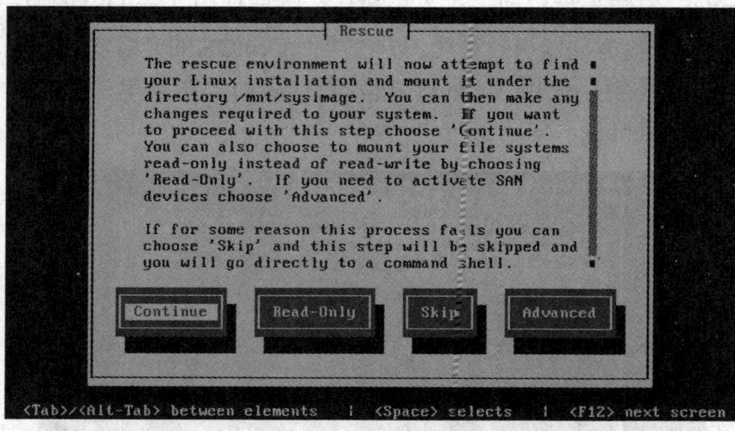

图 12-8　硬盘文件系统挂载设置

如选择“Continue”，将以“可读可写”的方式挂载硬盘中的文件系统；而选择“Read-Only”时会以只读方式挂载硬盘中的文件系统。

由于援救环境常用于对不能正常启动的硬盘系统进行修复，需要更新硬盘文件系统中的文件内容，因此通常选择以“可读可写”方式挂载硬盘。以只读方式挂载硬盘文件系统常用于对硬盘数据进行备份，并可避免硬盘中的现有数据被更改。

7）进入援救环境。由于在援救环境下 Linux 系统是使用光盘进行引导启动的（类似于 LiveCD），其根（/）文件系统并不是硬盘中的根文件系统。而引导程序会自动挂载硬盘中的文件系统到当前 Linux 系统中的“/mnt/sysimage”目录中，并提示用户确认后进入到援救环境中，如图 12-9 所示。

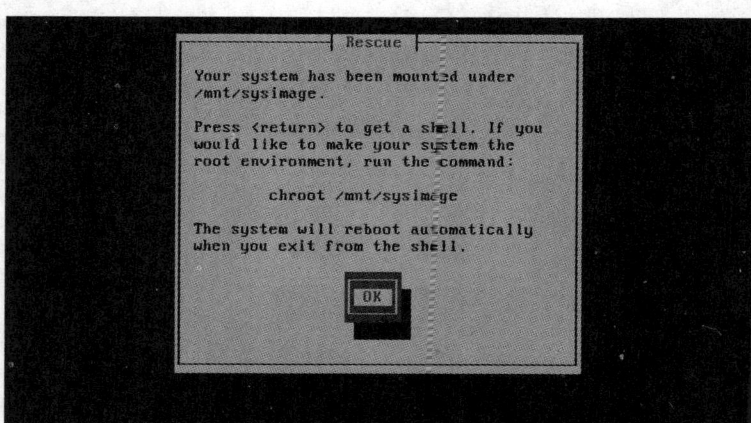

图 12-9　进入援救环境确认

同时界面中还提示用户，当退出援救环境的 Shell 时（使用 exit 命令），系统将重新启动。当用户进入援救环境后，会获得 root 用户权限，硬盘中的整个根文件系统已经被挂载到目录“/mnt/sysimage”中，如图 12-10 所示。

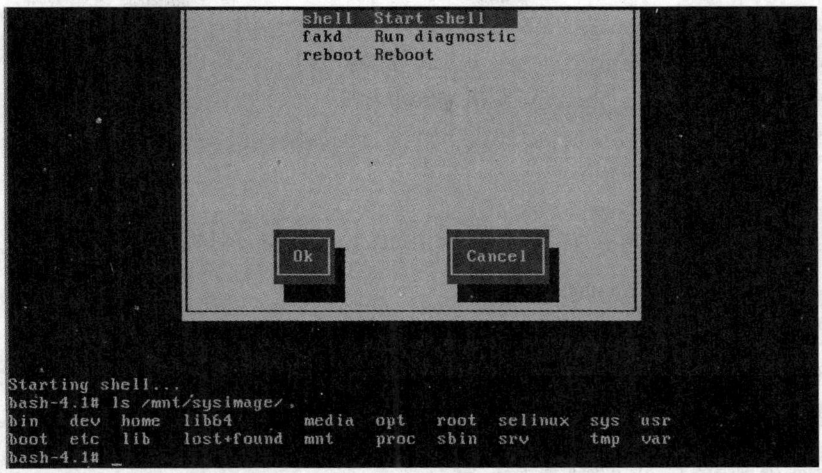

图 12-10 援救环境界面及硬盘根文件系统挂载目录

3．使用援救环境

（1）援救环境提供的工具

- Shell 工具：bash、chroot。
- 内核管理工具：lsmod、modprobe、modinfo。
- LAM 管理工具：lvm。
- 软 RAID 管理工具：mdadm。
- SWAP 管理工具：swapon、swapoff。
- 磁盘分区管理工具：fdisk、parted。
- 文件系统管理工具：mkfs、fsck、resize2fs。
- 进程管理工具：ps、kill、killall。
- 网络管理工具：ifconfig、ping、route、traceroute。
- 网络客户工具：ssh、scp、ftp。
- 软件包管理工具：rpm。
- 文件操作工具：ls、cp、tar、dd、gzip、bzip2、vi 等。

（2）援救环境中的日志文件

- 系统日志：/tmp/syslog。
- 引导日志：/tmp/anaconda.log。

（3）在援救环境中管理员可以做如下修复工作

- 修复 GRUB。
- 执行相应的命令对硬盘中的分区、LVM、文件系统等进行修复。
- 修改系统不能正确启动的错误，例如误编辑了与启动相关的配置脚本（/etc/inittab、/etc/rc.d/rc.sysinit 等）。
- 通常在单用户模式下实施的系统维护工作在援救环境下也能做。

4．在援救环境下修复 GRUB

要修复 GRUB（Stage2）的坏损故障，首先进入援救环境，然后执行如下操作。

```
sh-4.1# chroot /mnt/sysimage        // 切换根环境到本地硬盘系统
sh-4.1# grub-install /dev/sda       // 重新安装 GRUB
sh-4.1# exit                        // 退出 chroot 环境
sh-4.1# reboot
```

提示　用户可以使用如下命令模拟 GRUB（stage2）损坏的情况。

```
# cd /boot/grub; rm stage2 ; reboot
```

5．在援救环境下安装丢失的 bash

因为所有的 init 脚本都是 Shell 脚本，因此当 bash 丢失时系统也无法正常启动。为了修复此故障，需要在援救环境中重新安装 bash 软件包。进入援救环境之后的步骤如下。

```
// 由于硬盘中的 Shell 丢失不能执行 chroot
sh-4.1# chroot /mnt/sysimage
chroot: cannot run command `/bin/sh': No such file or directory
// 确认硬盘中的 bash 是否存在
sh-4.1# ls /mnt/sysimage/bin/bash
ls: /mnt/sysimage/bin/bash: No such file or directory
// 查询硬盘中的 bash 是由哪个 RPM 包安装的
sh-4.1# rpm -qf   --root /mnt/sysimage/   /bin/bash
bash-4.1.2-15.el6
// 挂装安装光盘到/mnt/source 目录
sh-4.1# mkdir /mnt/source
sh-4.1# mount /dev/dvd   /mnt/source
sh-4.1# cd   /mnt/source/Packages
// 安装 bash 的 RPM 包到硬盘
sh-4.1# rpm   -ivh   --root /mnt/sysimage/ --replacepkgs   bash*rpm
sh-4.1# ls /mnt/sysimage/bin/bash
/mnt/sysimage/bin/bash
sh-4.1# reboot
```

12.4 思考与实验

1．思考

1）简述硬盘的技术指标？如何挑选服务器硬盘？

2）parted 命令有哪些常用的子命令？含义是什么？

3）什么是 MBR/GPT，它存放了什么信息？

4）使用 LVM 比使用固定分区有哪些优点？

5）简述 PV-VG-LV-PE 的逻辑关系。

6）什么是 Linux 文件系统？ Linux 下常用的文件系统有哪些？

7）非日志文件系统和日志文件系统有何区别？

8）简述在 Linux 环境下使用文件系统的一般方法。

9）如何创建文件系统？创建文件系统的操作类似于 Windows 下的什么操作？

10）如何挂装和卸装文件系统？如何使用可移动存储介质（软盘、光盘、U 盘）？

11）如何在系统启动时自动挂装文件系统？简述/etc/fstab 文件各个字段的含义。

12）简述添加新硬盘并扩展现有逻辑卷的步骤。

13）什么是备份？简述三种备份策略的不同。常用的备份工具有哪些？

14）简述 Inotify 机制的作用？如何利用 Inotify 机制实现实时同步？

15）简述系统故障排查的方法和步骤。

16）系统修复运行级别包括哪些？如何进入？能实施哪些故障修复？

17）什么是系统援救环境？如何进入？能实施哪些故障修复？

2．实验

1）学会挂装和卸装文件系统。学会使用可移动存储介质（软盘、光盘、U 盘）。

2）学会使用 parted 命令进行硬盘分区。

3）学会创建不同类型的文件系统。

4）学会扩展和缩减逻辑卷的大小。

5）学会操作系统挂装表文件/etc/fstab。

6）学会使用 rsnapshot 实现备份，学会使用 lsyncd 实现实时同步。

7）学会进入单用户模式，重新设置 root 用户口令。

8）学会启动援救环境，修复 GRUB 故障。

3．进一步学习

1）学习 RAID、DRBD 的相关概念。

2）学习在 Linux 下使用 mdadm 工具配置和管理软 RAID。

3）熟悉并对比不同日志文件系统的优缺点，以便在实际工作中选择使用。

4）学习另一种常用的 XFS 文件系统的管理和使用。

5）了解 Red Hat 集群文件系统 GFS 和 MooseFS 分布式文件系统的应用和管理。

6）学习 GRUB 及其操作界面的使用。

7）学习新版本 GRUB 2（http://www.gnu.org/software/grub/）的配置。

8）学习 Linux 的启动过程。

9）学习 MySQL 的备份工具 Percona XtraBackup （http://www.percona.com/software/percona-xtrabackup）的使用。

10）学习使用 Holland（EPEL 仓库提供）备份 MySQL 或 PostgreSQL 数据库。

参考文献

[1] 梁如军. Linux 应用基础教程——Red Hat Enterprise Linux/CentOS 5[M]. 北京：机械工业出版社, 2012.

[2] 梁如军. CentOS 5 系统管理[M]. 北京：电子工业出版社, 2008.

[3] 梁如军. Red Hat Linux 9 应用基础教程[M]. 北京：机械工业出版社, 2005.

[4] Dimitri Aivaliotis. Mastering NGINX[M]. Birmingham B3 2PB, UK: Packt Publishing, 2013.

[5] Clément Nedelcu. Nginx HTTP Server[M]. 2nd Edition. Birmingham B3 2PB, UK: Packt Publishing, 2013.